U0261842

本書係國家自然科學基金面上項目“江户時代日本學者對《授時曆》的曆理分析與演算法改進”（項目批准號：11873024）階段性成果

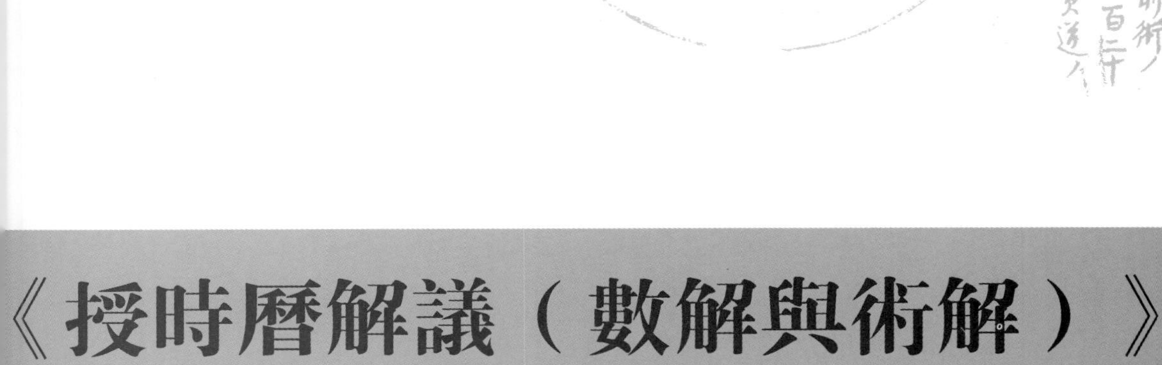

《授時曆解議（數解與術解）》譯注與研究

［日］建部賢弘　／著
徐澤林　張穩　／譯注

中国社会科学出版社

圖書在版編目（CIP）數據

《授時曆解議（數解與術解）》譯注與研究／（日）建部賢弘著；徐澤林，張穩譯注. -- 北京：中國社會科學出版社，2024. 7. -- ISBN 978-7-5227-3903-8

Ⅰ. P194. 3

中國國家版本館 CIP 數據核字第 2024N8P833 號

出 版 人　趙劍英
責任編輯　單　釗　李凱凱
責任校對　李嘉榮
責任印製　李寡寡

出　　版　中国社会科学出版社
社　　址　北京鼓樓西大街甲 158 號
郵　　編　100720
網　　址　http://www.csspw.cn
發 行 部　010-84083685
門 市 部　010-84029450
經　　銷　新華書店及其他書店

印　　刷　北京明恒達印務有限公司
裝　　訂　廊坊市廣陽區廣增裝訂廠
版　　次　2024 年 7 月第 1 版
印　　次　2024 年 7 月第 1 次印刷

開　　本　710×1000　1/16
印　　張　24. 75
字　　數　388 千字
定　　價　129. 00 元

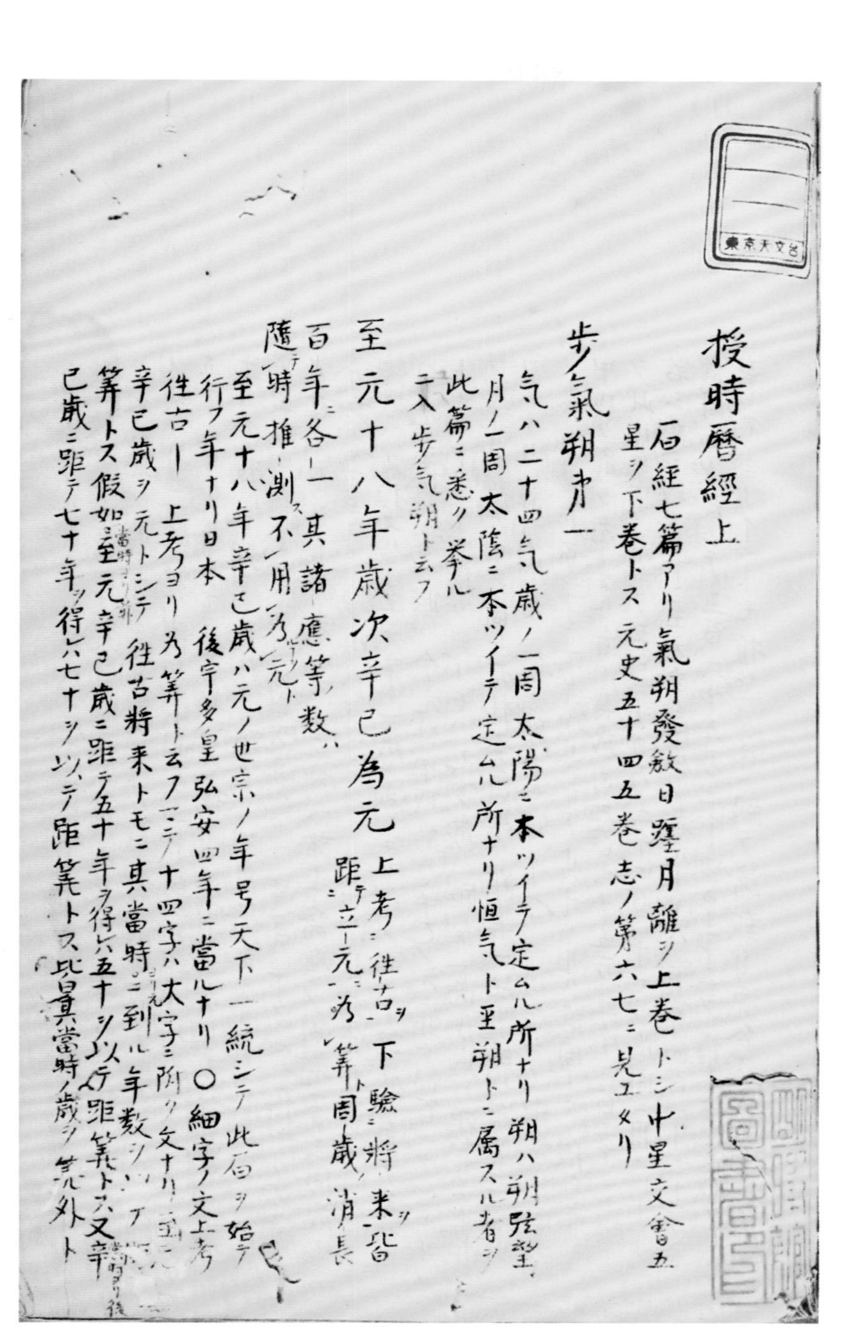

授時曆經上

右經七篇アリ氣朔發斂日躔月離ヲ上巻トシ中星交會五星ヲ下巻トス 元史五十四五巻志ノ第六七ニ見ユタリ

歩ノ氣朔第一

気ハ二十四気歳ノ一周太陽ニ本ツイテ定ムル所ナリ朔ハ朔弦望月ノ一周太陰ニ本ツイテ定ムル所ナリ恒気ト至朔トニ属スル者ヲ此篇ニ悉ク挙ル故ニ歩気朔ト云フ

至元十八年歳次辛巳為元 上考ニ往古ヲ下驗ニ將来ヲ皆距テ立テ元ニ為ス筭ト周歳ノ消長百年ニ各一ニ其諸應等數ハ隨テ時推測ス不ノ用ヰ為元ト

至元十八年辛巳歳ハ元ノ世宗ノ年号天下一統シテ此歳ヨリ始テ行フ年ナリ日本 後宇多皇弘安四年ニ當ルナリ ○細字ノ文上考往古ノ 上考ヨリ為筭ト云フマテノ十四字ハ大字ニ附ク文ナリ至元辛巳歳ヲ元トシテ往古將来トモニ其當時ニ到ル年數ヲ以テ筭トス假如至元辛巳歳ニ距テ五十年ヲ得レハ五十ヲ以テ距筭トス又辛巳歳ニ距テ七十年ヲ得レハ七十ヲ以テ距筭トス此ハ其當時ノ歳ヲ筭ル外ト

東京天文臺藏《授時曆解議（術解）》（舊明時館藏書）

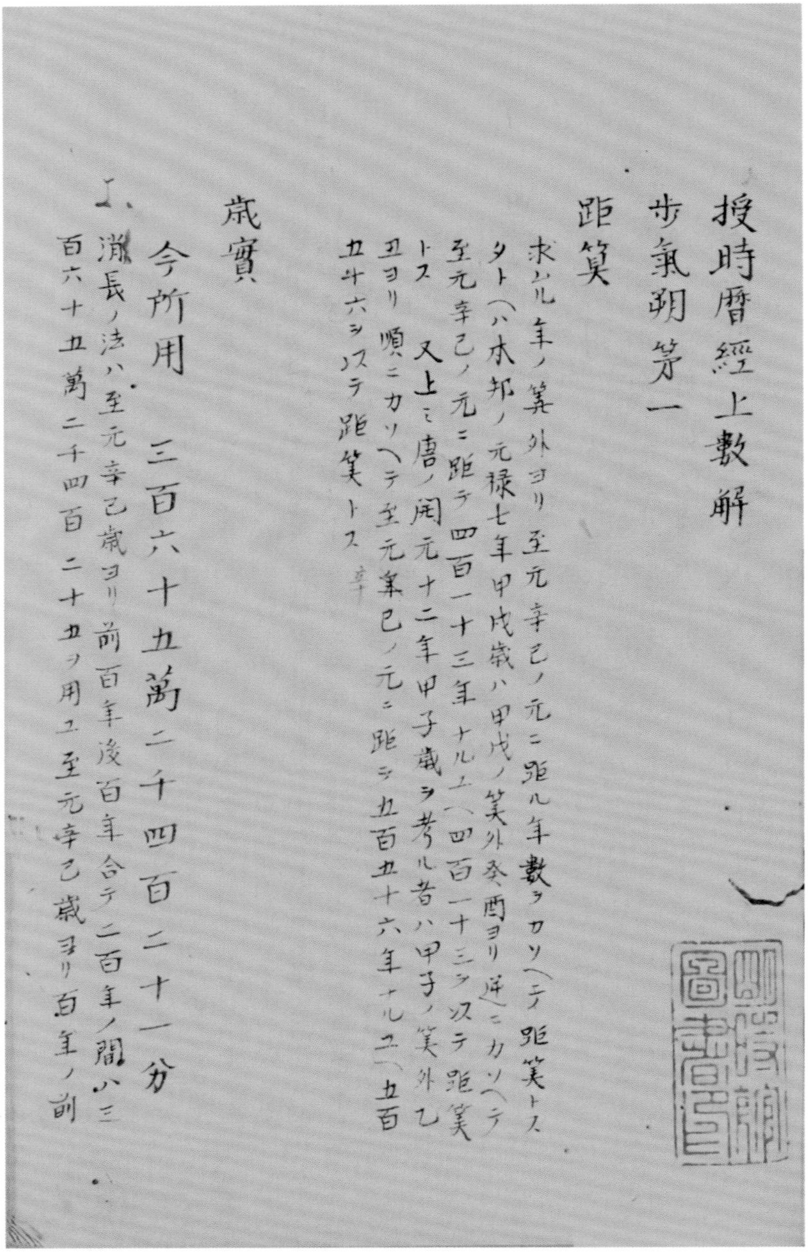

授時曆經上數解

步氣朔第一

距筭

求ル年ノ筭外ヨリ至元辛巳ノ元ニ距ル年數ヲカゾヘテ距筭トス

タトヘハ本邦ノ元祿七年甲戌歳ハ甲戌ノ筭外癸酉ヨリ逆ヘニカゾヘテ至元辛巳ノ元ニ距テ四百一十三年ナルユヘ四百一十三ヲ以テ距筭トス　又上ミ唐ノ開元十二年甲子歳ヲ考ル者ハ甲子ノ筭外乙丑ヨリ順ニカゾヘテ至元庚辰ノ元ニ距テ五百五十六年ナルユヘ五百五十六ヲ以テ距筭トス　辛

歳實

今所用　三百六十五萬二千四百二十一分

工、消長ノ法ハ至元辛巳歳ヨリ前百年後百年合テ二百年ノ間ハ三百六十五萬二千四百二十五ヲ用ユ至元辛巳歳ヨリ百年ノ前

東京天文臺藏《授時曆解議（數解）》（舊明時館藏書）

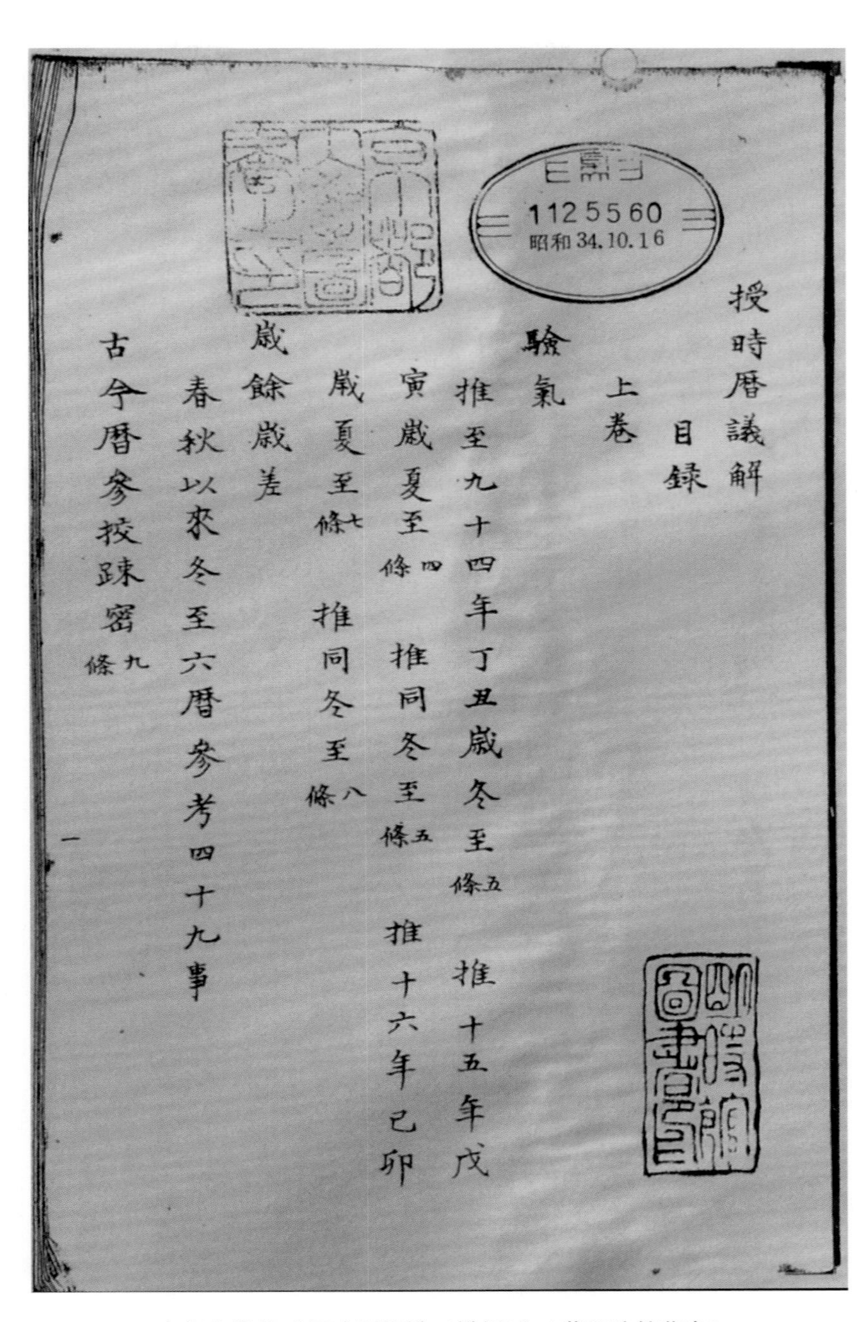

授時曆議解

目録

上卷

驗氣

推至九十四年丁丑歲冬至五條　推十五年戊寅歲夏至四條　推同冬至五條　推十六年己卯歲夏至七條　推同冬至八條

歲餘歲差

春秋以來冬至六曆參考四十九事

古今曆參校疎密九條

京都大學藏《授時曆解議（議解）》（舊明時館藏書）

授時曆經上

曆經七篇アリ氣朔發斂日躔月離ヲ上卷トシ中星交會五星ヲ下卷トス元史五十四五卷志ノ第六七ニ見ヘタリ

步氣朔第一

氣[illegible]氣ノ一周太陽ニ本ツイテ定ル所ナリ朔ハ朔弦望月ノ一[illegible]本ツイテ定ル所ナリ恒氣ト經朔トニ屬スル者ヲ此篇[illegible]ル[illegible]ヘ步氣朔ト云

至元十八年歲次辛巳爲元上考往古下驗將來者皆距立元爲算周歲消長百年各一其諸應等數隨時推測不用爲元

至元十八年辛巳歲ハ元ノ世祖ノ年號天下一統シテ此曆ヲ始テ行フ年ナリ日本後宇多帝弘安四年ニ當ルナリ　細字ノ文上考往古ト上考ヨリ爲算ト云フマテ十四字ハ大字ニ附ク文ナリ至元辛巳歲ヲ元トシテ往古將來トモニ其當時ヨリ元ニ到ル年數ヲ以テ距算トス假如當時ヨリ前至元辛巳ニ距テ五十年ヲ得レハ五十ヲ以テ距算トス又當時ヨリ後辛巳歲ニ距テ七十年ヲ得レハ七十

東京大學藏《授時曆解議（術解）》（舊南葵文庫藏書）

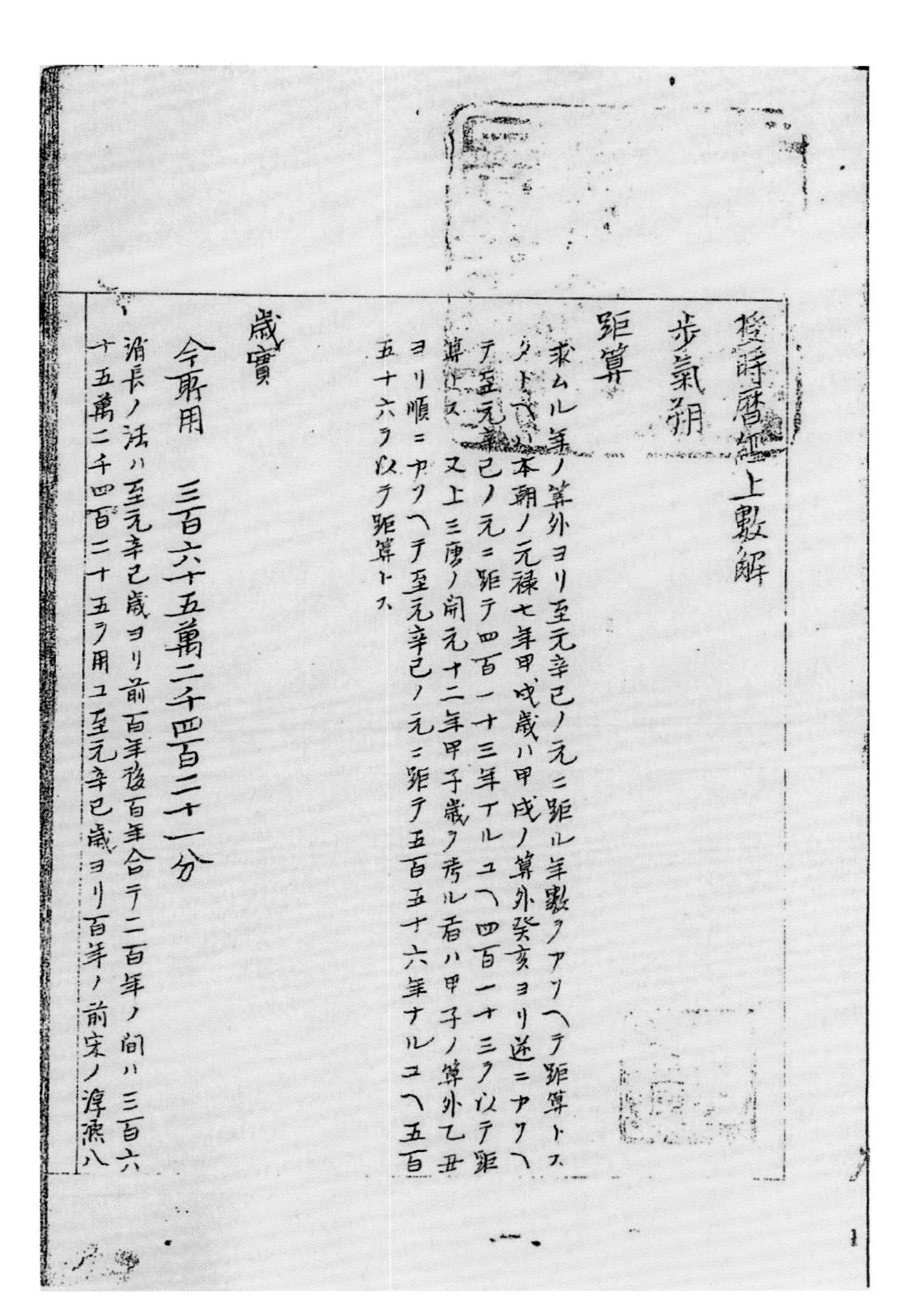

授時暦經上數解

歩氣朔

距算

求ムル年ノ算外ヨリ至元辛巳ノ元ニ距ル年數ヲアツヘテ距算トス
タトヘハ本朝ノ元禄七年甲戌歳ハ甲戌ノ算外癸亥ヨリ逆ニアツヘテ至元辛巳ノ元ニ距テ四百一十三年ナルユヘ四百一十三ヲ以テ距算トス　又上ミ唐ノ開元十二年甲子歳ヲ考ル者ハ甲子ノ算外乙丑ヨリ順ニアツヘテ至元辛巳ノ元ニ距テ五百五十六年ナルユヘ五百五十六ヲ以テ距算トス

歳實

今所用　三百六十五萬二千四百二十一分

消長ノ法ハ至元辛巳歳ヨリ前百年後百年合テ二百年ノ間ハ三百六十五萬二千四百二十五ヲ用ユ至元辛巳歳ヨリ百年ノ前宋ノ淳祐八

東京大學藏《授時曆解議（數解）》（舊南葵文庫藏書）

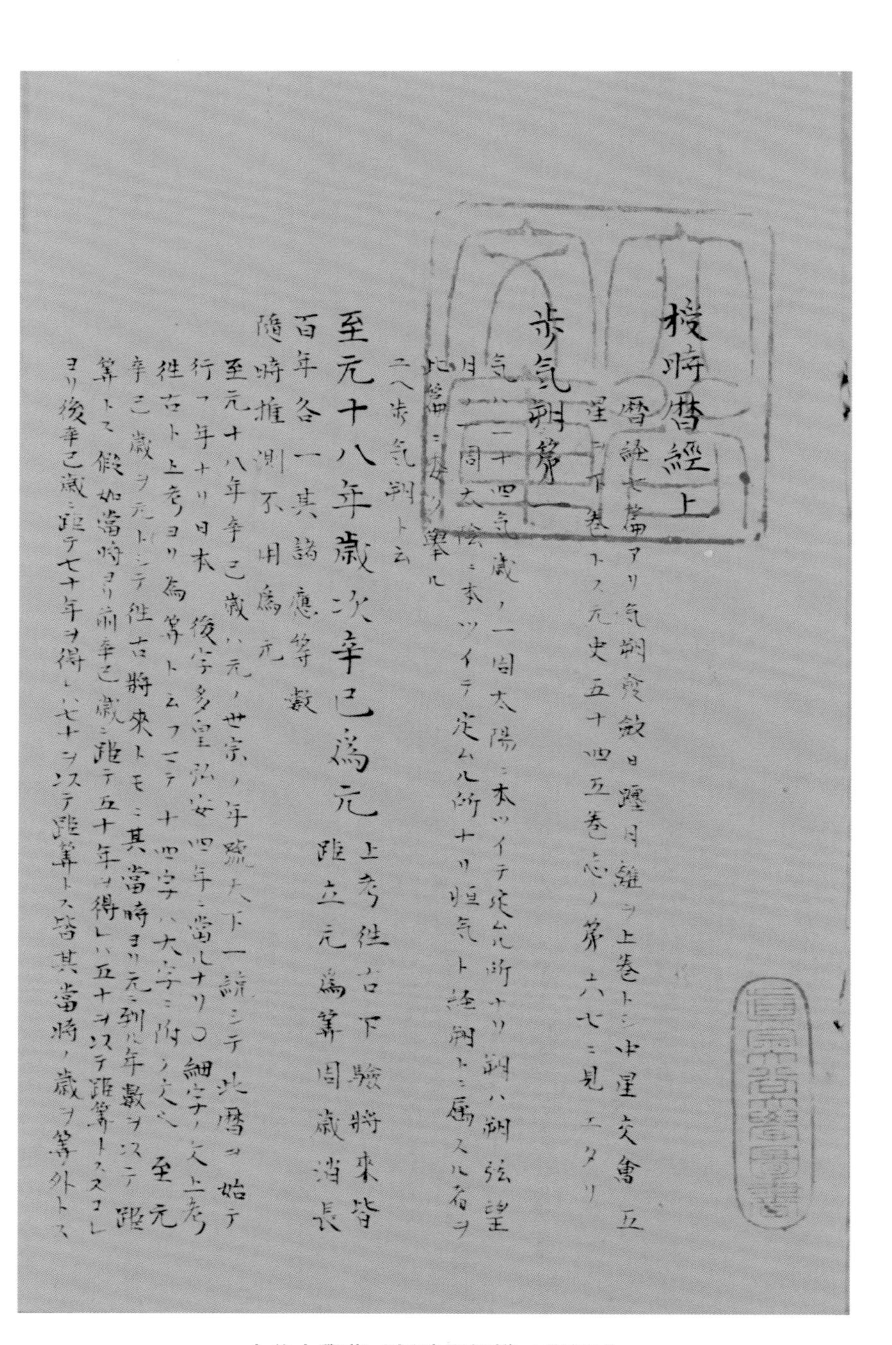
授時曆經上

曆經七篇アリ氣朔發斂日躔月離ヲ上卷トシ中星交會五
星ヲ下卷トス元史五十四五卷志ノ第六七ニ見ヘタリ

歩氣朔第一

氣ハ二十四氣歲ノ一周太陽ニ本ツイテ定ムル所ナリ朔ハ朔弦望
月ノ一周太陰ニ本ツイテ定ムル所ナリ恒氣ト經朔トニ屬スル者ヲ
此篇ニ收メ擧ル
二ヘ歩氣朔ト云

至元十八年歲次辛巳為元　上考往古下驗將來皆
距立元為算周歲消長
百年各一其諸應等數
隨時推測不用為元

至元十八年辛巳歲ハ元ノ世宗ノ年號天下一統シテ此曆ヲ始テ
行フ年ナリ日本後宇多皇弘安四年ニ當ルナリ〇細字ノ文上考
往古ト上考ヨリ為算ト云フニテ十四字ハ大字ニ附ク文ヘ　至元
辛巳歲ヲ元トシテ往古將來トモニ其當時ヨリ元ニ到ル年數ヲ以テ　距
算トス假如當時ヨリ前辛巳歲ニ距テ五十年ヲ得レハ五十ヲ以テ距算トスコレ
ヨリ後辛巳歲ニ距テ七十年ヲ得レハ七十ヲ以テ距算トス皆其當時ノ歲ヲ算外トス

大谷大學藏《授時曆解議（術解）》

授時曆經上數解

步氣朔第一

距筭

今所用四百一十三

至元十八年辛巳ヲ元トシテ至元壬午ノ歲ハ距筭一癸未ノ歲ハ距筭二甲申ノ歲ハ距筭三カクノコトク毎年一筭ヲカソヘ増テ本邦ノ元祿七年甲戌ノ歲ニ到リテハ距筭四百一十三ナリ又至元辛巳歲ヨリ以前ハ至元十七年庚辰ハ距筭一己卯歲ハ距筭二戊寅歲ハ距筭三カクノコトクカソヘテ上ヘハ唐ノ開元十二年甲子歲ヲ考ル者ハ五百五十七ヲ以距筭トス

求ル年ヲ[illegible]ヨリ至元辛巳ヲ元トシテ二距ル年數ヲ[illegible]距筭トス[illegible]本邦ノ元祿七年甲戌甲戌ノ距筭ハ癸酉ヨリ逆ニカソヘテ至元辛巳ヲ元トスハ距ニ四百一十三年ナルニ四百一十三ヲ以テ距筭トス又上唐ノ開元十二年甲子歲ヲ考ル者八甲子ノ筭外ニ[illegible]ヨリ[illegible]

歲實

今所用三百六十五萬二千四百二十一分

消長ノ法ハ至元辛巳歲ヨリ前百年後百年合テ二百年ノ間ハ三百六十五萬二千四百二十五ヲ用ユ至元辛巳歲ヨリ百年ノ前

大谷大學藏《授時曆解議（數解）》

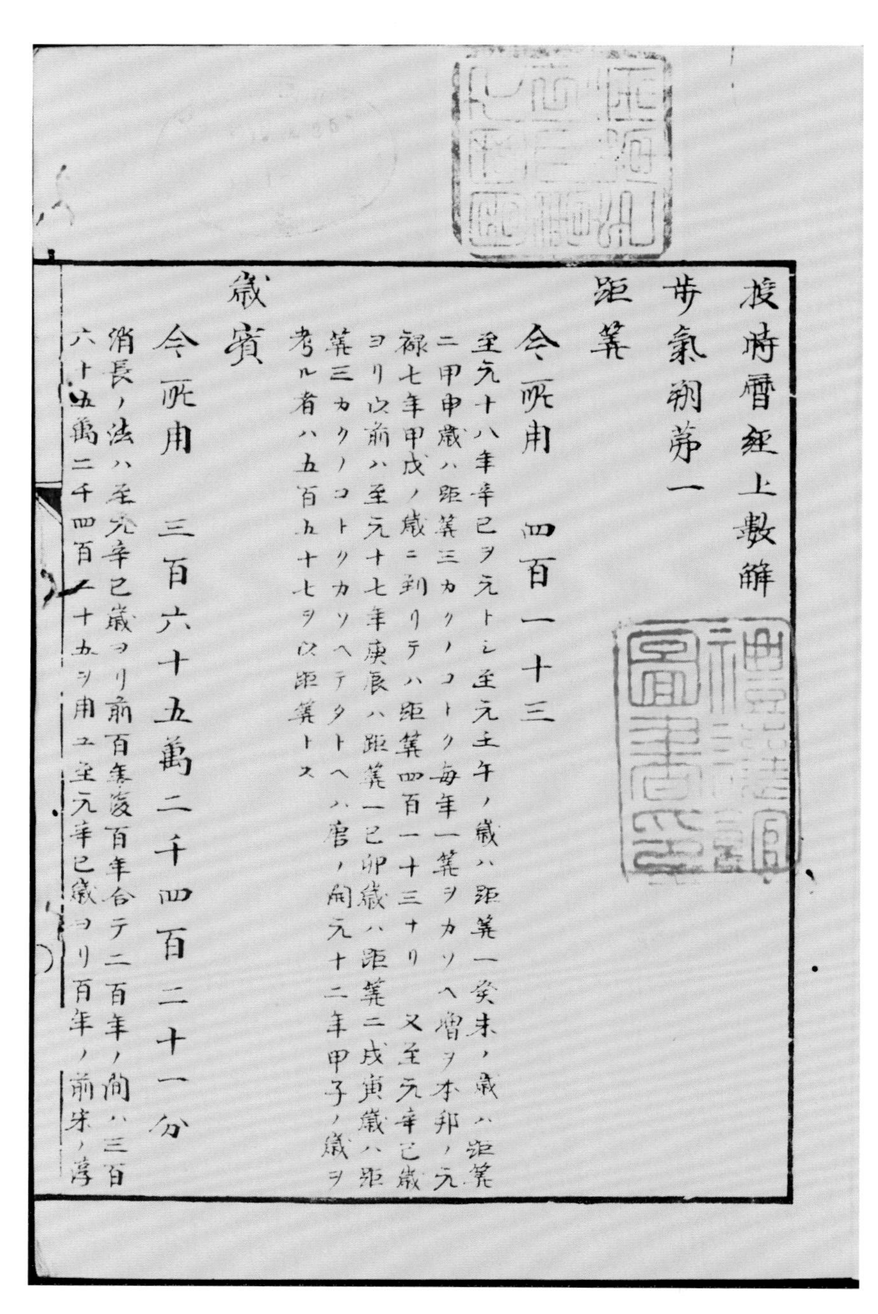

授時曆經上數解

步氣朔第一

距算

今所用　四百一十三

至元十八年辛巳ヲ元トシ至元壬午ノ歲ハ距算一癸未ノ歲ハ距算二甲申歲ハ距算三カクノコトク每年一算ヲカソヘ曾ヲ本邦ノ元祿七年甲戌ノ歲ニ到リテハ距算四百一十三ナリ　又至元辛巳歲ヨリ以前ハ至元十七年庚辰ハ距算一己卯歲ハ距算二戊寅歲ハ距算三カクノコトクカソヘテタトヘハ唐ノ開元十二年甲子ノ歲ヲ考ル者ハ五百五十七ヲ以距算トス

歲實

今所用　三百六十五萬二千四百二十一分

消長ノ法ハ至元辛巳歲ヨリ前百年後百年合テ二百年ノ間ハ三百六十五萬二千四百二十五ヲ用ユ至元辛巳歲ヨリ百年ノ前宋ノ淳

九州大學藏《授時曆解議（數解）》

授時暦抄

建部賢弘　著

歩日躔第三

日ハ太陽躔ハヤドリ也太陽ノ行ノ盈縮黄赤道ノ所由ハ弁ニ宿度ノ在ル所等太陽ニ拠ル者ヲ悉ク挙ルコトハ歩日躔ト云フ

周天分三百六十五萬二千五百七十五分

天體渾圓ナル其周圍ノ度數ヲ度母一萬ニ通計スル分ナルコトハ周天分ト号ス一晝夜ニ天ノ運旋シテ元躔ニ復ル一周ノ分ナリ○測算ノ法ハ元歳周ヨリ起テ其微ヲ歳差ニ究ム委ク暦議ニ注ス○周天分消長ノ算法ハ往古ハ毎百年ニ一ヲ消ス将来ハ毎百年ニ一ヲ長シテ合其時ニ用ユル周天分トス○凡ソ歳周ノ消長ハ往古ハ長シ将来ハ消ス周天ノ消長ハ往古ハ消シ将来ハ長ス是暦議ニ攷古則増ニ歳餘而損ニ歳差以之推来則増ニ歳差而損ニ歳餘ト云ヘリ其消長ノ算ヲ以テ云ヘハ三億六十五百萬年ノ前ハ周天分空ナリ然ルニ其法ヲ立ルコトハ歳周ノ下ニ注スルカ如ク必ス其ノ万年ノ前後ヲ求合スルニハ非ス唯往古千數歳ニ合スルノ法ヲ推シテ數百年ノ下ニ合スルヲ求ムル一具ノ假術也然レトモ尭ノ時ヲ考ルニ到テ歳差ノ分甚少ク且ツ中星尭典ノ文ニ不合

北海道大學藏《授時曆抄》

授時暦議解 上

歳餘歳差

歳余ハ年ノアマリ一年三百六十五日ノ外二十四分ノ余分アリ是ヲ云歳余トス歳差ハ天ト日ト各別ニ一年ノ間ニ日天ヲ一匝シテ元躔ニ不復シテ一分未満ノ退分アリ也ヲ歳差ト云也歳余歳差ノ法ヲ立ルヨリ餘ク微ヲ究メ求ルヲ議セリトナリ

周天之度、周歳之日、皆三百六十有五、全策之外、又有奇分、大率皆四分之一。自今歳冬至距来歳冬至、歴三百六十五日、而日行一周、凡四周、歴千四百六十一、

日本東北大學藏《授時曆解議（議解）》

目　録

一　建部賢弘《授時曆解議》研究

《授時曆》是中國古代最優秀的曆法，明代邢雲路（生卒年不詳）認爲："唐宋以來，其法漸密，至元《授時曆》乃益親焉。……守敬乃測驗周至，改作始精。"①清代阮元（1764—1849）在《疇人傳》中對其評價道："可謂集古法之大成，爲將來之典要者矣。自《三統》以來，爲術者七十餘家，莫之倫比也。"②《授時曆》之所以能超越前代曆法，是由於它吸收了各代曆法的優點，注重天文實測與算法創新。

宗藩朝貢體系中，朝鮮、越南、琉球和日本都一直採用中國的曆法，因此中國傳統數學和天文曆學對漢字文化圈國家的科學技術與文化發展予以根本性影響。1685 年以前，日本一直行用中國曆法，唐末《宣明曆》（822）在日本使用達 823 年之久（行用時間爲公元 862—1685 年），因此累積誤差過大，曆日與天象不合現象嚴重，曆法改革勢在必行。另一方面，曆作爲觀象授時、受命改制的政治符號，德川幕府希望通過主導改曆頒曆，讓民衆認知政治支配者是幕府而不是皇家。17 世紀中葉，隨日本國學的興起，日本進入了"日本曆"時代，江户幕府先後啓動了四次改曆工程，即貞享改曆、寶曆改曆、寬政改曆與天保改曆。

與明末、清代的天文曆學受西學影響的情形不同，由於南蠻學③時

① 邢雲路：《古今律曆考》卷一，四庫全書本，第 1 頁 b。

② 阮元等撰，彭衛國、王元華點校：《疇人傳彙編》，廣陵書社 2009 年版，第 275 頁。

③ 從戰國時代到江户時代初的所謂キリシタン時代（キリシタン又寫作吉利支丹、切支丹，是葡萄牙語 Cristão、舊葡萄牙語 Christan 的音譯），南蠻人（葡萄牙、西班牙等西洋人）向日本傳播的西洋學術，被稱作南蠻學，又叫作蠻學。很多是伴隨基督教傳教士、耶穌會士的傳教而帶來的。内容主要是神學以外的醫學、天文學、地理學等自然科學，以及印刷術、畫法等技術。從廣義上説，包括中國明清時期天主教傳播而流入日本的歐洲科學思想。

期傳入日本的西方天文算學知識十分有限，隨着幕府禁教政策演變爲鎖國政策，西學輸入日本中斷，因此，幕府依賴中國古代曆法（主要是《授時曆》《大統曆》《回回曆》）來制定曆法。1720年"緩禁令"發佈後，《崇禎曆書》《梅氏曆算全書》《曆象考成》《曆象考成後編》《數理精蘊》等漢譯西學系統的曆算著作也傳到了日本，江户中期以後，日本學者開始研究、接受其中的曆算知識，部分西法也被應用到曆法改革之中，但這並没有改變日本曆算仍以中法爲基礎的格局。由於第一部和曆《貞享曆》（1685）以《授時曆》爲藍本，所以江户時代出現了研究《授時曆》的熱潮，注解文獻最爲繁多，據筆者調查統計，相關文獻多達85種左右[①]，這些文獻大多數塵封於日本各地圖書館，有待逐一整理解讀。在江户時代的《授時曆》注解書中，以和算家關孝和（1642？—1708）、建部賢弘（1664—1739）的注解最爲深刻，但日本科學史界至今僅對傳爲關孝和著作的《授時發明》《天文數學雜著》等文獻做了研究。

近三十年來，和算史界對建部賢弘的數學業績做了很深入的研究，特别對其《研幾算法》（1683）《綴術算經》（1722）《大成算經》（1711）等著作做了全面的解讀和研究，深刻理解了他創立的數學方法及其歷史淵源，也重新認識了他的數學思想及其哲學背景，對其數學著作也進行了現代語言翻譯。不過，對於建部賢弘在天文曆學方面的業績尚未予以充分研究，《明治前日本天文學史》與《明治前日本數学史》對此方面的敘述都很簡略，小川束等人的《建部賢弘的數學》[②] 及拙著《建部賢弘的數學思想》[③] 也均未涉及，建部賢弘的曆學著作也未被整理。建部賢弘對《授時曆》的注解如其數學成就超越關孝和一樣，深刻、全面程度也遠超關孝和的注解。其注解不僅反映建部賢弘的天文曆學研究業績，也是幫助我們理解《授時曆》的重要文獻，爲我們理解中國天文曆學提供新的視角。

---

①　徐澤林、張穩：《和刻本〈授時曆〉底本及其日本注解書考述》，《内蒙古師範大學學報》（自然科學漢文版）2022年第5期。

②　小川束、佐藤健一、竹之内脩、森本光生：《建部賢弘の数学》，東京：共立出版社2008年版。

③　徐澤林、周暢、夏青：《建部賢弘的數學思想》，科學出版社2013年版。

1.1　《授時曆》輸入日本及其和刻本[①]

（1）《授時曆》的明代版本

《元史·曆志》的明刊本均爲官刻本。明朝嚴禁民間學習天文曆算，《授時曆》在民間翻刻傳播受到限制。入清後由於朝廷曆法改革工程的推動，曆算之學勃興，加之刻書業的繁榮，《授時曆》在清代的官私刻本逐漸增多，但仍以官刻本爲主。

現存《元史·曆志》明代刊本很多，最早者乃洪武三年（1370）十月的内府刻本。[②] 嘉靖初，南京國子監編刊《二十一史》，其中的《元史》用洪武三年舊版，對其破損版面予以修補，版心有“嘉靖八、九、十年補刊”字樣，是爲南監本。萬曆二十四年（1596）至三十四年（1606），北京國子監重刻《二十一史》，包括《元史》，是爲北監本。萬曆二十三年、天啓年間（1621—1627）先後在南監本的基礎上進行補修刊印。萬曆三十年（1602）北京國子監以南監本爲底本進行校勘重刻，萬曆三十年至崇禎年間，在萬曆北監本基礎上對《元史》再次進行補修刊印。洪武三年以後的嘉靖九至十年的遞修本、明萬曆二十三年的遞修本、天啓三年本都是在洪武三年本的基礎上序刊或者補修，因此版式行款依舊。萬曆三十年北京國子監本爲重刻本，其底本爲嘉靖南監本，只是在版式和行款上略做改動。

綜上可知，明刊《元史·曆志》主要有六種版本，分别爲明洪武三年内府本、嘉靖九至十年的遞修本、明萬曆二十三年的遞修本、天啓三年刊本、明萬曆三十年的北京國子監年本、崇禎刻本，它們之間的關係如圖1。[③]

---

① 徐澤林、張穩：《和刻本〈授時曆〉底本及其日本注解書考述》，《内蒙古師範大學學報》（自然科學漢文版）2022年第5期。

② 王慎榮：《〈元史〉版本述略》，《歷史教學》1991年第7期。

③ 有些版本在不同圖書館會有不同名稱，但實際都爲同一種版本。

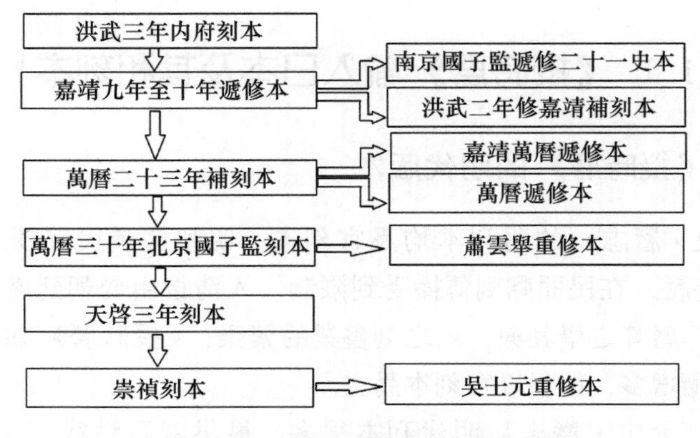

圖 1 《元史・曆志》明刊本關係圖

(2)《授時曆》傳入日本之經緯

明清時期，漢籍傳入日本的途徑不外乎僧侶交往、勘合貿易、唐船貿易和日朝交流。

公元 10 世紀至 16 世紀初，日本歷經平安時代後期、鎌倉時代、室町時代、安土桃山時代，期間皇權衰微，武士集團統治下社會動盪，隨着鎌倉幕府的滅亡，大量武士淪爲浪人，其中一部分成爲倭寇，侵擾中國沿海各地，中日官方往來中斷，僧侶來往與海上貿易維繫兩國間的民間交流。足利義滿（1358—1408）統一日本建立室町幕府後，爲滿足上層社會對明代商品的嗜愛，並利用對明貿易充實幕府財政，也希望藉助明帝國的聲勢鞏固其地位，因此決心恢復對明邦交。應永八年（1401）五月以博多商人肥富及僧人祖阿爲使臣赴南京致書明惠帝，表達恢復邦交之願。翌年，明惠帝派禪僧道彝天倫和教僧一庵、一如二人奉國書和錦綺等禮物，送他們回國並出使日本。據 15 世紀日本臨濟宗京都相國寺僧人瑞溪周鳳（1391—1473）的《善鄰國寶記》記載，明惠帝在給足利義滿的國書中稱其“心存王室，懷愛君之誠”，並“班示《大統曆》，俾奉正朔”。翌年（1403）三月，足利義滿派天龍寺的堅中圭密爲遣明使，輔之以梵支、明空二僧，攜帶國書及貢物出使明。應永十一年（1404），明成祖允許日本以朝貢形式貿易，在海禁政策下採取

“勘合之制”[①]，即依據所謂的《永樂勘合貿易條約》通商。1401至1549年間共實行了十九次，實行勘合貿易後，倭寇活動趨於平靜。室町幕府時期發生應仁之亂（1467—1477）後日本進入戰國時代（1467—1600年或1615年），與明邦交不穩。1551年大內義隆（1507—1551）被家臣陶晴賢（1521—1555）所滅，大內義長（1532—1557）繼位，與大友義鎮（1530—1587）於1556—1557年向明遣使要求重開貿易，被明朝廷拒絕。1557年大內氏完全滅亡，故重開勘合貿易的希望斷絶，自此東亞以倭寇爲主的走私貿易開始盛行。

崇禎年（1628—1644）至清初第一次禁海前的1655年，中國基本處在海洋開放的狀態，赴日商船平均每年有30到60艘。德川幕府從1610年開始實行禁教政策，1633年明令禁止日本人出海，也禁止日本人與天主教國家的葡萄牙、西班牙通商，只允許新教國家的荷蘭以及中國的商船赴日貿易，港口只限於長崎。日本人將中國大陸及東南亞的貿易船稱作“唐船”。開國前日本的對外貿易主要依靠唐船與蘭船，中國書籍多通過勘合貿易和唐船輸入日本，據現藏長崎圖書館的《書籍元帳》記載：“文化元年的十一艘來船中就有十艘載有書籍”，弘化、嘉永年間，來日唐船幾乎船船載書。《唐蠻貨物帳》（收藏於内閣文庫）、《舶載書目》（收藏於宮内廳書陵部）、《書籍元帳》（收藏於長崎圖書館、早稻田大學圖書館）等江户時代文獻記録了唐船帶入日本的書目。日本學者大庭脩（1927—2002）通過調查這些史料，深入研究了江户時代唐船載入日本的漢籍。[②] 從16世紀下半葉到17世紀上半葉，中國元代與明代的算學書籍主要通過海上貿易以及日本侵佔朝鮮期間而流入日本，明代珠算也於1570年前後通過海上貿易傳入日本。《授時曆》也有可能經由海上貿易傳入日本。

瑞溪周鳳的日記《卧雲日件録》記載，享德三年（1453）三月十

---

① 中日官方之間的朝貢貿易，所謂勘合，就是由明朝官方發行的木製貿易憑證，上面寫有文字和簽章，居中分割成兩半，中日各執一半，按編號每次日方來航雙方進行對合，脗合與否作爲驗明正身的標準。

② 大庭脩：《江戸時代における唐船持渡書の研究》，大阪：關西大学東西学術研究所1967年版；［日］大庭脩：《江户時代中國典籍流播日本之研究》，戚印平、王勇、王寶平譯，杭州大學出版社1998年版。

一日於鹿苑寺建仁、清啓兩堂檢閱“自大明持來”的全套《元史》四十册。這一記録説明《授時曆》至晚在景泰四年（1453）就已經傳入了日本。[①]

朝鮮是中國的藩屬國，中國歷代王朝製定新曆後都會向朝鮮頒曆。至元十八年（1281），元朝派王通等使臣向高麗傳授新製的《授時曆》，[②] 至元二十五年，高麗王子王璋（1275—1325）在大元接觸到《授時曆》，[③] 並讓隨行官員崔誠之（1266—1330）研習之。王璋回國即位，高麗遂始行《授時曆》。[④] 明初，高麗即願歸附爲藩屬，洪武二年（1369）八月，明太祖遣使偰斯册封高麗王王顓（1330—1374），賜金印誥文，並頒《大統曆》一本，[⑤] 高麗遂行《大統曆》。洪武二十五年，李成桂（1335—1408）代王氏高麗自立朝鮮。朝鮮初，明廷每年頒曆百本。[⑥] 1433 年，世宗下令整頓朝鮮王朝的天文曆法，1442 年，命李純之和金淡整理校訂《授時曆》與《大統曆法通軌》（1384），以其爲基礎編纂《七政算内篇》，以《回回曆》爲基礎編纂《七政算外編》（1444）。

日朝之間的官方交往有通信使一途，[⑦] 民間交流多以貿易來往、宗教交流等形式。另外，豐臣秀吉（1537—1598）侵略朝鮮的“壬辰倭亂”[⑧] 期間，朝鮮大量漢籍、學者、工匠被擄掠至日本。所以朝鮮也是漢籍、漢學輸入日本的主要管道。

據幕府天文方澀川敬也（1688—1727）的《春海先生實記》記載，寬永二十年（1643）朝鮮通信使朴安期（螺山，1608—?）來到江户，

① 王勇、［日］大庭脩主編：《中日文化交流史大系 9 · 典籍卷》，浙江人民出版社 1976 年版，第 79 頁。

② 《高麗史》，卷 29，1281（忠烈王七年）。

③ 李純之、金淡：《四餘纏度通軌 · 跋文》，朝鮮奎章閣本 1444 年版。

④ 姜保：《授時曆捷法立成》，朝鮮奎章閣本。

⑤ 《明太祖實録》，卷 44，洪武二年八月丙子，“中研院”史語所 1962 年校印本，第 866—867 頁。

⑥ 汪小虎：《明代頒曆制度研究》，上海三聯書店 2020 年版，第 117 頁。

⑦ 15 世紀到 19 世紀朝鮮王朝派往日本室町幕府、豐臣政權、江户幕府和明治政府的外交使節。

⑧ 1592—1598 年豐臣秀吉侵略朝鮮的戰爭。

與岡野井玄貞（生卒年不詳）討論曆學問題，岡野井玄貞大體掌握了中國傳統天文曆學内容，澀川春海（1639—1715）後來跟隨岡野井玄貞學習曆學。[1] 朴安期前往日本是否攜帶《授時曆》，今難考，但《授時曆》通過朝鮮傳入日本的可能性是存在的。朴安期在日本只滯留10天，傳播了哪些曆學内容尚不清楚。15世紀朝鮮天文學研究最爲興盛，其《七政算内篇》是研究《授時曆》最爲出色、影響最大的著作，可以想像，朴安期在日本講授的曆學内容大概不出《七政算内篇》。

《授時曆經》分至元十九年（1282）的舊本與至元二十一年（1284）的新本，新本對舊本中的曆數進行了改訂，將閏應201850改爲202050、轉應131904改爲130205、交應260187.86改爲260388。[2]《元史·曆志》中《授時曆經》採用的是至元十九年舊本，傳入高麗並收於《高麗史》的《授時曆經》是至元二十一年的新本。《大統曆》與《七政算内篇》也採用新本的數據。通過對澀川春海《貞享曆》中天文數據的核算，不難發現，其閏應27790、轉應227200、交應4800等數值，是在新本《授時曆經》數據的基礎上，根據新曆元（1684年）以及日本與中國的里差進行計算出來的，因此新本《授時曆經》也應該傳入了日本。[3] 幕府紅葉山文庫[4]藏書中有《回回曆》，它是經由朝鮮傳入日本的，據此推想，高麗本《授時曆經》極有可能也是通過相同渠道傳入了日本。

綜上，可以將《授時曆》傳入朝鮮和日本的路徑示意如下圖2[5]。

---

① 澀川敬也：《春海先生實記》，東北大學圖書館藏。

② 除諸應數據修訂外，黃赤道率、遲疾轉定及積度、黃道出入赤道内外去極度及半晝夜分等數表中的部分數據也做了修改。爲何出現至元二十一年的修改天文數據的新本《授時曆經》，而且國内不存，只流傳到朝鮮？其經緯尚不明。

③ 竹迫忍：《古代日本の天文曆法の研究への招待》，http：//www. kotenmon. com/cal/astronomy/astronomy. html。

④ 江户幕府圖書館，位於江户城中央，又稱作楓山文庫，以德川家康的藏書爲基礎，其後歷代將軍努力收集圖書，包括很多從長崎進口的漢籍，其中多爲珍貴的和漢古書。青木昆陽（1698—1769）、近藤守重（1771—1829）等人與書籍奉行一起負責管理，供將軍和幕臣中的學者使用。慶應二年（1866）文庫廢止時約有11萬册藏書，其中大部分書籍移藏國立公文書館，一部分移藏於宫内廳書陵部。

⑤ 竹迫忍：《古代日本の天文曆法の研究への招待》，http：//www. kotenmon. com/cal/astronomy/astronomy. html。

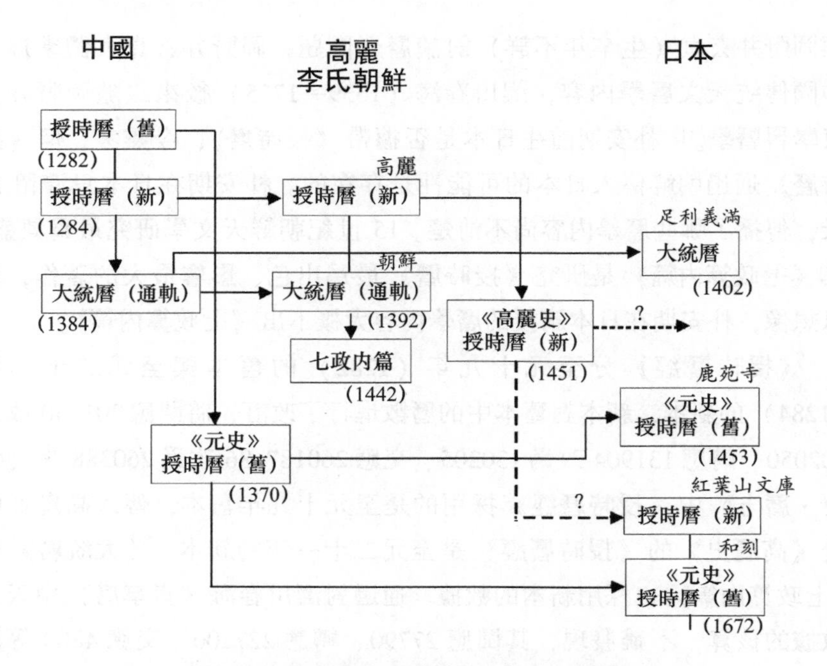

圖 2 《授時曆》流播朝日之路徑示意圖

(3) 和刻本《授時曆》的底本及其現存狀況

從目前所掌握的日本圖書館藏書信息來看，《授時曆》以單行本在日本被翻刻是寬文十二年（1672）刊本最早，且流佈最廣，目前東北大學圖書館、早稻田大學圖書館、國立天文臺資料室、學士院圖書館、愛知大學圖書館、新潟大學圖書館、東京大學圖書館和京都大學圖書館等都有收藏（詳情見表 1）。

表 1 《授時曆》和刻本及收藏情況

版本	出版商	所藏圖書館
寬文十二年本	梅花堂文内本	東北大學圖書館
		東京大學圖書館
		京都大學數學教室資料室*
		早稻田大學圖書館
		一橋大學圖書館*
		國立國會圖書館*

續表

版本	出版商	所藏圖書館
寬文十二年本	京都太和屋重左衛門	八户市立圖書館*
		東北大學圖書館
		東京大學圖書館
		東京理科大學圖書館
		名古屋大學圖書館
		大阪府立中之島圖書館*
		千葉縣立中央圖書館*
		新潟大學圖書館*
	天王寺屋市郎兵衛	東北大學圖書館
		學士院圖書館
		早稻田大學圖書館
		國立天文臺圖書館
寬文十三年本	二條通鶴屋町田元仁左衛	東北大學圖書館
		立命館大學圖書館
		大阪歷史博物館
		九州大學圖書館*
		東京博物館*
		日本學士院圖書館
抄本		高知城歷史博物館山内文庫
		早稻田大學圖書館*
		日本學士院圖書館*

注：標*號者爲登記有書或文獻記載有書，但筆者暫未找見。此外，有些大學存本爲其他大學藏本的重印本或影印本，也標了*號。

翌寬文十三年再刊時，與小川正意（生卒年不詳）所作的立成表合爲一册，現存本不多，主要藏於東北大學圖書館、立命館大學圖書館和大阪歷史博物館。此外，還有抄本散見於一些圖書館，這些抄本未署抄寫年代與抄寫人，且只有《授時曆議》，没有《授時曆經》[①]。

① 收藏於日本各地圖書館的《授時曆》抄本，内容與寬文年間的和刻本略有差異，其底本應該不是寬文年間的和刻本，而是中國明清版本。

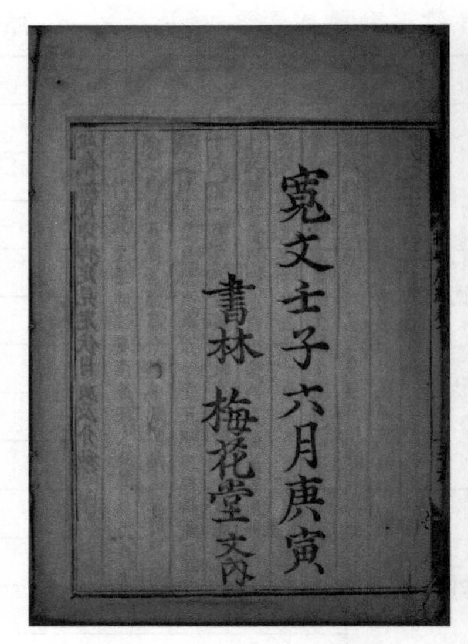
寬文壬子六月庚寅
書林 梅花堂 文內

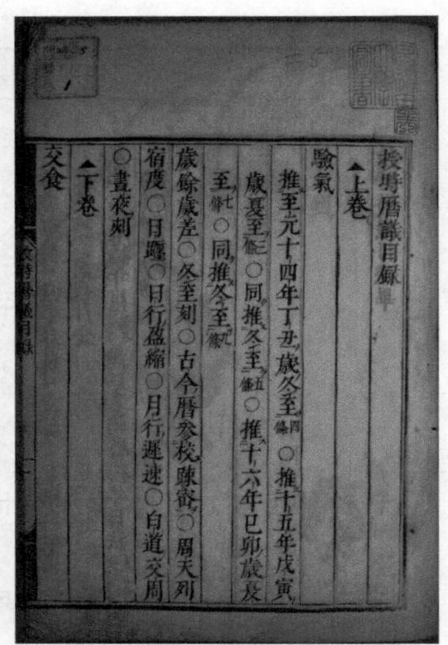
授時曆議目錄
上卷
驗氣
推至元十四年丁丑歲冬至條四○推十五年戊寅
歲夏至條三○同推冬至條五○推十六年己卯歲冬
至條七○同推冬至條九
歲餘歲差○冬至刻○古今曆參校疎密○周天列
宿度○日躔○日行盈縮○月行遲速○白道交周
○晝夜刻
下卷
交食

圖 3 《授時曆》寬文十二年梅花堂本

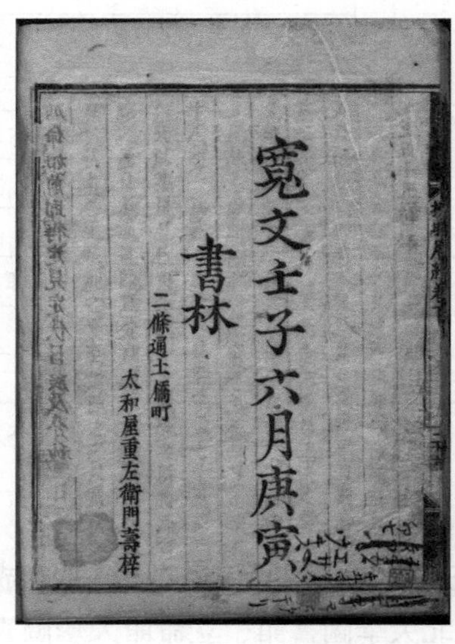
寬文壬子六月庚寅
書林
二條通土橋町
太和屋重左衛門壽梓

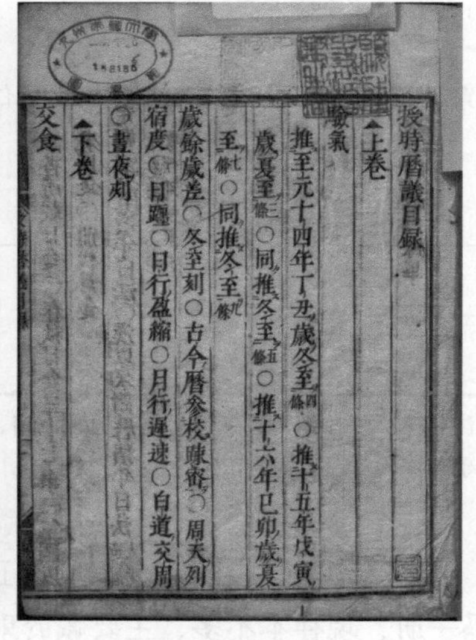
授時曆議目錄
上卷
驗氣
推至元十四年丁丑歲冬至條四○推十五年戊寅
歲夏至條三○同推冬至條五○推十六年己卯歲冬
至條七○同推冬至條九
歲餘歲差○冬至刻○古今曆參校疎密○周天列
宿度○日躔○日行盈縮○月行遲速○白道交周
○晝夜刻
下卷
交食

圖 4 《授時曆》寬文十二年太和屋本刊本

寬文十二年和刻本有梅花堂文内刻本（簡稱梅花堂本，圖 3）、京都太和屋重左衛門刻本（簡稱太和屋本，圖 4）、天王寺屋市郎兵衛刻本（簡稱天王寺屋本，圖 5）。比較發現，這三個本子的版式行款相同，均爲每頁十一行，每行二十字，注文雙行小字，大黑口，四周雙欄，版心刻有標題，黑魚尾。但梅花堂文内本的封面與另外兩個本子有别，書名中的“時”字字體不同，天王寺屋本封面有書名“授時曆議”，前加“改正”二字。另外，目録位置有别，梅花堂本在“曆議”之前加入“曆議”“曆經”目録，天王寺屋本則將目録放在曆議與曆經之間，也有將目録全部置於“曆議”之前，太和屋本則没有刊刻目録。此外，三刻本的版權頁不同。最後，在字體字跡方面，雖然三個刊本字體完全一樣，但字跡清晰程度不一樣，梅花堂本字跡最爲清晰，其餘兩刻本字跡模糊。據以上比對可以斷定，寬文十二年的三個刊本爲同一個底板，只在封面、版權頁和目録等部分作了修改。江户時代刻書坊間既有書籍信息的交換，也有書板的買賣，不同書坊之間往往會購買别家書板，再印成爲自家出版物，這種刻本被稱作“求板本”。“求板本”或通過改題方式，或直接在版權頁中署自家書坊，表明是自家刊物。[①] 因此，梅花堂本是最初刻本，寬文十二年的太和屋本、天王寺屋本應是“求板本”，三個刊本使用了同一底板。

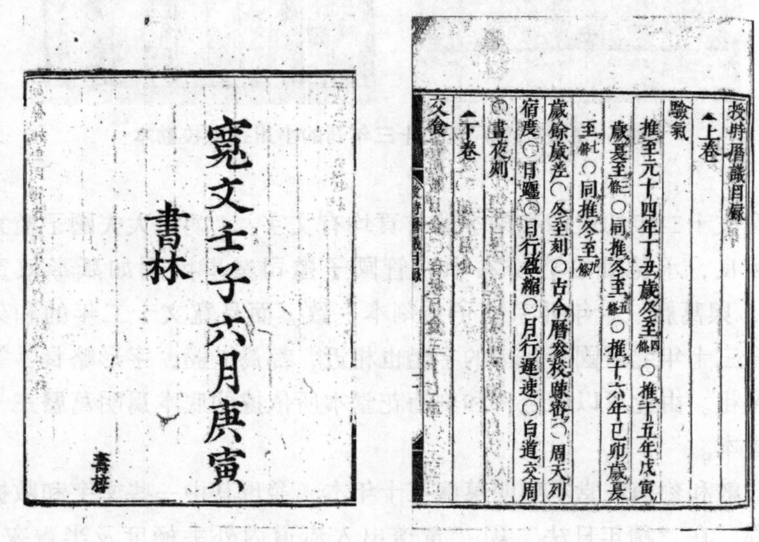
寬文壬子六月庚寅
書林
壽梓

授時暦議目録
▲上卷
驗氣
推至元十四年丁丑歳冬至四條○推十五年戊寅
歳夏至三條○同推冬至五條○推十六年巳卯歳夏
至七條○同推冬至九條
歳餘歳差○冬至刻○古今暦參校疎密○周天列
宿度○月離○日行盈縮○月行遲速○白道交周
○晝夜刻
▲下卷
交食

圖 5　《授時曆》寬文十二年天王寺屋本

---

① 中野三敏：《書誌学談議：江戸の版本》，東京：岩波書店 2015 年版，第 294 頁。

寬文十三年刊本爲小川正意的校勘本（圖 6），僅有《授時曆經》，不含《授時曆議》部分，後附小川正意所編的《授時曆經立成》，由京都二條通鶴屋町田元仁左衛刊刻。此版省去了曆經部分的“氣候”“黄赤道率”“遲疾轉定及積度”“黄道出入赤道内外去極度及半晝夜分”及步五星中的“曆度”等表格。

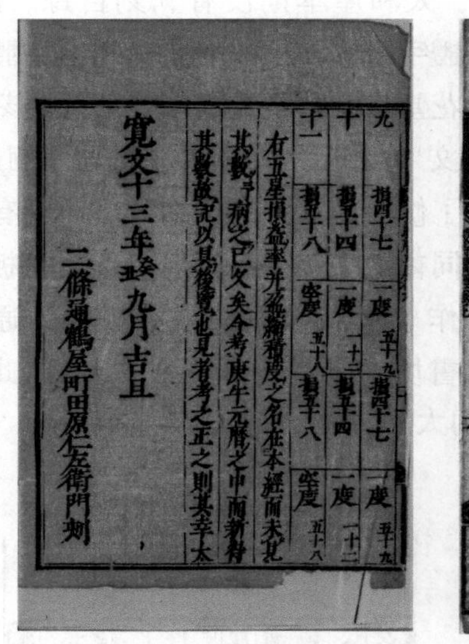

九	損四十七	一度 五十九	損四十七	一度 五十九
十	損五十四	一度 一十二	損五十四	一度 一十二
十一	損五十八	空度 五十八	損五十八	空度 五十八

右五星損益率并盈縮積度之名在本經而未見其數。予病之已久矣。今考庚午元曆之中而新舒其數，故記以具後覽也。見者考之正之則其幸太

寬文十三年癸丑九月吉旦

二條通鶴屋町田原仁左衛門刻

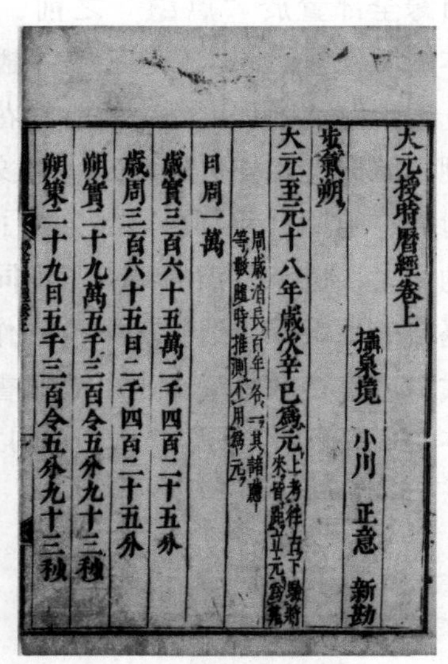

大元授時曆經卷上

攝泉境　小川　正意　新勘

步氣朔

大元至元十八年歲次辛巳爲元。上考往古，下驗將來，皆距立元爲算。周歲消長，百年各一，其諸應等數，隨時推測，不用爲元。

日周一萬

歲實三百六十五萬二千四百二十五分

歲周三百六十五日二千四百二十五分

朔實二十九萬五千三百令五分九十三秒

朔策二十九日五千三百令五分九十三秒

圖 6　《授時曆》寬文十三年刊的小川正意校勘本

寬文十二年的三個和刻本的首頁均有文字：“朝列大夫國子監祭酒臣黄汝良，承德郎右春坊右中兒管國子監司業事臣周如砥奉敕重校勘”①，與萬曆三十年北京國子監刻本一致。而且寬文十二年的和刻本與萬曆三十年北京國子監本的字體也相近，都爲楷體，字形略長，筆劃横細竪粗。由此可以斷定，和刻梅花堂本所依據的底本爲明萬曆三十年國子監本。

比較和刻梅花堂本與明萬曆三十年本，發現其中一些文字和數據存在差異。在“積年日法”與“黄道出入赤道内外去極度及半晝夜分”

① 李謙：《授時曆議》，日本寬文十二年梅花堂文内本，東北大學附屬圖書館藏；李謙：《授時曆議》，日本寬文十二年太和屋重左衛門本，東京國立天文臺藏；李謙：《授時曆議》，日本寬文十二年天王寺屋市郎兵衛本，東北大學附屬圖書館藏。

部分，兩者有些數據不同。在“晝夜刻”中有多處數據不同，如“大明五年辛丑歲十一月乙酉冬至”，梅花堂本載《紀元曆》數據爲“五十三”，而萬曆三十年本爲“五十”；“皇祐二年庚寅歲十一月三十日癸丑影長”，梅花堂本爲“六十六”，萬曆三十年本爲“六十五”；“紹定三年庚寅歲十一月丙申日南至”，梅花堂本載《統天曆》數據爲“九十二”，而萬曆三十年爲“六十三”，不同之處有10處，兹不一一列舉。在“周天列宿度”部分，兩者的數據也有差異，和刻本在“唐一行所測”數據裏均缺虚宿“十度少強”和室宿“室十六度”；“崇寧所測”的參宿數據中都爲“十一度半”。①“冬至刻”部分的數據差異如表2。

表2　**冬至刻數據對照表②**

時間	明萬曆三十年本	寬文十二年梅花堂本
大明五年辛丑歲十一月乙酉冬至	紀元曆甲申七十一刻	紀元曆甲申七十三刻
太建四年壬辰歲十一月二十九日丁卯影長	大明曆丙寅九十八	大明曆丙寅七十八
	授時曆丙寅八十七	授時曆丙寅八十一
太建六年甲午歲十一月二十日丁丑影長	大衍曆丁丑三十二	大衍曆丁丑三十三
開皇五年乙巳歲十一月二十二日乙亥影長	大明曆甲戌五十五	大明曆甲戌九十五
開皇七年丁未歲十一月十四日乙酉影長	宣明曆乙酉五十	宣明曆乙酉五十一
開皇十四年甲寅歲十一月辛酉朔旦冬至	紀元曆壬戌十一	紀元曆壬戌十三
皇祐二年庚寅歲十一月三十日癸丑影長	大衍曆癸丑六十五	大衍曆癸丑六十六
元符元年戊寅歲十一月甲子冬至	授時曆甲子六十一	授時曆甲子九十一
紹定三年庚寅歲十一月丙申日南至	統天曆丙申六十三	統天曆丙申九十二
	授時曆丙申九十二	授時曆丙申九十一

和刻本與明刻本中數據及文字的不同，表明和刻時對明刻本做了校訂，所校訂的地方是明版的誤刻，或印刷模糊處，或有些數據本身有錯，小川正意對它們進行了校改。

---

① 參見《元史》卷52《曆志一》；《授時曆》，寬文十二年梅花堂文内本，東北大學藏。
② 《授時曆》數據來源於明萬曆三十年的北京國子監本和寬文十二年的梅花堂本。

1.2　江户時代的《授時曆》注解書

德川幕府建立後，將宋學奉爲官方哲學，從而宋學在日本迅速發展，出現了以林羅山（1583—1657）爲代表的“朱子學派”、以中江藤樹（1608—1048）爲代表的“陽明學派”、以伊藤仁齋（1627—1705）爲代表的“古義學派”和以荻生徂徠（1666—1728）爲代表的“古文辭學派”。宋學爲江户時代的學術注入了新的活力，推動了江户文化的發展。18世紀在朱子學影響下日本國學[①]興起，出現了尋找日本文化身份的第一個高潮時期，[②] 被譽爲“日本的文藝復興”。[③] 鎖國環境中，“蘭學”與漢譯西學成爲日本人獲得有限的西方知識的主要渠道，漢學[④]與國學成爲江户時代學術的主流，東亞傳統科學也得到史無前例的發展。

和算的發達一方面爲江户時代的《授時曆》研究奠定了數理基礎，另一方面《授時曆》也促進了和算的發展。傳入日本的天文曆算漢籍在日本得到訓點、翻刻與研究。《元史》中的《授時曆經》和《授時曆議》在日本的刊刻，以及小川正意《授時曆經立成》的刊行，拉開了《授時曆》研究的序幕[⑤]，加之改曆的需要與《授時曆》所蘊含的天文曆算知識，引起日本天文曆算學家的極大興趣，他們對《授時曆》進行訓點、翻譯與注解的著作不斷湧現。近年來日本圖書館古籍的電子信息化，爲歷史研究帶來很大的便利，其“全國漢籍データベース”[⑥]、

---

① 江户時代的日本“國學”，是以日本原有古典書籍爲基礎，研究日本固有的思想、精神，闡釋其世界觀與價值觀的學術體系。

② 張小玲：《試論18世紀日本國學研究中聲音中心主義的體現》，《中國海洋大學學報》（社會科學版）2008年第1期。

③ 徐澤林、周暢、夏青：《建部賢弘的數學思想》，科學出版社2013年版，第27頁。

④ 江户時期的“漢學”，狹義指朱子學，從德川幕府早期的官方學問到後期對朱子學的批判與改進等學説都爲“漢學”，廣義上指一切的中國傳統學術。

⑤ 石雲里：《中國古代天文學在日本的流傳與影響》，《傳統文化與現代化》1997年第3期。

⑥ 日本主要的公共圖書館、大學圖書館所藏漢文古籍的圖書信息，按照傳統的經、史、子、集四類（加上叢書部共五類）進行收集、登記的聯合漢籍目録數據庫。由此2001年3月成立了“全国漢籍データベース協議会”，機關輪番設在國立情報學研究所、東京大學東洋文化研究所附屬東洋學研究情報中心、京都大學人文科學研究所附屬東亞人文情報學研究中心。

國文學研究資料館①的“日本古典籍総合目録データベース”、東北大學圖書館的“東北大学デジタルコレクション”② 等大型網絡數據庫，方便檢索和下載各類古籍。筆者通過這些數據庫再次調查發現，江户時代的《授時曆》注解文獻多達約85 種左右（見表3）。

表3 江户時代的《授時曆》研究文獻③

序號	成書或刊刻時間	著作名稱	刊或抄本	作者	收藏地
1	延實八年	授時發明（天文大成三條圖解）	抄	關孝和	國立東京天文臺
2	延實九年	授時曆經立成	抄	關孝和	東北大學
3	延實九年	授時曆經立成之法	抄	關孝和	國立東京天文臺
4	貞享三年	關訂書	抄	關孝和	東北大學
5	享保十一年	古曆便覽備考（授時曆考當卦頭書古曆便覽考）	抄	苗村常伯	京都大學
6	元禄十二年	天文數學雜著	抄	關孝和	東北大學
7	元禄十六年	授時曆經圖解	抄	小泉光保	九州大學
8	正德元年	授時曆經諺解	抄	龜谷和竹	東北大學
9	正德四年	授時曆圖解發揮	抄	中根元圭	京都大學
10	享保元年	授時曆口訣（撰日教要録）	刊	小泉松卓	學士院
11	享保二年	授時曆注（迴圈曆）	刊	小泉松卓	九州大學
12	享保十六年	授時曆推步（享保十七年見行草之抄）	抄	拝村正長	學士院
13	享保二十年	授時曆拔書	抄	大島芝蘭 拝村正長	學士院
14	享保二十年	交會之傳月食之例/授時曆鈔/享保九年見行草	抄	作者不詳	學士院
15	元文三年	授時曆月行遲疾一周之辨	抄	蜂屋定章	東北大學

① 國文學研究資料館，大規模集積日本國内各地日本傳統古典語言文學及關連資料的機構，1972年創設，設在東京都立川市。

② 爲東北大學圖書館的重要資料庫，以漢學家狩野亨吉（1865—1942）的108000種舊藏古籍文獻構成的“狩野文庫”以及林鶴一、藤原松三郎等人收集的和算資料爲基礎建設的資料庫，是研究東亞傳統科學技術史最重要的古籍資料庫。

③ 資料來源於國文學研究資料館。

續表

序號	成書或刊刻時間	著作名稱	刊或抄本	作者	收藏地
16	寬保三年	授時曆法私解	抄	蜂屋定章	東北大學
17	寶曆五年	授時曆算法講述	抄	泉溟善正	東北大學
18	寶曆十一年	授時解（授時曆解）	抄	西村遠里	大谷大學
19	寶曆十一年	授時曆新書	抄	作者不詳	伊能家
20	明和四年	授時曆加減—見行草	抄	林自弘	東北大學
21	明和五年	授時七曜曆	抄	松永貞辰	東北大學
22	明和五年	授時曆經俗解	刊	中根元圭	學士院
23	明和六年	授時曆便蒙	抄	安島直圓	東北大學
24	明和六年	授時曆稿	抄	作者不詳	東北大學
25	明和七年	授時七曜曆稿	抄	松永貞辰	東北大學
26	安永六年	安永六年授時曆用數	抄	作者不詳	學士院
27	安永九年	曆學法數原	刊	中西敬房	東北大學
28	天明元年	授時日躔法國字解	抄	作者不詳	東北大學
29	天明元年	授時日躔草	抄	作者不詳	東北大學
30	天明五年	推交食授時曆	抄	松永貞辰	東北大學
31	天明六年	授時曆時差相減相乘解（授時曆太陽立成解議）	抄	菅原雅久	舊彰考*
32	寬政元年	授時曆加減	抄	內田秀富	東北大學
33	寬政二年	（删補）授時曆交食法	抄	高橋至時	東北大學
34	寬政六年	授時曆南北差考	抄	小尺正容	舊彰考*
35	寬政十年	授時曆補（推步/立成）	抄	作者不詳	東北大學
36	寬政十二年	授時曆經諸數拔書	抄	有松正信	東北大學
37	享和二年	授時曆日食法論解	抄	高橋至時	學士院
38	文化五年	授時指掌活法圖	抄	館機	東北大學
39	文化五年	授時圖略解	刊	館機	東北大學
40	文化十一年	授時曆聞書	抄	作者不詳	東北大學
41	文政二年	授時曆氣朔算推之諺解	抄	作者不詳	米沢
42	文政三年	授時曆傳	抄	小塚直持	尾西資料館
43	天保八年	元禄七年見行草授時曆法	抄	松永直恆	東北大學
44	天保十三年	授時曆日月食推步	抄	作者不詳	東北大學

續表

序號	成書或刊刻時間	著作名稱	刊或抄本	作者	收藏地
45	弘化三年	授時曆推步	抄	志村恆憲	東北大學
46	弘化三年	授時曆推法	抄	藤恆憲	東北大學
47	時間不詳	授時曆解議①	抄	建部賢弘	國立東京天文臺
48	時間不詳	授時曆全書	抄	今井直芳	米沢
49	時間不詳	授時曆議注解	抄	原田茂嘉	學士院
50	時間不詳	授時曆經注解	抄	原田茂嘉	學士院
51	時間不詳	授時曆經議注解附録	抄	原田茂嘉	學士院
52	時間不詳	授時曆正解（白山曆解議）	抄	幸田親盈	東北大學
53	時間不詳	新考授時曆秘要	抄	阪正永	東北大學
54	時間不詳	授時曆秘訣	抄	大野正辰	天理大學
55	時間不詳	安島先生便蒙之術	抄	安島直圓	東北大學
56	時間不詳	授時曆精正	抄	石太恆	東北大學
57	時間不詳	授時曆經算法	抄	田中由真	東北大學
58	時間不詳	授時曆口解	抄	佐野源之丞	九州大學
59	時間不詳	授時補曆經（天文授時補曆）（授時布算鈔議解）	抄	千葉歲胤	東北大學
60	時間不詳	天文秘録集	抄	千葉歲胤	東北大學
61	時間不詳	授時頒曆日月食算蒙引	抄	谷秦山	國立東京天文臺
62	時間不詳	授時要法歌	抄	作者不詳	舊彰考*
63	時間不詳	授時曆日月蝕卷	抄	作者不詳	學士院
64	時間不詳	後編曆法授時曆正摘要	抄	作者不詳	津市
65	時間不詳	授時食限考	抄	作者不詳	舊彰考*
66	時間不詳	授時曆經解拔萃	抄	作者不詳	天理大學

① 此書包括《授時曆解議（數解）》1卷、《授時曆解議（術解）》2卷、《授時曆解議（議解）》3卷。前兩者收藏於東京天文臺，後者收藏於京都大學人文科學研究所，係從東京天文臺抄出，天文臺原抄本不存。另外，東京大學附屬圖書館也藏有完整的上述6卷抄本，來源不同。日本其它圖書館也有該書的抄本收藏，書名不統一。本書在翻譯整理時，將書名統一爲《授時曆解議（數解）》《授時曆解議（術解）》《授時曆解議（議解）》，或分别爲《授時曆數解》《授時曆術解》《授時曆議解》。

續表

序號	成書或刊刻時間	著作名稱	刊或抄本	作者	收藏地
67	時間不詳	授時曆經書込之寫	抄	作者不詳	學士院
68	時間不詳	授時曆直解	抄	作者不詳	學士院
69	時間不詳	授時曆經和解	抄	作者不詳	國立東京天文臺
70	時間不詳	授時曆五星立成	抄	作者不詳	舊彰考*
71	時間不詳	授時曆議南至測略解	抄	作者不詳	東北大學
72	時間不詳	補數授時曆（改正補數授時曆）	抄	作者不詳	東北大學
73	時間不詳	授時曆易解摘要	抄	作者不詳	舊彰考*
74	時間不詳	授時曆捷法	抄	作者不詳	米沢
75	時間不詳	授時曆術	抄	作者不詳	國立東京天文臺
76	時間不詳	授時曆草稿	抄	作者不詳	弘前大學
77	時間不詳	加減授時曆	抄	户板保佑	學士院
78	時間不詳	授時曆相傳聞書	抄	松尾普門	礫川
79	時間不詳	删補授時曆法	抄	作者不詳	山形大學
80	文禄年間	授時曆見行草	抄	作者不詳	舊彰考*
81	時間不詳	授時解測量之器之圖	抄	作者不詳	横濱市
82	時間不詳	授時改旋曆經	抄	長山貞六	國立東京天文臺
83	時間不詳	授時今秘曆	抄	山田前石	學士院
84	時間不詳	授時改旋曆書	抄	川谷致真	私家藏
85	時間不詳	授時曆私考	抄	中村惕齋	私家藏

注：標*者爲舊彰考館藏書，第二次世界大戰中毁失，其書目收入《圖書總目録》。

我們姑將這些文獻大致分爲四類：

第一類爲《授時曆》的日文翻譯著作，如龜谷和竹（1661—1734）的《授時曆經諺解》，還有《授時日躔法國字解》（作者不詳）、《授時曆口解》（作者不詳）、《授時曆氣朔算推之諺解》（作者不詳）等。這類著作是對《授時曆經》進行翻譯性解讀，通過這種方式便於江户時代日本人學習《授時曆》。

第二類是對《授時曆》的注解文獻，是江户時代學者解説《授時曆》

中的基本概念與算法原理的著作，這類著作最爲豐富，也最具學術價值，展現了江户時代學者卓越的數學能力和對天文曆法的理解能力。其中傳爲關孝和著作的《授時發明》《天文數學雜著》、建部賢弘的《授時曆解議（術解）》《授時曆解議（數解）》《授時曆解議（議解）》、原田茂嘉（1740—1807）的《授時曆經注解》《授時曆議注解》等書，注解的學術水準最高，他們不僅理解了《授時曆》推步法的原理，而且對其中的算法進行了復原與改進，如關孝和、建部賢弘對招差術、白道交周的理解和算法改進[①]，關孝和對交食推步的數理分析[②]，建部賢弘對五星推步的原理分析與算法改進[③]。此外，還有幸田親盈（1692—1759）的《授時曆正解》、安島直圓（1732—1798）的《授時曆便蒙》、藤恆憲（生卒年不詳）的《授時曆推法》、泉溟善正（生卒年不詳）的《授時曆算法講述》等，亦屬注解文獻，雖然這些書未題注解，但它們都在講述《授時曆》算法原理。還有一類圖解式的注釋頗具特色，如中根元圭（1662—1733）的《授時曆圖解發揮》、小泉光保的《授時曆圖解》（1703）、館機（生卒年不詳）的《授時圖略解》（1808）等。

第三類爲以《授時曆》方法推演計算的著作，這類著作居多，如《授時曆推步》（拝村正長）、《授時曆加減—見行草》（林自弘）、《授時七曜曆稿》（松永貞辰）、《授時曆稿》（作者不詳）、《元禄七年見行草授時曆法》、《授時曆推步》（志村恆憲）、《元禄七年見行草授時曆法》（松永直恆）、《授時曆交食法》（高橋至時）、《授時曆日月蝕卷》（作者不詳）、《推交食授時曆》（作者不詳）、《授時曆日食法論解》（高橋至時）、《授時曆南北差考》（作者不詳）等，這些著述本是學習《授時曆》推步法的習作或草稿，對我們理解其中的推步法也具參考

---

① 馮立昇：《從關孝和的累裁招差法看〈授時曆〉平立定三差法之原》，《自然科學史研究》2001年第20卷第2期。馮立昇、王海林：《關孝和對〈授時曆〉中白道交周問題的研究》，《陝西師範大學學報》（自然科學版）2004年第32卷第3期。徐澤林：《建部賢弘對〈授時曆〉“白道交周”問題的注解》，《自然科學史研究》2015年第34卷第3期。

② 王榮彬：《關於關孝和對〈授時曆〉交食算法的幾點研究》，《自然科學史研究》2001年第20卷第2期。

③ 中山茂：《西洋の幾何学的モデルと中国の数値代数的精密科学との“共役不能性”－薮内スクール問題點－》，《科学史研究》2011年第50卷總第258期；徐澤林：《江户時代日本學者對〈授時曆〉五星推步的曆理分析》，《自然科學史研究》2018年第37卷第3期。

價值。

第四類爲立成表，如小川正意的《大元授時曆經立成》、關孝和的《授時曆經立成》以及《授時曆五星立成》（作者不詳）等，這些立成表都是根據《授時曆》數據和方法推算一些年份的日、月和五星不均勻運動的數表。

上述文獻只有傳爲關孝和著述的《授時發明》《天文數學雜著》等收入了1974年編輯出版的《關孝和全集》，但缺乏文獻考證，尚有很多模糊不清之處。此外，《日本科學技術古典籍資料・天文學篇（8)》只收入了《授時曆正解》《元史授時曆圖解》《授時曆圖解發揮》《授時曆經諺解》等四種文獻①。此外絶大多數文獻尚未被整理和研究。

江户時代的《授時曆》注解文獻中，只有三部對《授時曆》（包括《授時曆經》和《授時曆議》）進行完整的注解，即建部賢弘的《授時曆解議》（六卷）、西村遠里（1718—1787）的《授時解》和原田茂嘉（1740—1807）的《授時曆注解》②，對《授時曆議》注解的只有《授時曆解議（議解)》（建部賢弘)、《授時解・議解》（西村遠里）和《授時曆議注解》（原田茂嘉)。③

由於和算家關孝和、建部賢弘具有超凡的數學能力，對《授時曆》推步原理的理解最爲深刻。高橋至時因掌握《曆象考成》系統的漢譯西洋天文曆算理論，所以對《授時曆》曆理的認識也比較深刻。而小泉光保的《授時曆圖解》、中根元圭的《授時曆圖解發揮》等圖解式注釋頗具特色。

中國清代的天文曆學研究主要以《崇禎曆書》系統的西方古典天文數學爲中心，研究《授時曆》的文獻不多。江户時代的《授時曆》注解書，是研究《授時曆》、日本天文曆學史乃至東亞科學技術史的重要學術資源，值得系統整理和研究。

---

① 近世歴史資料研究會編：《日本科學技術古典籍資料・天文學篇（8)》，東京：科學書院出版2012年版，第10頁。

② 藏於東北大學圖書館，未署名的經考證可以確認爲原田茂嘉。

③ Wen Zhang，Zelin Xu：*A study on Harada Shigeyoshi's Jujireki Chukai*，*Study of the History of Mathematics 2022*，RIMS Kôkyûroku Bessatsu B92（2023)，117－132.

1.3　建部賢弘的天文曆學業績

(1) 建部賢弘的生平

關於建部賢弘生平事蹟的歷史材料很少，僅《寬政重修諸家譜》第三輯第三卷四百零四的“宇田源氏佐佐木庶流建部”[①] 與《六角佐佐木山内流建部氏傳記》（建部賢明，1715）二卷有零星記載。[②] 據此可知，建部賢弘幼名源右衛門，初名賢秀，賢行，源之進，後改名爲彦次郎，號不休，父親是幕臣建部直恆（1620—?）。建部直恆共育有四子，建部賢弘是其第三子。建部家是德川幕府的右筆[③]世家，直恆於正保元年（1644）被德川家光（1604—1651）召爲右筆，建部賢弘的兄長賢雄（1654—1723）自幼習書道而世襲右筆職務，後因不能勝任而被免，次兄賢明（1661—1721）因體弱多病，也被免去右筆職務而成爲御納户組[④]。延寶四年（1676），建部賢弘 13 歲時與兄長賢雄、賢明一道投入關孝和的門下學習算學。20 歲時著《研幾算法》（1683），從這年開始，與關孝和、建部賢明合作共同編著《大成算經》（1683—1711），直至 1695 年前後，有 12 年時間是建部賢弘專心於數學研究和著述的時期，不僅擔負《大成算經》前 12 卷的編寫任務，還於 1685 年著作《發微算法演段諺解》4 册，解説關孝和的《發微算法》（1674），於 1690 年著作出版了《算學啓蒙諺解大成》，解説朱世傑的《算學啓蒙》（1299）。

1696 年（33 歲）至 1715 年（52 歲）這段時間，是建部賢弘仕於德川家宣（1662—1712）、德川家繼（1709—1716）的時期，其間他因公務繁忙而在數學研究方面的業績較少。元禄三年（1691）冬，建部賢弘被

---

① 高柳光壽、岡山泰四、斎木一馬編：《新訂寬政重修諸家譜》，続群書類叢完成會 1965 年版。

② 《寬政重修諸家譜》第三輯，東京：國民図書株式會社發行 1923 年版，第 77 頁。

③ 右筆，日本中世、近世的武家職名，即書記官，服侍於貴族且專門掌管書寫公函的人。又稱作奥右筆，是負責幕府的機密文書的管理和起草的職務。

④ 納户，或御納户，江户時代幕府武士的職名，從屬於“若年寄”支配，主要負責將軍家的金銀、衣服、調度的出納，掌管大名、旗本以下官員進貢的物品或賞賜的金品。

過繼給德川綱豐[①]的家臣北條家做養子，元禄五年十二月受綱豐徵召，但在北條家不得志。元禄十六年（1703）秋，離開養父家復歸建部本家，綱豐重新徵召他入幕府，任職納户役。寶永元年（1704）入西之丸[②]，列爲御家人，任西之丸御廣敷[③]的副值勤，寶永四年（1707）五月，成爲西之丸御納户番士。寶永六年（1709）五月家宣成爲六代將軍，七月賢弘晉升爲西之丸御小納户。正德三年（1713）家繼成爲七代將軍，次年十月賢弘的身份改爲布衣[④]，官品達六位，正德五年的身份達到御目見以上[⑤]。

從1716年（53歲）到1733年（70歲），是他仕於德川吉宗（1684—1751）的時期，擔任幕府的曆學顧問而從事地圖測繪與天文曆學研究工作，並整理自己以前的數學研究成果。享保元年（1716），吉宗成爲八代將軍，建部賢弘被列爲寄合[⑥]，受到將軍吉宗的信任而擔任幕府的天文曆學顧問。享保四年（1719）秋奉命繪製日本全國地圖，次年奉命測量武藏國[⑦]妙見山、牟禮瀧山等地，享保八年完成日本全圖的繪製，享保十年（1725）九月十六日因爲測繪地圖的工作而受賞。期間於1722年完成了《綴術算經》這部經典性著作，總結自己的數學研究成果，闡述自己研究數學的心得。

享保十一年（1726），梅文鼎（1633—1721）的《曆算全書》由唐船帶入長崎，吉宗命建部賢弘譯述此書，建部賢弘託付給弟子中根元圭

① 即德川家宣（1662—1712），德川幕府第六代將軍，在職時間爲1709—1712年。甲府宰相德川綱重（1644—1678）的長子，乳名虎松，元服後的初名叫綱豐。

② 西之丸，即西の丸，江户城西部之一郭，是將軍世子的居所，以及將軍的隱居所，也即今日東京市内皇居的地方。

③ 江户城本城（本の丸）及西城（西の丸）的大奥的一部。大奥，江户城本城的一部，是將軍夫人和側室的住所。

④ 幕府的役人按身分可分爲布衣以上、御目見以上、御目見以下三種。所謂布衣，就是可穿著無綢底禮服的幕臣，身分相當六位（即六品）。所謂御目見以上，即可以拜謁將軍。

⑤ 御目見以上，江户幕府將軍直参的武士中，俸禄在一萬石以下、具有可以看將軍的資格的武士，如旗本。

⑥ 寄合，非役之臣。俸禄爲3000石以上而非役者爲寄合，3000石以下者入小普請組。但對於有卓著功勳的家庭，3000石以下的也可以成爲寄合，建部賢弘正是如此，纔被列爲寄合。

⑦ 武藏國，是日本古代地方行政區，令制國之一，位於東海道，別稱武州。領域相當於現在的東京都、埼玉縣與神奈川縣的一部分。

翻譯，中根元圭於享保十三年訓點[①]譯畢，名爲《新寫譯本曆算全書》，共46册，建部賢弘爲之作序，於享保十八年呈與吉宗，收入紅葉山文庫，今藏於宮内廳書陵部[②]。

享保十五年（1730）五月建部賢弘遷爲御留守居番[③]，十七年（1732）三月一日爲廣敷御用人[④]。享保十八年（1733），建部賢弘年70歲請辭獲準，免職後被賜爲寄合[⑤]，元文四年（1739）七月二十日病逝，享年76歲[⑥]。

（2）建部賢弘的天文曆學與測繪業績

從享保元年（1716）到享保十八年，是建部賢弘人生的後一階段，他作爲幕府的武士擔任曆學顧問從事天文曆學研究與全國地圖的測繪工作，受到八代將軍德川吉宗的賞識與恩澤，也是他學術思想昇華的老境期。

由於貞享曆誤差漸大，剛任將軍的德川吉宗決定以西方數理方法改曆，爲此發佈"緩禁令"，希望導入西洋天文學。由於天文方澀川家在春海之後都不能勝任，因此任命西川正休（1693—1756）[⑦]爲天文方擔

---

① 訓點，日本人閱讀漢文時，在漢字旁邊和下方標出漢字讀音的假名與斷句的句點。

② 日本学士院日本科学史刊行会編：《明治前日本數学史》（第二卷），東京：岩波書店1956年版，第274—275頁；宮内廳是日本政府中掌管天皇、皇室及皇宮事務的機構。書陵部，是宮内廳内部部局之一，管理和編修與皇室有關的文書、資料等，還管理皇室陵墓，分圖書課、編修課、陵墓課等。

③ 御留守居番，幕府武士職名，負責值夜的大奥警備和内務官職，1000石俸禄的布衣之位。

④ 廣敷，江户城的本丸與西丸的大奥的一部分。本丸，是位於城中心的最主要的城郭。西丸，是江户城本丸西部的一郭，是將軍的世子居住的地方，也是將軍隱居地，即今天東京的皇居。大奥是將軍夫人御臺所及側室居住的地方，禁止男性進入。御廣敷用人就是負責御廣敷的庶務、會計等職責。

⑤ 江户時代，旗本中禄高三千石以上没有實際職務的人，由若年寄管轄。

⑥ 日本学士院編：《明治前日本數学史》第二卷，東京：岩波書店1965年版，第67頁；《寛政重修諸家譜》第三輯，東京：國民図書株式会社1923年版，第77頁。

⑦ 江户時代的天文曆學家，西川如見（1648—1724）的第二子，出生於長崎，從父受家學，精通天文曆學。德川吉宗賞識其天文曆學才能，召爲幕府御家人，從事曆術與測量工作。1747年被任命爲天文方。1750年開始在京都梅小路天文臺進行改曆工作，因與土御門泰邦關係不和而被召回江户，寶曆六年六月病死。曾訓點游子六的《天經或問》，著有《大略天學名目鈔》。

負改曆重任。在這樣的背景下，徵召精通數學與天文曆法的建部賢弘充任曆學顧問。《德川實記》的“有德院殿御實記附録卷八”對此有詳細記載：

> 數學，寄合建部賢弘乃著名算學者，小納户浦上彌五左衛直方舉薦，則屢々御垂問，馬上就極其精微……
>
> 當時行用之貞享曆法多疏脱，誤失亦不少，御問天文方澀川助左衛門春海弟子豬飼文次郎某，文次郎某等未至深，則不能奉答，再次垂問彦次郎賢弘，彦次郎賢弘推舉京都銀工中根條右衛門玄圭……
>
> 不久御心改革曆法，當備顧問而建部彦次郎不幸有失，暫可求其人……①

建部賢明（1661—1716）在1715年所寫的《六角佐佐木山内流建部氏傳記》也記敘了建部賢弘的天文曆學工作，稱其侍奉德川綱豐時就製造了渾天儀和萬代不易的土圭。②

據《德川實記》及《六角佐佐木山内流建部氏傳記》等文獻記載，1716年之後建部賢弘一直受到吉宗的褒獎賞賜，其天文曆學事蹟及受賞記録如下：

享保元年（1716），德川吉宗召建部賢弘、中根元圭諮詢曆法問題；

享保五年（1720），建部賢弘作爲吉宗的天文數學顧問而受到賞賜；

享保七年（1722），建部賢弘所著《辰刻愚考》成書；

享保十年（1725），建部賢弘因繪製日本地圖而受到賞賜；

享保十二年（1727），建部賢弘因近郊測量而受賞賜；

享保十三年（1728），建部賢弘、中根元圭掌曆書而受幕府賞賜；

享保十四年（1729），建部賢弘受到幕府賞賜；

---

① 日本学士院日本科学史刊行会編：《明治前日本天文學史》，東京：岩波書店1956年版。

② 建部賢明：《建部氏伝記抄録》，東北大学附属図書館，登録番號 ws000106。

享保十八年（1733），建部賢弘退休。[①]

以上關於建部賢弘的天文曆學活動的記録可以説是粗略的，還有很多歷史細節並不清楚，例如建部賢弘與幕府天文方澀川家族、西川家族的互動關係如何？他的天文曆學業績在後來的寶曆改曆中起了什麼樣的作用？享保改曆過程中，幕府因費用等問題與土御門泰邦（1711—1784）[②] 對立，後隨着吉宗的去世，寶曆二年（1752）幕府失利，改曆工程由土御門家主導，導致改曆失敗。

對於建部賢弘的天文曆學著作，《明治前日本數学史》敘有 7 种[③]：

（1）《辰刻愚考》（1722），抄本

（2）《歲周考》（1725），抄本

（3）《算曆雜考》（一説爲《曆算通徹》），年代不詳，抄本

（4）《授時曆解議（議解）》三卷，年代不詳，抄本

（5）《授時曆解議（術解）》二卷，年代不詳，抄本

（6）《授時曆解議（數解）》一卷，年代不詳，抄本

（7）《極星測算愚考》一卷，年代不詳，抄本

《辰刻愚考》落款爲“壬寅歲季秋朔日 陋士不休”。《歲周考》，署“陋士不休著”，有自序。《極星測算愚考》與《中否論》爲松宮俊仍（1686—1780）的《分度餘術》（1728）所收，並署建部賢弘。稿本《算曆雜考》（著作時間不詳），據藤原松三郎（1881—1946）考證，認爲可能是《好書故事》所稱之建部賢弘的《曆算通徹》[④]。

《授時曆解議（議解）》三卷、《授時曆解議（術解）》二卷、《授時曆解議（數解）》一卷，著作時間不詳，也没有署名，是世称的“六卷書”或“六卷抄”。《授時曆解議（術解）》對《授時曆經》推步法進行注解，闡釋曆法概念及推步法沿革與原理。《授時曆解議（數解）》以元禄七年甲戌歲（1694）爲實例，根據《授時曆》推步法進行演算。

---

① 日本学士院日本科学史刊行会編：《明治前日本天文学史》，東京：岩波書店 1956 年版。

② 土御門泰邦，江户中期的陰陽道宗家、曆法家。土御門泰福之子，世襲家職任陰陽頭。

③ 日本学士院日本科学史刊行会編：《明治前日本數学史》，東京：岩波書店 1956 年版。

④ 藤原松三郎：《建部賢弘の著と考へらる算曆雜考について》，《科学史研究》第 1 號，1942 年。

《授時曆解議（議解）》是對李謙所撰《授時曆議》的注解，這在東亞也是首次。判斷它们爲建部作品的一個間接證據，是中島北文《新製和曆》附録中的記敘：

> 天和貞享時，有建部者，彼之述作也，世云六卷抄，乃授時曆之解釋。數解二卷、術解二卷、議解二卷，共六卷，此書可視爲建部者生涯之骨折也。依之，世間學曆術者往往謂六卷抄，造授時曆意味不殘而備，不可思議耶。①

此外，《授時曆解議（術解）》上卷“推發斂加時第三”後面一段文字：

> 每辰撞鐘之數
>
> 寬文中有蠻國所貢自鳴鐘，在官庫不能旋轉而廢棄久矣，且無察者，寶永末年，余任官暇承臺命監察之，紀極而其機巧冠世，故其旋轉所以、機發之巧樣等，記於粗片貼以獻之云。②

這一記敘與建部的經曆可相印證。

筆者發現，在《授時曆解議（議解）》“日行盈縮”一節的注解後有一段文字：

> 求縮初盈末差亦同意也，以此六氣限日皆等而求之算法也。或有限日不倫者，其術異於此，皆同於方程正負之術。更不繁説，詳於予所制《大成算經》也。③

此處所説乃《大成算經》中的方程招差術。由此可進一步斷定，《授時曆》“六卷抄”確爲建部賢弘的著作。

對於建部賢弘的測繪工作，《寬政重修諸家譜》記載如下：

> 享保五年三月十三日受命檢武藏國妙見山、牟禮瀧山等地；六年

---

① 中島北文編著：《新製和曆·附録》，東北大學圖書館林文庫 2786 號。

② 日本学士院日本科学史刊行会編：《明治前日本數学史》（第二卷），東京：岩波書店 1956 年版，第 444 頁。

③ 建部賢弘等：《大成算經》，京都大學數學教室藏。

二月十一日爲二丸之御留守居，十年九月十六日領國絵圖之事，受時服三領、賚金五枚；十五年五月十五日遷爲御留守番；十七年三月朔日轉爲御廣敷之用人；十八年二月十一日辭務，十二月四日致仕。①

江户幕府260年間共組織7次測繪製作日本地圖，第五次是元禄年間製作的，這張地圖中日本列島的外形與實際相比過大。德川吉宗關注這個問題，希望予以修正，下令重新測繪日本地圖，於是就組織了享保測繪工程。測繪始於享保二年（1717），享保十四年（1729）完成。測繪工作的指揮者當初是北條氏如（1666—1727），享保四年（1719）秋改由建部賢弘負責，享保五年測量武藏國妙見山、牟禮瀧山等地②，享保八年（1723）完成，他也於享保十年（1725）九月十六日因爲測繪地圖工作而受賞。

元禄以前幕府製作日本地圖都是讓各藩提交藩圖，然後把它們拼合起來而形成日本總圖。享保日本地圖的最大特徵是根據“望視交會法”進行繪製。製作過程中，建部賢弘提案分兩階段製作，讓諸藩先簡單測量，再由幕府酌情放大測量。先前北條氏如測量的資料不充分，且不準確，效果不好。建部則將日本分成8個區域，首先製成各部分的圖，再把它們拼合起來。近藤守重（1771—1829）的《好書故事》③以及太田南畝（1749—1823）的《竹橋餘筆》都記敘了建部賢弘繪製日本地圖的事蹟，稱其把元禄年間幕府所製地圖加以改訂，不僅收集各藩的地圖，更是注重測量鄰藩的高山，記其方位，然後據此作爲銜接鄰藩地圖的參照。其測繪工作不僅是爲了製作更精密的地圖，而且“密侯極星之高而訂南北之位，精驗月望之食而正東西之程”④。曆法推步中首要工作，是測出北極星出地高度並正方位。

2014年2月，日本廣島縣歷史博物館發現其收藏的個人藏古地圖

---

① 《寬政重修諸家譜》第三輯，東京：國民図書株式會社發行1923年版，第77頁。

② 武藏國，屬東海道，俗稱武州。石高約67萬石。包括今之東京都、埼玉縣全境、神奈川縣横濱市、川崎市全境。古代領無邪志國、胸刺國、知夫國等地，大化改新後合爲一國。初屬東山道，寶龜二年（771）入屬東海道。鐮倉時代，成爲關東八國之一。明治廢藩置縣後分置八縣，最後合歸爲埼玉縣、東京都、神奈川縣。妙見山、牟禮瀧山今不知所指。

③ 国書刊行会：《近藤正齊全集卷三》，第一書房，東京1976年。

④ 日本学士院日本科学史刊行会編：《明治前日本數学史》（第二卷），東京：岩波書店1956年版，第277—278頁。

中，包含享保年間幕府製作的《享保日本圖》。該圖有九州平户藩大名、著名的博物收藏家松浦靜山（1760—1841）的天明五年（1785）識語與印章，可知它曾是松浦靜山的收藏品。識語中對地圖的由來、它是吉宗的日本地圖等問題有説明。[①] 此圖應該就是建部賢弘所繪的日本地圖。

1.4 《授時曆解議》的傳抄及收藏情況

檢索日本各地圖書館藏書信息，獲悉共有11家圖書館收藏《授時曆解議》（"六卷抄"）之抄本，信息如表4：

表4　建部賢弘《授時曆》"六卷抄"抄本收藏情况

序	收藏地	册數	題名、登録號	説明
1	舊彰考館	數解1册 術解2册 議解3册	不明	1945年被戰火焚毁，不存。
2	國立東京天文臺	數解1册 術解2册	授時曆解議 （請求記號：DIG～NAOJ～24） （書志ID：100257575）	有明時館藏書印
3	京都大學人文科學研究所	議解3册	授時曆解議 （449.34　Z～90）	有明時館藏書印，筆跡與天文臺藏本不同。抄自天文臺。
4	東京大學附屬圖書館	數解1册 術解2册 議解3册	授時曆数解（T30～102） 授時曆議解（T30～95） 授時曆術解（T30～99）	南葵文庫藏書
5	學士院圖書館	數解1册 議解2册	授時曆議解（請求番號6711） 授時曆經數解上、下（請求番號6713）	又稱安倍本，昭和十七年抄寫。有學士院藏書印
6	東北大學狩野文庫	議解1册	授時曆國字解 （狩野／7.20956.1） （書志ID：2939302）	《授時曆解議（議解）》"交食"部分注解

① 參見廣島縣立歷史博物館網頁。

續表

序	收藏地	册數	題名、登録號	説明
7	東北大學附屬圖書館林文庫	數解 1 册 術解 2 册 議解 2 册	授時曆議解（林文庫/2735） 授時曆議（林文庫/2736） 授時曆經（林文庫/2737） 授時曆經（林文庫/2738） 授時曆經中數解（林文庫/2738） 授時布算鈔錢議解（林文庫/2740）	該書在東北大學圖書館書名混亂，内容基本全存，只有《授時曆解議（議解）》前缺"驗氣"部分。
8	大谷大學附屬圖書館	數解 1 册 術解 2 册 議解 3 册	授時曆解 （請求記號：DIG ~ OTNI ~ 232 ~ C） （書志 ID：100349936）	有大谷大學藏書印
9	北海道大學附屬圖書館	數解 術解 議解	授時曆抄 （請求記號：DIG ~ HOKU ~ 396） （書志 ID：100240635）	摘抄本
10	九州大學附屬圖書館	數解 2 册	授時曆經數解 （桑木文庫/0043） （請求記號：DIG ~ KYUS ~ 10012） （書志 ID：100365132）	書名《授時曆經數解》上下兩册
11	津市圖書館稻垣文库	數解 1 册 術解 2 册	授時曆經術解（稻 44—93） （書志 ID：29115439） 授時曆經術解（稻 44—94） （書志 ID：29115440） 授時曆經上數解（稻 44—299） （書志 ID：29115633）	只有圖書信息，未見書。

除第一種舊彰考館藏抄本不存外，其他 10 種抄本均存。從上述藏書情況來看，江户時代流傳的抄本有三種：（1）水户藩彰考館藏抄本①；

① 彰考館是水户藩藩主德川光圀（1628—1700）於明曆三年（1657）爲了修撰《大日本史》而建立的圖書館和研究設施。二戰期間，彰考館藏書全部毀於戰火。

（2）紀伊藩南葵文庫藏抄本[①]；（3）薩摩藩明時館藏抄本[②]。

今存三藩收藏的抄本是否是江户時代的原抄本，還是明治、昭和時代的轉抄本？建部賢弘的自筆本與中根元圭的眉注本，本應屬於幕府藏書，那麼，何時、經何途徑流入了水户藩、紀伊藩和薩摩藩？建部賢弘的自筆本在哪，又如何被三藩轉抄？何時三藩分别從幕府抄出？此三種抄本之間存在什麼關係？中根元圭的眉注是在建部的自筆本上做出的，還是另行抄寫後再加了眉注？這些問題目前尚不清楚，需進一步考證。

東京天文臺藏抄本（《授時曆解議（術解）》《授時曆解議（數解）》）與京都大學藏抄本（《授時曆解議（議解）》），合爲完整的六卷，都有明時館的藏書印，屬於中根眉注抄本系列。京都大學所藏的《授時曆解議（議解）》是平山清次（1874—1943）從東京天文臺转抄的[③]，可是現在東京天文臺藏並無《授時曆解議（議解）》收藏，不知何故。

東京大學附屬圖書館藏抄本六卷俱存，封面分别題爲《授時曆解議（議解）》《授時曆解議（術解）》《授時曆数解》，有"紀伊國德川氏圖書記""南葵文庫"的藏書印。該抄本原爲紀伊藩德川家藏書，關東大地震後寄存於東京大學附屬圖書館，其抄寫的筆跡與《建部先生綴術真本》《大成算經》抄本一致，應該爲同一人抄寫。抄寫年份不明，抄寫版式行款與天文臺抄本、京都大學抄本（明時館抄本）均不同。

大谷大學藏抄本共六册，書名《授時曆解》，有"大谷文庫""大谷大學"藏書印，且把明時館藏抄本的眉注中的訂誤都改抄入正文之中。此外，兩者有一處未修改過來的抄寫錯誤也是一致的，由此可見，大谷大學抄本是從東京天文臺抄來的。其中《授時曆解議（議解）》有

---

① 南葵文庫乃紀州德川家藩主德川賴倫（1872—1925）在麻布飯倉的自家邸地基建立的私立圖書館。紀州又稱作"南紀"，德川家的家紋爲"葵"，故名"南葵"。明治二十九年（1896），德川賴倫在歐美漫遊時視察了外國各國圖書館，痛感圖書館的必要性，以紀州德川家傳下來的2萬册古籍爲基礎，於明治三十五年（1902）設立文庫，向紀州藩士的子弟及相關者開放。其後，在家藏本的基礎上，通過購入、寄贈不斷增加藏書。明治四十一年（1908）向社會開放。

② 明時館，是薩摩藩的天文觀測和研究的施設。安永八年（1779）由薩摩藩第8代藩主島津重豪所建，又稱作天文館。

③ 藪内清，中山茂：《授時曆－訳注と研究－》，アイ・ケイコーポレーション2006年版，第3頁。

數處眉注曰："寬按"，此注當爲抄寫者所作。經查，抄寫者似爲中田高寬（1739—1802）①。

九州大學藏抄本，有"禮讓館圖書印"和"九州帝國大學圖書印"，書名爲《授時曆經數解》，上下兩册，抄寫工整，版式行款與南葵文庫本一致。該抄本與大谷大學藏抄本許多校訂處完全一致，兩者有傳抄關係。可能抄自東京大學南葵文庫抄本，應該是"禮讓館"② 舊藏書。

東北大學林文庫抄本六卷，書名混亂，《授時曆解議（議解）》共三册，書名分别爲《授時曆議解上》《授時曆議下》和《授時佈算鈔錢議解》；《授時曆解議（術解）》兩册，書名爲《授時曆經上》和《授時曆經下》；《授時曆解議（數解）》書名爲《授時曆經上數解》。但《授時曆解議（議解）》前缺"驗氣"部分，後缺"定朔、不用積年"等内容。

東北大學狩野文庫藏抄本只有一册，内容爲《授時曆解議（議解）》"交食"部分。此抄本與東北大學藏抄本《授時曆議注解》（原田茂嘉）的紙張、筆跡均相同，後者抄寫人爲宇野則定，故狩野文庫藏抄本《授時曆解議（議解）》也爲宇野則定所抄。宇野則定其人不詳。

學士院藏抄本六册俱全，有帝國學士院圖書印，抄寫時間爲昭和十七年（1943），抄寫者是安倍。衆所周知，明治昭和年間和算史研究鼎盛，和算及其相關文獻主要集中於東北大學與學士院，其他圖書館的一些珍稀文獻也被抄寫副本收入這兩處。該抄本未被電子化上傳，筆者暫未見到抄本全貌，此次漢譯也未能用此對校。

北海道大學抄本共有四卷，一册，書名爲《授時曆抄》，第一卷爲《授時曆解議（議解）》"不用積年日法"内容，第二卷至第四卷分别爲《授時曆解議（術解）》"步日躔""步交會"和"步五星"内容，該抄本封面題寫有"建部賢弘"，内頁有"札幌農學校圖書之印"，此本當

① 中田高寬（1739—1802），字文敬，通稱文藏，號孔卜軒。江户時代中後期的和算家，越中富山藩藩士。安永二年（1773）跟隨藩主前田利與（1737—1794）前往江户，向藤田貞資（1734 —1807）學習和算。安永八年回富山開私塾教關流算學，著有《精要算法解術》《方陣諺解》《方陣之法》《累裁招差之法》等。

② 禮讓館是江户時代宮津藩的藩校，由澤邊北溟等人設立。其藏書後爲宮津市立圖書館繼承。

爲他人摘抄《授時曆解議》內容的摘抄文本。經過比對北海道大學《議解》抄寫版式行款與京都大學抄本相同，《術解》部分抄寫版式行款與天文臺抄本相同，因此北海道大學抄本可能分別從京都大學抄本和天文臺抄本抄出。

津市圖書館稻垣文庫藏抄本只搜索到書目，尚未能見到書，圖書信息爲《授時曆解議》。

1.5 建部賢弘對《授時曆》的曆理分析

中國傳統科學因注重實用而具有技術化特徵，忽視對原理的清晰闡述，加之天文曆法又是古代社會中的帝王之學，具有絶對的權威性和神秘性，所以正史《曆志》通常只載推步之法，不敘推步法之原理，給後世解讀增添困難。

明代以後曆學家開始重視對法原的討論，明末邢雲路在《古今律曆考》中企圖揭示《授時曆》的立法原理。西學東漸後伴隨西法的東來與影響，中國曆法開始編入曆法原理，如清初學者編撰的《明史·大統曆》，開篇“法原”首論推步原理；清代《曆象考成》也由“曆理”“曆法”兩部分構成；清初學者黃宗羲（1610—1695）、黃鼎（生卒年不詳）、梅文鼎等人對《授時曆》的曆理多有闡發，但對其中如招差法、白道交周、五星推步等問題，仍未能給出清晰的原理分析。20 世紀以來，科學史界一直關注曆法推步的數學原理，江户時代日本學者對中國曆法的注解，有助於我們對推步原理的理解。建部賢弘的《授時曆解議（術解）》《授時曆解議（議解）》對《授時曆》的推步法進行了詳細而準確的注解，對推步法的構造原理進行了解説，帮助我們理解和認識中國古代科學。以下以《授時曆解議（術解）》中五星推步的注解爲例，討論如何在建部注解的啓發下認知古代五星推步的算法原理[①]。

① 本節内容發表於《自然科學史研究》。參見徐澤林《江户時代日本學者對〈授時曆〉五星推步的曆理分析》，《自然科學史研究》2018 年第 37 卷第 3 期。

對五大行星視運動的推算是中國曆法的重要内容，但其精度不及日月運動的推算，而且儘管《授時曆》的數學内容較深，但對五星推步的原理缺乏清晰闡述。五星推步是曆法中最爲複雜的算法，學術界對其推算精度與理論展開了一系列研究，藪内清（1906—2000）[①]、劉金沂（1942—1987）[②]、宮島一彦[③]、陳美東（1942—2008）[④] 分别對隋唐曆法中的五星推步進行了疏解和數理研究，張健[⑤]、李勇（1963—2019）[⑥] 分析了《授時曆》和《大統曆》中五星推步的精度問題，陳美東[⑦]討論了中國古代對五星近日點黄經及其進動值的測算問題，鈕衛星[⑧]與武田時昌[⑨]通過文獻考證和數理分析，探討了早期曆法和一些天文材料中有關内行星運動數值的來源問題。五星推步的構建原理也是學界關心的難題，曲安京[⑩]、中山茂（1928—2014）[⑪] 以《授時曆》爲中心，探討了五星推步的構建原理以及古代行星運動理論問題。唐泉在回顧總結學界關於五星運動研究成果的基礎上[⑫]，對古曆中五星推步算法的歷史沿革做了梳理[⑬]，並分析了唐、宋、元時代一些重要曆法中五星盈縮差算法

---

① 藪内清：《中国暦法における五星運動》，《東方学報》（京都）26 册，1956 年。

② 劉金沂：《麟德曆行星運動計算法》，《自然科學史研究》1985 年第 4 卷第 2 期。

③ 宮島一彦：《大衍曆の五星計算法》，山田慶児編：《中国古代科学史論》，京都大學人文科学研究所 1989 年版，第 337—362 頁。

④ 陳美東：《中國古代五星運動不均勻性改正的早期方法》，《自然科學史研究》1990 年第 9 卷第 3 期。

⑤ 張健：《授時大統曆法五星推步的精度研究》，《天文學報》2008 年第 49 卷第 2 期。

⑥ 李勇：《〈授時曆〉五星推步的精度研究》，《天文學報》2011 年第 52 卷第 1 期。

⑦ 陳美東：《我國古代對五星近日點黄經及其進動值的測算》，《自然科學史研究》1985 年第 4 卷第 2 期。

⑧ 鈕衛星：《古曆“金水二星日行一度”考證》，《自然科學史研究》1996 年第 15 卷第 1 期。

⑨ 武田時昌：《太白行度考——中國古代の惑星運動論》，《東方學報》2010 年第 85 期。

⑩ 曲安京：《中國古代的行星運動理論》，《自然科學史研究》2006 年第 25 卷第 1 期。

⑪ 中山茂：《西洋の幾何学的モデルと中国の数値代数的精密科学との“共役不能性”-藪内スクール問題點-》，《科学史研究》2011 年夏第 50 卷（No. 258）。

⑫ 唐泉：《中國古代行星理論研究現狀與展望》，《科學技術哲學研究》2013 年第 30 卷第 5 期。

⑬ 唐泉：《中國古代五星定合算法的沿革與分期》，《内蒙古師範大學學報》（自然科學漢文版）2012 年第 41 卷第 5 期；唐泉：《中國唐宋時期五星盈縮差算法的演變軌跡——從爻象曆到盈縮曆》，《科學技術哲學研究》2016 年第 33 卷第 2 期。

的構造與數值精度問題①。這些研究成果揭示了中國古代行星運動計算方法的歷史發展及其科學意義。但對於五星推步算法的構建原理，特別是如何解釋五星推步中的“限度”概念，以及行星盈縮差公式中係數的來源及其天文意義等問題，仍需進一步研究。

《授時曆》的五星推步內容基本沿襲《重修大明曆》（1127），只是一些天文常數做了改進，算法上的進步反映在引進了平立定三差法計算五星運動盈縮差，但算法整體結構没有發生變化。圍繞推求行星視運動過程中合伏、見的時刻與真黃經，《授時曆》給出五星動態表以及18個推步之術。爲便於説明其算法構建原理，玆再次以符號代數語言概述其算法。

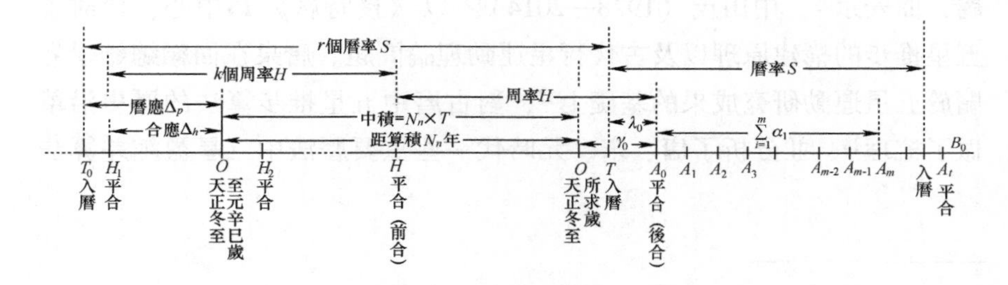

圖7　五星推步算法背景示意圖

如圖7，規定公元1280年冬至時刻（曆元 O_0）爲曆法推算起點，記回歸年長度（歲實）爲 $T = 365.2425$ 日，周天度數（曆度）爲 $C = 365.2575$ 度，行星與太陽的會合周期（周率）爲 H，行星公轉周期（曆率）爲 S，行星運行1度所需要的日數（度率）爲 $\vartheta = H/(H-T)$，曆元（O_0）前最近距的平合點（H_1）到曆元的時間間隔（合應）爲 Δ_h，曆元（O_0）前最近距的入曆點 T_0（稱作盈初）到曆元的時間間隔

---

① 唐泉：《再論中國古代的五星盈縮差算法》，《自然科學史研究》2011年第30卷第4期；唐泉：《〈紀元曆〉五星定見算法及其精度研究》，《咸陽師範學院學報》2013年第28卷第4期；唐泉：《〈授時曆〉外行星計算精度》，《西北大學學報》2009年第39卷第5期；唐泉：《宋元時期内行星計算精度——以〈紀元曆〉和〈授時曆〉爲例》，《西北大學學報》2013年第43卷第1期；唐泉：《北宋的行星計算精度——以〈紀元曆〉外行星計算爲例》，《中國科技史雜誌》2009年第30卷第1期；唐泉：《唐代行星理論中的乘數與除數》，《内蒙古師範大學學報》（自然科學漢文版）2011年第40卷第6期。

（曆應）爲Δ_p，行星盈縮差公式的三項係數分别爲 a、b、c，即行星盈縮差 $y=f(\lambda)=[a\pm(b\pm c\lambda)\lambda]\lambda$（$\lambda$ 爲入曆限數），太陽盈縮差公式的三項係數分别爲 e、f、g，即太陽盈縮差 $c_s=p(z)=[e\pm(f\pm gz)z]z$（$z$ 爲入曆限數）。

在一個會合周期内，行星經歷合伏、順行、留、逆行、留、順行、合伏的運動狀態，爲此將五星運動狀態構建成動態表（各星運動狀態劃分爲不等的若干個階段，木星分 14 段，火星分 18 段、土星分 12 段，金星分 20 段、水星分 10 段）。例如木星動態表如下表 5：

表 5　《授時曆》外行星運動動態表（木星）

段目 i	段日 d_i	平度 α_i	限度 μ_i	初行率 v_i
合伏	16 日 86	3 度 86	2 度 93	23 分
晨疾初	28 日	6 度 11	4 度 64	22 分
晨疾末	28 日	5 度 51	4 度 19	21 分
晨遲初	28 日	4 度 31	3 度 28	18 分
晨遲末	28 日	1 度 91	1 度 45	12 分
晨留	24 日			
晨退	46 日 58	−4 度 88 12.5	−0 度 32 87.5	
夕退	46 日 58	−4 度 88 12.5	−0 度 32 87.5	16 分
夕留	24 日			
夕遲初	28 日	1 度 91	1 度 45	
夕遲末	28 日	4 度 31	3 度 28	12 分
夕疾初	28 日	5 度 51	4 度 19	18 分
夕疾末	28 日	6 度 11	4 度 64	21 分
夕伏	16 日 86	3 度 86	2 度 93	22 分

表中，段目（i）指該段的名稱；段日（d_i）爲行星處於該段的平均時長；平度（α_i）指在該段日數内之行星平行的積度，也就是行星處在該段的平均角度；限度（μ_i）是用於計算行星處於該段的入曆度與盈縮差的參數；初行率（v_i）是行星處於該段的初始速度。動態表描述了五星處於各段的初始時間與位置狀態，相當於給出其對應的平時間與平

位置，其精確的實際數值則根據推步之術計算獲得。

《授時曆》中由18個術構成的五星推步算法，可以歸納爲四個計算過程：

首先，推求所求年的冬至時刻以及冬至後平合的平時刻與平黃經；

其次，借助五星動態表，推求諸段的平時與平黃經；

再次，進行行星運動改正（求五星盈縮差）；

最後，進行太陽運動改正（求距合差度與太陽盈縮差）而獲得確定的實位置。

將其進一步概括爲三個核心步驟：

（1）首先推求所求年冬至後平合及諸段的中積與中星，也就是推求從所求年冬至（O）後的平合（A_0）及諸動態階段（A_m）分別到所求年冬至（O）的平時 γ_m（稱作中積）與平黃經 ω_m（稱作中星）。假設所求年冬至（O）至曆元（O_0）共積 N_n 年，那麼由 $N_n \times T + \Delta_h \equiv h_k \pmod{H}$ 與 $h_{k+1} = H - h_k$，求出前合分 h_k 與後合分 h_{k+1}，後合分 h_{k+1} 除以日周（10000分/日或10000分/度），得到後平合的中積 γ_0（以日爲單位）與後平合的中星 ω_0（以度爲單位）。於是，在此數值上分別累加段日 d_i 與平度 α_i，就分別得到諸段的中積爲 $\gamma_m = \gamma_0 + x$ 和諸段的中星爲 $\omega_m = \omega_0 + \beta$，其中 $x = \sum d_i$，$\beta = \sum \alpha_i$。

（2）其次求平合及諸段的定積與定星，即求平合及諸段的平時與平黃經分別被第一次改正後的數值 γ'_m（稱作定積，又稱作常積）與 ω'_m（稱作定星，又稱作常度）。第一次改正是行星運動改正 y，謂五星盈縮差，類似於行星中心差。其算法先確定所求年冬至（O）後平合（A_0）及各動態階段（A_m）分別到"入曆"（T_r）的距離 λ（稱作諸段入曆度分），相當於求假想的平合及諸段時刻對應點（$\bar{A}_m$）到"入曆"點（T_r）的距離。由 $N_n \times T + \Delta_p + h_{k+1} \equiv l \pmod{S}$ 與 $l \div \vartheta = \lambda_0$，求出後平合時刻對應點（$\bar{A}_0$）到"入曆"點（$T_r$）的距離爲 λ_0，累加各段限度 μ_i，得到諸段的入曆度分 $\lambda = \lambda_0 + \sum \mu_i$；由諸段入曆度分 λ 的大小，確定求五星盈縮差公式中的引數 λ（稱作入盈縮曆的初末限），根據 $y = [a \pm (b \pm c\lambda)\lambda]\lambda$ 求出行星運動的第一次改正量（即五星盈縮差 y），再求出平合及諸段時刻被第一次改正後的數值 $\gamma'_m = \gamma_m \pm y$，以及平合及諸段的平黃經被第一次改正後的黃經值 $\omega'_m = \omega_m \pm ky$（木、火、土，$k=1$；金，$k=2$；水，$k=3$）。

（3）最後推求定合、定見、定伏（諸段）的定積 γ''_m 與定星 ω''_m。《授時曆》術文是對合、見、伏狀態的時間及黄經的推算，就算法而言，是求定合、定諸段的定積、定星的一般性演算，也就是求平合及平諸段的時刻與黄經被第二次改正後的數值 γ''_m 與 ω''_m（稱作定合及定諸段定積、定星）。這一次改正主要是做太陽運動的改正，分四步：

第一步，求平合及諸段的入盈縮曆，即確定平合及平諸段通過第一次改正後的時刻 γ' 到冬至點（O）的距離，相當於確定太陽盈縮差公式（三次多項式函數）中的引數 z，即 $\gamma'_m \equiv z'$（$\bmod T$），若 $z' \leq T/2$，則 z' 作 z 爲入盈曆；若 $z' \geqslant T/2$，則 $z'-T/2=z$，z 爲入縮曆。若 $z \leq \psi$[①]，則 z 爲初限；若 $z \geqslant \psi$，則 z 爲末限。我們知道，求太陽中心差是以太陽的平黄經（入氣日）爲引數進行計算，但是這裏是以行星運動第一次改正後的數值 γ'_m（平合及諸段的定積）爲引數進行計算，也就是説，由於行星偕日運行，把行星運動視爲太陽的平運動。

第二步，推求平合及諸段第一日的行差 σ，也就是求行星與太陽的初始速度差。一般情況下，該段第一日行差 σ 爲該段初日行星行分 v_a 與太陽行分 v_s 之差，即 $\sigma=|v_a-v_s|$。但是，對於金、水二星退行在退合場合，$\sigma=v_a+v_s$，對於水星夕伏晨見場合，$\sigma=v_s$。

第三步，推求定合及定諸段的泛積，即確定行星在定合及定諸段狀態的時間近似值（稱作泛積）$\bar{r}'_m=\gamma'_m \pm k\gamma \div \sigma$（木、火、土，$k=0$；金，$k=1$；水，$k=2$。在平合夕見晨伏場合，爲盈減縮加，在退合夕伏晨見場合，則爲盈加縮減）。至於爲什麼取係數 k，應該與“求平合及諸段加時定星”時内行星公式中取係數 k 的理由相同。

第四步，推求五星定合及定諸段的定積 γ''_m 與定星 ω''_m。先由諸段初日的太陽盈縮積 $c_s=[e\pm(f\pm gz)z]z$（術在日躔部分）及平合行差 σ，求距合差日 δ 與距合差度 ρ，再求定合、定諸段的定積 γ''_m 與定星度 ω''_m：對於外行星，$\delta=c_s\div\sigma$，$\rho=\delta-c_s$，$\gamma''_m=\bar{r}'_m\pm\delta$（盈減縮加），$\omega''_m=\omega'_m \pm k\gamma\div\sigma\pm\delta$（盈減縮加）；對於内行星，順合退合場合，$\delta=c_s\div\sigma$，$\rho=$

① 初末限 ψ 數值在曆經的“日躔部分”給出，盈初縮末限 $\psi=88.9920$ 日，縮初盈末限 $\psi=93.7120$ 日。半歲周 $T/2=182.62125$ 日。

$c_s \pm \delta$(順加退減)，$\gamma''_m = \bar{r}'_m \pm \rho$(順合場合，盈加縮減)，$\omega''_m = \omega'_m \pm k\gamma \div \sigma \pm \delta \mp \rho$(退合場合，盈取加、減，縮取減、加)。

以上概括了五星推算的最主要算法步驟。

針對這些算法，學術界的討論聚焦於以下幾個問題：

(S_1) 五星推步算法的精度如何？

(S_2) 在五星推步中“限度”概念如何理解？它具有怎樣的物理意義和數學意義？

(S_3) 在推算五星盈縮差時，内行星的公式中乘率 k 是如何獲得的(同樣，求内行星運動中定諸段泛積的公式中，係數 k 的來源也不清楚)？

(S_4) 五星盈縮差是否就是行星中心差？五星盈縮差的天文學意義是什麼？

(S_5) 行星真黄經計算公式的構造乃至五星推步算法的構建原理是什麼？

對於問題 S_1 前述文獻都有論述，對於後面幾個問題，學界常採用近代西方天文學理論給出解釋。考察日本江户時代的《授時曆》注解書可以發現，日本學者對這些問題早有討論，主要有中西敬房（？—1781）① 的《曆學法數原》（1787）、建部賢弘的《授時曆解議（術解)》和大野正辰（19 世紀初）的《授時曆秘訣》。根據他們的注解，可以以東方數值分析的方式給出解釋。

中西有感於《授時曆》記載的推步法過於簡略，更不論法原，故“據《明史》及諸書②而詳其法數，且補闕略，以爲造曆者之鑒本，號曰：《曆學法數原》”③。該書分“法原門”與“數原門”兩部分，前者據《明史·曆志》論曆算的數學原理，包括勾股測望、弧矢割圓、黄赤道差、黄赤道内外度、白道交周、日月五星平立定三差、里差刻漏等内容。後者據《授時曆》術文論推步之術，包括步氣朔、步發斂、步

① 中西敬房，字如環，通稱宇兵衛，號華文軒，是活躍於江户時代中期的曆算家與氣象學家，在京都經營書店同時兼修關流算學與天文曆學，明和四年（1767）刊行《渾天民用晴雨便覽》，此書爲日本歷史上最早的氣象方面的著述。此外，還著有《風雨賦國字弁》（1776年刊）與《曆學法數原》（1787 年刊）等。

② 指黄鼎的《天文大成管窺輯要》及梅文鼎的《梅氏曆算全書》等中國天文曆學書籍。

③ 中西敬房：《曆學法數原》，序，天明七年刊本，早稻田大學圖書館藏。

日躔、步月離、步中星、步交會、步五星等內容。該書基本是對《明史・曆志》《天文大成管窺輯要》《曆算全書》等書中討論《授時曆》有關內容的轉述，書中也夾雜一些作者的議論。值得注意的是，該書卷五的最末有一段“論五星各段限度”的文字：

按如本經所載五星限度者，明《大統曆》直採用之，而本邦古曆亦從焉。其於法原，《元史》原闕略矣，《大統通軌》亦只用其度而無敢議論其原者［《管窺輯要》及《曆算全書》亦然］，此無他，所以其理之所由未審也。愚亦考之尚矣，雖然不敏之性未能知覺其法原也。

按如五星平度，各星平合距次平合遲疾退一周之度，故實測各段平度以累加諸段中星而求次段中星者，宜也，其於限度累加五星平合入曆度，以求諸段入曆度者，恐不是乎？按：《管窺輯要》所謂“五星之行，其遲疾也，有本於星者、有繫於日者、有由乎氣者。三法具而步星之法益密”云云。顧夫五星各合伏距合伏之間，近於太陽則其行疾，遠於太陽則其行遲。是以五星平度既有疾遲之多寡，此所謂繫於日者也。且從其性情，五星各有自行之不同，木星日行九十一分奇，火星日行四十六分奇，土星日行九十六分奇，金星六十二分奇，水星三度一十五分奇，故五星周率各不同，此所謂本於星者也。尚有入氣之差，故五星各立三差之法而推求入氣盈縮之差，以加減常積，則可得其逐段之定度，此所謂由乎氣者也。方今三法已備焉，何再用限度哉？且夫本經所載五星退段各用順度。按：退行之時，豈得有順度耶？是可疑。蓋依經術而求五星躔度間有差一二度者，限度之誤乎？或曰：然則求入曆諸段何以累加之耶？日俱以平度可累加，此與累加中星爲諸段中星同理也。如本經用限度，疑王恂未定之初稿而非郭太史續定之法歟？此予一遍[1]之臆見也。若有乖戾，則君子訂正之，雖我没後，亦泉下之幸也矣。[2]

---

① 當爲“偏”，原文誤作“遍”。

② 中西敬房：《曆學法數原》，序，天明七年（1787）刊本，早稻田大學圖書館藏。

中西敬房的這段注文至少包含以下幾層意思：

（1）首次指出，在《授時曆》《大統曆》乃至明清曆學家的著述中，均没有論及《授時曆》中“限度”概念的意義。他自己注意到了這一問題，但也一直没有搞清楚。

（2）他引用清初學者黄鼎的《天文大成管窺輯要》中關於五星運動成因的説法，認爲五星運動遲疾的成因有三：“有本於星者、有繫於日者、有由乎氣者”。所謂“本於星者”，即各星周率不同，有各自的運行速度，其本質是指各行星在其恆星周期内由於軌道半徑不同，有其各自不同的繞太陽公轉速度；所謂“繫於日”者，指五星從合伏到下次合伏期間，接近太陽則疾行，遠離太陽則遲行。這是由於五星平度既有疾遲多寡，則與太陽的角距爲0時速度最大，以後與太陽距角越大則速度越小；所謂“由乎氣”者，指五星運動有“入氣之差”，用招差法推求入氣盈縮差，以加減於常積，則可得到各運動狀態的定度。這是由於地球繞太陽公轉相對於行星位置變化而造成的，以地球上的觀測者來看，行星伴日沿黄道做非勻速運行，在不同節氣運動速度不一樣。

（3）中西根據黄鼎的五星運動遲疾成因説，對《授時曆》中使用“限度”這一參數進行計算的方法質疑，懷疑以此計算是多餘的。他懷疑的理由可以歸納爲以下兩點：第一，在五星推步中，黄鼎所論五星遲疾成因之三因素都已具備了，而且有三差法計算入氣盈縮差，因此就没有必要使用“限度”了；第二，在利用“限度”計算時，在行星退行場合會出現計算出“順度”的情況。進而他猜測，按照“曆經”的術文計算五星躔度時存在一二度的誤差，可能是因爲使用了“限度”而産生的。

（4）懷疑現存使用“限度”計算的《授時曆經》是王恂的草稿，而非郭守敬續定的算法。

以上困惑，引發了日本科學史家藪内清和中山茂的疑問①。其實，在中西之前，建部賢弘在《授時曆解議（術解）》中已經給出了解釋，因建部賢弘的注解書是未刊刻的抄本，中西大概没有看到。

---

① 藪内清，中山茂：《授時曆－訳注と研究－》，アイ・ケイコーポレーション2006年版；曲安京：《一部撰寫了40年的著作終於出版了——介紹藪内清與中山茂的〈授時曆〉譯注與研究》，《中國科技史雜志》2006年第27卷第3期。

建部賢弘在《授時曆解議（術解）》中對五星推步也作了詳細注解，在五星運行動態表後對“限度”給出了解釋，在五星推步的“求五星定合之定積與定星”的術文之後，對内行星計算公式中的乘率也給出了解釋，並且給出自己的計算公式。我們首先以木星爲例，來檢討建部對五星運行動態表中相關概念的解釋。其注文如下：

平度，隨各段之日數，星之平行積度也。自合到見，十六日八十六分，星行三度八十六分；疾初二十八日，星行六度一十一分；疾末二十八日，星行五度五十一分；遲初二十八日，星行四度三十一分；遲末二十八日，星行一度九十一分也。留無行分，退四十六日五十八分，星行四度八十八分也，分下秒數帶於退段。此測考算定而所得也。

限度，各段入曆行度也。非星之所當，作爲平日之所當而算定之入曆度數也。例如，星行盈曆時，順行分比常行多，故積順行之日過星平度，故有盈差；逆行分比常行少，故雖言星退，然猶增盈差。星行縮曆時，順行分比常行少，故積順行之日後星平度，故有縮差；逆行分比常行多，故雖言星退，然猶增縮差。故於退段，平度減度數而得中星，限度加度數而求盈縮之增差，此所立平度數與限度數所以異也。然從合到合，積度之數不當，令其適合。先倍所定退段之限度三十二分，以減一周積度，餘三十三度爲順段之曆積度。又累計順段前後之平度，得四十三度四十分，爲星積度；置各順段平度，乘曆積度，以星積度除之，得各段限度。其周天秒數帶退段。

初行率，各段初日之常行度分也。依本經之術以各段日除各平度，爲各段平行分，得合伏二十二分八九，疾初二十一分八二，疾末一十九分六八，遲初一十五分三九，遲末六分八二，退十分四八。末段前後平行分相減，倍而退一位，爲增減差，得疾初六十四秒，疾末一分二十九，遲初二分五十七，各加於其段平行分，得疾初、疾末、遲初三段之初行率。求合伏，倍疾初段增減差，疾初日數内減一，餘二十七除，得日差五秒，半之，加疾初初行率，得二十二分四九，爲合伏段之末日行分。以是減合伏段平行度，餘四十秒，爲增減差，加於平行分，得合伏段初行率。求遲末，倍遲初段增減差，遲初日數内減一，以餘除，得日差十九秒，倍之，得三十八，又以遲初段增減差，減其平行分，餘一十二分八二爲遲初段之末日行分，倍日差，減而餘爲遲末段初行率。求退段，不用本術六因，依舊法，本行分十四乘十五除，爲總差，半而爲增減差，加於退段平行分而爲後退段初行率。皆分下秒數五以上收爲一，五已下棄之。又術，於疾與遲之限，各立三差之法，得平度。求初行亦同。[①]

建部解釋了平度、限度、初行率的意義及其計算方法。他指出，平度是各段運動狀態的時間内行星平行的積度，是在實測的基礎上計算修訂出來的數值；諸段的平行分$\bar{v}_i = \alpha_i \div d_i$，諸段的平行率 $v_i = \bar{v}_i \pm 2 \times (\bar{v}_{i+1} - \bar{v}_i) \div 10$；限度是各段運動狀態入五星盈縮曆的行度，它反映的不是行星所在的位置，而是根據平度所在位置而按比例計算出來的入曆度數。以木星爲例，在一個會合周期内，計算如下：

順行的平度 α_i之和：$\beta = \sum \alpha_i = 43$ 度 40 分（星積度），

逆行的平度 $\bar{a}_i$之和：$\beta_r = \sum \bar{a}_i = 4.88125 \times 2 = 9$ 度 76 分 25 秒，

木星東行：$\beta - \beta_r = \sum \alpha_i - \sum \bar{a}_i = 33$ 度 63 分 75 秒（一周積度），

逆行時段的限度和：$\tau_r = \sum \bar{u}_i = 0.32875 \times 2 = 0.6575$ 度，

順行時段的限度和：$\tau = \beta - \beta_r - \tau_r = 32$ 度 98 分（曆積度），

各順行時段的限度：$\mu_i = \alpha_i \times [(\sum \alpha_i - \beta_r - \tau_r) \div (\sum \alpha_i)]$

$$= \alpha_i \times (32.98 \div 43.4)。$$

至於如何確定退行時段的限度（0.32875 ×2），建部没有説明，曲安京對於這個問題有過解釋[②]。對於爲什麼要引入“限度”，建部也做出了説明，他説：

例如，星行盈曆時，順行分比常行多，故積順行之日過星平度，故有盈差；逆行分比常行少，故雖言星退，然猶增盈差。星行縮曆時，順行分比常行少，故積順行之日後星平度，故有縮差；逆

---

① 《授時曆解議（術解）》的注釋原文爲日文，現以文言漢譯。下同；建部賢弘：《授時曆議解（術解）》，卷下，抄本，東京天文臺藏。

② 曲安京：《中國數理天文學》，科學出版社 2008 年版，第 550—552 頁。

行分比常行多，故雖言星退，然猶增縮差。故於退段，平度減度數而得中星，限度加度數而求盈縮之增差，是所立平度數與限度數所以異也。①

也就是説，因爲行星在退行時，雖説是退行，但仍然存在增加的盈差，爲了求其盈縮的增差，所以建立不同於平度的“限度”概念。建部這樣的認識是中肯的，關於這一點，筆者在後面將作進一步的分析。

對於求平合及諸段定星（或常度）公式 $\omega'_m = \omega_m \pm ky$（木、火、土，$k=1$；金，$k=2$；水，$k=3$）及其中的係數 k，建部注解如下：

其段中星，第一條所求，即自天正冬至到其段平日加時之積度也。◎盈縮差，第三條所求，即自其段平日所當，距盈後、縮前常日所當之度分也。◎金星倍之，水星三之，盈縮差金倍之、水三之而加減也。◎黄道日度，日躔第七條所求也。◎術意：置其段中星之度分，盈差加、縮差減，而得自冬至加時到其段常日加時星所在之度分，爲諸段定星。加天正冬至加時黄道日度，累去黄道宿次之度分，而得星所在之宿度也。用其盈縮差，金星最疾行一度餘也，故隨自其平日到常日之日分，定積日之所當也。又星行盈在後、縮在前，如始之盈縮差，故定積之日定星所在，比中星之度，盈縮差之一倍也。依之，盈縮差加減於中積而爲常日定積，倍差，加減於中星而爲定星。水星最疾行一度餘也，故隨自其平日到常日之日分，定積日之當所也。又星行盈在後、縮在前，如始之盈縮差之一倍也，故定積之日定星所在，比中星之度，盈縮差之三倍也，依之，盈縮差加減於中積而爲常日定積，三之差，加減於中星而爲定星也。

今按：金、水二星如此求，於順之合、見、伏段粗宜，然於退合，非倍、三之限，各段又隨星行分倍數甚有增減，求之者，以其段初行率乘盈縮差，百約，所得爲定積加時盈縮差，又併盈縮差，以加減中星，可得定星積度。木、火、土三星亦可如此求，如何？

① 建部賢弘：《授時曆解議（術解）》，卷下，抄本，東京天文臺藏。

於三星有無星行分乎？①

建部認爲，金星速度最快時一天行一度多，隨着從其平時刻到常時刻（定積日，時間改正），可以確定其在定積日時刻所在的位置（定星，定度或常度）。因爲金星運動時盈在後、縮在前，其盈縮的度數與開始的盈縮差相等，所以定積日定星所在的黃經度，較於其“中星”的平度，是盈縮差的兩倍；對於水星，則是其盈縮差的三倍。建部没有交代什麽是“開始的盈縮差”？爲什麽金星是其兩倍、水星是其三倍？因此他的解釋，只是在説明求内行星定星公式中的數量關係，而没有指出這些係數的天文意義以及是如何獲得的。不過，建部認識到這一公式的局限性，他指出，在内行星順行的場合，這一公式的精度比較粗，而且計算退合時，也不宜採用 $k=2$ 和 3 的公式，可以採用 $\omega'_m=\omega_m\pm(\gamma+v_m\gamma\div100)$ 的公式來計算。同時，對外行星不如此計算提出了疑問。建部的新公式也是數值擬合的經驗公式。

根據建部的解釋，我們來分析探討五星推步的構建原理。曲安京曾經用幾何模型和微積分語言構造了外行星盈縮差算法的理論模型，以闡釋中國古代曆法中行星運動理論，但對内行星算法的分析付之闕如②。唐泉在此基礎上，以同樣的方式進一步構造了内行星盈縮差算法的理論模型③。他們的工作基本解釋了古代五星推步算法的科學原理。當然，中國古代天文家不會利用西方式的幾何模型來構建算法，並且五星推步中的五星盈縮差與太陽盈縮差並不等同於西方天文學中的中心差概念，在此情況下採用西方幾何模型來解釋難以復原古代建構五星推步算法的思路。中山茂根據建部對“限度”的注解，以東方固有的純代數方式來構建五星推步的算法模型④，儘管他也不主張使用西方天文學的理論來解釋中國天文學中的行星運動，但他還是使用了“中心差”概念。

① 建部賢弘：《授時曆解議（術解）》，卷下，抄本，東京天文臺藏。

② 曲安京：《中國古代的行星運動理論》，《自然科學史研究》2006 年第 25 卷第 1 期。

③ 唐泉：《再論中國古代的五星盈縮差算法》，《自然科學史研究》2011 年第 30 卷第 4 期。

④ 中山茂：《西洋の幾何学的モデルと中国の数値代数的精密科学との“共役不能性”－藪内スクール問題點－》，《科学史研究》2011 年夏第 50 卷（No. 258）。

中山茂認爲，從建部的注解來看，五星推步中考慮了兩種中心差，一個是行星的中心差，另一個是太陽的中心差。行星入曆相當於“行星近日點”概念；冬至點相當於“太陽近地點”，盈縮相當於“中心差”。五星推步算法只是在直線上讓太陽中心差與行星中心差疊加而已（如圖8）。

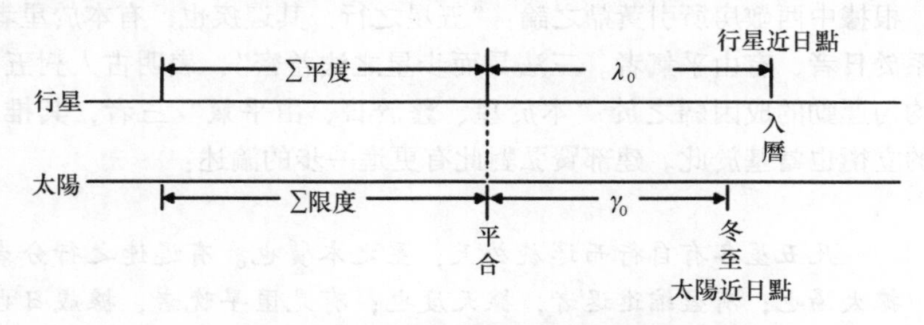

圖8　中山茂描繪的五星推步算法原理示意圖

在中山茂的圖示圖8中，計算行星中心差的引數，是從平合起度量的平度之和$\sum\alpha_i$，加上平合到入曆點的距離λ_0；計算太陽中心差的引數，是從平合起度量的限度之和$\sum u_i$，加上平合到冬至點的距離γ_0，即：

行星中心差$=F_p(\lambda_0+\ \sum$平度)，應用行星中心差公式（平立定三差公式）或查表求出F_p；

太陽中心差$=F_s(\gamma_0+\ \sum$限度)，應用太陽中心差公式（平立定三差公式）或查表求出F_s。

行星的平均運動是會合周期內行星位置上的平度和，常度是平度加行星中心差所得，定度是加行星與太陽的兩個中心差所得，由此得到行星的真位置。即：

常度$=\sum$平度+行星中心差

定度$=\sum$平度+行星中心差+太陽中心差

但是，仔細考察《授時曆》中五星推步的算法，不難發現，中山茂的解釋存在一些錯誤和不足。首先，中山將計算行星“中心差”與太陽“中心差”的公式搞錯了，計算行星“中心差”的引數，不是其平度之和，而是“限度”之和，應該爲“行星中心差$=F_p(\lambda_0+\ \sum$限度)”；計算太陽“中心差”的引數，不是“限度”之和，而是平合及諸段的定積（即行星運動第一次改正後的黃經度）的函數，應該是“太陽中心差$=F_s$（γ_0+諸段定積的函數）”。其次，中山將《授時曆》計算行星確定位置的算法簡單化了。

下面根據《授時曆》五星推步的算法步驟與建部賢弘的注解，採用中國古代數學與天文學中常用的數值方法，盡可能不使用西方天文學概念，復原五星推步算法的構建思路。

太陽與行星會合運動的物理背景是在黃道附近兩個運動體的追及運動，根據中西敬房所引黄鼎之論："五星之行，其遲疾也，有本於星者、有系於日者、有由乎氣者。三法具而步星之法益密"，表明古人對五星不均勻運動的成因歸之於"本於星、繫於日、由乎氣"三者，其推步法的立術也當基於此。建部賢弘對此有更進一步的論述：

> 凡五星各有自行而運旋於天，星之本質也。有遲速之行分者，據太陽也；有盈縮進退者，據天度也；有見匿早晚者，據歲日也。此測驗推算而立法術之所以也。①

據此我們假想有四條運動直線，即將太陽與行星的運動放在四條數軸上考慮逐步進行誤差改正②（如圖9）：在第一條數軸（1）上刻畫太陽的平行與行星的平行；在第二條數軸（2）上刻畫根據行星平行計算出來的"限度"變化；在第三條數軸（3）上刻畫行星運動改正後的行星實行變化；在第四條數軸（4）上刻畫太陽運動改正後的太陽與行星的實行變化。

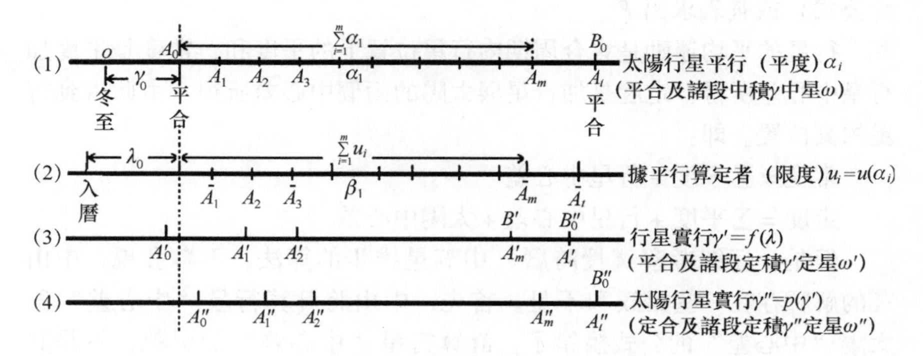

圖9　五星推步算法原理示意圖

---

① 建部賢弘：《授時曆解議（術解）》，卷下，抄本，東京天文臺藏。

② 當然，古人不會有數軸概念，也未必分解爲四種直線運動。這樣的分解只是爲了解析算法結構。

首先，在第一條數軸（1）上計算平合 A_0 及諸段 A_m 位置的中積（γ_0 及 γ_m）與中星（ω_0 及 ω_m），相當於確定平合 A_0 及諸段 A_m 位置的平時 $\gamma_m=\gamma_0+\sum d_i$ 與平黃經 $\omega_m=\omega_0+\sum\alpha_i$。

其次，在第二條數軸（2）上計算限度 u_m，用於計算行星自身運動的改正量 y（行星盈縮差）。一般情況下，天文學上總是由天體的平黃經計算出其真黃經。由於日月在黃道上没有退行現象，所以對於日月非均匀運動的計算，都是應用招差法直接由其平黃經計算運動改正量，通過對平黃經的修正確定其真黃經。但是，行星在黃道上有退行，所以不能直接以其平黃經來計算其運動改正量。在一個會合周期内，行星一共順行 $\beta=\sum\alpha_i$ 平度（星積度），退行 $\beta_r=\sum\bar{a}_i$ 平度，所以視運動上向東平行了 $\beta-\beta_r=\sum\alpha_i-\sum\bar{a}_i$ 度（一周積度），但其實行之中還有黃經的減少，減少量就是對應於退行平度 β_r 度的退行限度 $\tau_r=\sum\bar{u}_i$，因此，把 $\sum\alpha_i-\beta_r-\tau_r$ 度數看成是一個會合周期内行星在黃道上非均匀運動向東位移的黃經總量，其運動引數被稱作“限度”（曆法中常把函數的引數稱作限數，限度名稱當由此而來），並把各順段限度 u_i 與平度 α_i 對應的變化規律視爲比例關係（線性關係），即 $\mu_i=\alpha_i\times[(\sum\alpha_i-\beta_r-\tau_r)\div(\sum\alpha_i)]$。這樣就把限度 $\lambda=\lambda_0+\sum\mu_i$ 視爲行星的平黃經，也就是建部所謂的“非星之所當，作爲平日之所當而算定之入曆度數也”，它只是數學上的參變數而不具物理意義，由限度（入曆度數，類於行星到近日點距離）計算行星的盈縮差 $y=f(\lambda)=[a\pm(b\pm c\lambda)\lambda]\lambda$（$\lambda$ 爲入曆限數）。其算法思想是：引進參變數，把行星盈縮差計算方式轉化成熟悉的日月盈縮差計算方式。

再次，在第三條數軸（3）上計算平合 A_0 及諸段 A_m 的定積（γ'_0 及 $\gamma'_m=\gamma_m\pm y$）與定星（ω'_0 及 $\omega'_m=\gamma_m\pm ky$）（外行星 $k=1$，金星 $k=2$，水星 $k=3$），以確定第一次改正 y（行星自身運動改正）後，平合及諸段對應的位置 A'_0 及 A'_m。其算法思想大致爲：假定平合及（平）諸段的時刻與太陽所在的平位置，就是行星所處的平時刻與平位置，那麼太陽的中積就是行星的中積，因行星有遲疾之行，所以需要進行行星運動改正，即用三差法求出五星盈縮差 y，加減於其段的中積，得到其段的定積（時間改正），乘 k 後加減於其段的中星，就得到其段的定星（黃經改正）。這樣就完成了行星運動的第一次改正。至於内行星求定星公

式中的 $k=2$ 與 3 的由來，唐泉在文獻[1]中通過對《紀元曆》《崇天曆》的數理分析，説明了對於金星與水星分别所取的係數 2 和 3，是可供選擇的各種係數中兩個最佳整數，但未能解釋古代天文學家是如何獲得這些係數的。《授時曆》中這兩個係數是承襲《大衍曆》以來歷代使用的數據，江户時代日本學者的注解提示我們，它們可能是古代天文學家通過實測與擬合而得到的經驗數據。儘管由此計算的誤差很大，但歷代並未加改進，這也説明中國古代天文學家對行星運動計算精度重視不够。關於這個問題還需要作進一步探討。

最後，在第四條數軸（4）上計算定合（諸段）的定積 γ''_0（γ''_m）與定星 ω''_0（ω''_m），以確定第二次、第三次改正後的 A''_0（諸段 A''_m）的位置（太陽運動改正與行星運動改正的疊加），即太陽行星的實際位置。第二次改正是求定合（諸段）泛積 $\bar{r}'_0$（$\bar{r}'_m$），是行星相對於太陽運動的誤差修正，再求定合（諸段）的太陽盈縮積 $c_s=p(z)=[e\pm(f\pm gz)z]z$（$z$ 爲入曆限數）（非太陽中心差），作第三次運動改正（爲太陽運動改正），而得到定合及定諸段的定積（γ''_0 及 γ''_m）與定星度（ω''_0 及 ω''_m）。

周知，求行星中心差應該以其平黄經（平度）入算，但這里的入曆度分 λ 是由所謂的“限度”累計得到的，並非平度，所以五星盈縮差並不等價於西方的行星中心差。曲安京、唐泉都曾指出，五星盈縮差既不等同於行星中心差，也與太陽中心差無關[2]。

中國天文學家解決天體不均勻運動的計算問題，習慣於使用插值方法，但與太陽、月亮的非均勻運動現象不同，行星有退行現象，不能如日月那樣直接由平黄經計算真黄經，從而引入了“限度”概念，將其轉化爲日月運動的算法模式，以解決數學計算上的困難，由此而造成其算法的複雜性。中西敬房及今人按照日躔、月離計算方式審視五星推步算法，自然因難以找到“限度”概念的物理解釋而感到困擾。建部賢弘找出了限度與平度的關係，指出了“限度”的數學意義，從而揭示

① 唐泉：《再論中國古代的五星盈縮差算法》，《自然科學史研究》2011 年第 30 卷第 4 期。

② 曲安京：《中國數理天文學》，科學出版社 2008 年版，第 550—552 頁；唐泉：《再論中國古代的五星盈縮差算法》，《自然科學史研究》2011 年第 30 卷第 4 期。

了五星推步算法的數學原理。其算法思想大致如下：

對五星的平黄經經過三次運動改正（五星盈縮差、距合差度、太陽盈縮差），逐步獲得其真黄經。首先，將五星盈縮差看成是限度的函數，即平度（平黄經）的複合函數，通過插值方法獲得第一次改正後的黄經值（平合及諸段的定積定星）；再根據五星與太陽的速度差獲得“距合差度”這一修正值，修正退行時的黄經變化，以獲得第二次改正後的黄經值（定合及諸段泛積）；最後將太陽盈縮差看成是第一次改正後黄經（平合及諸段定積）的函數，也就是平黄經的複合函數，通過插值方法獲得第三次改正後的黄經值（定合及諸段定積定星），也就是五星的真黄經。

這樣的算法構造，體現了中國古代天文計算中的數值分析精神，如果硬要用“行星中心差”概念來描述中國古代行星運動改正的話，它實際是五星盈縮差、太陽盈縮差的疊加。

正是由於五星推步算法的建構以日月非均勻運動算法爲參考、逐次構造複合函數來實現，才導致了行星視位置的計算精度遠遜於太陽和月亮視位置的計算。對於五星推步算法的局限性，建部賢弘也有清晰的認識，他指出：

> 然有陰陽曆出入緯度，又有上陞下降之行，此等猶不能悉極盡其變，只依太陽求其經度，故驗天時必非密也。然徒牽合術、空增損數，強求其合，故於術理不精，於立數不密。①

意思是説，在五星推步中，並没有考慮由緯度變化而導致的經度變化，只根據太陽運動來計算行星真黄經，必然存在很大的誤差，其算法不過是“牽合”之術。

20世紀50年代以來，中外學者在討論中國傳統天文學中的日月五星運動時，習慣使用西方的同心球或橢圓模型的理論以及内插法、微積分等近代科學語言，對於日月運動，以此分析大體可以獲得有效解釋，但對於五星運動來説，以此來分析總會遇到一些困難。中西傳統科學之間是否存在中山茂所謂的“共軛不能性”或庫恩（Thomas Samuel

---

① 建部賢弘：《授時曆解議（術解）》，卷下，抄本，東京天文臺藏。

Kuhn，1922—1996）所謂的“不可通約性”?[①] 這是中國科學史研究中需要思考的問題。

除上述五星推步的構建原理外，學界關心的求日行盈縮與月行遲疾的招差法[②]、推没滅術[③]、計算白道與黄道差以及白道與赤道差的白道交周方法[④]、相減相乘法、交食計算等算法的構建原理問題，都可以在建部賢弘的注解中找到解釋。

1.6 建部賢弘對《授時曆》推步法的訂補

建部賢弘不僅對《授時曆》推步法的原理進行了注解，而且對推步法本身的缺陷有清晰的認識，對它們進行了訂補和改進，這在東亞世界是獨一無二的。在《授時曆解議（術解)》中，共修訂改進了45條術，其中補術14條，别術11條，改術12條，新術7條。氣朔部分只有1條，日躔部分共有7條，月離部分共有21條，中星部分只有2條，交會部分有14條。月離部分改補最多。在《授時曆解議（數解)》中，共修訂改進了39條術，其中捷術21條，改術10條，别術8條。氣朔部分6條，日躔部分4條，月離部分16條，中星部分5條，交會部分5條，五星部分3條。也是月離部分改補最多。統計如表6所示：

① 中山茂：《西洋の幾何学的モデルと中国の数值代数的精密科学との“共役不能性”－薮内スクール問題點－》，《科学史研究》2011年夏第50卷（No. 258）。

② 曲安京：《中國古代曆法中的三次内插法》，《自然科學史研究》1996年第15卷第2期；王榮彬：《中國古代曆法三次差插值法的造術原理》，《西北大學學報》（自然科學版）1994年第24卷第6期；王榮彬：《中國古代曆法中的插值法構建原理》，博士學位論文，西北大學，1992年。

③ 王榮彬：《中國古代曆法推没滅術意義探秘》，《自然科學史研究》1995年第14卷第3期；王榮彬：《中國古代曆法推没滅術算理分析》，《純粹數學與應用數學》1996年第12卷第2期；曲安京、李彩萍、韓其恆：《論中國古代曆法推没滅算法的意義》，《西北大學學報》（自然科學版）1998年第28卷第5期；大橋由紀夫：《没日滅日起源考》，《自然科學史研究》2000年第19卷第3期；曲安京：《爲什麼計算没日與滅日?》，《自然科學史研究》2005年第24卷第2期。

④ 曲安京：《天文大成管窺輯要中的黄赤道差與白道交周算法》，《中國科技史料》1995年第16卷第3期；薄樹人：《〈授時曆〉中的白道交周問題》，《科學史集刊》第5集，科學出版社1963年版，第55頁；曲安京：《〈授時曆〉的白赤道座標變換法自然科學史研究》，2003年第22卷第4期；馮立昇、王海林：《關孝和對〈授時曆〉中白道交周問題的研究》，《陝西師範大學學報》（自然科學版）2004年第32卷第3期。

表6　《授時曆解議（術解）》《授時曆解議（數解）》中的補術、別術、捷術、改術與新術

推步類	序	《授時曆經》的推步	《授時曆解議（術解）》	《授時曆解議（數解）》
步氣朔	1－2	求次氣		捷術（1）①
	1－3	推天正經朔	別術（1）	別術（1）
	1－4	求弦望及次朔		捷術（1）
	1－5	推沒日		別術（1），捷術（1）
	1－6	推滅日		捷術（1）
步日躔	3－1			捷術（1）
	3－3	推冬至赤道日度	別術（1）	
	3－6	推黃道宿度	別術（1）	
	3－8	求四正加時黃道日度	別術（1）	
	3－10	求四正後每日晨前夜半黃道日度	補術（1）	捷術（3）
	3－12	求每日午中黃道積度	別術（1）	
	3－13	求每日午中赤道日度	補術（2）	
步月離	4－2	求弦望及次朔入轉		捷術（1）
	4－5	求朔弦望定日	補術（1），改術（1）	
	4－6	推定朔弦望加時日月宿度	補術（1）	
	4－8	推朔後平交入轉遲疾曆		改術（1）
	4－9	求正交日辰	補術（1）	改術（1）
	4－10	推正交加時黃道月度		改術（1）
	4－11	求正交在二至後初末限	改術（4）	
	4－19	推定朔弦望加時月離白道宿度	補術（1）	捷術（2）
	4－20	求定朔弦望加時及夜半晨昏入轉		捷術（1）
	4－22	求晨昏月度		捷術（1）
	4－23	求每日晨昏月離白道宿次	補術（1），改術（4），新術（7）	捷術（3），改術（4）

① 括弧内的數字表示條數。下同。

續表

推步類	序	《授時曆經》的推步	《授時曆解議（術解）》	《授時曆解議（數解）》
步中星	5－1	求每日黄道出入赤道内外去極度	補術（1）	别術（1）
	5－2	求每日半晝夜及日出入晨昏分		别術（3）
	5－3	求晝夜刻及日出入辰刻		别術（1）
	5－8	求九服所在漏刻	補術（1）	
步交會	6－2	求次朔望入交		捷術（1）
	6－3	求定朔望及每日夜半入交	别術（1）	
	6－4	求定朔望加時入交	補術（3）	
	6－5	求交常交定度	别術（1）	
	6－7	求日月食甚入盈縮曆及日行定度		别術（1）
	6－8	求南北差	别術（3）	捷術（1）
	6－9	求東西差	别術（1）	捷術（1）
	6－12	求日食入陰陽曆去交前後度	改術（1）	
	6－15	求日食定用及三限辰刻	補術（1）， 改術（1）	
	6－20	求日月出入帶食所見分數	改術（1）	改術（1）
步五星	7－8	求諸段日率度率		捷術（1）
	7－11	求前後伏遲退段增減差		改術（1）
	7－16	求五星定合定積、定星		捷術（1）
合計			補術（14）， 别術（11）， 改術（12）， 新術（7）	捷術（21）， 改術（10）， 别術（8）

《授時曆經》中有些術文不完整，或省略了一些中間的推算步驟，或表述不清楚，或與以往曆法相比缺少一些推算内容，建部賢弘將它們補綴完整，所補的術文被稱作“補術”。

《授時曆經》推步法的術文存在錯誤，或者算法粗略，建部賢弘將它們加以改訂（糾錯、改算），改訂後的方法称作“改術”。

所謂别術，即不同於《授時曆經》推步法的另外推算方法。

所謂新術，即增補《授時曆經》所缺的推步新法，只出現在《授時曆解議（術解）》的步月離部分，新增了推求月亮出没時間的算法，這是歷代曆法中所没有的。

所謂捷術，即不用《授時曆經》術文的方法進行簡便計算的方法，只出現在《授時曆解議（數解）》中。

（1）對《授時曆經》術文的增補

"補術"均出現在《授時曆解議（術解）》中，其中步日躔部分補了3條，步月離部分補了5條，步中星部分補了2條，步交會部分補了4條。兹舉兩例。

例如，步日躔第13術"求每日午中赤道日度"，即求每日午中時刻太陽的赤經，經文如下：

> 置所求日午中黄道積度，滿象限去之，餘爲分後，内減黄道積度，以赤道率乘之，如黄道率而一。所得以加赤道積度及所去象限，爲所求赤道積度及分秒。以二至赤道日度加而命之，即每日午中赤道日度及分秒。[①]

經文所給方法是利用黄赤道率（座標變换）由每日午中的太陽黄經求其赤經。術文最後説"以二至赤道日度加而命之"，但没有説明如何求二至的赤道日度，所以建部賢弘增添了一個補術：

> 求夏至加時赤道日度：置天正冬至加時赤道日度，加半歲周度，滿赤道宿次去之，得夏至加時赤道日度及分秒。[②]

又如，步月離第9術"求正交日辰"，經文如下：

> 置經朔，加朔後平交日，以遲疾曆依前求到遲疾差，遲加疾減

① 《元史曆志三》，見中華書局編輯部《歷代天文律曆等志彙編》（九），中華書局1976年版，第3391頁。

② 建部賢弘：《授時曆解議（術解）》，卷下，抄本，東京天文臺藏。

之，爲正交日及分，其日命甲子算外，即正交日辰。①

這個術文敘述了三個演算步驟：

（1）經朔＋朔後平交日＝k 日

（2）以 k 日入遲疾曆求遲疾差

（3）k 日 ± 遲疾差＝正交日及分

第（2）步求的是以度數爲單位的運動改變量，而第（3）步是時間修正，因此需要把遲疾差轉化爲時間，即遲疾差 ×820 ÷ 行度，所以建部補充一句"以八百二十乘之，如所入遲疾限行度而一，所得"，修訂後使術文更加完整：

置經朔，加朔後平交日，以遲疾曆依前求到遲疾差，[以八百二十乘之，如所入遲疾限行度而一，所得]，遲加疾減之，爲正交日及分，其日命甲子算外，即正交日辰。②

對於步中星第 1 術"求每日黃道出入赤道内外去極度"的術文：

置所求日晨前夜半黃道積度，滿半歲周去之，在象限已下爲初限；已上復減半歲，餘爲入末限；滿積度，去之，餘以其段内外差乘之，百約之，所得，用減内外度，爲出入赤道内外度。内減外加象限，即所求去極度及分秒。③

建部認爲第二句"滿半歲周去之"過於簡略不完整，把它改爲清晰的敘述："在半歲周已下爲冬至後，以上減去半歲周爲夏至後，其二至後"。對於所求的"出入赤道内外度"，没有明確何爲"内"，何爲"外"，故進行了説明，其補術如下：

① 《元史曆志三》，見中華書局編輯部《歷代天文律曆等志彙編》（九），中華書局 1976 年版，第 3399 頁。

② 建部賢弘：《授時曆解議（術解）》，卷下，抄本，東京天文臺藏。

③ 《元史曆志三》，見中華書局編輯部《歷代天文律曆等志彙編》（九），中華書局 1976 年版，第 3414 頁。

置所求日晨前夜半黄道積度，［在半歲周已下爲冬至後，以上減去半歲周爲夏至後，其二至後］，在象限已下爲初限，以上復減半歲周，餘爲入末限。滿積度去之，餘以其段内外差乘之，百約之，所得，用減内外度，爲出入赤道内外度。［冬至後初限爲外，末限爲内；夏至後初限爲内，末限爲外］，内減外加象限，即所求去極度及分秒。［如右求初末限時，當别二至後隨初末限定内外也。否則不分别内外］。①

（2）對《授時曆經》術文的改訂

月亮運動比較複雜，《授時曆》中與此相關的推步法比較粗略，因此在《授時曆解議（術解）》中建部賢弘對步月離的推步術改訂了9條，對步交會的推步術改訂了3條。

例如，步月離第5術“求朔弦望定日”術文如下：

以經朔弦望盈縮差與遲疾差，同名相從，異名相消［盈遲縮疾爲同名，盈疾縮遲爲異名］。以八百二十乘之，以所入遲疾限下行度除之，即爲加減差［盈遲爲加，縮疾爲減。］以加減經朔弦望日及分，即定朔弦望日及分。若定弦望分在日出分已下者，退一日，其日命甲子算外，各得定朔弦望日辰。定朔干名與後朔干同者，其月大；不同者，其月小；内無中氣者爲閏月。②

該術是由平朔（望、上下弦）時間求定朔（望、上下弦）時間的方法。曆經所給算法是先求時間改正量，即“加減差”，它由日月運動位置改變量除以月亮在近點月曆中對應的運動速度（即入限行度）而得。其中“乘八百二十，日周一萬約，得數每八刻二十分，太陽之行分也”，是時間單位換算。加減差加減於平朔（望、上下弦）時刻，就得到定朔（望、上下弦）時刻。即：

---

① 建部賢弘：《授時曆解議（術解）》，卷下，抄本，東京天文臺藏。

② 《元史曆志三》，見中華書局編輯部《歷代天文律曆等志彙編》（九），中華書局1976年版，第3397頁。

加減差 = $(\Delta_1 \pm \Delta_2) \times 820 \div$ 行度 （Δ_1爲盈縮差，Δ_2爲遲疾差）

820 是 1 限的日分，即 $10000 \div 12.20 = 820$，

定朔（望、上下弦）= 平朔（望、上下弦）± 加減差

這一算法没有把太陽運動考慮進去，只考慮了月亮運動，也就是説，行度應該是月亮與太陽實行度之差，而不只是月亮的運動速度，《授時曆》及其以前曆法都忽視了太陽的實行度。建部賢弘認識到這種算法不精確，認爲月亮“行度”應該改爲日月“行差”，於是把術文中的“入遲疾限下行度”改爲“入限行差”。建部賢弘的改訂是正確的。

又如步交會第 15 術“求日食定用及三限辰刻”，求日食持續時間及初虧、食甚、復圓發生的時刻，術文如下：

> 置日食分秒，與二十分相減相乘，平方開之，所得，以五千七百四十乘之，如入定限行度而一，爲定用分；以減食甚定分，爲初虧；加食甚定分，爲復圓；依發斂求之，爲日食三限辰刻。①

定用分是日食持續時間的一半，三限指初虧、食甚、復圓。算法如下：

$$\text{定用分} = \frac{5740 \times \sqrt{(20 - \text{日食分秒}) \times \text{日食分秒}}}{\text{入定限行度}}$$

初虧 = 食甚定分 − 定用分

復圓 = 食甚定分 + 定用分

對於日食定用分計算公式，梅文鼎在《曆學駢枝》卷二中，通過圖示進行解釋，用幾何方式説明日食持續時間和三限時刻的計算。在梅文鼎的圖 10 中，假設太陽與月亮的半徑相等且爲 10 日分，食甚的食分爲 m 日分，初虧到食甚時月亮運行

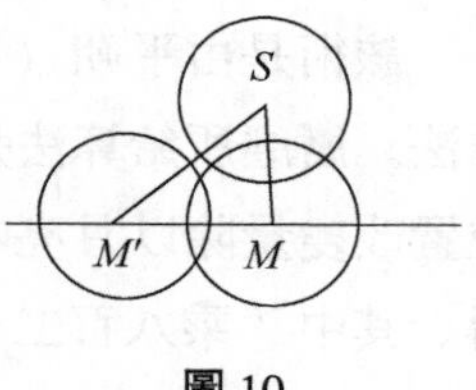

圖 10

$$M'M = \sqrt{10^2 - (10 - m)^2} = \sqrt{m(20 - m)}$$

① 《元史曆志三》，見中華書局編輯部《歷代天文律曆等志彙編》（九），中華書局 1976 年版，第 3420 頁。

這就解釋了公式中“與二十分相減相乘”的意義。

但實際上日月視直徑爲 7 分，從而 $M'M = 7 \times \sqrt{m(20-m)}$ 分。將這個值用立成表中 1 限 820 分間運動的月亮的定限行度 v 除，就得到初虧到食甚的時間，其值爲

$$\frac{7 \times \sqrt{m(20-m)}}{\frac{v}{820}} = \frac{5740 \times \sqrt{m(20-m)}}{v}$$ ①

這個公式中用月亮的定限行度 v，只考慮了月亮的運動，沒有考慮太陽的運動，所以建部認爲不正確，給出改術如下：

> 以五千七百四十乘之，如入定限行差而一爲定用分。前後略。置經朔入遲疾曆，加減加減差而爲定朔入遲疾曆。又加減時差分而爲食甚遲疾曆。以其限遲疾之行分爲入定限行度。又依第七條術中所求食甚入盈縮曆日分，置其日太陽行度，乘八百二十，日周一萬約，以所得減入定限行度，餘爲入定限行差也。②

即：

定朔入遲疾曆 = 經朔入遲疾曆 ± 加減差
食甚遲疾曆 = 定朔入遲疾曆 ± 時差分
其限遲疾之行分 = 入定限行度
入定限行差 = 入定限行度 − 其日太陽行度 × 820 ÷ 10000

建部的計算方法如下：

$$初虧到食甚的時間 = \frac{5740 \times \sqrt{m(20-m)}}{入定限行差}$$

從《授時曆解議（術解）》《授時曆解議（數解）》中的補術、改術可以看出，建部賢弘注意到《授時曆》推步法的缺陷，對其訂補工作從另一側面反映出他對《授時曆》推步原理的深刻理解，以及在數學上精益求精的精神。

---

① 藪内清，中山茂：《授時曆－訳注と研究－》，アイ・ケイコーポレーション2006年版，第42頁。

② 建部賢弘：《授時曆解議（術解）》，卷下，抄本，東京天文臺藏。

1.7 建部賢弘的注解與關孝和的關係

建部賢弘的數學業績與他的老師關孝和有密切的關係，他繼承和發展了關孝和的數學研究成果，從而超越了關孝和。那麼在曆學研究方面，他們之间是否也有承傳關係？學界尚未關注這個問題。“六卷抄”的注解有不少地方與關孝和的《授時發明》《天文數學雜著》内容相同或相近，有的則是在關孝和注解的基礎上作出的進一步改進。兹舉兩例。

（1）白道交周算法的復原和改進及其與關孝和注解的關係①

白道交周是指白道與黄道交點西退的周期，《授時曆》認爲，當黄道和白道的交點正處在冬（或夏）至點上時，白道和赤道的交點與黄道和赤道的交點（即春分、秋分點）之間的距離達到最大值，角度爲14度66分（約合14°.45。現代準確計算應爲±13°），被稱作正交極數。黄白交點的退行周期也就是極數擺動周期。《授時曆》的計算採用球面投影的方法，是其五項重要創造之一。計算過程中採用會圓術和勾股術，將橢圓弧當成圓弧處理，因而道致誤差的出現。由於《授時曆》曆經術文簡略，明清學者未能弄明白其算法的細節，黄宗羲（1610—1695）的《授時曆故》（1647）雖敘述了求“正交極數”的過程，但出現了錯誤②。關孝和根據黄鼎的《天文大成管窺輯要》記載，對《授時曆》中的推黄赤道差、黄赤道内外度及白道交周算法進行圖解和説明，關孝和的注解如下③：

---

① 徐澤林：《建部賢弘對〈授時曆〉“白道交周”問題的注解》，《自然科學史研究》2015年第34卷第3期。

② 薄樹人：《〈授時曆〉中的白道交周問題》，《科學史集刊》（第五集），科學出版社1963年版，第55頁。

③ 曲安京：《〈天文大成管窺輯要〉中的黄赤道差與白道交周算法》，《中國科技史料》1995年第16卷第3期；馮立昇、王海林：《關孝和對〈授時曆〉中白道交周問題的研究》，《陝西師範大學學報》（自然科學版）2004年第32卷第3期。

論白道與黄赤道差

郭太史以弧中所容直闊之法求之

以白道出入黄道六度便爲大圓弧矢，周天半徑爲弧半弦，自之，爲半弦實，以矢六度除之，爲股弦和，加矢六度，爲大圓徑。

列周天半徑，自乘之，得數爲實，以矢六度除之，得股弦和六百一十七度六十二分，加入矢六度，得大圓徑六百二十三度六十二分。

立天元一爲容闊（0，1）[①]，去減六度，餘爲截矢（6，-1），以之（矢）[②] 去減大圓徑（617.62，1），以截矢乘之爲容半長冪（3705.72，-611.62，-1），寄左。又以二至出入半弧弦二十三度七十一分爲大勾，除大股五十六度零六分半，得二度三十七分，就整爲度差。

置天元一爲小勾，以度差乘之，得（0，2.37）爲小股，又爲容半長，自之，得（0，0，5.6169），亦爲容半長冪，與寄左相消得度（3705.72，-611.62，-6.6169），以平方開之，得五度七十分，爲（矢）容闊。又爲小勾，以度差二度三十七分乘之，得一十三度四十七分八十二秒，爲容半徑。[③]

如圖 11，A 爲夏至點，B 爲秋分點，$\overset{\frown}{AB}$爲黄道，$\overset{\frown}{AC_0}$ 爲白道，$\overset{\frown}{BD}$爲赤道，E_0爲白道與赤道的交點，$\overset{\frown}{BE_0}$ 爲“正交極數”。《授時曆》採用球面投影，將天球投影到與黄道面和赤道面都垂直的平面（圖 11 中的 XOZ 平面）上，將立體圖形進行平面處理，關孝和同樣採用正投影圖如圖 12，$\overset{\frown}{ACA'}$爲白道投影，其本應爲橢圓，而《授時曆》將其視爲圓弧進行處理，其圓心爲 P，現在要求白道與赤道的交點 E_0 到 B 點的弧度。已知：周天 365.25 度，$\pi = 3$，周天直徑 $d = 121.75$ 度，周天半徑

---

① 括弧表示天元式，如（0，1）$=0+x$，即 x；（6，-1）$=6-x$；（3705.72，-611.62，-1）$=3705.72-611.62x-x^2$等。

② 括號内文字爲原文，錯誤，今予以修訂。下同。

③ 平山諦、下平和夫、広瀬秀雄：《關孝和全集》，大阪：大阪教育図書株式會社 1974 年版，第 382—384 頁。

$OA=r=60.875$ 度，黄赤道交角 $\varepsilon=23.90$ 度（即$\widehat{AD}$），黄白道交角 $OC=\mu\approx6$ 度（即圖 11 中的$\widehat{C_0B}$）。首先計算出大圓直徑 $l=2PC$。因爲 $PC=PA$，根據射影定理，有 $OA^2=OC(PO+PC)$，則 $PO+PC=OA^2/OC=617.627604$ 度，可求出大圓直徑 $l=2PC=(PO+PC)+OC=623.627604$ 度。

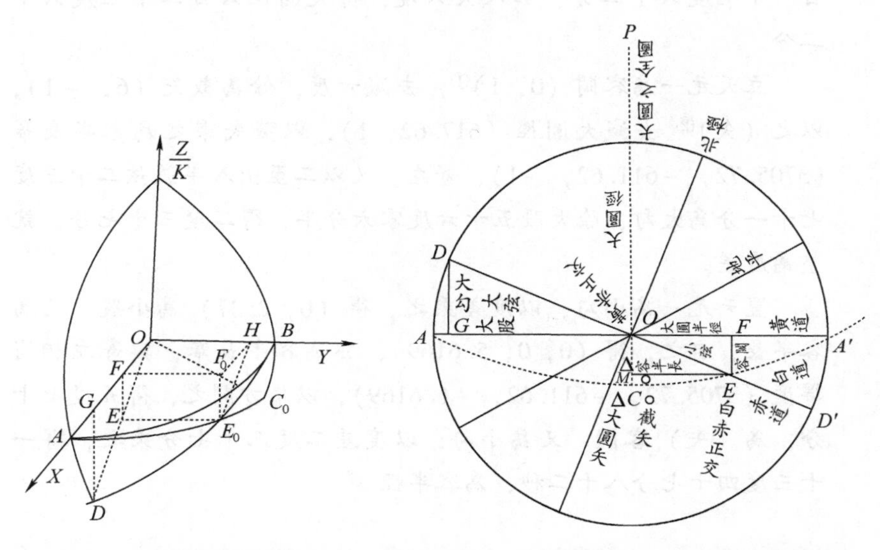

圖 11　白道交周原理圖　　　　圖 12 《授時發明》中的求正交極數圖

其次用天元術求出 FE。設 $FE=x$，則

$$CM=OC-OM=6-x,$$

$$l-CM=623.62-(6-x)=617.62+x,$$

$$OF^2=EM^2=(l-CM)CM=(617.62+x)(6-x) \qquad (1)$$

$$\frac{OG}{DG}=\frac{56.065}{23.71}=2.37$$

$$OF=EM=\frac{OG}{DG}\cdot FE=2.37x$$

$$OF^2=(2.37x)^2=5.6169x^2 \qquad (2)$$

（2）式與（1）式相減，得開方式

$$-6.6169x^2-611.62x+3705.72=0,$$

解得 $x=5.7$，即 $FE=5.7$。

接下來求 $\overset{\frown}{BE_0}$。

$$OF = EM = \frac{OG}{DG} \cdot FE = 2.37x = 13.4782,$$

$$OG : OF = DG : FE = OD : OE$$

所以 $OE = \frac{OD}{DG} \cdot FE = \frac{60.875}{23.71} \times 5.7 = 14.63$，即 $E_0H = OE = 14.63$。

在圖 11 中，已知赤道圓直徑 $d = 2r = 121.75$，弓形半弦 $E_0H = OE = 14.63$，其對應的矢 $HB = h = r - \sqrt{r^2 - OE^2} = 1.78$，根據會圓術公式求得對應的半弧$\overset{\frown}{BE_0} = OE + \frac{h^2}{2r} = 14.63 + 0.026 \approx 14.66$，即求出正交極數 $\overset{\frown}{BE_0} \approx 14.66$ 度。

建部賢弘在《授時曆解議（議解）》的“白道交周”部分，也予以詳細的注解，其注解的前面部分與關孝和的注解一致，重複了關的演算過程，後面部分進一步發揮了，其注文如下：

> 《管窺輯要》卷三云：其月道與黄道正交距春秋二正黄赤正交東西相去之數難以測識，郭太史以弧中所容直闊之法求之。以白道出入黄道六度便爲大圓弧矢，周天半徑爲弧半弦，自之，爲半弦實，以矢六度除之，得股弦和，加矢六度，爲大圓徑。
>
> 立天元一爲容闊，去減六度，餘爲截矢，以（矢）之去減大圓徑，餘以截矢乘之，爲容半長冪，寄左。又以二至出入半弧弦二十三度七十一分爲大勾，除大股五十六度零六分半，得二度三十七分，就整爲度差。
>
> 置天元一度爲小勾，以度差乘之，得爲小股，又爲容半長，自之，得亦爲容半長冪，與寄左相消得度，以平方開之，得五度七十分爲容闊，又爲小勾，以度差二度三十七分乘之，得一十三度四十七分八十二秒，爲容半長。
>
> 置大弦六十度八十七分半，以小勾五度七十分乘之，以大勾二十三度七十一分除之，得一十四度六十三分爲小弦，又爲白道與赤道正交距黄赤道正交半弧弦。求得半弧背一十四度六十六分，爲白

赤道正交距黄赤道正交極數。

右弧中容直之弧，以側視白道形爲弧，依其規假爲大圓，周天三百六十五度二十五分以周率三除，得周天徑一百二十一度七十五分，半之，得半徑六十度零八十七分，以是爲大圓半弧弦，自之，以矢六度除之，加矢六度，得假大圓全徑六百二十二度六十二分①。

立天元一如術平方開之，得容闊五度七十分，乘大弦六十〇度八十七分半，除小勾二十三度七十一分，得小弦一十四度六十三分，自乘，以減周天半徑，餘一度七十八分，爲小矢，自乘，以周天徑除，得半弧背弦差三分，是加於小弦，得小弧背一十四度六十六分也。②

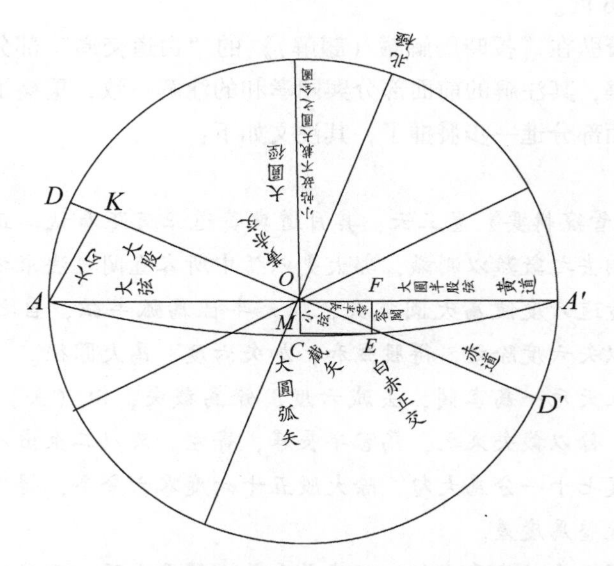

圖 13 《授時曆解議（議解）》中的求正交極數圖

建部賢弘的注解與關孝和的注解基本一致，其圖示如圖 13，其中大勾 AK 相當於關氏圖 12 中的 DG，截矢 DK 相當於關氏圖 12 中的 AG。

---

① 應該爲 623. 627604。

② 建部賢弘：《授時曆解議（議解）》，京都大學人文科學研究所藏抄本。

在上述圖 12 的計算中，對於 $\frac{OG}{DG}=\frac{56.065}{23.71}=2.37$，關孝和没有交代半弧弦 $DG=23.71$ 和大股 $OG=56.065$ 的數值來源，建部賢弘用天元術求出半弧弦 $DG=23.71$，進而求出大股 OG。其做法如下：

如圖 13，周天徑 $d=121.75$ 度，周天半徑 $r=60.875$ 度，内外半弧背 $\widehat{AD}=23.90$ 度，立天元一爲内外弧矢，即設 $DK=x$，

根據沈括會圓術公式，有

$d(\widehat{AD}-AK)=DK^2=x^2$

又　$[d(\widehat{AD})-d(\widehat{AD}-AK)]^2=d^2(AK)^2$

所以 $[d(\widehat{AD})-x^2]^2=d^2(AK)^2$　　(3)

根據射影定理，有

$(d-DK)(DK)=AK^2$

故　$[(d-DK)(DK)]d^2=d^2(AK)^2$

$[(d-x)x]d^2=d^2(AK)^2$　　(4)

(3)式與(4)相減，得

$$[d(\widehat{AD})-x^2]^2-[(d-x)x]d^2=0$$

$$x^4+(d-2\widehat{AD})d\,x^2-d^3x+d^2(\widehat{AD})^2=0$$

解得 $x=DK=4.81$。

由會圓術得大勾 $AK=\widehat{AD}-\frac{(DK)^2}{d}=23.71$，相當於圖 11 中 $DG=23.71$. 於是得大股 $OK=r-DK=60.875-4.81=56.065$，相當於圖 12 中 $OG=56.065$。

關孝和雖然復原了《授時曆》求"正交極數"的演算過程，但對於求容闊 FE，他像《授時曆》的做法一樣，將白道投影之橢圓弧 $\widehat{ACA'}$ 近似地視爲圓弧來計算，這樣必産生誤差。建部賢弘認識到了這一點，指出：

> 然熟按：弧中容直之弧，非弧，以側視之圓爲弧，其規有差，故别設一件術云：立天元一爲容闊，用減矢，餘爲小矢，置

周天半徑[1]，以矢六度除之，得十度〇一十四分，以小矢乘之，爲假大矢，用減周天徑，餘以假大矢乘之，爲容半長冪，寄左。又以二至出入半弧弦爲大勾，以除大股，得二度三十七分，爲度差。置天元一爲小勾，以度差乘之，爲小股，亦爲容半長，自之，與寄左相消得度，以平方開之，得容闊也。後略之，此所得，雖與本書之數不適，於術理真也。亦於總求周天徑，古用圓周三徑一之率，此非真數，如何？祖沖之用周三百五十五徑一百十三之密率。又求背者，矢自乘，除徑，爲半背弦差，此爲古法，不得真也。今雖精密新術有之，然略之。更設捷術，載於“曆元詳議”。[2]

建部賢弘給出了與《授時發明》不同的求解方法。其推演方程的過程如下：

如圖 12，已知周天徑 $d = 121.75$，半徑 $r = 60.875$，矢 $OC = 6$，設 $FE = x$，則 $OM = x$，小矢 $CM =（OC - x）$，

由 $\left[d - \left(\frac{r}{OC}\right)CM\right]\left[\left(\frac{r}{OC}\right)CM\right] = OF^2$ （＊）

得 $$\left[d - \left(\frac{r}{OC}\right)(OC - x)\right]\left[\left(\frac{r}{OC}\right)(OC - x)\right] = OF^2 \quad (5)$$

又根據 $\triangle ODG \backsim \triangle EOM$，得

$$\left[\left(\frac{OG}{DG}\right)OM\right]^2 = EM^2 = OF^2$$

即 $$\left[\left(\frac{OG}{DG}\right)x\right]^2 = OF^2 \quad (6)$$

（5）式與（6）相減，得

$$\left[d - \left(\frac{r}{OC}\right)(OC - x)\right]\left[\left(\frac{r}{OC}\right)(OC - x)\right] - \left[\left(\frac{OG}{DG}\right)x\right]^2 = 0$$

建部没有具體計算這個方程的根，筆者解此方程得 $FE = x = 5.8427$，與關孝和所計算的結果 $FE = x = 5.7$ 有出入。

現分析建部算法的原理。如圖 14，在《授時曆》及關孝和的計算中，將橢圓半弦 EM 視爲圓弧半弦 E_1M。在圓 O 中，當 $OC = r$ 時，CM

① 京大抄本作“周天徑”，東大抄本作“周天半徑”，通過核算，東大抄本正確。

② 建部賢弘：《授時曆解議（議解）》，京都大學人文科學研究所藏抄本。

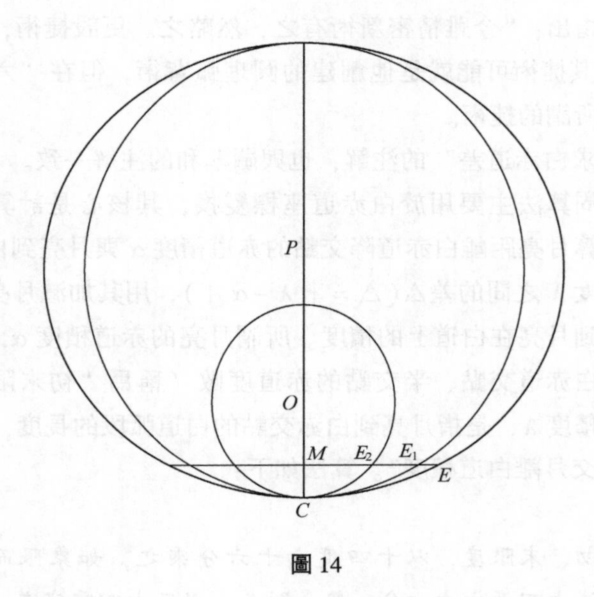

圖 14

爲矢，根據射影定理有 $(d-CM)CM=E_2M^2$，但 $OC\neq r$，所以 EM 不能按照 E_2M 來計算，建部賢弘構想一個半徑爲 r 的假圓，其中假大矢 $C'M'$ 對應的假半弦爲 $E'M'$，與 $OC=r$ 的圓 O 存在比例關係

$$\frac{C'M'}{CM}=\frac{r}{OC}，即\ C'M'=\frac{r}{OC}CM$$

根據射影定理，有 $(d-C'M')C'M'=E'M'^2$

$$\left[d-\left(\frac{r}{OC}\right)CM\right]\left[\left(\frac{r}{OC}\right)CM\right]=E'M'^2$$

令 $E'M'=EM=OF$，則得到（＊）式。

以建部賢弘的計算結果 $FE=x=5.8426$ 入算的話，計算出“正交極數”等於 15.02971 度，廣瀨秀雄（1901—1981）按球面三角法計算的“正交極數”是 15.16 度①，可見建部賢弘的計算結果比《授時曆》及闕孝和的計算結果更精確。所以，他説“此所得，雖與本書之數不適，於術理真也。”此外，建部賢弘還注意到，《授時曆》在這個問題的計算中，取圓周率 $\pi=3$，並且採用求弧背古法——會圓術，都是近

① 広瀬秀雄：《授時曆の研究（ⅳ）》，《東京天文臺報》1969 年第 14 卷第 4 期。

似計算。他指出："今雖精密新術有之，然略之。更設捷術，載於'曆元詳議'"。其捷術可能就是他創建的圓理弧背術，但在"六卷抄"中並未找到其所謂的捷術。

對於"求白赤道差"的注解，也與關孝和的注解一致。

白道交周算法主要用於白赤道座標變換，其核心是計算出白赤道差。通過計算月亮距離白赤道降交點的赤道積度 α 與月亮到白赤道降交點的白道積度 λ 之間的差 $\triangle$（$\triangle = |\lambda - \alpha|$），用其加減月亮的赤道積度，這樣得到月亮在白道上的積度。所謂月亮的赤道積度 α，指所求時刻月亮距離白赤道交點、半交點的赤道度數（稱爲"初末限"）；所謂月亮的白道積度 λ，是指月亮到白赤交點的白道弧段的長度，《授時曆》稱之爲"每交月離白道積度"。算法如下：

> 置初、末限度，以十四度六十六分乘之，如象限而一，爲定差；反減十四度六十六分，餘爲距差。以二十四乘定差，如十四度六十六分而一，所得，交在冬至後名減，夏至後名加，皆加減九十八度，爲定限度及分秒。
>
> 置定限度，與初、末限相減相乘，退位爲分，爲定差［正交、中交後爲加，半交後爲減］，以差加減正交後赤道積度，爲月離白道定積度。以前宿白道定積度減之，各得月離白道宿次及分。①

記一象限度爲 $\theta = 90° = 91.31$ 度，黃白交點的黃經爲 ω，初末限（黃白道交點到二至點的距離）爲（$\theta - \omega$），月亮的赤道度初末限爲 α，極差 $\delta = 14.66$ 度，定差爲 η，距差爲 τ，定限度爲 ρ，即給出以下算法公式：

定差② $\eta = \dfrac{\delta \times (\theta - \omega)}{\theta}$ (7)

距差 $\tau = \delta - \eta = \dfrac{\delta \times \omega}{\theta}$ (8)

---

① 《元史曆志三》，見中華書局編輯部《歷代天文律曆等志彙編》（九），中華書局 1976 年版，第 3399 頁。

② 與後面的定差是兩個概念，後面的指白赤道差。

$$定限度\rho = 98 \pm \frac{24 \times (\theta - \omega)}{\theta}（冬至後取-號，夏至後取+號）\tag{9}$$

$$定差\ \triangle = |\lambda - \alpha| = \frac{\left[\left(98 \pm 24 \times \frac{\theta - \omega}{\theta}\right) - \alpha\right] \times \alpha}{1000} \tag{10}$$

$$白道定積度\ \lambda = \alpha \pm \frac{\left[\left(98 \pm 24 \times \frac{\theta - \omega}{\theta}\right) - \alpha\right] \times \alpha}{1000} \tag{11}$$

《授時曆》假定當月亮的赤道積度$\alpha = 45° = 45.6$度時，其白赤道差達到最大值，以此點爲中心，令一個象限内的白赤道差呈鏡面對稱。於是有

$$\triangle_1 = \max|\lambda - \alpha| = 3.5 \tag{12}$$

$$\triangle_2 = \min|\lambda - \alpha| = 1.3 \tag{13}$$

《授時曆》和《天文大成管窺輯要》都没有説明白赤道差公式(9)－(11) 中常數24與98的來源，也没有説明白赤道差最大值$\triangle_1 = 3.5$（度）與最小值$\triangle_2 = 1.5$（度）是如何計算的。關孝和在《授時發明》中對常數24與98的來源做出了解釋：

求所謂二十四術曰：置在夏至内冬至外月道與赤道差三度五十分，内減在夏至外冬至内月道與赤道差一度三十分，餘二度二十分，通分内子進位爲度，得二千二百度，如象限而一，得二十四也。

求所謂九十八術曰：列半象限四十五度六十五分，内減二十四，餘二十一度六十五分，以半象限相乘之，得九百八十八度三十二分二十五秒，寄位。列在夏至内冬至外月道與赤道差三度五十分，通分内子，進位爲度，得三千五百度，加入寄位，共得四千四百八十八度三十二分二十五秒，爲實，實如半象限而一，得九十八度。

又術：列半象限，加二十四，得六十九度六十五分，以半象限相乘之，得三千一百七十八度三十八分一十二秒半，寄位。列在夏至外冬至内月道與赤道差一度三十分，通分内子，進位爲度，得一

千三百度，加入寄位，共得四千四百七十八度三十八分一十二秒半，爲實，實如半象限而一，亦得九十八度也。①

以上術文的意思如下：

$$\frac{(\Delta_1 - \Delta_2) \times 1000}{\theta} = 24, \quad \frac{(\theta - 24) \times \theta + \Delta_1 \times 1000}{\theta} = 98$$

$$\text{或} \frac{(\theta + 24) \times \theta + \Delta_2 \times 1000}{\theta} = 98$$

也就是説，根據白赤道差的最大值$\triangle_1$和最小值$\triangle_2$求出公式（11）的係數24與98。曲安京的解釋與其一致②。建部認爲，$24 = \frac{122 - 74}{2}$，$98 = \frac{122 + 74}{2}$，其中122是白赤道内外度最大值30度所對應的定限度，74是白赤道内外度最小值18度所對應的定限度，即

122度＝（半象限＋黄白道傾斜角）＋黄赤道傾斜角
＝（98度＋24度）
74度＝（半象限＋黄白道傾斜角）－黄赤道傾斜角
＝（98度－24度）

而且$122 \approx \frac{\triangle_1 \times 1000}{45.65} + 45.65, 74 \approx \frac{\triangle_2 \times 1000}{45.65} + 45.65$。

至於$\triangle_1 = 3.5$（度）與$\triangle_2 = 1.5$（度）是如何求出的，關孝和在《授時發明》中也做出了解釋，他以半象限$\alpha = 45° = 45.6$度爲月道半弧背，仿造求黄赤道差的算法進行計算。

建部賢弘在《授時曆解議（議解）》中復述了關氏計算$\triangle_1$與$\triangle_2$的方法，其注解如下：

[夏至在陰曆内…] 黄白道之中交在春正者，其黄白半交在夏至黄道内陰曆；黄白道之正交在秋正者，其黄白半交在冬至黄道外

① 平山諦、下平和夫、広瀬秀雄：《關孝和全集》，大阪：大阪教育図書株式会社1974年版，第382—384頁。

② 曲安京：《〈授時曆〉的白赤道座標變換法》，《自然科學史研究》2003年第22卷第4期。

陽曆；皆去赤道二十九度九十分，白道與赤道之差度極多三度五十分也。黄白道之正交在春正者，其黄白半交在夏至黄道外陽曆；黄白道之中交在秋正者，其黄白半交在冬至黄道内陰曆；皆去赤道十七度九十分，白道與赤道之差度極少一度三十分也。其陰陽曆皆以黄白交云也。

………

[今立象置法求之…] 今立儀象而測，置算法而求。白赤道之差數，多者不過三度五十分，少者不下一度三十分，是爲月道與赤道多少之極差。求其白赤道多差三度五十分者，以半象限四十五度六十分爲月道半弧背，立天元一而求得矢，其術曰：立天元一爲月道矢，自之，爲因周天徑半弧背弦差，寄位。置月道半弧背，以周天徑乘之，減去寄位，餘自乘之，再寄。置月道矢，用減周天徑，餘以月道矢乘之，爲月道半弧弦冪，以周天徑冪乘之，與再寄相消得度，三乘方開之，得月道矢十七度八十分。月道矢自乘，周天徑一百二十一度七十五分除，得半弧背弦差，以是減月道半背，餘得月道半弧弦四十三度，以月道矢減周天半徑，餘得月赤道小弦四十三度。又以月道去赤道二十九度九十分爲半弧背，立天元一如前術，求得矢七度五十分，以減周天半徑，餘得月赤道大股五十三度三十分，月赤道大股乘月赤道小弦，以周天半徑除，得月赤道小股三十七度七十分。月道半弦自乘，月赤道小股自乘，相併，平方開之，得赤道小弦五十七度二十分。月道半弦乘周天半徑，以赤道小弦除，得赤道半弧弦四十五度七十分。月赤道小股乘周天半徑，以赤道小弦除，得赤道大勾四十〇度一十分。以赤道大勾減周天半徑，得赤道弧矢二十〇度七十分。赤道矢自乘，以周天徑除，得赤道半弧背弦差，以月道半弧背加赤道半弦，得赤道半弧背四十九度二十分。以月道半弧背減赤道半弧背，餘得三度五十分也。此術同求黄赤道差術。

求其少差一度三十分者如前術，但以月道去赤道十七度九十分爲半弧背，立天元一求得矢二度六十分，以是減周天半徑，餘得月赤道大股五十八度二十分，得月赤道小股四十一度一十分，得赤道小弦五十九度四十分，得赤道半弧弦四十四度一十分，得赤道大勾四十二度，得赤道矢一十八度八十分，得赤道半弧背四十七度，減月道半弧背，餘得一度三十分。

以右三度五十分與一度三十分之極數造相減相乘之法，而求白道與赤道之差，得每交之白道宿度也。其術委注於“曆經”中。[①]

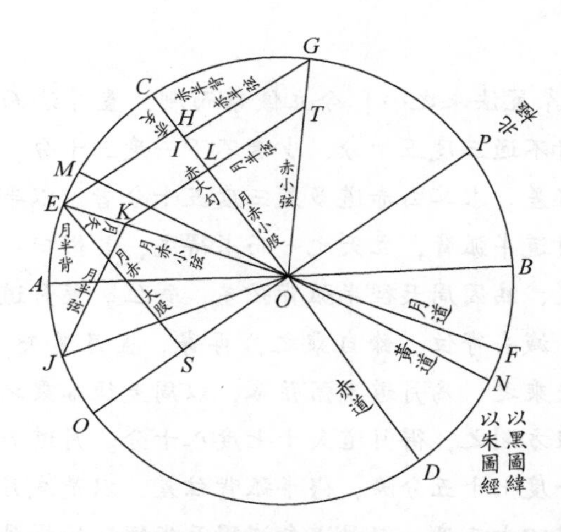

圖 15－1 《授時曆解議（議解）》中的求白赤道差圖

上述注解與關孝和的注解完全相同。關孝和與建部賢弘仿造黃赤道差算法[②]來計算白赤道差的最大值與最小值。圖 15－1 與《授時發明》中的黃赤道差圖相同，只是黃道改爲白道。將天球投影到一個平面，月道在赤道黃道之外，白赤大距最大值爲 29.90 度（$CE=23.90+6$），已知周天直徑爲 $d=121.75$ 度，記月道半弧背爲 $\overset{\frown}{EJ}=45.6$ 度[③]，月道半弧弦爲 KJ，月赤道小弦爲 OK。設月道矢爲 $KE=x$，根據會圓術公式，有

$$x^2=(EJ-KJ)d$$

$$[EJ\times d-x^2]^2=[EJ\times d-(EJ-KJ)d]^2=(KJ\times d)^2 \qquad (14)$$

---

① 建部賢弘：《授時曆解議（議解）》，京都大學人文科學研究所藏抄本。

② “黃赤道術”載於《授時曆經》，《天文大成管窺輯要》收録之，關孝和在《授時發明》中對其作了注解，建部賢弘在此處也作了引用，並稱“二至出入半弧弦並求大股術，雖注於《曆經》黃赤道術中，現重記之。”本書略之。

③ 45.6 度即半象限，《授時曆》認爲此時白赤道差最大。在黃赤道差算法中，認爲黃道半弧背等於 45 度時，黃赤道差最大。

根據射影定理，有

$$(d-x)x=(KJ)^2$$

$$(d-x)xd^2=(KJ)^2d^2 \tag{15}$$

(15)－(14) 得

$$(d-x)xd^2-[EJ\times d-x^2]^2=0$$

即 $$x^4+(d-2EJ)dx^2-d^3x+EJ^2d^2=0 \tag{16}$$

解此方程得 $x=17.80$。

於是，求得月道半弧背弦差 $EJ-KJ=x^2\div d=17.80^2\div 121.75=2.60$，月道半弧弦 $KJ=EJ-2.6=45.6-2.6=43$，月赤道小弦 $OK=r-x=60.875-17.80=43$。

又以月道去赤道 29.90 度爲半弧背$\overset{\frown}{CE}$，其半弦爲 EH，設月赤道矢 CH 爲 y，按照上述方法求得月赤道矢 $y=7.50$，月赤道半弦 $EH=CE-y^2\div d=29.9-0.462=29.4380$，求得月赤道大股 $OH=r-y=53.375$，月赤道小股 $OL=OK\times OH\div OG=(r-x)(r-y)\div r=37.70$，赤道小弦 $OT=\sqrt{LT^2+OL^2}=\sqrt{KJ^2+OL^2}=57.20$，赤道半弧弦 $GI=LT\times OG\div OT=KJ\times r\div OT=45.70$，赤道大勾 $OI=OL\times r\div OT=40.10$，赤道弧矢 $CI=r-OI=20.70$，赤道半弧背$\overset{\frown}{CG}=CI^2\div d+GI=49.20$，白赤道差最大值$\triangle_1=CG-EJ=49.20-45.6=3.50$。

如圖 15－2，月道在赤道黃道之間，以白赤大距的最小值（17.90 度，即黃赤大距與黃白大距之差，稱作月道去赤道度數）爲半弧背$\overset{\frown}{CE}$，設其對應的月道矢 CH 爲 z，按照上述方法求得月道矢 $CH=z=2.60$，月赤道大股 $OH=r-CH=58.20$，月赤道小股 $OL=41.10$，赤道小弦 $OT=59.40$，赤道半弧弦 $GI=44.10$，赤道大勾 $OI=42$，赤道矢 $CI=18.80$，赤道半弧背$\overset{\frown}{CG}=47$，於是求出$\triangle_2=EJ-CG=45.6-47=1.30$。

在計算出$\triangle_1$與$\triangle_2$之後，關孝和沒有對白赤道差公式的構造原理加以討論，建部賢弘卻作了簡略説明，他説："以右三度五十分與一度三十分之極數造相減相乘之法，而求白道與赤道之差，得每交之白道宿度也。"認爲以白赤道差的最大值與最小值來構造相減相乘公式。至於如何構造，没有作具體説明。在《授時曆》之前，黃赤道差算法通常採

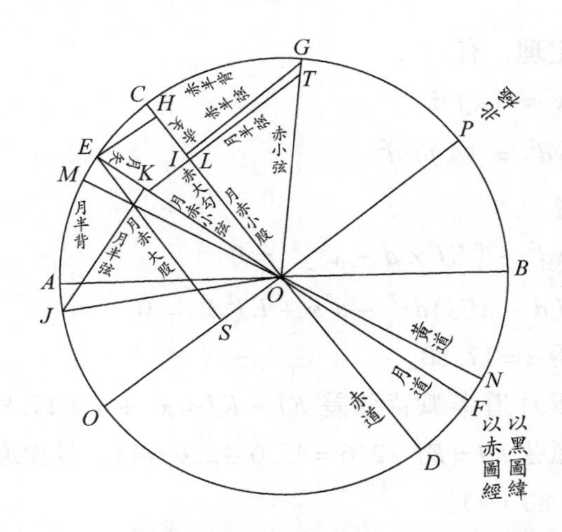

圖 15－2 《授時曆解議（議解）》中的求白赤道差圖

用相減相乘公式。曲安京曾經根據《授時曆議》中的有關文字，探討了白赤道差公式的構造原理，也是用$\triangle_1$與$\triangle_2$作爲基本數據構造相減相乘公式形式，通過待定係數法推演了白赤道差公式①。

（2）建部贤弘對交食的注解

交食推步是古代曆法中最複雜的推算内容，建部賢弘對此注解的篇幅最大。在《授時曆解議（議解）》中，根據《重修大明曆》《授時曆》的求食之數與求食之術分别對“詩書所載日食二事”“春秋日食三十七事”“三國以來日食”“前代月食”的數值分别進行了驗算，據此改訂了《授時曆議》中的一些數據②。關孝和在《天文數學雜著》中，對“春秋日食三十六事”也進行了考訂，建部的驗算與之有無關聯，尚不清楚。

關於交食推步的注解，集中在《授時曆解議（術解）》中，其中很多内容與《天文數學雜著》内容相同或相近，如求日食分秒、求月食分秒、求日食定用及三限辰刻、求月食定用及三限辰刻、月食三限

---

① 曲安京：《〈授時曆〉的白赤道座標變換法》，《自然科學史研究》2003 年第 22 卷第 4 期。

② 張穩：《〈授時曆議〉在日本——江户時代注解書研究》，碩士學位論文，東華大學，2023 年。

五限之圖、月食所起、求日食出入帶食所見分數等。關孝和清楚地解釋了交食推步的算法原理（詳細分析請參考王榮彬的文章[①]）。但關孝和的注解很簡略。關孝和也意識到《授時曆經》的方法需要修訂，所以在注文中多處指出“可訂正”“不及訂正”，建部賢弘則在這些地方予以了訂正。

建部賢弘與關孝和的天文曆學業績之間的關係，還是一個需要進一步調查研究的課題。

1.8　關於《授時曆解議》的漢譯

由於《授時曆解議（議解）》的篇幅較大，同時受時間限制，此次漢譯未能一併出版，現在只出版《授時曆解議（數解）》和《授時曆解議（術解）》兩部書的漢譯與注釋。《授時曆解議（議解）》以後擇機出版。

此次漢譯以東京天文臺藏抄本爲底本，分別與東京大學藏抄本、大谷大學藏抄本、九州大學藏抄本、北海道大學藏抄本、東北大學藏抄本進行對校，由於没有獲得學士院圖書館、津市圖書館稻垣文庫所藏抄本，此次没有與其對校。校訂過程中又參考了關孝和的《授時發明》和《天文數學雜著》中的相關內容，糾正了各抄本中的一些錯誤。

江户時代的學術著作常有漢文著述與日文著述兩種，即使用日文著述，也大量使用漢文詞語，日語文法也接近漢語文言，因此用文言形式漢譯比較方便，並且也貼近日文原意。本書文本分《授時曆》曆經、建部賢弘的注解、筆者的注釋三部分。《授時曆》曆經部分在建部賢弘的原著中，只寫每個推步法的標題與首句，後文被省略了，此次漢譯出版時根據中華書局本[②]將其補足。中根元圭的眉注，也以脚注形式一並給出。

---

① 王榮彬：《關於關孝和對〈授時曆〉交食算法的幾點研究》，《自然科學史研究》2001年第20卷第2期。

② 中華書局編輯部：《歷代天文律曆等志彙編》（九），中華書局1976年版。

二《授時曆解議（數解）》譯注

授時曆數解　一卷

元史　卷五十四　志六　曆三

授時曆經上 數解

2.1　步氣朔　第一

至元十八年歲次辛巳爲元。上考往古，下驗將來，皆距立元爲算。周歲消長，百年各一。其諸應等數，隨時推測，不用爲元。

距算：所求年算外距至元辛巳之元數年數爲距算，如本邦元禄七年甲戌歲，甲戌算外癸酉距至元辛巳之元逆數四百一十三年，故以四百一十三爲距算。又上考唐開元十二年甲子歲者，甲子算外乙丑距至元辛巳之元順數五百五十六年，故以五百五十六爲距算。①

日周，一萬。

歲實，三百六十五萬二千四百二十五分。

今所用三百六十五萬二千四百二十一分。

---

① 在大谷大學藏抄本中，與這段文字一樣的注解是以眉注形式出現的。另外重新書寫的注文如下："至元十八年辛巳爲元，至元壬午歲距算一、癸未歲距算二、甲申歲距算三、如斯每年數一算而增到本邦元禄七年甲戌歲，距算爲四百一十三年。又至元辛巳歲以前，至元十七年庚辰距算一、己卯歲距算二、戊寅歲距算三，如斯數，例如考唐開元十二年甲子歲者，以五百五十六爲距算。"九州大學藏本注解之文也如此，但距算爲爲五百五十七，且無眉注之文。

消長法，至元辛巳歲前百年、後百年合二百年間用三百六十五萬二千四百二十五，至元辛巳歲百年前之宋淳熙八年辛丑歲，距前元豐四年辛酉歲之百年間長一算而用三百六十五萬二千四百二十六，元豐四年辛酉歲前太平興國六年距辛巳歲[①]百年間長二而用三百六十五萬二千四百二十七，用如此每百年長一。又至元辛巳歲百年後之明洪武十四年辛酉歲距成化十七年辛巳歲[②]百年間消一，三百六十五萬二千四百二十四，成化十七年辛丑歲距萬曆九年辛巳歲[③]百年間消二而用三百六十五萬二千四百二十三，如此每百年消一。本邦天和元年辛酉歲距算四百年，故消四，天和辛酉歲後百年間而用三百六十五萬二千四百二十一也。天和辛酉，即清康熙二十年。◎[④]由歲實求出之諸率所用年數皆如此。

通餘，五萬二千四百二十五分。

以旬周六十萬去歲實，餘也。

今所用五萬二千四百二十一分。

朔實，二十九萬五千三百五分九十三秒。

通閏，十萬八千七百五十三分八十四秒。

朔虛分乘十二月，加通餘所得也。

今所用十萬〇八千七百四十九分八十四秒。秒母一百。

歲周，三百六十五日二千四百二十五分。

歲實滿日周爲日、不滿爲分所得也。

今所用三百六十五日二千四百二十一分。

朔策，二十九日五千三百五分九十三秒。

氣策，十五日二千一百八十四分三十七秒半。

歲實除二十四爲分，分下之數不滿法之五爲秒數、法二十四爲秒母，分數滿日周爲日所得也。

---

① 天文臺藏抄本、東北大學藏抄本和東京大學藏抄本均作“太平興國六年辛巳歲”，大谷大學藏抄本與九州大學藏抄本均作“太平興國七年壬午歲”。從前者。

② 天文臺藏抄本、東北大學藏抄本和東京大學藏抄本均作“成化十七年辛巳歲”，大谷大學藏抄本與九州大學藏抄本均作“成化十六年庚子歲”。從前者。

③ 天文臺藏抄本、東北大學藏抄本和東京大學藏抄本均作“萬曆九年辛巳歲”，大谷大學藏抄本與九州大學藏抄本均作“萬曆八年庚辰歲”。從前者。

④ 雙圈符號爲分隔符號，原著中爲圓圈號，爲了與零號區别，這裏改爲雙圈號，以下均同。

今所用十五日二千一百八十四分〇五秒。秒母二十四。

望策，十四日七千六百五十二分九十六秒半。

弦策，七日三千八百二十六分四十八秒少。

氣應，五十五萬六百分。

閏應，二十萬一千八百五十分。

没限，七千八百一十五分六十二秒半。

以氣盈減日周所得也。

今所用七千八百一十五分一十九秒半。秒母二十四。

氣盈，二千一百八十四分三十七秒半。

氣策日下分也。

今所用二千一百八十四分〇五秒。秒母二十四。

朔虚，四千六百九十四分七秒。

旬周，六十萬。

紀法，六十。

推天正冬至（第一）

置所求距算，以歲實上推往古，每百年長一；下算將來，每百年消一。乘之，爲中積。加氣應，爲通積。滿旬周去之；不盡，以日周約之爲日，不滿爲分。其日命甲子算外，即所求天正冬至日辰及分。如上考者，以氣應減中積，滿旬周，去之；不盡，以減旬周。餘同上。

例如求元禄七年甲戌歲，置距至元辛巳之元積算四百一十三，乘今所用之歲實三百六十五萬二千四百二十一，得一十五億〇八百四十四萬九千八百七十三分，爲中積分。加氣應五十五萬〇六百，得一十五億〇九百萬〇〇〇四百七十三分，爲通積分，滿旬周六十萬除去，不盡四百七十三分，爲天正冬至，不滿日周一萬，故初日〇四百七十三分直爲天正冬至之日分，其初日，於紀法圖爲甲子，故爲甲子日，分數即四刻七十三分也。

上考者例如求唐開元十二年甲子歲，置距至元辛巳元之年數五百五十六，乘其時所用歲實三百六十五萬二千四百三十分，得中積二十〇億三千〇七十五萬一千〇八十分，減氣應五十五萬〇六百分，餘二十〇億三千〇二十〇萬四百八十分滿旬周六十萬除去，不盡四十〇萬〇四百八十分，以此減旬周，餘一十九萬九千五百二十分爲天正冬至分，滿日周約爲日數，不滿爲分，得一十九癸未日九千五百二十分也。[①]

求次氣（第二）

置天正冬至日分，以氣策累加之，其日滿紀法去之，外命如前，各得次氣日辰及分秒。

元禄甲戌歲，置天正冬至初日〇四百七十三分，加今所用之氣策十五日二千一百八十四分〇五秒，得一十五己卯日二千六百五十七分〇五秒，爲小寒之恆氣日分。又加氣策，得三十〇甲午日四千八百四十一分二十秒，爲大寒恆氣之日分。又加氣策，得立春恆氣之日分，如此累加氣策，求到次年乙亥春分也。其到雨水得六十〇日九千二百〇九分二十秒，日數滿紀法六十，故去六十日，爲初日九千二百〇九分二十秒。又到驚蟄得一十五日一萬一千三百九十三分二十五秒[②]，分數滿日周一萬，故一萬爲一日而加日數，秒數[③]滿秒母，故去二十四秒，加一分而爲一十六日一千三百九十四分〇一秒。後皆倣之。

累加而日數滿紀法去之。◎有秒母者，秒數滿當時之秒日去而從分數。

捷術　若前後隔若干氣而直求某氣者，以冬至至其氣之數乘氣策，滿紀法去之，以所得前減後加冬至日分得所求恆氣。◎又直求前後若干年冬至者，以其相距年數乘通餘，滿旬周去之，以所得前減後加冬至日分，得所求年冬至也。◎若加滿紀法則去之，不足減則加紀法而減之。

推天正經朔（第三）

置中積，加閏應，爲閏積。滿朔實去之，不盡爲閏餘，以

---

① 天文臺藏抄本、東北大學藏抄本和東京大學藏抄本均無“是開元十三年乙丑ノ歲ノ冬至也”一句，大谷大學藏抄本與九州大學藏抄本補之。從前者。

② 天文臺藏抄本、東北大學藏抄本和東京大學藏抄本作“刻”，大谷大學藏抄本與九州大學藏抄本作“秒”。應爲“秒”。

③ 天文臺藏抄本、東北大學藏抄本和東京大學藏抄本作“秒數”，大谷大學藏抄本與九州大學藏抄本作“積數”。前者正確。

減通積，爲朔積。滿旬周去之；不盡以日周約之爲日，不滿爲分，即所求天正經朔日及分秒。上考者，以閏應減中積，滿朔實，去之不盡，以減朔實，爲閏餘。以日周約之爲日，不滿爲分，以減冬至日及分，不及減者，加紀法減之，命如上。

元禄甲戌歲，置中積一十五億〇八百四十四萬九千八百七十三分，加閏應二十〇萬一千八百五十分，得一十五億〇八百六十五萬一千七百二十三分，爲閏積分，滿朔實二十九萬五千三百〇五分九十三秒除去，不盡二十二萬九千〇三十二分五十六秒爲天正閏餘分，以此減通積一十五億〇九百〇〇萬〇四百七十三分，餘一十五億〇八百七十七萬一千四百四十〇分四十四秒爲朔積[①]分，滿旬周六十萬[②]除去，不盡三十七萬一千四百四十〇分四十四秒以日周一萬約而得三十七辛丑日，不滿一千四百四十〇分四十四秒即分秒，天正十一月經朔也。◎別術：置閏餘分，滿日周爲日，不滿爲分秒而得二十二日九千〇三十二分五十六秒，以此不足減天正冬至初日〇四百七十三分，故加紀法六十日爲六十〇日〇四百七十三分而減之，餘得經朔三十七日一千四百四十〇分四十四秒亦同。

別術 直求經朔，置閏餘分，滿日周爲日，不滿爲分秒，以減天正冬至日分，餘爲天正經朔之日分。◎若不足減，加紀法而減之。此術簡易故常用。

上考者開元十二年，以閏應減中積，餘二十〇億三千〇五十四萬九千二百三十分滿朔實除去，以不盡一十〇萬七千七百〇五分九十秒減朔實，餘二萬五千六百五十五分三十二秒爲閏餘，滿日周約得二日五千六百五十五分三十二秒，以減天正冬至之日分，餘一十七日三千八百六十四分六十八秒爲天正十一月經朔之日分。

求弦望及次朔（第四）

置天正經朔日及分秒，以弦策累加之，其日滿紀法去之，

---

① 天文臺藏抄本誤作“億”，東京大學藏抄本，大谷大學藏抄本，九州大學藏抄本均改作“積”。後者正確。

② 天文臺藏抄本、東北大學藏抄本、九州大學藏抄本和東京大學藏抄本作“六十萬”，大谷大學藏抄本作“六千萬”。後者筆誤，從前者。

各得弦望及次朔日及分秒。

甲戌歲，置天正十一月經朔三十七日一千四百四十〇分四十四秒，加弦策七日三千八百二十六分四十八秒少，得經上弦四十四戊甲日五千二百六十六分九十二秒少，又加弦策，得經望五十一乙卯日九千〇九十三分四十〇秒半，又加弦策，得經下弦五十九癸亥日二千九百一十九分八十八秒太，又加弦策，滿紀法，故去六十日，得十二月經朔六庚午日六千七百四十六分三十七秒，如此累加，求到次年乙亥正月也。少即二十五、微半即五十、微太即七十五微也。

捷術 若直求次朔者，累加朔策得次朔；直求望，累加望策而得朔到望、望到次朔也。◎又直求若干月前後者，以其相距月數乘朔策，滿紀法去之，以所得前減後加其經朔望之日分，得所求月經朔望之日分也。◎若加滿紀法則去之，不足減則加紀法而減之。

推没日（第五）

置有没之氣分秒，如没限已上爲有没之氣。以十五乘之，用減氣策，餘滿氣盈而一爲日，併恆氣日，命爲没日。

視甲戌歲恆氣，雨水之日下分九千二百〇九分二十秒也，没限七千八百一十五分一十九秒以上，故雨水氣内有没日。依別術置分數九千二百〇九，乘秒母二十四，加秒數[①]二十，得二十二萬一千〇三十六分，以十五乘得三百三十一萬五千五百四十分，用減歲周三百六十五萬二千四百二十一分，餘得三十三萬六千八百八十一分，滿通餘五萬二千四百二十一除而得六日，不盡二萬二千三百五十五分，加雨水恆氣日初日，直以六庚午日二萬二千三百五十五分爲没日。又穀雨日下分七千九百四十六分在没限以上，爲有没之氣，故乘二十四，加秒數一十六，得一十九萬〇七百二十分，乘十五，以減歲周，餘七十九萬一千六百二十一滿通餘爲日，得一十五日、不滿〇五千三百〇六分，併穀雨日一日，一十六庚辰日〇九千三百〇六分爲没日。如此視二十四氣内計而求也。

併恆氣日，滿紀法去之。没限並氣策無秒母者，如本經之術而求

① 天文臺藏抄本、東北大學藏抄本和東京大學藏抄本作“秒數”，大谷大學藏抄本與九州大學藏抄本作“此數”。前者正確。

也，今所用之數者皆有秒母，乘除之數與本經之術異，故依别術求之。

別術 置有没之氣分秒，以二十四通之内子，以十五乘之，用滅歲周，餘滿通餘而一爲日，併恆氣日，命爲没日。

捷術 直求次没者，累加六十九日三萬五千三百七十二分，分數滿通餘則從日而得次没。◎累加之數，置歲實，滿通餘爲日而所得也。

推滅日（第六）

置有滅之朔分秒，在朔虚分已下爲有滅之朔，以三十乘之，滿朔虚而一，爲日，併經朔日，命爲滅日。

甲戌歲，視正月經朔之日下分，二千〇五十二分三十秒也，朔虚分四千六百九十四分〇七秒已下，故月内有滅日，乘三十，得六萬一千五百六十九分，滿朔虚分除，得一十三日①，不滿〇五百四十六分〇九秒，加正月經朔日三十六日②，四十九癸丑日〇五百四十六分〇九秒，爲滅日。又三月，置經朔日下分二千六百六十四分一十六秒，乘三十而得七萬九千九百二十四分八十秒，滿朔虚爲日，得一十七日，不滿〇一百二十五分六十一秒，加三月經朔日三十五日，得五十二丙寅日〇一百二十五分六十一秒爲滅日。如此視十二月之内計而求也。

併經朔日而滿紀法去之也。

捷術 直求次滅者，累加六十二日四千二百七十三分五十九秒③，分數滿朔虚從日而得次滅，累加數，置朔實，滿朔虚爲日而所得也。

2.2 步發斂 第二

土王策，三日四百三十六分八十七秒半。

---

① 天文臺藏抄本作“十五日”，東京大學藏抄本、東北大學藏抄本、大谷大學藏抄本與九州大學藏抄本均作“十三日”。經核算，應該爲“十三日”。

② 天文臺藏抄本、東北大學藏抄本、九州大學藏抄本和東京大學藏抄本作“三十六日”，大谷大學藏抄本作“二十六日”。前者正確。

③ 天文臺藏抄本、東北大學藏抄本和東京大學藏抄本作“五十九秒”，大谷大學藏抄本與九州大學藏抄本作“五千九秒”。後者當爲抄寫錯誤。前者正確。

五分氣策所得也。其五除之不滿分數四通氣策秒母二十四，内氣策秒數五，一百〇一秒，爲土王策秒數。又五因氣策秒母，一百二十，爲土王策秒母。

今所用三日〇四百三十六分一百〇一秒。一百二十。

月閏，九千六十二分八十二秒。

通閏十二月除所得也。四歸其十二除之不滿五分八十四秒，進二位，爲一百四十六秒數。又[①]四歸十二、進二位、爲三百之秒母。

今所用九千〇六十二分一百四十六秒。秒母三百。

辰法，一萬。

半辰法，五千。

刻法，一千二百。

推五行用事（第一）

各以四立之節，爲春木、夏火、秋金、冬水首用事日。以土王策減四季中氣，各得其季土始用事日。

元祿甲戌歲，以立春恆氣四十五己酉日七千〇二十五分一十五秒即爲木首用事日，立夏恆氣一十七辛己日〇一百三十〇分二十一秒即爲火首用事日，立秋爲金首用事日，立冬爲水首用事日，命皆如斯。◎置季春三月中氣穀雨恆氣一日七千九百四十六分一十六秒，減土王策三日〇四百三十六分一百〇一秒，日數秒數皆不足故紀法六十加日數，五因秒數一十六而得八十秒，去一分而加一百二十秒，爲六十一日七千九百四十五分二百秒，減之，餘五十八壬戌日七千五百〇九分九十九秒爲春木土始用事日。又置季夏六月中氣大暑恆氣三十三日一千〇五十一分二十二秒，五因[②]秒數爲一百一十秒，減土王策，餘三十〇甲午日〇六百一十五分〇〇九秒，爲夏火土始用事日。秋金土、冬水土皆如斯求。◎求辰刻者，依發斂加時術求也。

---

① 天文臺藏抄本和東北大學藏抄本此字作“又”，東京大學藏抄本、大谷大學藏抄本和九州大學藏抄本此字作“亦”。意同。

② 天文臺藏抄本、東京大學藏抄本、九州大學藏抄本和東北大學藏抄本作“五因”，大谷大學藏抄本作“五周”。後者筆誤，當爲“五因”。

求土用者，恆氣秒數皆五因、求與土王策同秒母而減。◎其秒數不足減，加紀法而減也。◎日數不足減，加紀法而減也。

氣候

正月

立春，正月節。東風解凍。蟄蟲始振。魚陟負冰。

雨水，正月中。獺祭魚。候雁北。草木萌動。

二月

驚蟄，二月節。桃始華。倉鶊鳴。鷹化爲鳩。

春分，二月中。玄鳥至。雷乃發聲。始電。

三月

清明，三月節。桐始華。田鼠化爲鴽。虹始見。

穀雨，三月中。萍始生。鳴鳩拂其羽。戴勝降於桑。

四月

立夏，四月節。螻蟈鳴。蚯蚓出。王瓜生。

小滿，四月中。苦菜秀。靡草死。麥秋至。

五月

芒種，五月節。螳螂生。鵙始鳴。反舌無聲。

夏至，五月中。鹿角解。蜩始鳴。半夏生。

六月

小暑，六月節。溫風至。蟋蟀居壁。鷹始摯。

大暑，六月中。腐草爲螢。土潤溽暑。大雨時行。

七月

立秋，七月節。涼風至。白露降。寒蟬鳴。

處暑，七月中。鷹乃祭鳥。天地始肅。禾乃登。

八月

白露，八月節。鴻雁來。玄鳥歸。群鳥養羞。

秋分，八月中。雷始收聲。蟄蟲壞户。水始涸。

九月

寒露，九月節。鴻雁來賓。雀入大水爲蛤。菊有黄華。

霜降，九月中。豺乃祭獸。草木黄落。　　蟄蟲咸俯。

十月

立冬，十月節。水始冰。　地始凍。雉入大水爲蜃。

小雪，十月中。虹藏不見。天氣上昇，地氣下降。閉塞而成冬。

十一月

大雪，十一月節。鶡鴠不鳴。虎始交。茘挺出。

冬至，十一月中。蚯蚓結。　麋角解。水泉動。

十二月

小寒，十二月節。雁北鄉。鵲始巢。　雉雊。

大寒，十二月中。雞乳。　征鳥厲疾。水澤腹堅。

推中氣去經朔（第二）

置天正閏餘，以日周約之爲日，命之，得冬至去經朔。以月閏累加之，各得中氣去經朔日算。滿朔策去之，乃全置閏，然俟定朔無中氣者裁之。璋曰：全，當作合。

甲戌歲，置天正閏餘二十二萬九千〇三十二分五十六秒，滿日周一萬爲日，秒數三因而得二十二日九千〇三十二分一百六十八秒，爲天正冬至去十一月經朔日分，加月閏九千〇六十二分一百四十六秒而得二十三日八千〇九十五分[①]〇一十四秒，爲大寒去十二月經朔日分，又加月閏而得二十四日七千一百五十七分一百六十秒，爲雨水去正月經朔日數，如斯累加而求到次年正月也。其求至七月中氣處暑去經朔日分，得三十〇日一千五百三十二分一百三十六秒，滿朔策故準七月去一箇月日數二十九日五千三百〇五分二百七十九秒，餘初日六千二百二十六分一百五十七秒爲處暑去七月經朔日，準其七月以所去朔策一月爲經閏六月，然當得定朔當有經六月之尾，大暑氣入經閏六月内卻於經六月内無

---

① 天文臺藏抄本、東京大學藏抄本、九州大學藏抄本和東北大學藏抄本作“九十五分”，大谷大學藏抄本作“九十九分”。正確者爲“九十五分”。

中氣，故以經六月爲定閏五月，經閏六月爲閏而爲定六月也。其義委注於“定日”之下。

天正閏餘秒數三因與月閏同秒母。◎累加月閏而滿秒數秒母者，去秒母加一分。

累加月閏，若有滿朔策則去朔策，餘爲去超一箇月次月經朔之日分，以其所去朔策之一箇月爲經閏月。◎用其朔策，三因秒數而同月閏與秒母。◎秒數不足減，去一分，通秒母，加秒數而減之。

天正閏餘一十八萬六千五百五十六分〇二十七秒以上者，其年内有經閏月。◎天正閏餘二十八萬六千二百四十三分一百三十三秒以上者，天正之月有經閏，得定朔至定閏，有時天正之月爲定閏十月。

推發斂加時（第三）

置所求分秒，以十二乘之，滿辰法而一爲辰數；餘以刻法收之爲刻；命子正算外，即所在辰刻。如滿半辰法，通作一辰，命起子初。

命正與初者，甲戌歲天正冬至，置分數四百七十三，乘十二，得五千六百七十六分，不滿辰法一萬，故辰數爲空，半辰法五千已上[①]，故去五千而加一辰得辰數一，爲丑辰，餘六百七十三分不滿刻法一千二百，故爲初刻[②]。小寒，置分數二千六百五十七分，乘十二得三萬一千八百八十四分，滿辰法一萬除得三，爲卯辰，不滿一千八百八十四分在半辰法已下，故直除刻法一千二百而得一刻，即爲正一刻。大寒，置分數，乘十二得五萬八千〇九十二分，滿辰法除而得五，不滿八千〇九十二分爲半辰法以上，故去五千而加一辰，得六，爲午辰，餘三千〇九十二分除刻法，得初二刻。餘皆倣之。如其秋分，分數九千七百八十八分乘十二，得一十一萬七千四百五十六分，滿辰法除而得十一，不滿數去半辰法，加一辰而得十二子辰，餘除刻法得初二刻，此子辰非晨前子，爲昏後子辰，故添夜字而注爲夜子初二刻。◎又不別正初者常自初起，冬至置分數，乘十二得五千六百七十六，加半辰法五千，得一萬〇六百

① 天文臺藏抄本、九州大學藏抄本和大谷大學藏抄本作“已上”，東京大學藏抄本與東北大學藏抄本作“以上”。“已上”與“以上”通用。

② 天文臺藏抄本作“初々刻”，東北大學藏抄本作“初刻”，東京大學藏抄本、大谷大學藏抄本和九州大學藏抄本作“初初刻”。前者正確。

七十六，滿辰法除而得一，爲丑辰，餘分不滿刻法故爲初刻。小寒，分數乘十二，加半辰法得三萬六千八百八十四分，滿辰法除而得三，爲卯辰，不滿六千八百八十四除刻法而得五刻也。餘傚之。

命辰數者，空子、一丑、二寅、三卯、四辰、五巳、六午、七未、八申、九酉、十戌、十一亥。◎刻法除得若干刻，不盡分數棄而不用。

總滿半辰法爲一辰者，刻數命爲某辰初若干刻，半辰法已下者，直命正若干刻也。◎不別正初者常加半辰法而求刻數也。

今按　今世俗所用之云一日者，以晨爲首而終於次日晨，晨到昏爲晝分、昏到晨爲夜分，分辰晝夜各以六五四九八七之數撞鐘，其六準晝卯夜酉、五準晝辰夜戌、四準晝巳夜亥、九準晝午夜子、八準晝未夜丑、七準晝申夜寅，有各日晝夜長短，別晝分夜分，各六辰平均而爲一辰，故一辰一刻之長短常晝夜異。又[①]别刻不謂正初，皆以各辰正爲辰首。又用自鳴鐘者，别各辰半時，每半時擬一尺而各以寸分定刻數也，其每時撞鐘並自鳴鐘刻數命十分之術，雖非授時曆所與，亦附細注。

以其日晨分即爲夜時法，乘十二，百約而爲夜刻法，亦以晨分減半日周五千，餘爲晝時法，乘十二，百約而爲晝刻法。◎視所求分數，晨分以上、昏分已下者，減去晨分，餘爲晨後晝分；昏分以上者，減去昏分，餘爲其日昏後夜分；晨分已下者，加晨分而爲前日昏後夜分。若如弦望有退日者，即爲其日昏後夜分。置各晝夜分，三因，滿時法而一爲時數，不滿刻法除爲刻數，其時數空爲六、一爲五、二爲四、三爲九、四爲八、五爲七命而得所求。◎求自鳴鐘，視其不滿時法之數，半時法已下直爲其時，以上則去半時法爲其時之半，各餘分乘二十四，刻法除而得寸分。例如甲戌歲天正冬至初日晨分二千八百四十二分爲夜時法，乘十二，百約而得三百四十一分[②]，爲夜刻法。冬至甲子日四百七十三分爲晨分已下，故加晨分，三千三百一十五分，爲癸亥日昏後夜分，三因，得九千九百四十五分，滿夜時法除而得三，爲九子時，不滿一千四百一十九分，刻法除而得四刻，即癸亥日昏後夜九時四刻冬至。求自鳴

---

① 天文臺藏抄本和東北大學藏抄本作“又”，大谷大學藏抄本、九州大學藏抄本和東京大學藏抄本作“亦”。意同。

② 天文臺藏抄本、東京大學藏抄本、東北大學藏抄本和九州大學藏抄本作“三百四十一分”，大谷大學藏抄本作“三百七十一分”。正確者爲“三百四十一分”。

鐘，不滿數爲半時法已下故直爲九時，乘二十四，刻法除而得九寸九分。◎小寒，以初日晨分二千八百一十九分爲夜時法，乘十二，百約得三百三十八分，爲夜刻法。小寒己卯日二千六百五十七分，晨分已下，故加晨分，得五千四百七十六分，爲戊寅日昏後夜分，三因，得一萬六千四百二十八分，滿時法除得五，爲七寅時，不滿二千三百三十三刻法除，得六刻，即戊寅日昏後夜七時六刻小寒。求自鳴鐘，視不滿二千三百三十三，半時法一千四百〇九分半以上，故去半時法，爲七半時，餘九百二十三分半乘二十四，刻法除而得六寸五分。◎大寒，以初日晨分二千七百五十分減半日周五千，餘二千二百五十五分爲晝時法，乘十二，百約，得二百七十分，爲晝刻法。置大寒甲午日四千八百四十一分，爲晨分以上，故減晨分，餘二千〇九十一分爲甲午日晨後晝分，三因，得六千二百七十三分，滿時法除得二，爲四巳之時，不滿一千七百七十三分刻法除，得五刻，爲甲午日昼四時五刻大寒。求自鳴鐘，不滿之數半時法以上，故去半時法一千一百二十五分，爲四半時，餘分六百四十八乘二十四，刻法除而得五寸七分。◎又雨水，初日晨分二千五百一十二分，昏分七千四百八十八分也，以晨分爲夜時法，十二乘，百約，得三百〇一分，爲夜刻法。置雨水甲子日九千二百〇九分，爲昏分以上，故減昏分，餘一千七百二十一分爲甲子日昏後夜分，三因，滿時法除得二，爲四亥時，不滿一百三十九分刻法除，不滿故爲初刻，即甲子日昏後夜四時初刻雨水。求自鳴鐘，其不滿一百三十九分爲半時法已下，故直爲四時，乘二十四，夜刻法除，得一寸一分。◎右以每日晨分與昏分比其所求分數，就其近視晨分昏分以上以下而求晝夜之法也。

2.3 步日躔　第三

周天分，三百六十五萬二千五百七十五分。

今所用，三百六十五萬二千五百七十九分。

消長法，至元辛巳歲以前百年、後百年間，用三百六十五萬二千五百七十五，至元辛巳歲百年前淳熙辛丑歲以前百年間消一而用三百六十五萬二千五百七十四，淳熙辛巳歲百年前元豐辛酉歲以前百年間又消一而用三百六十五萬二千五百七十三，如此往古每百年消一而爲其時所用周天分，亦至元辛巳歲百年後洪武辛酉歲以後百年間長一而用三百六十五萬二千五百七十六，洪武辛酉歲百年後成化辛丑歲以後百年間又長一而用三百六十五萬二千五百七十七，如此將來每百年長一而爲某時所用周天分。距今本邦天和辛酉歲四百年，故長四而以三百六十五萬二千五百七十九爲天和辛酉歲以後百年間所用周天分。

周天，三百六十五度二十五分七十五秒。

置周天分，滿度母一萬約而爲度，不滿爲分秒而所得也。

今所用，三百六十五度二十五分七十九秒。

半周天，一百八十二度六十二分八十七秒半。

半周天度而所得也①。

今所用，一百八十二度六十二分八十九秒半。

象限，九十一度三十一分四十三秒太。

半周天半而所得也。

今所用九十一度三十一分四十四秒太。

術中云象限者爲歲周之象限，即設當時所用之數並半歲周而注於左。又有黄道歲周度並四正定象度之數，此依移消長數與歲差度而變，其數注於第八條術中。

歲差，一分五十秒。

以其年歲周減其年周天所得也。以今所用分數除一度得退年六十三年有奇。

今所用一分五十八秒。

今按 周天消長數如右各件，然於術中用周天本數，但於第三條之術只用其消長數。

周應，三百一十五萬一千七十五分。

半歲周，一百八十二日六千二百一十二分半。

半歲周而得所，總歲周、半歲周、歲象限等命爲度分，皆乘平行一

① 天文臺藏抄本、大谷大學藏抄本、九州大學藏抄本和東京大學藏抄本皆作“歲周ヲ半ニメ得ル所ナリ”，東北大學藏抄本作“歲周ヲ半メ得シ”。意思一樣，都譯爲“半歲周而所得”。

度、日周約爲度分而用也。

今所用一百八十二日六千二百一十〇分半。

今所用歲象限九十一日三十一分〇五秒少。

盈初縮末限，八十八日九千九十二分少。

盈縮極差二度四十〇分一十四秒命爲日分而二日四千〇一十四分也，以此減歲象限九十一日三千一百〇五分少而爲盈初縮末限，加歲象限而爲縮初盈末限。

今所用八十八日九千〇九十一分少。

縮初盈末限，九十三日七千一百二十分少。

今所用九十三日七千一百一十九分少。

推天正經朔弦望入盈縮曆（第一）

置半歲周，以閏餘日及分減之，即得天正經朔入縮曆。冬至後盈，夏至後縮。以弦策累加之，各得弦望及次朔入盈縮曆日及分秒。滿半歲周去之，即交盈縮。

甲戌歲，置天正閏餘二十二萬九千〇三十二分五十六秒，滿日周一萬爲日，得二十二日九千〇三十二分五十六秒，以此減半歲周一百八十二日六千二百一十〇分半，餘一百五十九日七千一百七十七分九十四秒爲天正十一月經朔入縮曆，加弦策七日三千八百二十六分四十八秒少，得經上弦入縮曆一百六十七日一千〇〇四分四十二秒少，又加弦策，得經望入縮曆一百七十四日四千八百三十〇分九十〇秒半，又加弦策，得經下弦入縮曆①，如斯累加求至乙亥歲正月也。求至其舊年十二月朔，得縮曆一百八十九日二千四百八十三分八十七秒，滿半歲周，故去半歲周，餘六日六千二百七十三分三十七秒爲十二月經朔入盈曆。又求至閏五月朔，得盈曆一百八十三日八千一百〇八分九十五秒，滿半歲周，故去半歲周，餘一日一千八百九十八分四十五秒爲閏五月經朔入縮曆。又此至縮曆十一月經上弦，入盈曆也。

① 天文臺藏抄本作“入盈曆”，大谷大學藏抄本、九州大學藏抄本、東京大學藏抄本和東北大學藏抄本作“入縮曆”。後者正確。

累加弦策而滿半歲周則去之，其餘，前盈者爲縮，前縮者爲盈。

捷術 若直求若干月前後者，以其相距月數乘朔策，滿歲周去之，以所得前減後加於其經朔望入盈縮曆，爲所求月入盈縮曆之日分。不足減，加歲周而減，加而滿歲周則去之。◎其積[①]日半歲周以上者去之，加減其縮曆者得盈，加減於盈曆者得縮也。

求盈縮差（第二）

視入曆盈者，在盈初縮末限已下，爲初限，已上，反減半歲周，餘爲末限；縮者，在縮初盈末限已下，爲初限，已上，反減半歲周，餘爲末限。其盈初縮末者，置立差三十一，以初末限乘之，加平差二萬四千六百，又以初末限乘之，用減定差五百一十三萬三千二百，餘再以初末限乘之，滿億爲度，不滿退除爲分秒。縮初盈末者，置立差二十七，以初末限乘之，加平差二萬二千一百，又以初末限乘之，用減定差四百八十七萬六百，餘再以初末限乘之，滿億爲度，不滿退除爲分秒，即所求盈縮差。

又術：置入限分，以其日盈縮分乘之，萬約爲分，以加其下盈縮積，萬約爲度，不滿爲分秒，亦得所求盈縮差。

赤道宿度

角 十二一十　亢 九二十　氐 十六三十　房 五六十
心 六五十　尾 十九一十　箕 十四十；

右東方七宿，七十九度二十分。

斗 二十五二十　牛 七二十　女 十一三十五　虛 八九十五太
危 十五四十　室 十七一十　壁 八六十；

右北方七宿，九十三度八十分太。

奎 十六六十　婁 十一八十　胃 十五六十　昴 十一三十

---

① 天文臺藏抄本、九州大學藏抄本、東京大學藏抄本和東北大學藏抄本作“其積”，大谷大學藏抄本作“其秒”。前者正確。

畢 十七四十　　觜 初〇五　　參 十一一十；

右西方七宿，八十三度八十五分。

井 三十三三十　　鬼 二二十　　柳 十三三十　　星 六三十

張 十七二十五　　翼 十八七十五　　軫 十七三十；

右南方七宿，一百八度四十分。

右赤道宿次並依新製渾儀測定用爲常數，校天爲密。若考往古，即用當時宿度爲準。

甲戌歲天正十一月經朔，縮曆一百五十九日七千一百七十七分[①]九十四秒，縮而比縮初盈末限九十三日七千一百一十九分少多，故以減半歲周一百八十二日六千二百一十〇分半，餘二十二日九千〇三十二分五十六秒[②]爲縮末限。又十二月經朔，盈曆六日六千二百七十三分三十七秒，盈而比盈初縮末限[③]八十八日九千〇九十一分少少，故直爲盈初限。又三月經朔之盈曆九十五日二千一百九十一分一十六秒，盈而比盈初縮末限多，故以減半歲周，餘八十七日四千〇一十九分三十四秒爲盈末限。又如閏五月經朔之縮曆一日一千八百九十八分四十五秒，縮而比縮初盈末限少，故直爲縮初限。如此皆求初末限也。由此依又術，天正十一月經朔爲縮末二十二日，故當縮末立成二十二日，置其盈縮分三百九十七分九千一百一十一秒，乘限之日下分九千〇三十二分，一萬約而得三百五十九分四二，將此加於二十二日之盈縮積一萬〇〇六十九分三九一二，得一萬〇四百二十九，滿一萬爲度，不滿命分秒而以一度〇四分二十九秒爲縮差。又三月經朔，爲盈末限八十七日四千〇一十九分三十四秒，當盈末立成八十七日，置其段盈縮分三十八分二九三七，乘末限[④]日下分四千〇一十九分，一萬約而得一十五分三九，加其段盈縮積，得二萬三千八百八十四，滿萬爲度，不滿命分秒，而以二度三十八

① 天文臺藏抄本、九州大學藏抄本、東京大學藏抄本和東北大學藏抄本作“七十七分”，大谷大學藏抄本作“七十一分”。前者正確。

② 天文臺藏抄本與大谷大學藏抄本作“三十六秒”，九州大學藏抄本、東京大學藏抄本和東北大學藏抄本作“五十六秒”。後者正確。

③ 天文臺藏抄本、九州大學藏抄本、東京大學藏抄本和東北大學藏抄本作“限”，大谷大學藏抄本作“辰”。前者正確。

④ 天文臺藏抄本、東京大學藏抄本和東北大學藏抄本作“末限”，大谷大學藏抄本與九州大學藏抄本作“不限”。前者正確。

分八十四秒爲盈差。其餘皆如此求盈縮之差也。

初末限分下秒數棄而不用。◎盈縮差秒下不盡，五以上收爲一秒，五已下棄也。

依本術求者，其天正十一月經朔爲縮末限，故置盈初縮末之立差三十一，乘末限二十二日九千〇三十二分，得七百一十，加平差二萬四千六百，又乘末限，得五十七萬九千六百八十一，以此減定差五百一十三萬三千二百，餘又乘末限，得一億〇四百二十九萬〇四百一十一，以一億爲一度，不滿億以一億約而爲〇四分二十九秒，秒下爲五以下故棄之，即縮差。求盈初者同。又如閏五月經望，縮初限一十五日九千五百五十一分四十一秒半也，置縮初盈末之立差二十七，乘初限，得四百三十一，加平差二萬二千一百，又乘初限，得三十五萬九千四百八十二，用減定差四百八十七萬〇六百，餘又乘初限，得七千一百九十七萬五千五百[①]，爲滿億數，故爲初度，不滿一億約而秒下爲五以上，故一秒收而爲七十一分九十八秒，即縮差。求盈末者同之。此爲本術，繁多，故依立成數以又術求也。

推冬至赤道日度（第三）

置中積，以加周應爲通積，滿周天分上推往古，每百年消一；下算將來，每百年長一。去之，不盡，以日周約之爲度，不滿，退約爲分秒。命起赤道虛宿六度外，去之至不滿宿，即所求天正冬至加時日躔赤道宿度及分秒。上考者，以周應減中積，滿周天去之，不盡，以減周天，餘以日周約之爲度，餘同上。如當時有宿度者，止依當時宿度命之。

甲戌歲，置中積一十五億〇八百四十四萬九千八百七十三，加周應三百一十五萬一千〇七十五，得一十五億一千一百六十萬〇〇九百四十八，爲通積。以今所用周天分三百六十五萬二千五百七十九除去，不盡三百〇八萬五千八百二十一以日周一萬約而得三百〇八度五十八分二十一秒，自赤道虛宿六度起而去，先置虛宿全度八度九十五分七十五秒，減六度，餘二度九十五分七十五秒，自虛宿六度始末殘之度分也，故去此度分，餘三百〇五度六十二分四十六秒，又去危宿十五度四十分，餘

---

① 天文臺藏抄本、東京大學藏抄本和東北大學藏抄本作“五千五百”，九州大學藏抄本與大谷大學藏抄本作“五千九百”。前者正確。

二百九十〇度二十二分四十六秒，又去室宿十七度一十分，又去壁宿八度六十分，如此到奎、婁、胃、昴、畢、觜、參、井、鬼、柳、星、張、翼、軫、角、亢、氐、房、心、尾而去宿度，餘三度四十七分四十六秒，不滿箕宿十度四十分故止，即箕三度四十七分四十六秒，此天正冬至加時赤道日度也。◎依捷術求，以今所用歲差一分五十八秒乘距算四百一十三，得六萬五千二百五十四，日周約得六度五十二分五十四秒，以減至元辛巳天正冬至日躔箕十度，餘得箕三度四十七分四十六秒亦同。其術委注於《術解》中。

消長之周天分，只此處用，此後周天度亦不用黃赤道度，但有時要合前後尾數隨時別增損消長數。若上考者，如求開元甲子歲天正冬至日躔，中積二十〇億三千〇七十五萬一千〇八十內減周應，餘二十〇億二千七百六十萬〇〇〇〇五除去其時所用周天分三百六十五萬二千五百七十，不盡四十二萬三千六百五十五，以此減周天分，餘日周約而得三百二十二度八十九分一十五秒[1]，用開元所測赤道宿度，虛宿六度起去逐宿度分，不滿斗宿全度，故止而得斗九度六十三分四十秒，爲開元甲子冬至加時赤道日度。

求四正赤道日度（第四）

置天正冬至加時赤道日度，累加象限，滿赤道宿次去之，各得春夏秋正日所在宿度及分秒。

此至第六條非見行曆[2]所求，求黃道宿次術也，例如得本邦寬文五年乙巳歲冬至日躔赤道箕四度弱，故換求黃道宿次而寬文乙巳歲至五十九年後甲辰歲當用，甲辰歲又退歲差一度，甲辰歲換求黃道宿次，此後當用。上考亦同，求用其時黃道宿次也。

置寬文六年丙午歲距算三百八十五，乘其時歲差一分五十六秒，日周約，次減箕十度，餘得天正冬至加時赤道日度箕三度九十九分四十秒，加周天象限九十二度三十一分四十三秒太，得九十五度三十〇分八

① 天文臺藏抄本作“一十九秒”，東京大學藏抄本、東北大學藏抄本、九州大學藏抄本和大谷大學藏抄本作“一十五秒”。後者正確。

② 見行曆，即現在施行的曆法。

十三秒太，冬至宿箕起累去赤道宿次箕、斗、牛、女、虛、危之全度，不满室全度，其餘室一十六度八十〇分〇八秒太爲春正赤道日度。又置春正赤道日度，加象限得一百〇八度一十一分五十二秒半，春正宿室起累去赤道宿次室、壁、奎、婁、胃、昴、畢、觜之全度，餘得參九度六十六分五十二秒半，爲夏正赤道日度。又置夏正赤道日度，加象限，去命如前，得翼一十七度五十二分九十六秒少①，爲秋正赤道日度。

右象限，歲象限不用，用周天象限。◎虛宿秒用七十五定數，皆消長數不用。

求四正赤道宿積度（第五）

置四正赤道宿全度，以四正赤道日度及分減之，餘爲距後度；以赤道宿度累加之，各得四正後赤道宿積度及分。

黃赤道率

積度至後黃道分後赤道	度率	積度至後赤道分後黃道	度率	積差	差率
初	一		一○八六五		八十二秒
一	一	一○八六五	一○八六三	八十二秒	二分四六
二	一	二一七二八	一○八六○	三分二八	四分一一
三	一	三二五八八	一○八五七	七分三九	五分七六
四	一	四三四四五	一○八四九	十三分一五	七分四一
五	一	五四二九四	一○八四三	二 十分五六	九分○七
六	一	六五一三七	一○八三三	二十九分六三	十分七三
七	一	七五九七○	一○八二三	四十分三六	十二分四○
八	一	八六七九三	一○八一二	五十二分七六	十四分○八
九	一	九七六○五	一○八○一	六十六分八四	十五分七六

① 天文臺藏抄本、東京大學藏抄本和東北大學藏抄本作“九十六秒少”，大谷大學藏抄本與九州大學藏抄本作“九十六秒分”。前者正確。

十	一	十八四○六	一○七八六	八十二分六○	十七分七四五
十一	一	十一九一九二	一○七七二	一○○○五	十九分一六
十二	一	十二九九六四	一○七五五	一一九二一	二十分八七
十三	一	十四○七一九	一○七四○	一四○○八	二十二分五八
十四	一	十五一四五九	一○七二○	一六二六六	二十四分三○
十五	一	十六二一七九	一○七○四	一八六九六	二十六分○五
十六	一	十七二八八三	一○六八四	二一三○一	二十七分七九
十七	一	十八三五六七	一○六六三	二四○八○	二十九分五五
十八	一	十九四二三○	一○六四二	二七○三五	三十一分三○
十九	一	二十四八七二	一○六二二	三○一六五	三十三分○七
二十	一	二十一五四九四	一○五九九	三三四七二	三十四分八五
二十一	一	二十二六○九三	一○五七五	三六九五七	三十六分六三
二十二	一	二十三六六六八	一○五五四	四○六二○	三十八分四二
二十三	一	二十四七三二二	一○五三○	四四四六二	四十分二○
二十四	一	二十五七七五二	一○五○六	四八四八二	四十二分
二十五	一	二十六八二五八	一○四八二	五二六八二	四十三分七九
二十六	一	二十七八七四○	一○四五六	五七○六一	四十五分五九
二十七	一	二十八九一九六	一○四三二	六一六二○	四十七分三八
二十八	一	二十九九六二八	一○四○八	六六三五八	四十九分一七
二十九	一	三十一○○三六	一○三八二	七一二七五	五十分九五
三十	一	三十二○四一八	一○三五五	七六三七○	五十二分七三
三十一	一	三十三○七七三	一○三三三	八一六四三	五十四分五○
三十二	一	三十四一一○五	一○三○六	八七○九三	五十六分二六

三十三	一	三十五一四二二	一〇二八〇	九二七二九	五十八分〇一
三十四	一	三十六一六九一	一〇二五四	九八五二〇	五十九分七四
三十五	一	三十七一九四五	一〇二二九	十四四九四	六十一分四五
三十六	一	三十八二一七四	一〇二〇三	十〇六三九	六十三分一四
三十七	一	三十九二三七七	一〇一七七	十一六九五三	六十四分八一
三十八	一	四十二五五四	一〇一五二	十二三四三四	六十六分四七
三十九	一	四十一二七〇六	一〇一二六	十三〇〇八一	六十八分〇八
四十	一	四十二二八三二	一〇一〇二	十三六八八九	六十九分六七
四十一	一	四十三二九三四	一〇〇七五	十四三八五六	七十一分二四
四十二	一	四十四三〇〇九	一〇〇四九	十五〇九八〇	七十二分七六
四十三	一	四十五三〇五八	一〇〇二七	十五八二五六	七十四分二六
四十四	一	四十六三〇八五	一〇〇〇〇	十六五六八二	七十五分七一
四十五	一	四十七三〇八五	九九七四	十七三二五三	七十七分一二
四十六	一	四十八三〇五九	九九五一	十八〇九六五	七十八分五〇
四十七	一	四十九三〇一〇	九九二五	十八八八一五	七十九分八四
四十八	一	五十二九三五	九九〇一	十九六七九九	八十一分一二
四十九	一	五十一二八三六	九八七六	二十四九一二	八十二分三七
五十	一	五十二二七一二	九八五一	二十一三一四八	八十三分五七
五十一	一	五十三二五六三	九八二七	二十二一五〇五	八十四分七二
五十二	一	五十四二三九〇	九八〇三	二十二九九七七	八十五分八三
五十三	一	五十五二一九三	九七八〇	二十三八五六〇	八十六分八八
五十四	一	五十六一九七三	九七五五	二十四七二四八	八十七分八九
五十五	一	五十七一七二八	九七三一	二十五六〇三七	八十八分八五

五十六	一	五十八一四五九	九七〇八	二十六四九二二	八十九分七七
五十七	一	五十九一一六七	九六八五	二十七三八九九	九十分六三
五十八	一	六十〇八五二	九六六一	二十八二九六二	九十一分四四
五十九	一	六十一〇五一三	九六三九	二十九二一〇六	九十二分二二
六十	一	六十二〇一五三	九六一六	三十一三二八	九十二分九四
六十一	一	六十二九七六八	九五九四	三十一〇六二二	九十三分六一
六十二	一	六十三九三六二	九五七二	三十一九九八三	九十四分二六
六十三	一	六十四八九三四	九五五一	三十二九四〇九	九十四分八五
六十四	一	六十五八四八五	九五二九	三十三八八九四	九十五分三八
六十五	一	六十六八〇一四	九五〇九	三十四八四三二	九十五分九〇
六十六	一	六十七七五二三	九四八七	三十五八〇二二	九十六分三八
六十七	一	六十八七〇一〇	九四七〇	三十六七六六〇	九十六分八一
六十八	一	六十九六四八〇	九四五〇	三十七七三四一	九十七分一九
六十九	一	七十五九三〇	九四二七	三十八七〇六〇	九十七分五六
七十	一	七十一五三五七	九四一二	三十九六八二六	九十七分八九
七十一	一	七十二四七六九	九三九二	四十六六〇五	九十八分一八
七十二	一	七十三四一六一	九三八五	四十一六四二三	九十八分四五
七十三	一	七十四三五四六	九三五三	四十二六二六八	九十八分六八
七十四	一	七十五二八九九	九三四三	四十三六一三六	九十八分九一
七十五	一	七十六二二四二	九三二九	四十四六〇二七	九十九分一〇
七十六	一	七十七一五七一	九三一五	四十五五九三七	九十九分二五
七十七	一	七十八〇八六八	九三〇四	四十六五八六二	九十九分四〇
七十八	一	七十九〇一九〇	九二八六	四十七五八〇二	九十九分五二

七十九	一	七十九九四七六	九二七五	四十八五七五四	九十九分六二
八十	一	八十八七五一	九二六五	四十九五七一六	九十九分七二
八十一	一	八十一八〇一六	九二五五	五十五六八八	九十九分七九
八十二	一	八十二七二七一	九二四四	五十一五六六七	九十九分八四
八十三	一	八十三六五一五	九二三八	五十二五六五一	九十九分八九
八十四	一	八十四五七五三	九二二八	五十三五六四〇	九十九分九三
八十五	一	八十五四九八一	九二二二	五十四五六三三	九十九分九六
八十六	一	八十六四二〇三	九二一五	五十五五六二九	九十九分九七
八十七	一	八十七三四二八	九二一二	五十六五六二六	九十九分九九
八十八	一	八十八二六三〇	九二一〇	五十七五六二五	一
八十九	一	八十九一八四〇	九二〇四	五十八五六二五	一
九十	一	九十一〇四四	九二〇四	五十九五六二五	一
九十一	三一	九十一〇二四八	二八七七	六十五六二五	三一二五
九十一		九十一三一二五	六十八七五〇		

寬文五年乙巳歲冬至赤道日度爲箕宿，故置赤道箕宿全度十〇度四十分，減冬至赤道日度箕三度九十九分四十秒，餘箕六度四十〇分六十秒爲冬至後箕宿距後度。又春正日度爲室宿，故置室全度十七度一十分，減春正赤道日度室十六度八十〇分〇九秒，餘室初度二十九分九十一秒爲春正後室宿距後度。又夏至置參宿全度，減夏至赤道日度，餘得參一度四十三分四十八秒，爲夏至後參宿距後度。秋正亦如前得翼一度二十二分〇四秒，爲秋正後翼宿距後度。◎以其四正後距後度即爲各其宿積度，先冬至置箕宿積度六度四十〇分六十秒，加斗二十五度二十分，得三十一度六十〇分六十秒，爲斗宿積度。又加牛七度二十分，得三十八度八十〇分六十秒，爲牛宿積度。又加女十一度三十五分，得五十〇度一十五分六十秒，爲女宿積度。如此累加逐宿度至春正前危宿求積度。又春正，置室宿積度初度二十九分九十一秒，加壁宿全度，得八

度八十九分九十一秒，爲壁宿積度，加奎宿全度，得奎宿積度。如此累加至夏正前觜宿求積度。又夏正，自参宿積度逐至張宿求積度。又秋正，自翼宿積度累加逐宿全度至尾宿求積度，如此得四正後二十八宿赤道積度也。

四正後二十八宿赤道積度

冬至後	箕六度四十〇分六十秒	斗三十一度六十〇分六十秒
	牛三十八度八十〇分六十秒	女五十〇度一十五分六十秒
	虚五十九度一十一分三十五秒	危七十四度五十一分三十五秒
春正後	室初度二十九分九十一秒	壁八度八十九分九十一秒
	奎二十五度四十九分九十一秒	婁三十七度二十九分九十一秒
	胃五十二度八十九分九十一秒	昴六十四度一十九分九十一秒
	畢八十一度五十九分九十一秒	觜八十一度六十四分九十一秒
夏正後	参一度四十三分四十八秒	井三十四度七十三分四十八秒
	鬼三十六度九十三分四十八秒	柳五十〇度二十三分四十八秒
	星五十六度五十三分四十八秒	張七十三度七十八分四十八秒
秋正後	翼一度二十二分〇四秒	軫一十八度五十二分〇四秒
	角三十〇度六十二分〇四秒	亢三十九度八十二分〇四秒
	氐五十六度一十二分〇四秒	房六十一度八十二分〇四秒
	心六十八度二十二分〇四秒	尾八十七度三十二分〇四秒

推黄道宿度（第六）

置四正後赤道宿積度，以其赤道積度減之，餘以黄道率乘之，如赤道率而一；所得，以加黄道積度，爲二十八宿黄道積度；以前宿黄道積度減之，爲其宿黄道度及分。其秒就近爲分。

黄道宿度

角 十二八十七　亢 九五十六　氐 十六四十　房 五四十八
心 六二十七　尾 十七九十五　箕 九五十九

右東方七宿，七十八度一十二分。

斗 二十三四十七　牛 六九十　女 十一十二　虚 九分空太
危 十五九十五　室 十八三十二　壁 九三十四

右北方七宿，九十四度一十分太。

奎 十七八十七　婁 十二三十六　胃 十五八十一　昴 十一○八
畢 十六五十　觜 初○五　參 十二十八

右西方七宿，八十三度九十五分。

井 三十一○三　鬼 二一十一　柳 十三　星 六三十一
張 十七七十九　翼 二十○九　軫 十八七十五

右南方七宿，一百九度八分。

右黃道宿度，依今曆所測赤道準冬至歲差所在算定，以憑推步。若上下考驗，據歲差每移一度，依術推變，各得當時宿度。

寬文五年[①]乙巳歲，置箕宿赤道積六度四十○分六十秒，爲冬至後，故較至後赤道，減五限[②]之赤道積五度四十二分九十四秒，餘九十七分六十六秒，乘其段黃道度率一度，其段赤道度率一度○八分四十三秒除，得九十○分○七秒，加其段黃道積五度，得五度九十○分○七秒，爲箕宿黃道積度；又斗宿置赤道積三十一度六十○分六十秒，減至後赤道二十九限之積三十一度○○三十六秒，餘六十○分二十四秒，乘其段黃道度率一度，其段赤道度率一度○三分八十二秒除，得五十八分○二秒，加其段黃道積二十九度，得二十九度五十八分○二秒，爲斗宿[③]黃道積度；又如壁宿，置赤道積八度八十九分九十一秒，爲春分後，故減立成分後赤道八限之積八度，餘八十九分九十一秒，乘其段黃道度率一度○八分一十二秒，其段赤道度率一度除，得九十七分二十一秒，加其段黃道之積八度六十七分九十三秒，得九度六十五分一十四秒，爲壁宿黃道積度。四正後皆如斯求而得二十八宿黃道積度。◎置斗宿黃道積二十九度五十八分○二秒，減箕宿黃道積度五度九十○分○七秒，餘二十三度六十七分九十五秒，爲黃道斗宿度；又置牛宿黃道積度三十六度五十七分六十九秒，減斗宿黃道積度二十九度五十八分○二

---

① 天文臺藏抄本誤作“辛”，其它諸抄本改正爲“年”。

② 天文臺藏抄本、東京大學藏抄本和東北大學藏抄本作“五限”，大谷大學藏抄本、九州大學藏抄本均作“五號”。前者正確。

③ 天文臺藏抄本、東京大學藏抄本和東北大學藏抄本作“斗宿”，大谷大學藏抄本與九州大學藏抄本作“半宿”。前者正確。

秒，餘六度九十九分六十七秒，爲黄道牛宿度。如此逐減得黄道二十八宿度，如其箕宿，置黄道積度五度九十〇分〇七秒[①]，加象限九十一度三十一分四十四秒，得九十七度二十一分五十一秒，減秋正後尾宿黄道積度八十七度六十三分七十秒，餘九度五十七分八十一秒，爲黄道箕宿度。又求室參翼宿度亦同之，皆加象限，減前宿積度也。◎右所求得二十八宿度分下秒數，五十以上收、五十已下棄而皆整分數也，然此數收多，故如虚、井、星、房，爲五十秒以上亦棄，累計各宿度分，令合周天三百六十五度二十五分之數，又其周天分下秒數附於虚宿。

	四正後二十八宿黄道積度	黄道二十八宿度
冬至後	箕五度九十〇分〇七秒	箕九度五十八分八十一秒收
	斗二十九度五十八分〇二秒	斗二十三度六十八分九十五秒收
	牛三十六度五十七分六十九秒	牛七度〇〇分六十七秒收
	女四十七度八十六分一十五秒	女五十一度二十八分四十六秒棄
	虚五十六度九十九分六十七秒	虚九度一十三分太五十二秒棄太附
	危七十三度一十六分九十九秒	危一十六度一十七分三十二秒棄
春分後	室初度三十二分五十秒	室二十八度四十七分九十五秒收
	壁九度六十五分分一十四秒	壁九度三十三分六十四秒收
	奎二十七度二十四分九十秒	奎一十七度十分七十六秒收
	婁三十九度五十四分二十一秒	婁一十二度一十九分三十一秒棄
	胃五十九度一十二分四秒	胃一十五度五十八分八十三秒收
	昴六十六度三分八十三秒	昴一十度九十二分七十八秒收
	畢八十二度三十五分六十一秒	畢一十六度三十二分七十九秒收
	觜八十五度四十分二十三秒	觜初度〇五分六十二秒收
夏至後	參一度三十二分六秒	參一十〇度二十三分二十七秒棄
	井三十二度六十分五十八秒	井三十一度二十八分五十二秒棄
	鬼三十四度七十四分六十七秒	鬼二度一十四分九秒棄
	柳四十七度九十四分〇九秒	柳一十三度一十九分四十一秒棄
	星五十四度三十四分六十秒	星六度四十分五十一秒棄

---

① 天文臺藏抄本、東京大學藏抄本、東北大學藏抄本和九州大學藏抄本作“秒”，大谷大學藏抄本作“積”。前者正確。

張七十二度三十九分二十九秒 張一十八度〇五分六十九秒收
秋分後 翼一度三十二分〇五十九秒 翼二十度度三十五分七十二秒收
軫一十九度九十七分六十九秒 軫一十八度六十五分九秒棄
角三十二度六十八分四十二秒 角一十二度七十一分七十四秒收
亢四十二度一十分一十二秒 亢九度四十二分七十一秒收
氐五十八度二十六分二十八秒 氐一十六度一十六分一十五秒棄
房六十三度六十六分八十秒 房五度四十分五十二秒棄
心六十九度八十五分六十三秒 心六度一十九分八十三秒收
尾八十七度六十三分七十秒 尾一十七度七十八分七秒棄

推冬至加時黄道日度（第七）

置天正冬至加時赤道日度，以其赤道積度減之，餘以黄道率乘之，如赤道率而一；所得，以加黄道積度，即所求年天正冬至加時黄道日度及分秒。

甲戌歲，置冬至加時赤道日度箕三度四十七分四十六秒，減立成至後三限[①]之赤道積度三度二十五分八十八秒，餘二十一分五十八秒，乘其段[②]黄道率一度，其段赤道率一度〇八分五十七秒除，得一十九分八十八秒，加其段黄道積三度，得三度一十九分八十八秒，即天正冬至加時黄道日度。此求自黄道箕初度至冬至日度之黄道度，故實當求分後，然以至爲中央而前後相去同數，故爲至後[③]。

求四正加時黄道日度（第八）

置所求年冬至日躔黄赤道差，與次年黄赤道差相減，餘四而一，所得加象限，爲四正定象度。置冬至加時黄道日度，以四正定象度累加之，滿黄道宿次去之，各得四正定氣加時黄道

① 天文臺藏抄本、東京大學藏抄本和東北大學藏抄本作“三限”，大谷大學藏抄本與九州大學藏抄本作“三號”。前者正確。

② 天文臺藏抄本、東京大學藏抄本和東北大學藏抄本作“其段”，大谷大學藏抄本與九州大學藏抄本作“其號”。前者正確。

③ 大谷大學藏抄本與九州大學藏抄本有“此求自黄道箕初度至冬至日度之黄道度，故實當求分後，然以至爲中央而前後相去同數，故爲至後”一句。其它抄本没有。從前者。

度及分。

甲戌歲，依別術置歲周度三百六十五度二十四分二十一秒，以減周天三百六十五萬二千五百七十五，餘一分五十四秒乘二十三，二十五除，得一分四十二秒，以此減周天度，餘三百六十五度二十四分三十三秒，爲黄道歲周度，四而一得九十一度三十一分〇八秒少，爲四正定象度。◎又依本經術求者，天正冬至加時赤道日度箕三度四十七分四十六秒，内減同黄道日度箕三度一十九分八十八秒，餘二十七分五十八秒，爲甲戌歲天正冬至黄赤道差，又其歲冬至[①]加時赤道日度箕三度四十五分八十八秒，内減同黄道日度箕三度一十八分四十二秒，餘二十七分四十六秒，爲乙亥歲天正冬至黄赤道差，用減甲戌歲天正冬至黄赤道差，餘一十二秒，四而一得三秒，加歲象限九十一度三十七分[②]〇五秒少，得九十一度三十一分〇八秒少，爲四正定象度。◎置天正冬至黄道箕三度一十九分八十八秒，加定象度，得九十四度五十〇分九十六秒，以新求黄道宿次度，冬至宿起，箕九度五十八分、斗二十三[③]度六十八分、牛七度、女一十一度二十八分、虛九度一十三分七十五秒附長周天分四秒而去，又去危一十六度一十七分，不滿室宿度，故止而得一十七度六十六分一十七秒，爲春正加時黄道日度。又置春正加時黄道日度，加定象度，得一百〇八度九十七分二十五秒[④]，春正宿起，累去黄道宿次之室、壁、奎、婁、胃、昴、畢、觜全度，得參八度四十一分二十五秒，爲夏至正加時黄道日度。又置夏正加時黄道日度，加定象度，參宿起累去[⑤]黄道宿次之度分，得翼一十八度四十三分三十四秒，爲秋正加時黄道日度。如此求至次年春正也。

---

① 天文臺藏抄本作“其次ノ歲冬至”，東京大學藏抄本、東北大學藏抄本、大谷大學藏抄本和九州大學藏抄本作“其歲ノ冬至”。後者正確。

② 天文臺藏抄本、東京大學藏抄本、九州大學藏抄本和東北大學藏抄本作“三十七分”，大谷大學藏抄本作“三十一分”。前者正確。

③ 天文臺藏抄本、九州大學藏抄本、東京大學藏抄本和東北大學藏抄本作“二十三度”，大谷大學藏抄本作“三十三度”。前者正確。

④ 天文臺藏抄本、九州大學藏抄本、東京大學藏抄本和東北大學藏抄本作“二十五秒”，大谷大學藏抄本作“二十三秒”。前者正確。

⑤ 天文臺藏抄本、九州大學藏抄本、東京大學藏抄本和東北大學藏抄本作“累去”，大谷大學藏抄本作“累加”。前者正確。

右求定象度者當用别術，此得黄道歲周度且術速也①，其術注於《術解》中。◎定象度之數每歲得同數，但至消長歲實年而變。

去黄道宿次度分至虚宿，七十五秒外附周天消長數而去。◎凡黄道宿次度分，累計而爲周天度，故虚宿秒數常爲七十五而去，若自前冬至逐累加，求次冬至之日度時，每歲差其消長數，此乃每歲新推天正日度者，滿其消長周天分去時，依當一歲一次故將其消長數附於虚宿秒而去也。

求四正晨前夜半日度（第九）

置四正恆氣日及分秒，冬夏二至，盈縮之端，以恆爲定。以盈縮差命爲日分，盈減縮加之，即爲四正定氣日及分。置日下分，以其日行度乘之，如日周而一；所得，以減四正加時黄道日度，各得四正定氣晨前夜半日度及分秒。

甲戌歲，置天正冬至恆氣初日〇四百七十三分，即冬至定之日分，置春分恆氣三十一日三千五百七十八分，盈之極差二度四十〇分一十四秒命日分而減二日四千〇一十四分，餘二十八日九千五百六十四分爲春正定氣之日分。夏至，置恆氣二日六千六百八十三分，即夏至定氣之日分，置秋分恆氣三十三日九千七百八十八分，縮之極差二度四十〇分一十四秒命日分而加二日四千〇一十四分，得三十六日三千八百〇二分爲秋正定氣之日分。如此至次歲春正求定氣也。◎置冬至定氣日下分四百七十三，乘太陽立成盈初限初日行一度〇五分一十一秒，日周一萬除得四分九十七秒，此爲距子行分，用減冬至定氣加時黄道日度箕三度一十九分八十八秒，餘得箕三度一十四分九十一秒，爲冬至定氣初日晨前夜半黄道日度。置春正定氣日下分九千五百六十四，乘春正初日行一度，日周一萬除，得九十五分六十四秒，此爲春正距子行分，用減春正定氣加時黄道日度室一十七度六十六分一十七秒②，餘室

① 天文臺藏抄本和東北大學藏抄本作“黄道歲周度ヲ得且ッ術”，東京大學藏抄本作“黄道歲周度ヲ得且術”，大谷大學藏抄本作“黄道歲周ヲ得其術”，九州大學藏抄本作“黄道岁周ヲ得且ッ術”。從東京大學藏抄本。

② 天文臺藏抄本作“一十三秒”，大谷大學藏抄本、九州大學藏抄本、東京大學藏抄本和東北大學藏抄本作“一十七秒”。後者正確。

一十六度七十〇分[①]五十三秒爲春正定氣晨前夜半黄道日度。夏至，置定氣日下分六千六百八十三，乘縮初立成初日行九十五分一十五秒，日周一萬除，得六十三分五十九秒[②]，爲夏至距子行分，用減夏至定氣加時黄道日度参八度四十一分二十五秒，餘参七度七十七分六十六秒爲夏至定氣初日晨前夜半黄道日度。秋正，求距子行分三十八分〇二秒而得初日晨前夜半黄道日度翼一十八度〇五分二十二秒。如此求至次年春正也。

加盈縮差之日分，満紀法去之，不足減則加紀法而減之。◎不足減加時黄道日度者，加前之宿全度而減，餘爲其前宿之度分也。

求四正後每日晨前夜半黄道日度（第十）

以四正定氣日距後正定氣日爲相距日，以四正定氣晨前夜半日度距後正定氣晨前夜半日度爲相距度，累計相距日之行定度，與相距度相減；餘如相距日而一，爲日差；相距度多爲加，相距度少爲減。以加減四正每日行度率，爲每日行定度；累加四正晨前夜半黄道日度，滿宿次去之，爲每日晨前夜半黄道日度及分秒。

甲戌歲，求相距日者依捷術，置春正定氣之日二十八日，減冬至定氣之日空，即二十八日也，加六十，得八十八日，爲冬至距春正之日數。又置夏至定氣之日二日，減春正定氣之日二十八日，不足減，故加六十日而減，餘三十四日也，加六十日而得九十四日，爲春正夏至相距日數。又置秋正定氣之日三十六日，減夏至定氣之日二日，餘三十四日，加六十，得九十四日，爲夏至秋正相距日數。如此距次年春正而求也。◎如本文求[③]，冬至定氣甲子日至小寒立春雨水驚蟄與春正定氣壬辰日，以紀法圖算其日數，得八十八日，爲冬至春正相距日。又春正定氣壬辰至夏至定氣丙寅算日數，得九十四日，爲春正夏至相距日。如此

---

① 天文臺藏抄本、東京大學藏抄本和東北大學藏抄本作“七十〇分”，九州大學藏抄本與大谷大學藏抄本作“一十〇分”。前者正確。

② 天文臺藏抄本作“五十秒”，大谷大學藏抄本、九州大學藏抄本、東京大學藏抄本和東北大學藏抄本作“五十九秒”。後者正確。

③ 本文，即《授時曆經》本文。下同。

求，然取簡易用捷術也。

捷術 求相距日，以其定氣日數減次之定氣日數，若不足減，加紀法而減，其餘皆更加紀法六十，得相距日數也。定氣日下分不用，只用日數。

求相距度者，依捷術，置定象度九十一度三十一分〇八秒，加第九條所求天正冬至距子行分四分九十七秒[①]，減春正距子行分九十五分六十四秒，餘九十〇度四十〇分四十一秒爲冬至春正相距度[②]。又置定象度，加春正距子行分九十五分六十四秒，減夏至距子行分六十三分五十九秒，餘九十一度六十三分[③]一十三秒爲春正夏至相距度。又置定象度，加夏至距子行分，減秋正距子行分三十八分〇二秒，餘九十一度五十六分六十六秒爲夏至秋正相距度。如此求至次年春正也。◎如本文求，以冬至晨[④]前夜半日度箕三度一十四分九十一秒減黄道箕宿全度九度五十八分，置餘六度四十三分〇九秒，累加斗二十三度六十八分、牛七度、女一十一度二十八分、虛九度一十三分七十五秒與又長周天分四秒、危一十六度[⑤]一十七分，又加春正度半日度室一十六度七十〇分五十三秒，得九十〇度四十〇分四十一秒，爲冬至春正相距度。又以春正晨前半日度室一十六度七十〇分五十三秒減室宿全度，置餘一度[⑥]七十六分四十七秒，累加壁、奎、婁、胃、昴、畢、觜全度與夏至夜半日度參七度七十七分[⑦]六十六秒，得九十一度六十三分一十三秒，爲春正夏至相距度。餘倣之。其虛宿秒附加長周天分四秒，前條求日度者附去此

---

① 天文臺藏抄本，東京大學藏抄本和東北大學藏抄本作“九十一秒”，大谷大學藏抄本與九州大學藏抄本作“九十七秒”。後者正確。

② 天文臺藏抄本作“冬至夏至”，東京大學藏抄本作“冬正夏正”，大谷大學藏抄本、九州大學藏抄本和東北大學藏抄本作“冬至春正”。後者正確。

③ 天文臺藏抄本作“六十二分”，大谷大學藏抄本、九州大學藏抄本、東京大學藏抄本和東北大學藏抄本作“六十三分”。後者正確。

④ 天文臺藏抄本筆誤作“是”，今改。

⑤ 天文臺藏抄本、九州大學藏抄本、東京大學藏抄本和東北大學藏抄本作“一十六度”，大谷大學藏抄本作“二十六度”。前者正確。

⑥ 天文臺藏抄本作“二度”，大谷大學藏抄本、九州大學藏抄本、東京大學藏抄本和東北大學藏抄本作“一度”。後者正確。

⑦ 天文臺藏抄本、九州大學藏抄本、東京大學藏抄本和東北大學藏抄本作“七十七分”，大谷大學藏抄本作“七十一分”。前者正確。

四秒，故於此卻加也。如右求乃本術，然取簡易當用捷術。

捷術　求相距度，第九條術中，四正定氣日下分乘其日行度，日周而一所得，乃距子行分。置定象度，加其定氣距子行分，減次定氣距子行分，餘得其定氣相距度也。

累計求行度者依捷術，冬至春正相距日八十八日乘平行一度，得八十八度，加盈初縮末立成八十八日之盈縮積二度四十〇分〇九秒，得九十〇度四十〇分〇九秒，爲冬至後累計行度。又置春正夏至相距日九十四日，乘平行一度，得九十四度，減縮初盈末立成九十四日[1]之盈縮積二度四十〇分一十四秒，餘九十一度五十九分八十六秒，爲春正後累計行度。如此求至冬至後也。◎如本文求，冬至後置盈初立成初日行一度〇五百一十〇分八千五百六十九秒，即冬至初日之行，加立成一日之行一度〇五百[2]〇五分九千一百八十三秒，又加二日之行一度〇五百〇〇分九千六百一十一秒，又加三日之行，逐如斯至立成八十七日累加而得九十〇度四十〇分〇九秒，爲冬至後八十八日累計行度之數，又春正後置盈末立成九十三日之行〇度九千九百九十七分〇二百二十九秒，爲春正初日之行，以立成九十二日之行九千九百九十一分〇九百六十三分爲春正一日之行，又以立成九十一日之行九千九百八十五分一千八百五十九秒爲春正二日之行而加，又以立成九十日之行九千九百七十九分二千九百一十七秒爲春正三日之行而加，如此至立成初日累加而得九十一度五十九分八十六秒，爲春正後九十四日之累計行度數。餘效之。此爲本術，然取簡易而用捷術也。

捷術　求累計行度數，冬至距春正者，如八十九日，八十九日乘平行一度而加盈初立成八十九日之盈縮積，爲冬至後八十九日累計行度之數。又如八十八日，八十八日乘平行一度而加立成八十八日之盈縮積，爲冬至復八十八日之累計行度數。春正到夏至者，如九十四日，日數乘平行一度而得，内減盈末立成九十四日之盈縮積，餘爲自春正九十四日累計行度之數。又如九十三日，先如上求得九十四日累計行度，内

① 天文臺藏抄本作“九十日”，東京大學藏抄本、東北大學藏抄本、九州大學藏抄本和大谷大學藏抄本作“九十四日”。後者正確。

② 天文臺藏抄本作“九百”，東京大學藏抄本、東北大學藏抄本、九州大學藏抄本和大谷大學藏抄本作“五百”。後者正確。

減盈末立成初日行度，餘爲自春正九十三日累計行度之數。夏至距秋正者，如九十四日，日數乘平行一度，得内減縮初立成九十四日盈縮積，餘爲自夏至九十四日累計行度之數。又如九十三日，日數乘平行一度，得内減縮初九十三日盈縮積，餘爲自夏至九十三日累計行度之數。秋正距冬至者，如八十九日，日數乘平行一度，加縮末立成八十九日盈縮積，爲自秋正八十九日累計行度之數。又如八十八日，先如上求得八十九日累計之數，内減縮末立成初日行度，餘爲自秋正八十八日累計行度之數。其盈初縮末之八十九日與縮初盈末之九十四日，盈縮積皆用極差二度四十〇分一十四秒。

求日差者，冬至後累計行度九十〇度四十〇分〇九秒與相距度九十〇度四十〇分四十一秒相減，距度多之三十二分被相距日八十八日除，而得三千六百三十六秒，爲冬至到春正之加日差，又春正後累計行度九十一度五十九分八十六秒與相距度九十一度六十三分一十三秒相減而距度多之三百二十七以相距日九十四日除，得三分四千七百八十七秒，爲春正到夏至之加日差。又夏至後，累計行度與相距度相減，距度少之三百二十以相距日數除，爲夏至到秋正之減日差。如此求至其年冬至後也。◎求每日行定度者，冬至後以加日差三千六百三十六秒，加盈初立成初日之行一度〇五百一十〇分八千五百六十九秒，得一度〇五百一十一分二千二百〇五秒，冬至初日行定度。又以日差加立成一日之行一度〇五百〇五分九千一百八十三秒，得一度〇五百〇六分二千八百一十九秒，爲冬至一日之行定度。又以日差加立成二日之行度，得一度〇五百[①]〇一分三千二百四十七秒，爲冬至二日之行定度。如此順至立成八十七日加日差，得冬至至春正八十八日每日之行定度。又春正後以加日差三分四千七百八十七秒加縮初盈末立成九十三日之行九千九百九十七分〇二百二十九秒，得一度[②]〇〇〇〇分五千〇一十六秒，爲春正初日行定度。又以日差加立成九十二日之行度，得九千九百九十四分五千七百五十秒，爲春正一日之行定度。又以日差加立成九十一日之行度，得

① 天文臺藏抄本作“九百”，大谷大學藏抄本、九州大學藏抄本、東京大學藏抄本和東北大學藏抄本作“五百”。後者正確。

② 天文臺藏抄本作“二度”，大谷大學藏抄本、九州大學藏抄本、東京大學藏抄本和東北大學藏抄本作“一度”。後者正確。

九千九百八十八分六千六百四十六秒，爲春正二日[①]之行定度。如此逆至立成初日之行，加日差而春正到夏至得九十四日每日之行定度。又夏至後以減日差自縮初盈末立成初日之行順至九十三日減而得夏至後九十四日每日之行定度。又秋正後，盈初縮末立成八十八日行度内減減日差，爲秋正初日行定度，八十七日行逆到初日行減日差而得秋正後每日行定度也。如此求至次年正月朔也。◎求每日晨前夜半日度者，置冬至初日晨前夜半黄道日度箕三度一十四分九十一秒，加初日行定度一度〇五分一十二秒，得箕四度二十〇分〇二秒，爲乙丑日晨前夜半日度。又加一日之行定度一度〇五分〇六秒[②]，得箕五度二十五分〇九秒，爲丙寅日晨前夜半日度。又加二日之行定度，爲丁卯日晨前夜半日度。如此累加至冬至七日辛未，得箕一十〇度四十九分六十五秒，滿黄道箕宿全度九度五十八分，故去之，餘爲斗初度九十一分六十五秒。又冬至至二十九日癸巳，満斗宿[③]全度，故去之，餘爲牛初度一十六分三十九秒，逐如斯至次年正月朔日求每日晨前夜半黄道日度也。

右日差並行定度之分數、秒數，皆當以一萬爲母而求。夜半日度，分數秒數皆當以百爲母。

依補術求每日晨前夜半黄道積度，以第九條所求天正冬至距子行分四分九十七秒減黄道歲周度三百六十五度二十四分三十三秒，餘三百六十五度[④]一十九分三十六秒爲冬至初日甲子晨前夜半黄道積度，加初日之行定度，滿黄道歲周度去之，餘一度〇〇分一十四秒爲乙丑日晨前夜半黄道積度；又加一日之行定度，得二度〇五分二十一秒，爲丙寅日晨前夜半黄道積度；又加二日之行定度，得三度一十〇分二十二秒爲丁卯日晨前夜半積度。如此累加至次年正月朔日求每日晨前夜半黄道積度也。◎加滿黄道歲周度去之。

---

① 天文臺藏抄本、東京大學藏抄本和東北大學藏抄本作“春正二日”，大谷大學藏抄本與九州大學藏抄本作“春正三日”。前者正確。

② 天文臺藏抄本、九州大學藏抄本、東京大學藏抄本和東北大學藏抄本作“〇六秒”，大谷大學藏抄本作“一六秒”。前者正確。

③ 天文臺藏抄本作“牛宿”，大谷大學藏抄本、九州大學藏抄本、東京大學藏抄本和東北大學藏抄本作“斗宿”。後者正確。

④ 天文臺藏抄本、九州大學藏抄本、東京大學藏抄本和東北大學藏抄本作“三百六十五度”，大谷大學藏抄本作“三百六十九度”。前者正確。

求每日午中黄道日度（第十一）

置其日行定度，半之，以加其日晨前夜半黄道日度，得午中黄道日度及分秒。

依第十二條别術時，此條求午中黄道日度其無益，粗注之。

甲戌歲，半冬至初日行定度一度〇五分一十一秒，加晨前夜半日度箕三度一十四分九十一秒，得箕三度六十七分四十七秒，爲甲子日午中黄道日度。又半乙丑日行定度，加夜半日度箕四度二十〇分〇二秒，得箕四度七十二分五十五秒，爲乙丑日午中黄道日度。又半丙寅日行定度，加夜半日度，得箕五度七十七分六十秒，爲丙寅日午中日度。如此求每日午中黄道日度也。◎若加滿其宿全度者去之，餘爲次宿度分。

求每日午中黄道積度（第十二）

以二至加時黄道日度距所求日午中黄道日度，爲二至後黄道積度及分秒。

依别術，甲戌歲，半冬至初日，行定度一度〇五分一十一秒，加初日晨前夜半[①]黄道積度三百六十五度一十九分三十六秒，滿黄道歲周度，故去三百六十五度二十四分三十三秒，餘初度四十七分五十九秒，爲甲子日午中黄道積度。乙丑日，半行定度一度〇五分〇六秒，加晨前夜半積度一度〇〇分一十四秒，得一度五十二分[②]六十七秒，爲乙丑日午中黄道積度。丙寅日，半行定度一度〇五分〇一秒，加晨前夜半積度二度〇五分二十一秒，得二度五十七分七十一秒，爲丙寅日午中黄道積度。如此求每日午中黄道積度也。但夏至後常滿黄道半歲周度，故去一百八十二度六十二分一十六秒，爲夏至後積度。凡用補術，必求每日晨前夜半黄道積度，故取捷徑當以别術求。◎依本術求，置冬至初日午中黄道日度箕三度六十七分四十七秒，減冬至加時日度箕三度一十九分八

① 天文臺藏抄本、九州大學藏抄本、東京大學藏抄本和東北大學藏抄本作“夜半”，大谷大學藏抄本作“夜子”。前者正確。

② 天文臺藏抄本、九州大學藏抄本、東京大學藏抄本和東北大學藏抄本作“五十二分”，大谷大學藏抄本作“五十一分”。前者正確。

十八秒，餘初度四十七分五十九秒，爲甲子日午中黄道積度。又乙丑日，置午中黄道日度箕四度七十二分五十五秒，減冬至加時日度，餘一度五十二分六十七秒，爲乙丑日午中積度。又冬至後六日庚午日，以冬至加時日度減箕宿全度九度五十八分，餘六度三十八分一十二秒爲距後度，加午中日度斗初度三十九分二十五秒，得六度七十七分三十七秒，爲庚午日午中積度。又冬至後二十九日癸巳日，距後度六度三十八分一十二秒加斗宿全度二十三度六十八分，又加午中日度午初度六十八分二十四秒，得三十〇度七十四分三十六秒，爲癸巳日午中積度，如此求至夏至前日。又夏至初丙寅日，置午中日度參八度二十五分二十二秒，不足減夏至加時日度參八度四十八分二十五秒，故加黄道歲周度而減之，餘一百八十二度四十六分一十三秒爲丙寅日午中黄道積度。又丁卯日，置午中日度參九度二十〇分三十六秒，減夏至加時日度，餘初度七十九分一十一秒爲丁卯日午中積度，夏至三日己巳日以後到其歲冬至前日，置參宿距後度，累加逐宿度而求也。

其二至之初爲其宿次内而求積度，故以二至加時日度減其午中日度，直爲其日積度。◎或二至初日不足減，加黄道歲周度而減也。

求每日午中赤道日度（第十三）

置所求日午中黄道積度，滿象限去之，餘爲分後；内減黄道積度，以赤道率乘之，如黄道率而一，所得，以加赤道積度及所去象限，爲所求赤道積度及分秒，以二至赤道日度加而命之，即每日午中赤道日度及分秒。

甲戌歲，次正冬至初日，置午中黄道積度初度四十七分五十九秒，黄赤道立成初限之黄道積度爲空，故直乘至後赤道率一度〇八分六十五秒，其段黄道率一度除，得初度五十一分七十一秒，爲甲子日午中赤道積度；乙丑日，置午中黄道積度一度五十二分六十七秒，減立成一限至後黄道積一度，餘乘其段赤道率一度〇八分六十三秒[①]，黄道率一度除，加其段赤道積一度〇八分六十五秒，得一度六十五分八十七秒，爲

① 天文臺藏抄本、九州大學藏抄本、東京大學藏抄本和東北大學藏抄本作“六十三秒”，大谷大學藏抄本作“六十二秒”。前者正確。

乙丑日午中赤道積度；又二月二十六日甲午日，置午中黃道積度九十二度八十五分三十三秒，爲定象度以上，故去九十一度三十一分〇八秒，餘一度五十四分二十五秒，爲分後黃道積，減立成分後黃道積一度〇八分六十五秒，餘乘其段赤道率一度，其段黃道率一度〇八分六十三秒除，加其段赤道積一度，得一度四十一分九十八秒，前去定象度，故今加歲周象限九十一度三十一分〇五秒，得九十二度七十三分〇三秒，爲甲午日午中赤道日度，如斯求每日午中赤道積度也。◎求日度，天正冬至甲子日置午中赤道積初度五十一分七十一秒，加冬至加時赤道日度箕三度四十七分四十六秒，不滿箕宿全度，故直以箕三度九十九分一十七秒爲甲子日午中赤道日度，又如二月二十六日甲午日，置午中赤道積度九十二度七十三分〇三秒，加冬至加時赤道日度，得九十六度二十〇分四十九秒，以赤道宿次去箕十〇度四十分、斗二十五度二十分[①]、牛七度二十分、女十一度三十五分[②]、虛八度九十五分七十五秒、危十五度四十分、室十七度一十分，餘壁初度五十九分七十四秒爲甲午日午中赤道日度。又自五月晦丁卯日，爲夏至後積度，故加夏至加時赤道日度參九度一十三分八十一秒，自參宿去命，又从十一月五日巳己日加當年冬至加時赤道日度箕三度四十五分八十八秒，去命，如此得每日午中赤道日度也。

右去黃道積度，故用定象度，加赤道積度用歲周象限度也。◎去赤道宿次之虛宿積數，當附消長數而去。

依補術求夏至加時赤道日度者，置天正冬至加時赤道日度箕三度四十七分四十六秒，加半歲周度，得一百八十六度〇九分五十六秒，以赤道宿次自箕宿累去而得參九度一十三分七十七秒，爲夏至加時赤道日度。其虛宿秒數當附長周天分四秒而去。◎右赤道日度與第四條所求異，故新求也。

---

① 天文臺藏抄本、九州大學藏抄本、東京大學藏抄本和東北大學藏抄本作“二十五度二十分”，大谷大學藏抄本作“一十五度一十分”。前者正確。

② 天文臺藏抄本作“二十五分”，大谷大學藏抄本、九州大學藏抄本、東京大學藏抄本和東北大學藏抄本作“三十五分”。後者正確。

黃道十二次宿度

危	十二度六十四分九十一秒	入娵訾之次，辰在亥
奎	一度七十三分六十三秒	入降婁之次，辰在戌
胃	三度七十四分五十六秒	入大梁之次，辰在酉
畢	六度八十八分五秒	入實沈之次，辰在申
井	八度三十四分九十四秒	入鶉首之次，辰在未
柳	三度八十六分八十秒	入鶉火之次，辰在午
張	十五度二十六秒	入鶉尾之次，辰在巳
軫	十度七分九十七秒	入壽星之次，辰在辰
氐	一度一十四分五十二秒	入大火之次，辰在卯
尾	三度一分一十五秒	入析木之次，辰在寅
斗	二度七十六分八十五秒	入星紀之次，辰在丑
女	二度六分三十八秒	入弦枵之次，辰在子

黃道入次宿度，隨移歲差之度而變，故依術換求入宮之宿，爲當時所用常數。

寬文五年乙巳歲，以冬至加時赤道日度箕三度九十九分四十秒減赤道箕宿全度，餘得六度四十〇分六十秒，累加斗、牛、女全度與虛六度，得五十六度一十五分[①]六十秒，爲距中度。又置周天三百六十五度二十五分七十五秒，十二宮除，得三十〇度四十三分八十一秒，爲每宮度，半而加距中度，七得十一度三十七分五十一秒，爲入亥宮赤道積度，加每宮度得一百〇一度八十一分三十二秒，入戌宮，爲赤道積度，又加每宮度，得一百三十二度二十五分一十三秒，爲入酉宮赤道積度，又加每宮度，爲入申宮赤道積度，如此累加每宮度至子宮，得十二宮赤道積度。◎置入亥宮積度，加冬至加時赤道日度，得七十五度三十六分九十一秒，以赤道宿次自箕宿起累去[②]斗、牛、女、虛之度分，餘得危

① 天文臺藏抄本、九州大學藏抄本、東京大學藏抄本和東北大學藏抄本作“一十五分”，大谷大學藏抄本作“一十九分”。前者正確。

② 天文臺藏抄本、東京大學藏抄本和東北大學藏抄本作“累去”，大谷大學藏抄本與九州大學藏抄本作“累加”。前者正確。

一十二度二十六分一十六秒，爲入亥宮赤道宿度，又置入戌宮積度一百〇一度八十一分三十五秒①，加冬至赤道日度，累去箕、斗、牛、女、虛、危、室、壁之全度，以奎一度五十九分九十七秒爲入戌宮赤道宿度，如此得赤道十二宮宿度也。

右積度至丑宮滿周天，故去之。◎其子丑宮積度去周天分皆同，加命冬至日度。◎周天、虛宿之秒數皆用七十五定數而去，加也。

入十二宮赤道宿度	同宿度
亥七十一度三十七分五十一秒	危十二度二十六分一十六秒
戌一百〇一度八十一分三十二秒	奎一度五十九分九十七秒
酉一百三十二度二十五分一十三秒	胃三度六十三分七十八秒
申一百六十二度六十八分九十四秒	畢七度一十七分五十九秒
未一百九十二度十二分七十六秒	井九度〇六分四十一秒
午二百二十三度五十六分五十七秒	柳四度〇〇分二十二秒
巳二百五十四度〇〇分三十八秒	张十四度八十四分〇三秒
辰二百八十四度四十四分一十九秒	軫九度二十七分八十四秒
卯三百一十四度八十八分〇一秒	氐一度一十一分六十六秒
寅三百四十五度三十一分八十二秒	尾三度一十五分四十七秒
丑一十〇度四十九分八十八秒	斗四度〇九分二十八秒
子四十〇度九十三分六十九秒	女二度一十三分〇九秒

十二宮黄道宿度，如術以冬至後積度求，然今取捷術用四正後積，依二十八宿積度直求宿度也。

右赤道積度皆冬至後積度也，自未宮至寅宮滿半周天，故去一百八十二度六十二分八十七秒半，餘爲夏至後積度，其未午巳丑子亥②宮爲象限已下，故直爲至後積度，戌酉申辰卯寅宮皆爲象限已上，故去九十一度③三十一分四十三秒太，餘爲二分後積度，即得四正後十二宮赤道

① 天文臺藏抄本、東京大學藏抄本和東北大學藏抄本作“三十五秒”，大谷大學藏抄本與九州大學藏抄本作“三十二秒”。前者正確。

② 天文臺藏抄本、東京大學藏抄本和東北大學藏抄本作“亥”，大谷大學藏抄本與九州大學藏抄本作“未”。前者正確。

③ 天文臺藏抄本作“九十〇度”，大谷大學藏抄本、九州大學藏抄本、東京大學藏抄本和東北大學藏抄本作“九十一度”。後者正確。

積度也。◎亥宮置冬至後赤道積度七十一度三十七分五十一秒，減立成至後赤道積七十〇度五十九分三十秒，餘乘其段黄道率一段，其段赤道率九十四分二十七秒除，加其段黄道積六十九度，得六十九度八十二分九十六秒，爲入亥宮冬至後黄道積度。又戌宮置春分後赤道積度一十〇度四十九分八十八秒，減立成分後赤道積一十〇度，餘乘其段黄道率一度〇七分八十六秒，其段赤道率一度除，其加段黄道積一十〇度八十四分〇六秒，得一十一度三十七分八十六秒，爲入戌宮春分後黄道積度，如斯而得四正後十二宮黄道積度也。

	四正後十二宮赤道積度	四正後十二宮黄道積度
冬至後	亥七十一度三十七分五十一秒	亥六十九度八十二分九十六秒
春分後	戌一十〇度四十九分八十八秒	戌一十一度三十七分八十六秒
	酉四十〇度九十三分六十九秒	酉四十三度二十二分九十七秒
	申七十一度三十七分五十一秒	申七十二度八十二分九十二秒
夏至後	未一十〇度四十九分八十八秒	未九度六十八分三十六秒
	午四十〇度九十三分六十九秒	午三十八度六十七分一十三秒
	巳七十一度三十七分五十一秒	巳六十九度八十二分九十六秒
秋分後	辰一十〇度四十九分八十八秒	辰一十一度三十七分八十六秒
	卯四十〇度九十三分六十九秒	卯四十三度二十二分九十七秒
	寅七十一度三十七分五十一秒	寅七十二度八十二分九十二秒
冬至後	丑一十〇度四十九分八十八秒	丑九度六十八分三十六秒
	子四十〇度九十三分六十九秒	子三十八度六十七分一十三秒

置亥宮冬至後黄道積度六十九度八十二分九十六秒，以第六條所求得之四正後二十八宿黄道積度減冬至後虛宿積五十六度九十九分六十七秒，餘得危一十二度八十三分二十九秒，爲入亥宮黄道宿度。又戌宮置春分後黄道積度一十一度三十七分八十六秒，減春分後壁宿積九度六十五分一十四秒，餘得奎一度七十二分七十二秒，爲入戌宮黄道宿度。如此置四正後積度，較而去第六條所求四正後二十八宿黄道積度之數，得黄道十二宫宿度也。如術求者略之。

黄道十二次宿度

危十二度八十三分二十九秒	入娵訾之次，衞之分野
奎一度七十二分七十二秒	入降婁之次，魯之分野

胃三度六十八分七十六秒	入大梁之次，越之分野
畢六度七十九分一十〇秒	入實沈之次，晉之分野
井八度三十六分三十〇秒	入鶉首之次，秦之分野
柳三度九十二分四十六秒	入鶉火之次，周之分野
張十五度四十八分三十六秒	入鶉尾之次，楚之分野
軫十〇度〇五分二十七秒	入壽星之次，鄭之分野
氐一度一十二分八十四秒	入大火之次，宋之分野
尾二度九十七分二十九秒	入析木之次，燕之分野
斗三度七十八分二十九秒	入星紀之次，吳越之分野
女二度〇九分四十四秒	入玄枵之次，齊之分野

右黄道十二次宿度，自寬文乙巳歲至五十九年後甲辰歲可用。◎本術委註於《術解》中。

求入十二次時刻（第十四）

各置入次宿度及分秒，以其日晨前夜半日度減之，餘以日周乘之，爲實；以其日行定度爲法；實如法而一，所得，依發斂加時求之，即入次時刻。

甲戌歲，天正月後十二月四日癸酉日晨前夜半黄道日度斗三度〇一分一十三秒也，近入星紀之次宿度而少，故以此減入星紀宿度斗三度七十八分二十九秒，置餘七十七分一十六秒，乘日周一萬，其日行定度一度〇四分六十六秒除，得七十三刻九十二分，依發斂加時術乘十二，加半辰法五千，得九萬三千七百〇四，滿辰法一萬而一，得九，爲酉辰，不滿刻法一千二百除得三刻，爲入星紀次之時刻，又①以正月三日辛丑日晨前夜半黄道日度女一度四十三分七十三秒減入玄枵之次宿度女二度〇九分四十四秒，餘六十五分七十一秒乘日周一萬，以其日行定度一度〇三分一十六秒除，得六十三刻一十分，依發斂加時術得申一刻，爲入玄枵次之時刻，如此求得入十二宫日之時刻也。

---

① 天文臺藏抄本作“天”，大谷大學藏抄本、九州大學藏抄本、東京大學藏抄本和東北大學藏抄本作“又”。後者正確。

2.4 步月離 第四

轉終分，二十七萬五千五百四十六分。
轉終，二十七日五千五百四十六分。
轉中，十三日七千七百七十三分。
初限，八十四。
中限，一百六十八。
周限，三百三十六。
月平行，十三度三十六分八十七秒半。
轉差，一日九千七百五十九分九十三秒。
弦策，七日三千八百二十六分四十八秒少。
上弦，九十一度三十一分四十三秒太。
望，一百八十二度六十二分八十七秒半。
下弦，二百七十三度九十四分三十一秒少。
轉應，一十三萬一千九百四分。

推天正經朔入轉（第一）

置中積，加轉應，減閏餘，滿轉終分去之，不盡，以日周約之爲日，不滿爲分，即天正經朔入轉日及分。上考者，中積内加所求閏餘，減轉應，滿轉終去之，不盡，以減轉終，餘同上。

甲戌歲，置中積一十五億〇八百四十四萬九千八百七十三，加轉應一十三萬[①]一千九百〇四分，得一十五億〇八百五十八萬一千七百七十七分，減天正閏餘二十二萬九千〇三十二分五十六秒，餘一十五億〇八百三十五萬二千七百四十四分四十四秒，滿轉終分二十七萬五千五百四

① 天文臺藏抄本、東京大學藏抄本和東北大學藏抄本作“一十三萬”，大谷大學藏抄本與九州大學藏抄本作“一十一萬”。前者正確。

十六分除去，不盡一萬三千九百四十〇分四十四秒，日周一萬約而爲日數，不滿日周即爲分秒，得一日三千九百四十〇分四十四秒，爲天正經朔入轉。

上考者如開元十二年，置中積二十〇億三千〇七十五萬一千〇八十分，加閏餘二萬五千六百五十五分三十二秒，減轉應，餘二十〇億三千[①]〇六十四萬四千八百三十一分三十二秒，滿轉終分除去，得不盡一十四萬六千三百五十七分三十二秒，以此減轉終分，餘滿日周爲日，得一十二日九千一百八十八分六十八秒，爲天正經朔入轉。

求弦望及次朔入轉（第二）

置天正經朔入轉日及分，以弦策累加之，滿轉終去之，即弦望及次朔入轉日及分秒。如徑求次朔，以轉差加之。

甲戌歲，置天正經朔入轉一日三千九百四十〇分四十四秒，加弦策七日三千八百二十六分四十八秒少[②]，得八日七千七百六十六分九十二秒少，爲經上弦入轉，又加弦策得一十六日一千五百九十三分四十〇秒半，爲經望入轉，又加弦策，爲經下弦入轉，如斯累加而求至次年正月也。

累加而滿轉終去二十七日五千五百四十六分，若由天正經朔入轉直求各次朔入轉，累加轉差日分而得。◎由望求望亦同。◎由朔求望者加望策，皆加而滿轉終去之。

捷術 若直求若干月前後入轉，以其相距月數乘轉差[③]，或以乘朔策滿轉終去之所得，前減後加其經朔望入轉日分，得所求月之朔望入轉，不足減，則加轉終而減加，滿轉終去之也。

---

① 天文臺藏抄本、東京大學藏抄本、九州大學藏抄本和東北大學藏抄本作“三千”，大谷大學藏抄本作“五千”。前者正確。

② 天文臺藏抄本作“四十八秒”，東京大學藏抄本、東北大學藏抄本、大谷大學藏抄本和東北大學藏抄本作“四十八秒少”。後者正確。

③ 天文臺藏抄本作“朔差”，東京大學藏抄本、九州大學藏抄本、大谷大學藏抄本和東北大學藏抄本作“轉差”。後者正確。

求經朔弦望入遲疾曆（第三）

甲戌歲，置天正經朔入轉一日三千九百四十〇分四十四秒，爲轉中已下，故直爲入疾曆一日三千九百四十〇分四十四秒，經上弦入轉亦爲轉中已下，故直爲疾曆八日七千七百六十六分九十二秒；經望入轉置一十六日一千五百九十三分四十〇秒半，爲轉中以上，故去轉中十三日七千七百七十三分，餘二日三千八百二十〇分四十〇秒半爲經望入遲曆；經下弦入轉亦爲轉中以上，故去轉中，餘九日七千六百四十六分八十八秒太爲經下弦入遲曆。如此至次年正月求之。

各視入轉日及分秒，在轉中已下，爲疾曆；已上，減去轉中，爲遲曆。

遲疾轉定及積度

入轉日	初末限	遲疾度	轉定度	轉積度
初	初	疾初	十四六七六四	初
一	一十二二十	疾一三〇七七	十四五五七三	十四六七六四
二	二十四四十	疾二四九六三	十四四〇二九	二十九三三三七
三	三十六六十	疾三五三〇五	十四二一三〇	四十三六三六六
四	四十八八十	疾四三七四八	十三九八七七	五十七八四九六
五	六十一	疾四九九三八	十三七二七一	七十一八三七三
六	七十三二十	疾五三五二二	十三四四四六	八十五五六四四
七	末八十二六十	疾五四二八一	十三二三五三	九十九〇〇九〇
八	七十四十	疾五二九七四	十二九四七五	一百一十二二四四三
九	五十八二十	疾四八七三五	十二六九四八	一百二十五二九二八
十	四十六	疾四一九九六	十二四七七七	一百三十七八八六六
十一	三十三八十	疾三三〇八六	十二二九六〇	一百五十三六四三

十二	二十一六十	疾二二三五九	十二一四九六	一百六十二六六〇三
十三	九四十	疾一〇一六八	十二〇四六二	一百七十四八〇九九
十四	初二八十	遲初三〇八八	十二〇八五二	一百八十六八五六一
十五	一十五	遲一五九二三	十二二二二二	一百九十八九四二三
十六	二十七二十	遲二七四八八	十二三七五二	二百一十一二五三五
十七	三十九四十	遲三七四二二	十二五七三〇	二百二十三五二八七
十八	五十一六十	遲四五三〇八	十二八〇六三	二百三十六二〇一七
十九	六十三八十	遲五一〇〇四	十三〇七五三	二百四十八九〇八〇
二十	七十六	遲五三九三八	十三三三七七	二百六十一九八三三
二十一	末七十九八十	遲五四二四八	十三五七二二	二百七十五三二二〇
二十二	六十七六十	遲五二二三三	十三八五一一	二百八十八八九二二
二十三	五十五四十	遲四七三九九	十四〇九五五	三百二七四三三
二十四	四十三二十	遲四〇一三一	十四三〇四六	三百一十六八三八八
二十五	三十一	遲三〇七七二	十四四七八二	三百三十一二四三四
二十六	一十八八十	遲一九六七七	十四六二六三	三百四十五六二二六
二十七	六六十	遲七二〇一	十四七一五四	三百六十六二三七九

求遲疾差（第四）

置遲疾曆日及分，以十二限二十分乘之，在初限已下爲初限，已上覆減中限，餘爲末限。置立差三百二十五，以初末限乘之，加平差二萬八千一百，又以初末限乘之，用減定差一千一百一十一萬，餘再以初末限乘之，滿億爲度，不滿退除爲分秒，即遲疾差。

又術：置遲疾曆日及分，以遲疾曆日率減之，餘以其下損益分乘之，如八百二十而一，益加損減其下遲疾度，亦爲所求遲疾差。

甲戌歲，置天正經朔疾曆一日三千九百四十分，依又術較太陰立成之日率，近十六限日率而多，故減其日率一日三千一百二十一分，餘八百一十九乘其下之益分九百九十一分七，八百二十除而得九百九十一分，爲益，故加其下疾積一度六十九分二十三秒，得一度七十九分一十四秒，爲疾定差。又下弦置遲曆九日七千六百四十六分，減立成百十九限日率九日七千五百八十九，餘五十七分乘其下損分六百〇九分一，八百二十除而得四十二分，爲損，減其下遲積四度三十[①]八分六十八秒，餘四度三十八分二十六秒爲遲定差。如此求朔弦望至次年正月，得遲疾差也。

遲疾曆分下之秒數當棄。◎立成損益分之秒數百位收棄可用。

依本術求者，天正經朔置疾曆一日三千九百四十〇分，乘十二限二十分得一十七[②]限〇〇六十八，爲象限[③]八十四已下，故直爲疾初限，置立差三百二十五，乘疾初限得五千五百二十七，加平差二萬八千一百，又乘疾初限，得五十七萬一千九百，用減定差一千一百一十一萬，餘乘又疾初限，得一億七千九百二十二萬，以一億爲一度，不滿億以一億約而得七十九分二十二秒，爲疾差。餘傚之。此爲本術然繁多，故造立成之數而用又術也。

求朔弦望定日（第五）

以經朔弦望盈縮差與遲疾差，同名相從，異名相消，盈遲縮疾爲同名，盈疾縮遲爲異名。以八百二十乘之，以所入遲疾限下行度除之，即爲加減差，盈遲爲加，縮疾爲減。以加減經朔弦望日及分，

---

① 天文臺藏抄本作“三千八分”，東京大學藏抄本、大谷大學藏抄本、東北大學藏抄本和九州大學藏抄本作“三十八分”。後者正確。

② 天文臺藏抄本、東京大學藏抄本和東北大學藏抄本作“一十七限”，大谷大學藏抄本與九州大學藏抄本作“一千七限”。前者正確。

③ 天文臺藏抄本作“初限”，大谷大學藏抄本、東北大學藏抄本、九州大學藏抄本和東京大學藏抄本作“象限”。後者正確。

即定朔弦望日及分。若定弦望分在日出分已下者，退一日，其日命甲子算外，各得定朔弦望日辰。定朔干名與後朔干同者，其月大；不同者，其月小；内無中氣者，爲閏月。

甲戌歲，天正十一月經朔縮差一度〇四分二十九秒、疾差一度七十九分一十四秒，縮減疾減同名，故相併得二度八十三分四十三秒，乘八百二十，以其疾曆十六限立成太陰疾行一萬一千九百五十五除，得一千九百四十四分，爲減定差，以此減經朔三十七日一千四百四十分，餘三十六日九千四百九十六分爲定朔，三十六日爲庚子日，九千四百九十六分依發斂加時術得亥七刻。同上弦，縮減差初度七十三分[1]六十二秒與疾減差四度九十九分二十九秒同名相從而得五度七十二分九十一秒，乘八百二十，以上弦疾曆一百〇七限立成疾行一萬〇五百四十九除，得四千四百五十三分，爲減定差，以此減經上弦四十四日五千二百六十六分，得四十四戊申日〇八百一十三分，爲定上弦，依發斂加時術得丑三刻。又同望，縮減差初度四十〇分一十二秒與遲加差二度九十一分〇三秒異名相消，遲加之餘二度五十〇分九十一秒乘八百二十，以望之遲曆二十九限之遲行一萬〇一百〇三除，得二千〇三十六分，爲加定差，以此加經望日分，得五十二丙辰日一千一百二十九分丑七刻，爲定望。如此求至次年正月。

定盈縮差、遲疾差之同名異名加減，總盈加縮減、遲加疾減也。此依加減别同名異名而定差之加減也，故異名相消者，隨其所餘以加餘爲加差、減餘爲減差也。

經朔望之分下秒數不用。◎加減加減差而日數滿紀法去之，不足減，加紀法六十而減之。

其天正十一月定上弦戊申日〇四百二十一分比其日日出分三千〇六十七少，故戊申退一日爲丁未日上弦，即加時爲昏後丑三刻，同定望爲丙辰日一千三百一十九分，比其日日出分三千〇八十四少，故丙辰退一日爲乙卯日望，如此視每月上弦、望、下弦之日下分，比其日日出分少者則退一日取前日，若比日出分多者則不退而即用其日。

用於日出分對照弦望退日者，不俟日躔並中星之本術，於此處求其

① 天文臺藏抄本、東京大學藏抄本和東北大學藏抄本作“七十三分”，大谷大學藏抄本與九州大學藏抄本作“七十五分”。前者正確。

大量之數術云：置經朔望入盈縮曆[①]，減經弦望日下分，餘命度分，以盈縮差盈加縮減而爲弦望日晨前夜半黄道積度，爲象限以上者，以減半歲周，各以其積度當晝夜立成積度，其段半夜分即用於日出分。若有細求者，置定弦望日下分[②]，乘其日太陽行度，萬約，以減第六條所求加時定積度，餘爲定弦望晨前夜半黄道定積度。由此依中星第二條術得日出定分也。

定大小，正月定朔干名爲己，二月定朔干名爲己，故正月爲大；二月定朔干名爲己，而三月定朔干名亦爲己，故二月爲大；又三月定朔名爲己而四月定朔干名爲戊，不同，故三月爲小，如此十二箇月之大小定也。◎定閏月，其當經六月而月内只有六月節小暑氣，無五六月之中氣，故以經六月爲定閏五月。又經閏六月爲定朔丁酉日，而六月中大暑亦爲丁酉日，故爲朔日之大暑，在其大暑氣月内，故以爲閏而爲定六月。

朔並中氣加時在晨前、在昏後皆由其日晨前取其朔並中氣之日，故中氣加時在定朔加時前且干支同者，作爲其朔日之中氣也。

推定朔弦望加時日月宿度（第六）

置經朔弦望入盈縮曆日及分，以加減差加減之，爲定朔弦望入曆，在盈，便爲中積，在縮，加半歲周，爲中積；命日爲度，以盈縮差盈加縮減之，爲加時定積度；以冬至加時日躔黄道宿度加而命之，各得定朔弦望加時日度。

凡合朔加時，日月同度，便爲定朔加時月度，其弦望各以弦望度加定積，爲定弦望月行定積度，依上加而命之，各得定弦望加時黄道月度。

甲戌歲正月經朔，置盈曆三十六日一千五百七十九分，減減定差二千六百三十六，餘三十五日八千九百四十三分，爲定朔入盈曆，爲盈，故直爲定朔加時中積，命度分而得三十五度八十九分[③]四十三秒。又以

---

① 天文臺藏抄本作“盈縮周”，大谷大學藏抄本、東北大學藏抄本、九州大學藏抄本和東京大學藏抄本作“盈縮曆”。後者正確。

② 天文臺藏抄本、東京大學藏抄本和東北大學藏抄本作“日下ノ分”，大谷大學藏抄本與九州大學藏抄本作“日ナリ分”。前者正確。

③ 天文臺藏抄本、東京大學藏抄本和東北大學藏抄本作“八十九分”，大谷大學藏抄本與九州大學藏抄本作“八十五分”。前者正確。

定朔入盈曆三十五日八千九百四十三分，依日躔第二條求盈縮差術得盈差一度五十一分一十二秒，爲盈，故以此加中積之度，得三十七度四十〇分五十五秒，爲定朔加時定積度，加天正冬至加時黄道日度箕三度一十九分八十八秒，去黄道宿次箕、斗、牛之全度，不滿女宿次，即以女初度三十四分爲定朔加時黄道日度。同上弦，置經上弦入盈曆四十三日[①]五千四百〇五分，加加定差三百一十分，得四十三日五千七百一十五分，爲定上弦盈曆，爲盈，故直爲中積，命度分而得四十三度五十七分一十五秒，又以定上弦入曆依日躔術求得盈差一度七十四分三十九秒，爲盈，故加中積之度，得四十五度三十一分五十四秒，爲定上弦加時定積度，加天正冬至加時黄道日度，以黄道宿次去命如上而得女八度二十五分，爲定上弦加時黄道日度，如此求每月朔弦望，自正月到次年正月朔日。

經朔弦望之盈縮曆，用至分數而秒數當棄。◎加時日度之秒數棄而不用。

求月行度者，正月以定朔加時日行黄道定積三十七度四十〇分五十五秒即爲定朔加時月行黄道月度定積度，加時黄道月度亦即女初度三十四分。又上弦，置加時定積四十五度三十一分五十四秒，加上弦度九十一度三十一分四十三秒，得一百三十六度六十二分九十七秒，爲定上弦加時月行定積度，加冬至加時黄道日度箕三度一十九分八十八秒，以黄道宿次累去箕、斗、牛、女、虚、危、室、壁、奎、婁之度分而得胃五度二十九分，爲定上弦加時黄道月度。如此求每月朔弦望也，但求望則加望度一百八十二度六十二分八十七秒、求下弦加下弦度二百七十三度九十四分三十一秒而求也。

加而滿周天者去周天三百六十五度二十五分七十五秒。◎月行宿度之秒數當棄。

推定朔弦望加時赤道月度（七）

各置定朔弦望加時黄道月行定積度，滿象限去之，以其

① 天文臺藏抄本作“四十二日”，大谷大學藏抄本、東北大學藏抄本、九州大學藏抄本和東京大學藏抄本作“四十三日”。後者正確。

黃道積度減之，餘以赤道率乘之，如黃道率而一，用加其下赤道積度及所去象限，各爲赤道加時定積度；以冬至加時赤道日度加而命之，各爲定朔弦望加時赤道月度及分秒。象限已下及半周，去之，爲至後；滿象限及三象，去之，爲分後。

甲戌歲正月朔，置月行黃道定積三十七度四十〇分五十五秒，爲象限已下，故直爲至後積度，減黃赤立成至後黃道積三十七度，餘四十〇分五十五秒乘其段赤道率一度〇一分七十七秒，以其段黃道率一度除，得數加於其段赤道積三十九度二十三分七十七秒，得三十九度六十五分〇四秒，爲定朔加時月行赤道積度，加冬至加時赤道日度箕三度四十七分四十六秒，以赤道宿次累去箕、斗、牛全度，餘得女初度三十二分，爲定朔加時赤道月度①。上弦，置月行黃道定積一百三十六度六十二分九十七秒，滿象限，故去象限九十一度三十一分四十四秒，餘四十五度三十一分五十三秒爲分後黃道積度，減立成分後黃道積四十五度三十〇分五十八秒，餘乘其段赤道率一度，其段黃道率一度〇〇二十七秒除，以得數加於其段赤道積四十三度，得四十三度〇〇九十五秒，即分後赤道積。加所去之象限九十一度三十一分四十四秒，得一百三十四度三十二分三十九秒，爲定上弦加時月行赤道積度，加冬至加時赤道日度，去赤道箕、斗、牛、女、虛、危、室、壁、奎、婁之全度，餘得胃五度一十九分，爲定上弦加時月度。如此求每月朔、弦、望也。

其月行黃道定積度之數以半周天去者後加半周天，以三象限去者後加三象限而爲赤道積度。◎象限去、加皆用周天象限。◎月度之秒數皆當棄。

推朔後平交入轉遲疾曆（八）

置交終日及分，内減經朔入交日及分，爲朔後平交日；以加經朔入轉，爲朔後平交入轉；在轉中已下，爲疾曆；已上，去之，爲遲曆。

---

① 天文臺藏抄本作“赤道日度”，大谷大學藏抄本、東北大學藏抄本、九州大學藏抄本和東京大學藏抄本作“赤道月度”。後者正確。

求正交日辰（第九）

置經朔，加朔後平交日，以遲疾曆依前求到遲疾差，遲加疾減之，爲正交日及分，其日命甲子算外，即正交日辰。

推正交加時黄道月度（第十）

置朔後平交日，以月平行度乘之，爲距後度；以加經朔中積，爲冬至距正交定積度；以冬至日躔黄道宿度加而命之，爲正交加時月離黄道宿度及分秒。

求正交在二至後初末限（第十一）

置冬至距正交積度及分，在半歲周已下，爲冬至後；已上，去之，爲夏至後。其二至後，在象限已下，爲初限，已上，減去半歲周，爲末限。

右四條術混雜而有用之數與不用之數，故所求之數皆略之，依改術求之數注於左。

改術 推朔後平交及在二至後初末限（第八）

甲戌歲正月，以經朔入交泛一十五日三千八百一十九分三十六秒減交終二十七日二千一百二十二分二十四秒，餘一十一日八千三百〇二分八十八秒爲正月朔後黄白道平交。又閏五月，以經朔入交泛二十六日九千七百三十七分八十一秒減交終，餘得初日二千三百八十四分四十三秒，比交差二日三千一百八十三分六十九秒少，故此月内有再交，即以此爲前平交，加交終日分，得二十七日四千五百〇六分六十七秒，以此爲後平交。如此求每月朔後平交也。

右朔後平交，要用白道宿次求之，故若白赤正交日辰在正月朔後者，其日辰以前用舊年十二月宿次，故當自十二月求朔後平交已下之諸數。

若直求次者，累減交差二日三千一百八十三分六十九秒得次，不足減加交終而減。

置正月朔後平交一十一日八千三百〇二分八十八秒，乘月平行十三度三十六分八十七秒半，得一百五十八度一十五分六十一秒，爲距後度。置正月經朔之盈曆三十六日一千五百七十九分，爲盈，故直爲中積，日分命度分得三十六度一十五分七十九秒，加距後度，得一百九十四度三十一分，爲冬至距黄白正交定積度。又閏五月前之平交，置初日二千三百八十四分四十三秒①，乘月平行度，得三度一十八分七十七秒，爲距後度。置閏五月經朔入縮曆一日一千八百九十八分，爲縮，故加半歲周一百八十二日六千二百一十〇分半，得一百八十三日八千一百〇九分，爲中積，日分命度分而加於距後度，得一百八十七度，爲冬至距黄白正交定積度。閏五月後之平交，置二十七日四千五百〇六分六十七秒，乘月平行度，得三百六十六度九十八分一十一秒，爲距後度，加於經朔中積度分，滿周天，故去三百六十五度二十五分，餘一百八十五度五十四分，爲冬至距黄白正交定積度。

距正交定積度滿周天去之。◎周天棄秒數用三百六十五度二十五分。◎距後度並距正交定積分下秒數當收棄。

冬至距正交定積直求次者，累減一度四十六分三十一秒得次。不足減，加周天三百六十五度二十五分而減。◎其累減之數，朔差之日分乘月平行度所得内減朔策命度分而得。

正月，置冬至距黄白正交定積一百九十四度三十一分，爲半歲周以上，故去一百八十二度六十二分，餘一十一度六十九分爲夏至後，比象限九十一度三十一分少，故直爲夏至後初限。又八月，置定積一百八十一度一十五分，爲半歲周已下，故直爲冬至後，比象限多，故用減半歲周，餘一度四十七分爲冬至後末限，每月如此求也。半歲周用半歲周度一百八十二度六十二分。◎象限用歲象限九十一度三十一分，皆秒數當棄。

改術 求冬至距白赤交定積度（第九）

甲戌歲正月，以夏至後初限一十一度六十九分減象限九十一度三

---

① 天文臺藏抄本、東京大學藏抄本和東北大學藏抄本作“四十三秒”，大谷大學藏抄本與九州大學藏抄本作“四十五秒”。前者正確。

十一分，餘七十九度六十二分乘十五度八十五分，象限除，得黃道定差一十三度八十二分，爲夏至後初限，故爲減，用減三象限二百七十三度九十四分，餘二百六十〇度一十二分爲冬至距白赤正交定積度。二月，以夏至後初限一十〇度二十三分減象限，餘八十一度〇八分乘十五[①]度八十五分，象限除，得黃道定差一十四度〇七分，用減三象限，餘二百五十九度八十七分爲冬至距白赤道正交定積度。如斯求每月也。

象限並三象限[②]之度分下秒不用。◎定差分下秒數當收棄。

改術 求朔後白赤道泛交入轉遲疾曆（第十）

甲戌歲正月，距白赤正交定積二百六十〇度一十二分與距黃白正交定積一百九十四度三十一分相減，白赤交之多餘六十五度八十一分以月平行十三度三十七分除，得四日九千二百二十二，白赤交積度多，故爲加，以加於朔後平交一十一日八千三百〇二分，得一十六日[③]七千五百二十四分，爲正月朔後白赤泛交日分，加正月經朔入轉五日[④]三千四百六十分，得二十二日〇九百八十四分，爲轉中以上，故去轉中一十三日七千七百七十三分，餘八日三千二百一十一分爲泛交遲曆。二月，距白赤正交定積二百五十九度八十七分與距黃白正交定積一百九十二度八十五分相減，白赤交之多餘六十七度〇二分以月平行度除，得五日〇一百[⑤]二十七分，白赤交積度多故爲加，加於朔後平交九日五千三百一十九分，以一十四日五千二百四十六分爲二月朔後白赤泛交日分，加於二月經朔入轉七日三千二百二十分，以二十一日八千四百六十六分爲泛交入轉，去轉中，餘八日〇六百九十三分爲泛交入遲曆。閏五月後交，兩

① 所有抄本均將日語助詞“ニ”誤作漢語數字“二”，於是將“十五”誤作“二十五”。根據前面正月的計算可知，應該改爲“十五”。

② 天文臺藏抄本、東京大學藏抄本和東北大學藏抄本作“象限”，大谷大學藏抄本與九州大學藏抄本作“度限”。前者正確。

③ 天文臺藏抄本、東京大學藏抄本和東北大學藏抄本作“一十六日”，大谷大學藏抄本與九州大學藏抄本作“四十六日”。前者正確。

④ 天文臺藏抄本作“九日”，東京大學藏抄本、東北大學藏抄本、大谷大學藏抄本和九州大學藏抄本作“五日”。後者正確。

⑤ 天文臺藏抄本作“二百”，東京大學藏抄本、東北大學藏抄本、大谷大學藏抄本和九州大學藏抄本作“一百”。後者正確。

定積相減，餘月平行度除，得五日四千六百四十五，白赤交之積多，故加於朔後平交二十七日四千五百〇六分，得三十二日九千一百五十一分，滿朔策，故去二十九日五千三百〇六分，餘三日三千八百四十五分，爲六月朔後白赤泛交，加於六月朔入轉，滿轉中，故去之，餘六日八千〇九十一分①爲泛交遲曆。如此每月求也。月平行度除者可用十三度三十七分。◎泛交入轉若滿轉終則去之。

改術 求白赤道正交日辰（第十一）

甲戌歲正月，置朔後泛交入遲曆八日三千三百一十一分，依第四條術當立成百一限，得遲差五度一十九分〇五秒，乘八百二十，百一限之遲行一萬一千二百七十除，得三千七百七十七分，爲遲曆故爲加，以加正月朔後白赤泛交一十六日七千五百二十四分，得一十七日一千三百〇一分，加正月經朔三十六日二千〇五十二分，得五十三丁巳日三十三刻，爲正月朔後白赤正交日辰，即正月十九日。自此至二月十五日用此交所求白道宿次。二月，置泛交遲曆八日〇六百九十三分，當立成九十八限，求得遲差五度二十七分五十六秒，乘八百二十，九十八限之遲行一萬一千二百一十三除，得三千八百五十八分，爲遲，故加二月朔後白赤泛交一十四日五千二百四十六分，得一十四日九千一百〇四分，加二月經朔五日七千三百五十八分，得二十〇甲申日六十四刻，爲二月朔後白赤正交日辰，即二月十六日。自此至三月十二日，用此交所求白道宿次也。如此求每月每交日辰而用其白道宿次也。②

右遲加疾減，加滿朔策去之，爲後月朔後日辰，不足減加朔策減之，爲前月朔後日辰。◎加經朔日分滿紀法去之。

求定差距差定限度（第十二）

置初末限度，以十四度六十六分乘之，如象限而一，爲定差；反減十四度六十六分，餘爲距差。以二十四乘定差，如十

① 天文臺藏抄本與東北大學藏抄本作“九十二分”，東京大學藏抄本、大谷大學藏抄本和九州大學藏抄本作“九十一分”。後者正確。

② 天文臺藏抄本缺“ヲ求メテ其白道宿次ヲ用ルナリ”一句，東京大學藏抄本、九州大學藏抄本、東北大學藏抄本和大谷大學藏抄本均有此句。據後者補。

四度六十六分而一；所得，交在冬至後名減，夏至後名加，皆加減九十八度，爲定限度及分秒。

甲戌歲正月，置夏至後初限一十一度六十九分，乘十四度六十六分，象限九十一度三十一分除，得一度八十八分，爲定差，以此減十四度六十六分，餘一十二度七十八分爲距差。又置定差一度八十八分，乘二十四，十四度六十六分除，得三度〇七分，爲夏至後，故加九十八度而得一百〇一度〇七分，即正月所求之交定限度。又二月，置夏至後初限一十〇度二十三分，乘十四度六十六分，象限除，得一度六十四分，爲定差，以此減十四度六十六分，餘一十三度〇二分爲距差。又置定差，乘二十四，十四度六十六分除，得二度六十九分，以加於九十八度，得一百〇〇度六十九分，即二月所求交之定限度。每月每交如斯求距差與定限度也。

右距差並定限度等諸數，皆分下秒數當收棄。距差累加減之法，以二十三分四十九秒冬至後逐交累減、夏至[①]後逐交累加而得次之距差。其累加減數，每交之退天度一度四十六分三十一秒乘十四度六十六分、象限除所得也。

定限度累加減之法，以三十八分四十六秒冬至後逐交累加、夏至後逐交累減而得次之定限度。其累加減數，一度四十六分三十一秒乘二十四、象限除所得也。

求四正赤道宿度（第十三）

置冬至加時赤道度，命爲冬至正度；以象限累加之，各得春分、夏至、秋分正積度；各命赤道宿次去之，爲四正赤道宿度及分秒。

甲戌歲，置天正冬至赤道日度箕三度四十七分四十六秒，即冬至正之積度，加歲象限九十一度三十一分〇五秒[②]，得九十四度七十八分五

① 天文臺藏抄本、東京大學藏抄本、九州大學藏抄本和東北大學本作“夏至”，大谷大學藏抄本作“夏正”。從前者。

② 天文臺藏抄本、東京大學本和東北大學本作“五秒”，大谷大學藏抄本與九州大學藏抄本作“三秒”。前者正確。

十一秒，爲春分正之積度，自赤道箕宿起累去逐宿全度，得室一十六度二十七分七十二秒，爲春分正之宿度。又置春分正之積度，加象限，爲夏至正之積度，如上累去赤道宿度，得參九度一十三分七十七秒，爲夏至正之宿度。又置夏至正之積度，加象限，如上去而得秋分正之宿度翼一十六度九十九分八十三秒，如此求至次年之秋正也。

象限，用歲象限九十一度三十一分〇五秒。◎宿度秒數雖求可於月離術中當收棄。◎虛宿之秒當附消長數而去。右求四正宿度，然冬、夏二至正宿度不用，且如本文雖有時自交初春正起，然秋正定時春正宿度亦不用。

求月離赤道正交宿度（第十四）

以距差加減春秋二正赤道宿度，爲月離赤道正交宿度及分秒。冬至後，初限加，末限減，視春正；夏至後，初限減，末限加，視秋正。

甲戌歲正月，爲黄白正交夏至後初限，故以距差十二度七十八分減秋正赤道宿度翼一十七度，餘翼四度二十二分，爲正月所求白赤正交赤道宿度。又二月，以夏至後初限距差一十三度〇二分減秋正赤道宿度翼一十七度，餘翼三度九十八分，爲二月所求白赤正交赤道宿度。又七月，以距差一十四度六十六分，冬至後末限故減秋正赤道宿度，餘翼二度三十四分爲七月所求白赤正交赤道宿度。如此求每月每交宿度也。

若減距差不足減，加前宿赤道宿次之全度分而減之，餘爲前宿之度分，加距差，滿其宿全之度分者累去①而爲次宿之度分。◎天正冬至至後其年冬至，用其歲之秋正赤道度，其年冬至以後當用次之秋正赤道宿度。

右如本文，令交初起自春正或起自秋正，然今定其於秋正而求也。義委釋於《術解》中。

① 天文臺藏抄本、東京大學本和東北大學本作“累去”，大谷大學藏抄本與九州大學藏抄本作“累加”。前者正確。

求正交後赤道積度入初末限（第十五）

各置春秋二正赤道所當宿全度及分，以月離赤道正交宿度及分減之，餘爲正交後積度；以赤道宿次累加之，滿象限去之，爲半交後；又去之，爲中交後；再去之，爲半交後；視各交積度在半象已下，爲初限；已上，用減象限，餘爲末限。

甲戌歲正月之交，以白赤正交之宿翼四度二十二分減赤道翼宿之全度十八度七十五分，餘一十四度五十三分爲正交後翼宿赤道積度，加軫全度十七度三十分，得三十一度八十三分，爲正交後軫宿赤道積度。又加角宿全度十二度一十分，得四十三度九十三分，爲正交後角宿赤道積度。逐如此累加至張宿求正交後二十八宿赤道積度。視尾宿積度，爲一百〇〇度六十三分，象限以上，故去象限九十一度三十一分，餘九度三十二分[①]爲白赤半交後[②]之積度，至室宿皆象限以上，故去象限而爲半交後之積度。視室積度爲一百九十六度二十三分，一次去象限，其餘又滿象限，故再去象限，餘一十三度六十一分爲白赤中交後積度，至昴宿皆去二次象限度一百八十二度六十二分，爲中交後積度。畢宿積度爲二百七十七度五十三分，二次去象限，其餘又滿象限，故三次去象限，餘三度五十九分爲白赤半交後積度，至張宿皆去三象限二百七十三度九十四分，爲半交後積度。視其各交後積度，先翼宿至角宿，爲半象限四十五度六十五分已下，故皆爲初限，亢宿積度五十三度一十三分爲半象限以上，故用減象限，餘三十八度一十八分爲末限，至亢、氐、房、心宿皆如此而得末限。半交後積度，尾宿至斗宿皆半象限已下，故爲初限，牛宿至危宿爲半象限以上，故用減象限，餘爲末限。中交後積度，室宿至奎宿皆半象限已下，故爲初限，婁宿至卯宿皆半象限以上，故用減象限，餘爲末限。半交後積度，畢宿至參宿皆半象限已下，故爲初限，井宿至張宿皆半象限以上，故用減象限，餘爲末限。每月每交如斯求交後

① 天文臺藏抄本作“二十二分”，東京大學藏抄本、九州大學藏抄本、東北大學藏抄本和大谷大學藏抄本均有“三十二分”。後者正確。

② 天文臺藏抄本、東京大學藏抄本和東北大學藏抄本作“半交後”，大谷大學藏抄本和九州大學藏抄本作“半夜後”。前者正確。

初末限也。

累加赤道宿次，虛宿秒數棄而不用。◎以象限去，一次去者即用九十一度三十一分，二次去者用半周一百八十二度六十二分，三次去者用三象限二百七十三度九十四分，皆秒數不用。

求月離赤道正交後半交白道舊名九道出入赤道内外度及定差（第十六）

置各交定差度及分，以二十五乘之，如六十一而一；所得，視月離黄道正交在冬至後宿度爲減，夏至後宿度爲加，皆加減二十三度九十分，爲月離赤道後半交白道出入赤道内外度及分；以周天六之一，六十度八十七分六十二秒半，除之，爲定差。月離赤道正交後爲外，中交後爲内。

求月離出入赤道内外白道去極度（第十七）

置每日月離赤道交後初末限，用減象限，餘爲白道積；用其積度減之，餘以其差率乘之；所得，百約之，以加其下積差，爲每日積差；用減周天六之一，餘以定差乘之，爲每日月離赤道内外度；内減外加象限，爲每日月離白道去極度及分秒。

右二條有用術、有不用術，故所求之數皆略之，依改術所求之數注於卷尾。

求每交月離白道積度及宿次（第十八）

置定限度，與初末限相減相乘，退位爲分，爲定差；正交、中交後爲加，半交後爲減。以差加減正交後赤道積度，爲月離白道定積度；以前宿白道定積度減之，各得月離白道宿次及分。

甲戌歲正月之交，以正交後翼宿赤道積度初限一十四度五十三分減定限度一百〇一度〇七分，餘乘初限，得一千二百六十，退位爲分得一百二十六分，百分爲度而以一度二十六分爲白赤道定差，爲正交後，故爲加，加翼宿赤道積一十四度五十三分，得一十五度七十九分，爲翼宿白道定積度。又軫宿，以正交後初限三十一度八十三分減定限度一百〇一度〇七分，餘乘初限，退位得二度二十分，爲正交後，故爲加定差，以加軫宿赤道積三十一度八十三分，得三十四度〇三分[①]，爲軫宿白道定積度。又如尾宿，以半交後初限九度三十二分減定限度，餘乘初限，退位得初度八十六分，爲半交後，故爲減定差，用減尾宿赤道積一百〇度六十三分，餘九十九度七十九分爲尾宿白道定積度。如此求二十八宿白道定積度也。◎置翼宿白道定積一十五度七十九分，減張宿白道定積三百六十〇度六十二分，不足減故加周天三百六十五度二十五分而減之，餘得其交白道翼之宿次二十〇度四十二分，又置軫宿之白道定積三十四度〇三分，減翼宿之白道定積一十五度七十九分，餘得軫之宿次一十八度二十四分，如斯求二十八宿之度分也。求每月每交二十八宿白道次。右求宿次累計其度分，若有過不及周天度分數者，於各宿内思量分數而增損一分，累計數合三百六十五度二十五分之數也。◎求交初宿次者，常減前宿積度，不足減，故加周天度而減也。◎所求積度並宿次等皆整分數而秒數不用。

推定朔弦望加時月離白道宿度（第十九）

各以月離赤道正交宿度距所求定朔弦望加時月離赤道宿度，爲正交後積度；滿象限去之，爲半交後；又去之，爲中交後；再去之，爲半交後；視交後積度在半象已下，爲初限；已上，用減象限，爲末限；以初末限與定限度相減相乘，退位爲分，分滿百爲度，爲定差；正交中交後爲加，半交後爲減。以差加減月離赤道正交後積度，爲定積度，以正交宿度加之，以其所當月離白道宿次去之，各得定朔弦望加時月離白道宿度及分秒。

甲戌歲正月求之正交日辰，爲正月十九日，故正月朔、上弦、望用十二月求之白道之交，下弦[②]用正月求之交，二月求之正交日辰[③]爲二

---

① 天文臺藏抄本、東京大學藏抄本和東北大學藏抄本作“三分”，大谷大學藏抄本與九州大學藏抄本作“五分”。前者正確。

② 天文臺藏抄本、東京大學藏抄本和東北大學藏抄本作“弦”，大谷大學藏抄本與九州大學藏抄本作“然”。前者正確。

③ 天文臺藏抄本、東京大學藏抄本和東北大學藏抄本作“辰”，大谷大學藏抄本與九州大學藏抄本作“度”。前者正確。

月十六日，故二月朔、上弦用正月求之交，望、下弦用二月求之交，逐月如此考正交日辰所在而用朔、弦、望各其交也。正月定朔，置①加時赤道月度女初度三十二分，以依捷術第十五條所求舊年十二月交之②正交後赤道宿③積度加女前牛宿積一百四十三度二十分，得一百四十三度五十二分，爲定朔正交後積度。定上弦，置加時赤道月度胃五度一十九分，以正交後赤道宿積度加於胃前婁宿之積二百三十三度，得二百三十八度一十九分，爲定上弦正交後積度。求望、下弦亦同之。但下弦用正月求之交積度。◎如本文求者，正月朔，以十二月求之正交赤道宿度翼四度四十五分減赤道翼宿全度，餘十四度三十分累加赤道之軫、角、亢、氐、房、心、尾、箕、斗、牛全度，又加加時赤道月度女初度三十二分，得正交後赤道積一百四十三度五十二分。餘倣之。此爲本術，然當取簡易而用捷術求也。

捷術　求定朔弦望正交後赤道積度者，置第七條求之定朔弦望加時赤道月度，以第十五條求之正交後二十八宿赤道積度加前宿積度，直得定朔弦望加時正交後赤道積度。◎若加滿周天者去三百六十五度二十五分。

正月朔，置正交後赤道積度一百四十三度④五十二分，滿象限九十一度三十一分去之，餘五十二度二十一分爲半交後積度，爲半象限四十五度六十五分以上，故用減象限，餘三十九度一十分爲末限，置⑤定限度一百〇一度四十六分，減末限，餘乘末限，退一位爲度分，得二度四十四分，爲半交後，故爲減定差，以減正交後赤道積度，餘一百四十一度〇八分爲正交後白道定積度。上弦置正交後赤道積度二百三十八度一十九分，滿象限，故去之，爲半交後積度，又滿象限，故去之，餘五十

---

① 在“加時赤道”文字前天文臺藏抄本以小字注“七術”二字，東京大學藏抄本、九州大學藏抄本、東北大學藏抄本和大谷大學藏抄本均無。從後者。

② 在“正交後”文字前天文臺藏抄本以小字注“十四術”三字，東京大學藏抄本、九州大學藏抄本、東北大學藏抄本和大谷大學藏抄本均無。從後者。

③ 九州大學藏抄本作“宿度”，衍“度”字。

④ 天文臺藏抄本、東京大學藏抄本和東北大學藏抄本作“一百四十三度”，大谷大學藏抄本與九州大學藏抄本作“二百四十三度”。前者正確。

⑤ 在“定限度”文字前，天文臺藏抄本以小字注“十二術”三字，東京大學藏抄本、九州大學藏抄本、東北大學藏抄本和大谷大學藏抄本均無。從後者。

五度五十七分爲中交後積度，爲半象限以上，故用減象限，餘三十五度七十四分爲末限，以減定限度，餘乘末限，退位爲度分，得二度三十五分，爲中交後，故爲加定差，以加於正交後赤道積度，得二百四十〇度五十四分，爲正交後白道定積度。求望、下弦亦同意也。象限度並前後所求積度、宿度等諸數皆整於分而秒數不用。

求正交白道宿度者依補術求十二月之交，置正交赤道宿度翼四度四十五分，與定限度一百〇一度四十六分相減相乘，退位爲分，得四十三分，加正交赤道宿度而得翼四度八十八分，爲正交白道宿度。每交如斯求正交白道宿度也。

總而白道宿度依本術時必以此宿度加命，然依捷術求時無用。

正月朔，置正交後白道定積度一百四十一度〇八分，依捷術以其交之正交後白道宿積度去牛宿積一百四十〇度七十五分，餘女初度三十三分爲定朔加時月離白道宿度。上弦置正交後白道定積度二百四十〇度五十四分，去正交後白道婁宿定積度二百三十五度四十八分，餘得胃五度〇六分，爲定上弦加時白道宿度。求望、下弦亦同意也。◎如本術求者，正月朔置正交後白道定積度一百四十一度〇八分，加所求之正交白道宿度翼四度八十八分，得一百四十五度九十六分，以其交之白道宿次累去翼、軫、角、亢、氐、房、心、尾、箕、斗、牛之全度分，餘得女初度三十五分，爲定朔加時白道宿宿也。餘倣之。此雖爲本術，然取簡易而當用捷術。

捷術　求定朔弦望加時白道宿度者，置定朔弦望加時白道定積度，滿第十八條所求月離白道二十八宿定積度去之，餘爲次宿度分，即直爲定朔弦望加時白道宿度。◎若所求積度在二十八宿交初積度以下者，加其正交白道宿度，命其交初宿度分，或加周天三百六十五度二十五分而滿減宿積度亦同意也。

求定朔弦望加時及夜半晨昏入轉（第二十）

置經朔弦望入轉日及分，以定朔弦望加減差加減之，爲定朔弦望加時入轉；以定朔弦望日下分減之，爲夜半入轉；以晨分加之，爲晨轉；昏分加之，爲昏轉。

甲戌歲正月朔，置經朔入轉五日三千四百六十分，減減定差二千六百三十六分，餘五日〇八百二十四分爲定朔加時入轉，減定朔日下分九千四百一十六分，餘四日一千四百〇八分爲定朔日晨前夜半入轉，由此依捷術以定朔三十五日減定上弦四十三日，餘八日爲朔上弦相距日，加於定朔夜半入轉，得一十二日一千四百〇八分，爲定上弦晨前夜半入轉，又以定上弦[1]四十三日減定望五十一日，餘八日爲上弦望相距日，加於定上弦夜半入轉，得二十〇日一千四百〇八分，爲定望晨前夜半入轉。下弦、各次之朔、弦、望逐如此而求夜半入轉也。◎如本文，求上弦，置經上弦入轉一十二日七千二百八十六分，加加定差三百一十分，得一十二日七千五百九十六分，爲定上弦加時入轉，此内減定上弦日下分六千一百八十八分，餘一十二日一千四百〇八分爲定上弦夜半入轉。求望、下弦亦同意。如此各别求之算法繁且加時入轉不曾用，故當用捷術累加而求也。

加加差滿轉終去之，減減差並日下分，不足加轉終而減之。◎入轉分下秒數當棄。

捷術 直求弦望及次朔夜半入轉，置定朔夜半入轉日及分，以朔弦望相距日數累加而滿轉終則去之，得弦望及次朔夜半入轉。◎求相距日，以定朔日數減定上弦日數，餘爲朔上弦相距日，以定上弦日數減定望日數，餘爲上弦望相距日。如此求下弦、次朔、弦、望相距日。委注於二十三條。

正月朔，以昏分七千二百八十二分加定朔夜半入轉，得四日八千六百九十分，爲定朔昏轉。上弦，以昏分七千三百四十一分加定上弦夜半入轉，得一十二日八千七百四十九分，爲定上弦昏轉。又望，以晨分二千五百九十二分加定望夜半入轉，得二十〇日四千分，爲定望晨轉。下弦，以晨分二千五百三十分加夜半入轉，得二十七日三千九百三十八分，爲定下弦晨轉。如斯求每月晨昏入轉也。

加晨昏分而滿轉終者去之。◎朔與上弦，求昏轉而晨轉不求；望與下弦，求晨轉而昏轉不求。若有晨昏分不俟日躔術，於此處直求，則置第六條求之定朔弦望入盈縮曆，初限已下爲初限，以上用減半歲周，餘爲末限。以初末限日數當太陽盈縮立成之積，以其日太陽行度乘定朔弦

---

[1] 天文臺藏本誤作“度上弦”，其它抄本均改作“定上弦”。從後者。

望日下分，萬約，以減第六條所求定朔弦望加時黄道積度，餘爲其日晨前夜半黄道積度，此依中星第二條術満半歲周去之，象限已下爲初限，以上用減半歲周，餘爲末限。置初末限度分，満晝夜立成積度去而餘乘其段晝夜差，以百約得數，於其段半夜分逐日損者減、逐日增者加，而得其日半夜分，内減昏明二百五十分，餘爲其日晨分。以晨分減日周一萬，餘爲其日昏分。

求夜半月度（第二十一）

置定朔弦望日下分，以其入轉日轉定度乘之，萬約爲加時轉度，以減加時定積度，餘爲夜半定積度；依前加而命之，各得夜半月離宿度及分秒。

甲戌歲正月定朔，爲夜半入轉四日，故當本經入轉立成之轉日四日，以其下之轉定度十三度九十八分七十七秒，乘定朔日下分九千四百一十六分，萬約得一十三度一十七分，爲定朔加時轉度，以此減定朔加時白道定積一百四十一度〇八分，餘得一百二十七度九十一分，爲定朔晨前夜半白道定積度，以依捷術十二月所求正交後二十八宿白道定積度去箕宿積一百〇九度二十分，餘斗一十八度七十一分爲正月定朔晨前夜半白道月度[1]。定上弦，置日下分六千一百八十八分，乘定上弦夜半入轉十二日之轉定度十二度一十四分九十六秒，萬約，得七度五十二分，爲定上弦加時轉度，以此減定上弦加時白道定積二百四十〇度五十四分，餘得定上弦夜半白道定積二百三十三度〇二分，依捷術以其交之二十八宿白道定積去奎宿之積二百二十三度六十三分，餘得定上弦夜半白道月度婁[2]九度三十九分[3]也。求望、下弦亦同。但下弦，用正月所求白道之交。◎如本文求白道月度者，正月朔，置夜半白道定積一百二十七度九十一分，加依補術而求之正交白

---

[1] 天文臺藏抄本、東京大學藏抄本和東北大學藏抄本作“白道月度”，大谷大學藏抄本與九州大學藏抄本作“日道月度”。從前者。

[2] 天文臺藏抄本、東京大學藏抄本和東北大學藏抄本作“婁”，大谷大學藏抄本與九州大學藏抄本作“數”。前者正確。

[3] 天文臺藏抄本作“二十九分”，東京大學本抄、九州大學藏抄本、東北大學藏抄本和大谷大學藏抄本作“三十九分”。後者正確。

道宿度翼四度六十三分，以其交之白道宿次累去，得斗一十八度七十一分，然當用捷術直求。捷術注於第十九條。如此求每月朔弦望也。

若不足減加時轉度，加周天三百六十五度二十五分而減之。◎所求積度並宿度皆整分而秒不用。

求晨昏月度（第二十二）

置其日晨昏分，以夜半入轉日轉定度乘之，萬約爲晨昏轉度；各加夜半定積度，爲晨昏定積度；加命如前，各得晨昏月離宿度及分秒。

甲戌歲正月定朔，置晨分二千七百一十八分，乘定朔夜半入轉四日之轉定度十三度九十八分七十七秒，一萬約而得三度八十分，爲定朔晨轉度，依捷術用減其轉定度，餘得一十〇度一十九分，爲定朔昏轉度。如本文置定朔之昏分七千二百八十二分，乘轉定度，萬約而得昏轉度一十〇度一十九分亦同。上弦，置昏分七千三百四十一分，乘定上弦[1]夜半入轉十二日之轉定度十二度一十四分九十六秒，萬約而得定上弦之昏轉度八度九十二分，求望、下弦亦同。

右朔與望當求晨與昏，上弦求昏不求晨，下弦求晨不求昏。

捷術　置其日晨分，乘夜半入轉日之轉定度，萬約而爲晨轉度，用減轉定度，餘爲昏轉度。或先求昏轉度，以減轉定度，餘爲晨轉度亦同。此晨與昏分別求，然取簡易而立捷術也。

正月朔，以晨轉度三度八十分加定朔夜半白道定積一百二十七度九十一分，得一百三十一度七十一分，爲定朔晨之白道定積度，以依捷術十二月所求交之二十八宿白道定積去箕宿積度一百〇九度二十分，餘得二斗二十二度五十一分，爲定朔晨之白道宿度。又以昏轉度一十〇度一十九分加夜半定積度，得一百三十八度一十分，爲定朔昏之白道定積度，依捷術去白道斗宿積一百三十三度四十六分，餘得牛四度六十四分，爲定朔昏之白道宿度。上弦，以昏轉度八度九十二分加上弦夜半定積二百三十三度〇二分，得二百四十一度九十四分，爲定上弦昏之白道

① 天文臺藏抄本作“定弦”，東京大學藏抄本、九州大學藏抄本、東北大學藏抄本和大谷大學藏抄本作“定上弦”。後者正確。

定積度，依捷術去白道婁宿之積二百三十五度四十八分，餘得胃六度四十六分，爲定上弦昏之白道宿度。求望、下弦亦同。但下弦，用正月所求白道之交。◎求晨昏白道宿度者如本術，晨昏白道定積[①]加依補術所求正交白道宿度翼四度六十三分，累去其交之白道宿次而得，然取簡易以捷術當直用積度去之，其捷術注於第十九條。如此求每月[②]朔弦望之數也。若加晨昏之轉度，滿周天者去三百六十五度二十五分。◎所求之數皆整分而秒數不用。

求每日晨昏月離白道宿次（第二十三）

累計相距日數轉定度，爲轉積度；與定朔弦望晨昏宿次前後相距度相減，餘以相距日數除之，爲日差；距度多爲加，距度少爲減。以加減每日轉定度，爲行定度；以累加定朔弦望晨昏月度，加命如前，即每日晨昏月離白道宿次。朔後用晨，望後用昏，朔望晨昏俱用。

甲戌歲正月，求相距日者，依捷術以定朔日三十五日減定上弦日四十三日，餘八日爲朔上弦相距日，以上弦四十三日減定望日五十一日，餘八日爲上弦望相距日，以望五十一日減定下弦五十八日，餘七日爲望下弦相距日。又二月定朔，爲五日，故加紀法六十，減定下弦五十八日，餘七日爲下弦望相距日。每月如此求也。◎如本文求者，自定朔日己亥至定上弦、至丁未日算日數，得八日，爲朔上弦相距日。又自定上弦日丁未至定望乙卯算日數得八日，爲上弦望相距日。餘同之。雖如此求，然取[③]簡易而用捷術。

捷術　求相距日者，以定朔弦望及次朔[④]各其定日數減次之定日數，餘爲其相距日。◎日下分不用。◎若不足減，加紀法六十而減。◎

---

① 天文臺藏抄本和東京大學藏抄本作“定積”，東北大學藏抄本作“宿積”，大谷大學藏抄本與九州大學藏抄本作“交積”。前者正確。

② 天文臺藏抄本、東京大學藏抄本和東北大學藏抄本作“每月”，大谷大學藏抄本與九州大學藏抄本作“再月”。前者正確。

③ 天文臺藏抄本、東京大學藏抄本和東北大學藏抄本作“取”，大谷大學藏抄本與九州大學藏抄本作“求”。前者正確。

④ 天文臺藏抄本、大谷大學藏抄本、九州大學藏抄本均作“次朔”，東京大學藏抄本作“次第”。前者正確。

弦望有退日者，不用退，用所得日數相減。

求正月朔轉積度，依捷術以定朔昏轉四日，自入轉立成轉日四日之次五日[①]隨相距日數第八日當轉日之十二日，置其下轉積度一百六十二度六十二分〇三秒，内減轉日四日之轉積度五十七度八十四分九十六秒，餘一百〇四度八十一分〇七秒爲朔之昏轉度。上弦，以昏轉一十二日，自轉日十二日之次十三日隨相距日數而第八日當轉日二十日，置其下轉積度二百六十一度九十八分三十三秒，内減轉日十二日轉積度一百六十二度六十六分〇三秒，餘九十九度三十二分三十秒爲上弦昏轉積度。求望、下弦皆同之，但望、下弦依晨轉之日數求晨轉之積度，其如下弦，以晨轉二十七日當轉日，其次日復於初日，故自初日相距日數七日爲轉日之六日，置其下轉積度八十五度五十六分四十四秒，減二十七日轉積度三百六十〇度二十三分七十九秒，不足減，故加三百七十四度九十五分三十三秒減之，餘一百〇〇度二十七分九十八秒爲下弦之晨轉積度。◎如本文求者，朔，以昏轉日，轉日之四日到十一日相距八日之轉定度相併，得一百〇四度八十一分〇七秒，爲朔之昏轉積度。上弦，以昏轉日，轉日十二日至十九日相距八日之轉定度相併，得九十九度三十二分三十秒，爲上弦昏轉積度。餘傚之，如此求，然取簡易而用捷術。

捷術　求轉積度者，朔、上弦用昏轉日；望、下弦用晨轉日，當入轉立成之轉日而自其次日算相距日數，其當日下立成轉積度内減其晨昏轉日所當轉積度，餘爲其晨昏轉積度。◎算日數，轉日二十七日後復於初日而取一日也。如斯時必不足減，故加三百七十四度九十五分三十三秒而減之。◎其加數，二十七日轉積度加同日轉定度而得數也。

求正月朔相距度，依捷術以昏之白道定積一百三十八度一十分減上弦昏之白道定積二百四十一度[②]九十四分，餘一百〇三度八十四分爲朔上弦昏相距度。上弦，以昏之白道定積二百四十一度九十四分減望之昏白道定積三百四十三度二十一分，餘一百〇一度二十七分爲上弦望昏相距度。又望，以晨定積三百三十六度七十九分減下弦晨之定積六十九度

① 東京大學藏抄本、天文臺藏抄本均作“次五日”，大谷大學藏抄本、九州大學藏抄本均作“次上日”。前者正確。

② 天文臺藏抄本、東京大學藏抄本和東北大學藏抄本作“二百四十一度”，大谷大學藏抄本與九州大學藏抄本作“一百四十一度”。前者正確。

二十二分，不足減故加周天三百六十五度二十五分而減之，餘九十七度六十八分爲望下弦晨相距度。求下弦、次朔晨相距度亦同。◎如本文求者，朔，以昏月度牛四度六十四分減十二月所求交之白道牛宿全度七度二十九分，餘二度六十五分，累加其交之女、虛、危、室、壁、奎、婁宿全度與上弦昏月度胃六度四十六分，得一百〇三度八十四分，爲朔上弦昏相距度。餘倣之，如此求，然取簡易而用捷術。

若朔弦望間有遷白道之交者，前月度依前交宿次所求也，後月度[①]依後交宿次所求也，故累計之度數不合如此者，當前後交之正交白道宿度相減，餘累計之數加減而求相距度，此與依捷術所求之數相合。

捷術　求相距度者，以定朔弦望各其昏定積度減後昏定積度，餘爲其昏相距度，以其晨定積度減後晨定積度，餘爲其晨相距度。若不足減，加周天三百六十五度二十五分減之。

正月朔，置轉積度一百〇四度八十一分〇七秒，與相距度一百〇三度八十四分相減，餘九十七分〇七秒以相距八日除，得一十二分一十三秒，相距度少，故爲減日差。上弦，轉積度九十九度三十二分三十秒與相距度一百〇一度二十七分相減，餘一度九十四分七十秒以相距八日除，得二十四分三十四秒，相距度多，故爲加日差。求望、下弦亦同，日差之數當求至秒。◎朔爲昏轉四日，故置立成轉日四日之轉定度一十三度九十八分七十七秒，減日差一十二分一十三秒，餘一十三度八十六分六十四秒，爲正月朔昏行定度。又置立成五日轉定度一十三度七十二分七十一秒，減日差，餘一十三度六十〇分五十八秒爲正月二日昏之行定度。置定轉日六日之轉定度一十三度四十四分四十六秒，減日差，餘一十三度三十二分三十三秒爲正月三日昏之行定度。如斯至上弦前日正月八日求昏之行定度，上弦以昏轉十二日當轉日，置其轉定度一十二度一十四分九十六秒，加日差二十四分三十四秒，得一十二度三十九分三十秒，爲正月九日昏行定度。又置轉日十三日之轉定度十二度〇四分六十二秒，加日差，得一十二度二十八分九十六秒，爲正月十日之行定度。如此求至望前日正月十六日。又望，置晨轉二十日下之轉定度十三

---

① 天文臺藏抄本、東京大學藏抄本和東北大學藏抄本作“月度”，大谷大學藏抄本與九州大學藏抄本作“日度”。前者正確。

度三十三分七十七秒，減日差八分二十一秒，餘一十三度二十五分五十六秒爲正月十七日晨之行定度。置轉日二十一日轉定度，減日差，餘爲正月十八日晨之行定度。如此至下弦之前日正月二十三日求晨之行定度。下弦至正月晦日求晨之行定度同。

依補術求晨昏定積度者，正月朔，置昏定積[1]一百三十八[2]度一十分，加朔日昏行定度一十三度八十六分六十四秒，得一百五十一度九十六分六十四秒，爲正月二日昏定積度。又二日定積度加二日行定度一十三度六十〇分五十八秒，得一百六十五度五十七分二十二秒，爲正月三日昏定積度。又三日定積度加三日行定度一十三度三十二分三十三秒，得一百七十八度八十九分五十五秒，爲正月四日昏定積度。如此累加至望而求昏定積度。又望，置晨定積度[3]三百三十六度七十九分，加十七日晨行分定度一十三度二十五分五十六秒，得三百五十〇度〇四分五十六秒，爲正月十八日晨定積度，十八日晨定積加十八日行定度一十三度四十八分九十一秒，得三百六十三度五十三分四十七秒，爲正月十九日晨定積度。又十九日定積加十九日行定度，滿周天，故去三百六十五度二十五分，餘一十二度〇五分三十七秒爲正月二十日晨定積度。如此累加至正月晦日而求晨定積度也。◎求每日晨昏月度者，正月朔晨昏皆自始所得也。正月二日，置昏定積一百五十一度九十六分，用依捷術十二月所求交之白道二十八宿積度去牛宿積一百四十〇度七十五分，餘得女一十一度二十一分，爲二日昏月度。正月三日，置昏定積一百六十五度五十七分，去其交虛宿積一百六十一度九十三分，餘得危三度六十四分，爲三日昏月度。又正月四日，置昏定積一百七十八度八十九分，去危宿積一百七十八度五十四分，餘得室初度三十五分，爲四日昏月度。如此至晦日求晨昏月度，每日[4]如斯求晨昏積度並月度也。

---

① 天文臺藏抄本作“昏白道定積”，大谷大學藏抄本、九州大學藏抄本、東北大學藏抄本、東京大學藏抄本均作“昏定積”。後者正確。

② “十八”二字以下，至“例如求正月十九日晨之宿度者”一句，天文臺藏抄本整頁缺失。今據東京大學藏抄本而補。

③ 天文臺藏抄本缺頁、東京大學藏抄本、九州大學藏抄本和東北大學藏抄本作“晨定積度”，大谷大學藏抄本作“晨定積”。從前者。

④ 天文臺藏抄本缺頁，九州大學藏抄本與大谷大學藏抄本作“每日”，東北大學藏抄本和東京大學藏抄本作“每月”。前者正確。

右皆整分數而秒數當棄。◎考每月正交日辰其交當用宿次。◎求月度捷術注於第十九條。◎或如本術求月度，置其日晨昏定積度，加其交之正交白道宿度，累去其交白道宿次，所得又同。

如本文直求晨昏月度者，置正月朔日昏月度牛四度六十四分，加朔日行定度一十三度八十六分六十四秒，去牛宿全度七度二十九分，餘女一十一度二十一分六十四秒爲二日昏月度。置二日昏月度，加二日行定度一十三度六十〇分五十八秒，去女宿全度十一度七十四分，又去虛宿全度九度四十四分，餘危三度六十四分二十二秒爲三日昏月度。置又三日昏月度，加三日行定度，去危宿全度，餘得三日危月度。如此求每日晨昏月度也。◎隨正交日辰自其日用其交白道宿次，置遷交日時刻以後所得度分，其正交白道宿度與前正交白道宿度相減，以餘前宿度多者減、前宿度少者加，當爲其遷交日之宿度，例如求正月十九日晨之宿度[①]者，晨在正交前，故用十二月之交，二十日晨所得翼一十六度九十四分二十四秒內減十二月所求正交白道宿度翼四度八十八分與正月所求正交白道宿度翼四度六十三分相減之餘二十五分，得翼一十六度六十九分[②]二十四秒，爲二十日晨之宿度。又求二月十六日昏之宿度者，昏在正交後，故所得翼六度五十六分二十九秒內減正月所求正交宿度翼四度六十三分與二月所求正交宿度翼四度三十六分相減之餘二十七分，得翼六度二十九分二十九秒，爲十六日昏月度也。

改術　求每日晨昏月離赤道交後初末限　第一

甲戌歲正月朔，置昏定積一百三十八度一十分，半周天已下，故爲正交後，爲象限以上，故用減半周天一百八十二度六十二分，餘四十四度五十二分半爲末限。同日晨定積度一百三十一度七十一分，爲半周天已下，爲正交後，象限以上，故用減半周天，餘五十〇度九十一分半爲末限。又正月五日，昏定積一百九十二度〇〇九十五秒也，半周天以上，故去半周天，餘九度三十八分四十五秒爲中交後，象限以下，故直爲初限。如此求每日晨昏初末限也。

---

① 至此以上，天文臺藏抄本整頁缺失。今據東京大學藏抄本而補。

② 天文臺藏抄本作“六十五分”，東京大學藏抄本、九州大學藏抄本、東北大學藏抄本和大谷大學藏抄本作“六十九分”。後者正確。

改術 求月離赤道半交黃道出入赤道内外度　第二

正月，置距差一十二度七十八分，乘六十一，十四度六十六分除，得五十三分，以减二十三度九十分，餘二十三度三十七分，爲正月所求交之白赤半交黃赤内外度。舊年十二月之交，置距差一十二度五十五分，乘六十一，十四度六十六分除，得五十二分，用減二十三度九十分，餘二十三度三十八分爲舊年十二月所求交之白赤半交黃赤内外度。每月每交如斯求白赤半交處之黃赤内外也。

改術 求月離赤道半交白道出入赤道内外度　第三

正月，置距差一十二度七十八分，乘六十一，六十六除，得一十一度八十一分，爲夏至後初限，故以加冬至距黃白正交定積一百九十四度三十一分，得二百〇六度一十二分，爲白赤半交距黃白正交定積度，爲半歲周以上，故去一百八十二度六十二分，餘二十三度五十分爲陰曆半交後，象限已下，故直爲初限，乘六度，象限九十一度三十一分除，得一度五十四分，爲白赤半交黃白内外度，爲陰曆半交後，以加白赤半交黃赤内外二十三度三十七分，得二十四度九十一分，爲白赤半交内外度，周天六之一六十〇度八十七分半除，得四十〇分九十二秒，爲定差。又如舊年十二月，置距差一十二度①五十五分，乘六十一，六十六除，得一十一度六十分，爲夏至後初限，故以加冬至距黃白正交定積度，得二百〇七度三十八分，滿半歲周，故去半歲周，餘二十四度七十六分爲陰曆半交後，象限已下，故直爲初限，乘六度，九十一度三十一分除，得一度六十三分，爲白赤半交黃白内外度，以此加白赤半交黃赤内外二十三度三十八分，得二十五度〇一分，爲白赤半交内外度，六十〇度八十七分半除，得四十一分〇八秒，爲定差。如此求每交内外度並定差也。

若不足减冬至距黃白正交定積度，加周天三百六十五度二十五分而減之。◎本書雖用周天六之一六十〇度八十七分六十二秒半，總而此等諸數整分而秒數不用，故今截秒數而用六十度八十七分半。

改術 求每日晨昏月離出入赤道内外白道去極度　第四

正月朔，置昏之正交後末限四十四度五十二分五十秒，用減象限九

① 天文臺藏抄本作“一十一度”，東京大學藏抄本、九州大學藏抄本、東北大學藏抄本和大谷大學藏抄本均作“一十二度”。後者正確。

十一度三十一分二十五秒，餘四十六度七十八分七十五秒，減黃赤立成至後黃道分後赤道積度四十六度，餘七十八分七十五秒乘其段差率七十八分五十秒，百約得六十一分八十二秒，加其段積差一十八度〇九分六十五秒，得一十八度七十一分四十七秒，爲正月朔日昏積差，用減周天六之一六十〇度八十七分半，餘得四十二度一十六分。

隨正交日辰所在，乘舊年十二月所求定差四十一分〇八秒，得一十七度三十二分，爲正交後，故爲外度，即正月朔日昏太陰在赤道南之度也，加象限九十一度三十一分，得一百〇八度六十三分，爲正月朔日昏太陰去北極之度，同日晨，置正交後末限五十〇度①九十一分五十秒，用減象限，餘四十〇度三十九分七十五秒，去黃赤立成至後黃道分後赤道積度四十度，餘乘其段差率六十九分六十七秒，百約得二十七分六十九秒，加其段積差一十三度六十八分八十九秒，得一十三度九十六分五十八秒，爲朔日晨積差，以此減六十〇度八十七分半，餘四十六度九十一分乘定差四十一分〇八秒，得一十九度二十七分，爲正月朔日晨赤道外度，加象限得一百一十〇度②五十八分，爲晨去極度。餘皆倣之。

元史　卷五十五　志七　曆四

授時曆經 下　數解

2.5　步中星　第五

大都北極出地四十度太強。

① 天文臺藏抄本、東京大學藏抄本和東北大學藏抄本作“五十〇度”，大谷大學藏抄本與九州大學藏抄本作“九十〇度”。前者正確。

② 天文臺藏抄本和東北大學藏抄本作“一百一十七度”，大谷大學藏抄本、九州大學藏抄本和東京大學藏抄本作“一百一十〇度”。後者正確。

冬至，去極一百一十五度二十一分七十三秒。
夏至，去極六十七度四十一分一十三秒。
冬至晝，夏至夜，三千八百一十五分九十二秒。
夏至晝，冬至夜，六千一百八十四分八秒。
昏明，二百五十分。

黃道出入赤道内外去極度及半晝夜分

黃道積度	内外度	内外差	冬至前後去極	夏至前後去極	冬晝夏夜	夏晝冬夜	晝夜差
初	二十三九〇三〇	三三	一百一十五度二一七三	六十七度四一一三	一千九百〇七九六	三千九二〇四	〇九
一	二十三八九九七	九九	一百一十五度二一四〇	六十七度四一四六	一千九百〇八〇五	三千九一九五	二九
二	二十三八八九八	一分六六	一百一十五度二〇四一	六十七度四二四五	一千九百〇八三四	三千九一六六	四七
三	二十三八七三二	二分三一	一百一十五度一八七五	六十七度四四一一	一千九百〇八八一	三千九一一九	六六
四	二十三八五〇一	二分九九	一百一十五度一六四四	六十七度四六四二	一千九百〇九四七	三千九〇五三	八五
五	二十三八二〇二	三分六五	一百一十五度一三四五	六十七度四九四一	一千九百一〇三二	三千〇八九六八	一分〇四
六	二十三七八三七	四分三三	一百一十五度〇九八〇	六十七度五三〇六	一千九百一一三六	三千〇八八六四	一分二二
七	二十三七四〇五	四分九八	一百一十五度〇五四八	六十七度五七三八	一千九百一二五八	三千〇八七四二	一分四二
八	二十三六九〇七	五分六五	一百一十五度〇〇五〇	六十七度六二三六	一千九百一四〇〇	三千〇八六〇〇	一分六一
九	二十三六三四二	六分三六	一百一十四度九四八五	六十七度六八〇一	一千九百一五六一	三千〇八四三九	一分七九
十	二十三五七〇六	七分〇二	一百一十四度八八四九	六十七度七四三七	一千九百一七四〇	三千〇八二六〇	一分九九
十一	二十三五〇〇四	七分六九	一百一十四度八一四七	六十七度八一三九	一千九百一九三九	三千〇八〇六一	二分一八
十二	二十三四二三五	八分三九	一百一十四度七三七八	六十七度八九〇八	一千九百二一五七	三千〇七八四三	二分三七
十三	二十三三三九六	九分〇八	一百一十四度六五三九	六十七度九七四七	一千九百二三九四	三千〇七六〇六	二分五六
十四	二十三二四八八	九分七五	一百一十四度五六三一	六十八度〇六五五	一千九百二六五〇	三千〇七三五〇	二分七四
十五	二十三一五一三	十分四七	一百一十四度四六五六	六十八度一六三〇	一千九百二九二四	三千〇七〇七六	二分九四
十六	二十三〇四六六	十一分一四	一百一十四度三六〇九	六十八度二六七七	一千九百三二一八	三千〇六七八二	三分一四
十七	二十二九三五二	十一分八五	一百一十四度二四九五	六十八度三七九一	一千九百三五三二	三千〇六四六八	三分三〇
十八	二十二八一六七	十二分五四	一百一十四度一三一〇	六十八度四九七六	一千九百三八六二	三千〇六一三八	三分五一
十九	二十二六九一三	十三分二五	一百一十四度〇〇五六	六十八度六二三〇	一千九百四二一三	三千〇五七八七	三分六九
二十	二十二五五八八	十三分九五	一百一十三度八七三一	六十八度七五五五	一千九百四五八二	三千〇五四一八	三分八八
二十一	二十二四一九三	十四分六六	一百一十三度七三三六	六十八度八九五〇	一千九百四九七〇	三千〇五〇三〇	四分〇七
二十二	二十二二七二七	十五分三七	一百一十三度五八七〇	六十九度〇四一六	一千九百五三七七	三千〇四六二三	四分二六
二十三	二十二一一九〇	十六分〇六	一百一十三度四三三三	六十九度一九五三	一千九百五八〇三	三千〇四一九七	四分四三

二十四	二十一九五八四	十六分七八	一百一十三度三七二七	六十九度三五五九	一千九百六二四六	三千〇三七五四	四分六二
二十五	二十一七九〇六	十七分四七	一百一十三度一〇四九	六十九度五二三七	一千九百六七〇八	三千三二九三	四分八〇
二十六	二十一六一五九	十八分二〇	一百一十二度九三〇二	六十九度六九八四	一千九百七一八八	三千二八一二	四分九八
二十七	二十一四三三九	十八分九〇	一百一十二度七四八二	六十九度八八〇四	一千九百七六八六	三千二三一四	五分一六
二十八	二十一二四四九	十九分六〇	一百一十二度五五九二	七十度〇六九四	一千九百八二〇三	三千一七九八	五分三五
二十九	二十一〇四八九	二十分二七	一百一十二度三六三二	七十度二六五四	一千九百八七三七	三千一二六三	五分四九
三十	二十八四六二	二十分九九	一百一十二度一六〇五	七十度四六八一	一千九百九二八六	三千〇七一四	五分六七
三十一	二十六三六三	二十分六八	一百一十一度九五〇六	七十度六七八〇	一千九百九八五三	三千〇一四七	五分八五
三十二	二十四一九五	二十二分三五	一百一十一度七三三八	七十度八九四八	二千〇四三八	二千九百九五六二	六分〇一
三十三	十九二九六〇	二十三分〇三	一百一十一度四三三三	七十一度一一八三	二千一〇三九	二千九百八九六一	六分一六
三十四	十九九六五七	二十三分七一	一百一十一度二八〇〇	七十一度三四八六	二千一六五五	二千九百八三四五	六分三三
三十五	十九七二八六	二十四分三七	一百一十一度〇四二九	七十一度五八五七	二千二二八八	二千九百七七一二	六分八四
三十六	十九四八四九	二十五分〇三	一百一十度七九九二	七十一度八二九四	二千二九三六	二千九百七〇六四	六分六三
三十七	十九二三四六	二十五分六六	一百一十度五四八九	七十二度〇七九七	二千〇三五九九	二千九百六四〇一	六分七八
三十八	十八九七八〇	二十六分三一	一百一十度三九二三	七十二度三三六三	二千〇四二七七	二千九百五七二三	六分九二
三十九	十八七一四九	二十六分九三	一百一十度〇二九三	七十二度五九九四	二千〇四九六九	二千九百五〇三一	七分〇五
四十	十八四四五六	二十七分五二	一百〇九度七五九九	七十二度八六八七	二千〇五六七四	二千九百四三二六	七分一九
四十一	十八一七〇四	二十八分一四	一百〇九度四八四七	七十三度一四三九	二千〇六三九三	二千九百三六〇七	七分三二
四十二	十七八八九〇	二十八分七二	一百〇九度二〇三三	七十三度四二五三	二千〇七一二五	二千九百二八七五	七分四四
四十三	十七六〇二八	二十九分二九	一百〇八度九一六一	七十三度七一二五	二千〇七八六九	二千九百二一三一	七分五六
四十四	十七三〇八九	三十分四八	一百〇八度六三三二	七十四度〇〇五八	二千〇八六二五	二千九百一三七五	七分六八
四十五	十七〇一〇五	三十分三八	一百〇八度三二四八	七十四度三〇三八	二千〇九三九三	二千九百〇六〇七	七分七八
四十六	十六七〇六七	三十分九〇	一百〇八度〇二一〇	七十四度六〇六七	二千一百〇一七一	二千八百九八二九	七分八九
四十七	十六三九七七	三十一分四一	一百〇七度七一二〇	七十四度九一六六	二千一百〇九六〇	二千八百九〇九四	七分九八
四十八	十五〇八三六	三十一分九一	一百〇七度三九七九	七十五度二三〇七	二千一百一七五八	二千八百八二四三	八分〇八
四十九	十五七六四五	三十二分三六	一百〇七度〇七八八	七十五度五四九八	二千一百二五六六	二千八百七四三四	八分一七
五十	十五四四〇九	三十二分八五	一百〇六度七五五二	七十五度八七三四	二千一百三三八三	二千八百六六一七	八分二六
五十一	十五一一二四	三十三分二六	一百〇六度四二六七	七十六度二〇一九	二千一百四二〇九	二千八百五七九一	八分三二
五十二	十四七七九八	三十三分六四	一百〇六度〇九四一	七十六度五三四五	二千一百五〇四一	二千八百四九五九	八分四〇
五十三	十四四四三四	三十四分〇七	一百〇五度七五七七	七十六度八七〇九	二千一百五八八一	二千八百四一一九	八分四六
五十四	十四二〇二七	三十四分四五	一百〇五度四一七〇	七十七度二一二六	二千一百六七二七	二千八百三二七三	八分五四
五十五	十三七五八二	三十四分八一	一百〇五度〇七二五	七十七度五五六一	二千一百七五八一	二千八百二四一九	八分五九

五十六	十三四二〇一	三十五分一五	一百〇四度七二四四	七十七度九〇四二	二千一百八四八〇	二千八百一五六〇	八分六四
五十七	十三〇五八六	三十五分四七	一百〇四度三七二九	七十八度二五五七	二千一百九三〇四	二千八百〇六九六	八分六九
五十八	十二七〇三九	三十五分七八	一百〇四度〇二八二	七十八度六一〇四	二千二百〇二七三	二千七百九八二七	八分七五
五十九	十二三四六一	三十六分〇七	一百〇三度六六〇四	七十八度九六八二	二千二百一〇四八	二千七百八九五二	八分七八
六十	十一九八五四	三十六分三三	一百〇三度二九九七	七十九度三二八九	二千二百二九二六	二千七百八〇七四	八分八一
六十一	十一六二二二	三十六分五九	一百〇二度九三六四	七十九度六九二二	二千二百二八〇七	二千七百七一九三	八分八四
六十二	十二五六二	三十六分八三	一百〇二度五七〇五	八十度〇五八一	二千二百三六九一	二千七百六三〇九	八分八九
六十三	十八八七九	三十七分〇五	一百〇二度二〇二二	八十度四二二六	二千二百四五八〇	二千七百五四二〇	八分九〇
六十四	十五一七四	三十七分二四	一百〇一度八三一七	八十〇度七九六九	二千二百五四七〇	二千七百四五三〇	八分九二
六十五	十一四五〇	三十七分四四	一百〇一度四五九三	八十一度一六九三	二千二百六三六三	二千七百三六三八	八分九四
六十六	九七七〇六	三十七分六一	一百〇一度〇八四九	八十一度五四三七	二千二百七二五六	二千七百二七四四	八分九七
六十七	九三九四五	三十七分七六	一百〇〇度七〇八八	八十一度九一九八	二千二百八一五三	二千七百一八四七	八分九七
六十八	九〇一六九	三十七分九一	一百〇〇度三三二二	八十二度二九七四	二千二百九〇五〇	二千七百〇九五〇	八分九八
六十九	八六三七八	三十八分〇七	九十九度九五二二	八十二度六七六五	二千二百九九四八	二千七百〇〇五二	九分〇〇
七十	八二五七一	三十八分一七	九十九度五七二四	八十三度〇五七二	二千三百〇八四八	二千六百九一五二	九分〇〇
七十一	七八七五四	三十八分二八	九十九度一八九七	八十三度四三八九	二千三百一七四八	二千六百八二五二	九分〇一
七十二	七四九二六	三十八分三八	九十八度八〇六九	八十三度八二一七	二千三百二六四九	二千六百七三五一	九分〇一
七十三	七一〇八八	三十八分四七	九十八度四二三二	八十四度二〇五五	二千三百三五五〇	二千六百六四五〇	九分〇一
七十四	六七二四二	三十八分五四	九十八度〇三八四	八十四度五九〇二	二千三百四四五一	二千六百五五四九	九分〇一
七十五	六三三八七	三十八分六二	九十七度六五三〇	八十四度九七五六	二千三百五三五二	二千六百四六四八	九分〇一
七十六	五九五二五	三十八分六七	九十七度二六六八	八十五度三六二八	二千三百六二五三	二千六百三七四七	九分〇一
七十七	五五六五八	三十八分七三	九十六八八〇一	八十五度七四八五	二千三百七一五四	二千六百二八四六	九分〇〇
七十八	五一七八五	三十八分七七	九十六度四九二八	八十六度一三五八	二千三百八〇五四	二千六百一九四六	九分〇〇
七十九	四七九〇八	三十八分八一	九十六度一〇五一	八十六度五二三五	二千三百八九五四	二千六百一〇四六	九分〇〇
八十	四四〇二七	三十八分八五	九十五度七一七〇	八十六度九一二六	二千三百九八五四	二千六百〇一四六	九分〇〇
八十一	四〇一四二	三十八分八八	九十五度三二八五	八十七度三〇〇二	二千四百〇七五四	二千五百九二四六	九分〇〇
八十二	三六二五四	三十八分八九	九十四度九三九七	八十七度六八八九	二千四百一六五四	二千五百八三四六	八分九七
八十三	三二三六五	三十八分九〇	九十四度五五〇八	八十八度〇七七八	二千四百二五五一	二千五百七四四九	八分九七
八十四	二八四七五	三十八分九二	九十四度一六二八	八十八度四六六八	二千四百三四四八	二千五百六五五二	八分九七
八十五	二四五八三	三十八分九三	九十三度七七二六	八十八度八五六〇	二千四百四三四五	二千五百五六五五	八分九七
八十六	二〇六九〇	三十八分九四	九十三度三八三三	八十九度二四五三	二千四百五二四二	二千五百四七五八	八分九六
八十七	一六七九六	三十八分九四	九十二度九九三九	八十九度六三四七	二千四百六一三八	二千五百三八六二	八分九六

八十八	一二九〇二	三十八分九五	九十二度六〇四五	九十〇度〇二四一	二千四百七〇三四	二千五百二九六六	八分九六
八十九	九〇〇七	三十八分九五	九十二度二一五〇	九十〇度四一三六	二千四百七九三〇	二千五百二〇七〇	八分九六
九十	五二二三	三十八分九五	九十一度八二五五	九十〇度八〇三一	二千四百八八二六	二千五百一一七四	八分九五
九十一	二二一七	一十二分一七	九十一度四三六〇	九十一度二九二六	二千四百九七二一	二千五百〇二七九	二分七九
九十一三二	空	空	九十一度三二四三	九十一度三二四三	二千五百	二千五百	空

求每日黃道出入赤道内外去極度（第一）

置所求日晨前夜半黃道積度，滿半歲周去之，在象限已下，爲初限；已上，復減半歲周，餘爲入末限；滿積度去之，餘以其段内外差乘之，百約之，所得用減内外度，爲出入赤道内外度；内減外加象限，即所求去極度及分秒。

元禄甲戌歲正月朔日，依日躔第十條補術求，置晨前夜半黃道積三十六度四十三分三十六秒，爲黃道半歲周度一百八十二度六十二分一十六秒以下，故直爲冬至後，又爲黃道象限九十一度三十一分[①]〇八秒已下，故即爲初限，去立成黃道積三十六度，餘四十三分三十六秒乘其段内外差二十五分〇三秒，百約而得一十〇分八十五秒，用減其段内外度一十九度四十八分四十九秒，餘得一十九度三十七分六十四秒，爲冬至後初限，爲外度，此即正月朔日晨前夜半太陽在赤道外之度也，以此加周天象限九十一度三十一分四十三秒，得一百一十〇度六十九分〇七秒，爲去極度，即正月朔日晨前夜半太陽去北極之度也。正月二日，置晨前夜半黃道積度三十七度四十六分六十三秒，半歲周度已下，又爲象限已下，故直爲冬至後初限，去立成[②]黃道積三十七度，餘乘其段内外差二十五分六十六秒，百約得一十一分九十七秒，用減其段内外度一十九度二十三分四十六秒，餘一十九度一十一分四十九秒爲正月二日外度，加象限得一百一十〇度四十二分九十二秒，爲正月二日去極度。又如三月望，置晨前夜半黃道積一百一十二度一十二分一十一秒，半歲周

① 天文臺藏抄本、東京大學藏抄本與東北大學藏本作“三十一分”，大谷大學藏抄本與九州大學藏抄本作“二十一分”。前者正確。

② 天文臺藏抄本、東京大學藏抄本與東北大學藏本作“立成”，大谷大學藏抄本與九州大學藏抄本作“立内”。前者正確。

度已下，故爲冬至後，爲象限以上，以減一百八十二度六十二分一十六秒，餘七十〇度四十〇分〇五秒爲末限，去立成積度七十度，餘乘其段内外差三十八分一十七秒，百約，減其段内外度八度二十五分七十一秒，餘得八度一十〇分四十二秒，爲冬至後末限，故爲赤道内度，以此減象限，餘八十三度二十一分〇一秒爲去極度。如此求每日内外度並去極度也。

右求初末限之半歲周，依日躔第八條别術所求黄道歲周度，半而所得也。其象限，四正定象度也。◎求去極度之象限，用周天象限九十一度三十一分四十三秒也，初末限若當九十一度者，乘内外差三十八分七十二秒，當百約，乘本經之内外差一十二分一十七秒時，三十一分四十三秒除，故乘除煩。

別術 或以術中百約得數，冬至前後減、夏至前後加於其段去極度，直得其日去極度亦同。

求每日半晝夜及日出入晨昏分（第二）

置所求入初末限，滿積度去之，餘以晝夜差乘之，百約之，所得加減其段半晝夜分，爲所求日半晝夜分；前多後少爲減，前少後多爲加。以半夜分便爲日出分，用減日周，餘爲日入分；以昏明分減日出分，餘爲晨分；加日入分，爲昏分。

甲戌歲正月朔，置冬至後初限三十六度四十三分三十六秒，即冬至後，去立成積度三十六度，餘四十三分三十六秒乘其段晝夜差六分六十二秒①，百約得二分八十七秒，見立成其段半晝夜分，冬至後半夜分二千九百七十〇分六十四秒前段多、後段少，故減二分八十七秒，餘二千九百六十七分七十七秒爲正月朔日半夜分。又冬至後半晝分二千〇二十九分三十六秒前段少、後段多，故加二分八十七秒，得二千〇三十二分二十三秒爲正月朔日半晝分。

正月二日，冬至後初限三十七度四十六分六十三秒即冬至後也，去立成積三十七度，餘乘其段晝夜差六分七十八秒，百約得三分一十六

① 天文臺藏抄本作“六十三秒”，大谷大學藏抄本、九州大學藏抄本、東京大學藏抄本和東北大學藏抄本作“六十二秒”。前者正確。

秒，以此前多後少故減於其段半夜分二千九百六十四分〇一秒，餘二千九百六十〇分八十五秒爲正月二日半夜分。又前少後多故加於其段半晝分二千〇三十五分九十九秒①，得二千〇三十九分一十五秒，爲正月二日半晝分。如三月望日，冬至後末限七十〇度四十〇分〇五秒，即夏至前也，去立成積七十度，餘四十〇分〇五秒乘其段晝夜差九分，百約得三分②六十秒，立成其段夏至前之半夜分二千三百〇八分四十八秒前少後多，故加三分六十秒，得二千三百一十二分〇八秒，爲三月十六日半夜分，又其段半晝分二千六百九十一分五十二秒前多後少，故減三分六十秒，餘二千六百八十七分九十二秒爲三月十六日半晝分，如此求每日半晝夜分也。

其入初末限，冬至後初限即冬至後也，冬至後末限爲夏至前，夏至後初限即夏至後也，夏至後末限爲冬至前。初末限若當九十一度者，當乘晝夜差八分八十九秒，百約。乘本經之晝夜差二分七十九秒時，令百約而三十一分四十三秒除，故乘除煩也。

別術 或先求半夜分，以減半日周，得半晝分。或先求半晝分，以減半日周，得半夜分亦同。

正月朔，以半夜分二千九百③六十七分七十七秒即爲日出分，減日周一萬，餘七千〇三十二分二十三秒④爲日入分。正月二日，半夜分二千九百六十〇分八十五秒即爲日出分，用減日周，餘七千〇三十九分一十五秒爲日入分，如此求每日日出入分。

別術 或半晝分加半日周五千爲日入分亦同。

正月朔，置日出分二千九百六十七分七十七秒，減明分二百五十分，餘二千七百一十七分七十七秒爲晨分。又置日入分七千〇三十二分二十三秒，加昏分二百五十分，得七千二百八十二分二十三秒，爲昏

① 天文臺藏抄本、東北大學藏抄本與東京大學藏抄本作“九十九秒”，大谷大學藏抄本與九州大學藏抄本作“九十五秒”。前者正確。

② 天文臺藏抄本與東北大學藏抄本作“五分”，大谷大學藏抄本、九州大學藏抄本與東京大學藏抄本作“三分”。後者正確。

③ 天文臺藏抄本、東京大學藏抄本、九州大學藏抄本和東北大學藏抄本作“二千九百”，大谷大學藏抄本作“三千九百”。前者正確。

④ 天文臺藏抄本作“一十三秒”，大谷大學藏抄本、九州大學藏抄本、東京大學藏抄本和東北大學藏抄本作“二十三秒”。後者正確。

分。正月二日，置日出分二千九百六十〇分八十五秒，減二百五十分，餘二千七百一十〇分八十五秒爲晨分。又置日入分七千〇三十九分一十五秒，加五百五十分，得七千二百八十九分一十五秒爲昏分。如此求每日晨分昏分也。

別術 或先求晨分，以減日周一萬，餘得昏分。或先求昏分，以減日周，得晨分亦同。

求晝夜刻及日出入辰刻（第三）

置半夜分，倍之，百約，爲夜刻；以減百刻，餘爲晝刻；以日出入分依發斂求之，即得所求辰刻。

甲戌歲正月朔，置半夜分二千九百六十七分七十七秒，倍而得五千九百三十五分五十四秒，爲全夜分，以百約，得五十九刻三十五分爲正月朔日夜刻，以此減百刻，餘四十〇刻六十五分爲正月朔日晝刻。二日，倍半夜分二千九百六十〇分八十五秒，以百約，得五十九刻二十一分，爲正月二日夜刻，以減百刻，餘四十〇刻七十九分，爲正月二日晝刻。如此求每日晝刻夜刻也。右晝夜刻分下秒數當乘。

別術 或先倍半晝分，百約而爲晝刻，以減百刻，餘爲夜刻亦同。正月朔日，置日出分二千九百六十七分，依發斂加時術乘十二，得三萬五千六百〇四，滿辰法一萬除，得辰數三，去不滿五千而加辰數一得四，爲辰之辰，其不盡六百〇四以刻法一千二百除而得五十分，即爲日出辰初初刻五十分。又置日入分七千〇三十二分，依發斂加時術，乘十二，得八萬四千三百八十四，滿辰法除，得辰數八，不滿刻法除，得三刻六十五分，即日入申正三刻六十五分。正月二日，置日出分二千九百六十分[1]，依發斂術得日出辰初初刻四十三分。又置日入分七千〇三十九分[2]，依發斂術得日入申正三刻七十二分。如此求每日日出入之辰刻也。日出入分並辰刻等皆分下秒數當棄。

---

① 此句以下兩句，東京大學藏抄本缺。

② 天文臺抄本作“三十五分”，其它抄本作“三十九分”，從後者。

求更點率（第四）

置晨分，倍之，五約，爲更率；又五約更率，爲點率。

如甲戌歲正月朔日，置晨分二千七百一十七分，倍之，得五千四百三十四分，五更除，得一千〇八十七分，爲更率，更率五點除，得二百一十七分，爲點率。又正月二日，倍晨分二千七百一十分得五千四百二十分，五更除而得一千〇八十四分，爲更率，更率五點除而得二百一十七分，爲點率。餘傚之。

求更點所在辰刻（第五）

置所求更點數，以更點率乘之，加其日昏分，依發斂求之，即得所求辰刻。

如求甲戌歲正月朔日夜二更三點之辰刻，更内減一，餘一乘更率一千〇八十七，得一千〇八十七，三點内減一，餘二乘點率二百一十七，得四百三十四，相併而一千五百二十一分，又加昏分七千二百八十二分，得八千八百〇三分，依發斂加時術，得亥初初刻。又如求同日五更一點之辰刻，五更内減一，餘四，乘更率，得四千三百四十八分，一點内減一爲空，故四千三百四十八分直加昏分，得一萬一千六百三十分，滿一萬去而餘一千六百三十分，依發斂加時術得寅初三刻也。餘傚之。

加昏分滿日周者去之，然則昏後夜半之後辰刻也。

求距中度及更差度（第六）

置半日周，以其日晨分減之，餘爲距中分；以三百六十六度二十五分七十五秒乘之，如日周而一，所得爲距中度；用減一百八十三度一十二分八十七秒半，倍之，五除，爲更差度及分。

甲戌歲正月朔日，以晨分二千七百一十七分減半日周五千，餘二千二百八十三分，爲距中分，乘三百六十六度二十五分七十五秒，以日周一萬除而得八十三度六十二分，爲距中度，用減一百八十三度[1]一十二

---

① 天文臺藏抄本、東京大學藏抄本、九州大學藏抄本和東北大學藏抄本作“一百八十三度”，大谷大學藏抄本作“一百八十二度”。前者正確。

分八十七秒，餘九十九度五十一分，倍而五更除，得三十九度八十分，爲更差度。正月二日，以晨分二千七百一十分減半日周，餘二千[①]二百九十分，爲距中分，乘三百六十六度二十五分七十五秒，萬約得八十三度八十七分，爲距中度，以減一百八十三度一十二分[②]八十七秒，餘倍而五更除，得三十九度七十分，爲更差度。餘傚之。

右更差度並距中度之分下秒數當棄。又用三百六十六度二十五分一百八十三度一十二分半，秒數棄可也。

求昏明五更中星（第七）

置距中度，以其日午中赤道日度加而命之，即昏中星所臨宿次，命爲初更中星；以更差度累加之，滿赤道宿次去之，爲逐更及曉中星宿度及分秒。

其九服所在晝夜刻分及中星諸率，並準隨處北極出地度數推之。已上諸率，與晷漏所推自相符契。

甲戌歲正月朔日，置距中度八十三度[③]六十二分，加朔日午中赤道日度牛七度〇六分，得九十〇度六十八分，以赤道宿次累去牛、女、虚、危、室、壁、奎之全度，不滿婁宿全度，故止以婁五度四十八分爲正月朔日昏中星之宿度，又爲一更中星宿度。一更中星宿度加更差度三十九度八十分，得四十五度二十八分，累去婁、胃、昴宿全度，得畢六度五十八分，爲二更中星宿度。二更中星宿度加更差度，得四十六度三十八分，累去畢、觜、參全度，得井一十七度八十三分，爲三更中星宿度。三更中星度分加更差度，累去井、鬼、柳、星全度，得張二度五十三分，爲四更中星宿度。四更中星度加更差度，累去張、翼全度，得軫六度三十三分，爲五更中星宿度。又五更中星度分加更差度，累去軫、角、亢全度，得氐七度五十三分，爲曉中星宿度，即明中星也。餘傚

---

① 天文臺藏抄本作“一千”，大谷大學藏抄本、九州大學藏抄本、東京大學藏抄本和東北大學藏抄本作“二千”。後者正確。

② 天文臺藏抄本、東京大學藏抄本與東北大學藏抄本作“一十二分”，大谷大學藏抄本與九州大學藏抄本作“一十三分”。前者正確。

③ 天文臺藏抄本作“八十二度”，大谷大學藏抄本、九州大學藏抄本、東京大學藏抄本和東北大學藏抄本作“八十三度”。後者正確。

之。◎若求夜半中星，置一百八十三度一十二分，加午中赤道日度牛七度〇六分，累去牛、女、虚、危、室、壁、奎、婁、胃、昴、畢、觜、參、井、鬼全度，得柳二度[1]二十三分，爲正月朔日昏後夜半中星也。

求九服所在漏刻（第八）

各於所在以儀測驗，或下水漏，以定其處冬至或夏至夜刻，與五十刻相減，餘爲至差刻。置所求日黄道，去赤道内外度及分，以至差刻乘之，進一位，如二百三十九而一，所得内減外加五十刻，即所求夜刻；以減百刻，餘爲晝刻。其日出入辰刻及更點等率，依術求之。

或云於人居處之地，候北極出地，測二至日晷而依術所求，得冬至夜、夏至晝六十〇刻二十八分八十三秒，夏至夜、冬至晝三十九刻七十一分一十七秒。餘還不計其處，取其刻分解《經》[2]術而云。置冬至夜六十〇刻二十八分八十三秒，減五十刻，餘得一十〇刻二十八分八十三秒，爲至差刻。◎甲戌歲正月朔日，置赤道外度一十九度三十七分六十四秒，乘至差刻，進二位，二百三十九除，得八刻三十四分，在赤道外，故加，以加五十刻，得五十八刻三十四分，爲正月朔日夜刻，用減百刻，餘得四十一刻六十六分，爲正月朔日晝刻。又三月十六日，置赤道内度八度一十〇分四十二秒，乘至差刻，進一位[3]，二百三十九除，得三刻四十九分，在赤道内，以減五十刻，餘四十六刻五十一分爲三月十六日夜刻，減百刻，餘五十三刻四十九分爲三月十六日晝刻。餘傚之。右或用所測二至日晷並北極出地度，依本經立成内外度如術求得半晝夜分而爲立成半晝夜分，造其晝夜差依第二三條術求其日晝夜分亦同意也。

---

① 天文臺藏抄本作“一度”，大谷大學藏抄本、九州大學藏抄本、東京大學藏抄本和東北大學藏抄本作“二度”。後者正確。

② 《經》術，指《授時曆經》的術。

③ 天文臺藏抄本作“二位”，大谷大學藏抄本、九州大學藏抄本、東京大學藏抄本和東北大學藏抄本作“一位”。後者正確。

2.6 步交會 第六

交終分，二十七萬二千一百二十二分二十四秒。
交終，二十七日二千一百二十二分二十四秒。
交中，十三日六千六十一分一十二秒。
交差，二日三千一百八十三分六十九秒。
交望，十四日七千六百五十二分九十六秒半。
交應，二十六萬一百八十七分八十六秒。
交終，三百六十三度七十九分三十四秒。
交中，一百八十一度八十九分六十七秒。
正交，三百五十七度六十四分。
中交，一百八十八度五分。
日食陽曆限，六度。定法，六十。
　　陰曆限，八度。定法，八十。
月食限，十三度五分。定法，八十七。

推天正經朔入交（第一）

置中積，加交應，減閏餘，滿交終分去之；不盡，以日周約之爲日，不滿爲分秒，即天正經朔入交泛日及分秒。上考者，中積內加所求閏餘，減交應，滿交終去之，不盡，以減交終，餘如上。

元禄甲戌歲，置中積一十五億〇八百四十四萬九千八百七十三，加交應二十六萬〇一百八十七分八十六秒，得一十五億〇八百七十一萬〇〇六十〇分八十六秒，減天正閏餘二十二萬九千〇三十二分五十六秒，餘一十五億〇八百四十八萬一千〇二十八分三十秒，以交終分二十七萬二千一百二十二分二十四秒除去，不盡一十〇萬七千四百五十一分九十八秒，日周一萬約得一十〇日，不滿日周，不盡即七千四百五十一分九十八秒，此天正十一月經朔入交泛也。上考者如開元十二年，中積二十〇億三千〇七十五萬一千〇八十分，加天正閏餘二萬五千六百五十五分三十二秒，減交應，餘二十〇億三千〇五十一萬六千五百四十七分四十六秒，滿交終分除去，不盡二十一萬二千五百一十四分八十二秒，以此減交終分，餘滿日周爲日數，不滿日周爲分秒，得五日九千六百〇七分四十二秒，爲天正十一月經朔入交泛。

求次朔望入交（第二）

置天正經朔入交泛日及分秒，以交望累加之，滿交終日去之，即爲次朔望入交泛日及分秒。

置甲戌歲天正十一月經朔入交泛一十〇日七千四百五十一分九十八秒，加交望一十四日七千六百五十二分九十六秒半①，得二十五日五千一百〇四分九十四秒半，爲十一月經望入交泛。又加交望，得四十〇日二千七百五十七分九十一秒，滿交終日分，故去交終二十七日二千一百二十二分二十四秒，餘一十三日〇六百三十五分六十七秒，爲十二月經朔入交泛。又加交望，滿交終日去之，餘初日六千一百六十六分三十九秒半，爲十二月經望入交泛。又加交望，得乙亥歲正月經朔入交泛，如此累加而求到十二月望也。右每累加交望，滿交終日分去之也。

捷術 若自朔至朔直求者，以交差二日三千一百八十三分六十九秒累加。◎又自望直求次望亦同。◎若直求若干月前後入交者，以其相距月數乘交差或朔策，滿交終分去之，以餘前減後加其經朔望之入交日分而求，得月朔望入交泛也。◎皆加而滿交終去之，不足減加交終而減之。

求日食限，總當以交入日食限而加時在晝者求日食，閏五月朔入交泛二十六日九千七百三十七分八十一秒，入正交食限，然定朔加時在子，故不求日食。又十一月朔入交泛一十三日六千七百一十七分七十一秒，入中交食限，然定朔加時在子，故不求日食，其外各月朔之交泛不入食限。

① 天文臺藏抄本、東京大學藏抄本與東北大學藏抄本作“九十六秒半”，大谷大學藏抄本與九州大學藏抄本作“六十六秒半”。前者正確。

朔入食限，初日五千分已下、二十五日六千四百分以上，入正交食限也；一十五日一千八百分已下、一十三日一千分以上，入中交食限也。

求月食限，總當以交入日食限而加時在夜者求月食，閏五月望入交泛一十四日五千二百六十八分五十三秒半[1]，入中交食限，然定望加時在晝，故不求月食。十月望入交泛二十六日一千一百八十六分九十八秒半，入正交食限，加時在子，當求月食。其外各月望交泛不入食限。

望入食限一日一千六百分已下、二十六日〇五百分以上，入正交食限也；一十四日七千六百分已下、一十二日四千五百分[2]以上，入中交食限也。

求定朔望及每日夜半入交（第三）

置入交泛日及分秒，減去經朔望小餘，即爲定朔望夜半入交。若定日有增損者亦如之。否則因經爲定，大月加二日，小月加一日，餘皆加七千八百七十七分七十六秒，即次朔夜半入交；累加一日，滿交終日去之，即每日夜半入交泛日及分秒。

置甲戌歲天正十一月經朔入交泛一十〇日七千四百五十一分九十八秒，減經朔日下分一千四百四十〇分四十四秒，餘得一十〇日六千〇一十一分五十四秒，此經朔日夜半入交也。視經朔日數爲三十七日，而定朔日數爲三十六日，定朔損一日，故交日一十日内損一日而九日六千〇一十一分五十四秒爲天正十一月定朔日晨前夜半入交泛。十一月望，置入交泛二十五日五千一百〇四分九十四秒半，減經望日下[3]分九千〇九十三分四十〇秒半，餘二十四日六千〇一十一分五十四秒，爲經望夜半入交。經望日數爲五十一日，定望日數爲五十二日，定望增一日，故交日二十四增一日而二十五日六千〇一十一分五十四秒爲十一月定望日夜

---

① 天文臺藏抄本、東京大學藏抄本與東北大學藏抄本作“五十三秒半”，大谷大學藏抄本與九州大學藏抄本作“九十三秒半”。前者正確。

② 天文臺藏抄本、東京大學藏抄本與東北大學藏抄本作“四千五百分”，大谷大學藏抄本與九州大學藏抄本作“四千九百分”。前者正確。

③ 天文臺藏抄本、東京大學藏抄本與東北大學藏抄本作“日下”，大谷大學藏抄本與九州大學藏抄本作“已下”。前者正確。

半入交泛。又十二月朔，置入交泛一十三日〇六百三十五分六十七秒，減經朔日下分六千七百四十六分三十七秒，餘一十二日三千八百八十九分三十秒，爲經朔夜半入交泛。經朔定朔皆爲六日而無增損，故直以此爲定朔夜半入交。如此求每月朔望也。

若經朔望日下分不足減，則加交終二十七日二千一百二十二分二十四秒而減，增損一日時增滿交終則去之，不足損則加交終而損之。又直累加而求者，置天正十一月定朔夜半入交九日六千〇一十一分五十四秒，十一月爲大月，故加二日七千八百七十七分七十六秒而得一十二日三千八百八十九分三十秒，爲十二月定朔夜半入交。十二月爲小月，故置十二月定朔夜半入交，加一日七千八百七十七分七十六秒而得一十四日一千七百六十七分〇六秒，爲乙亥歲正月定朔夜半入交。如此隨每月大小累加兩數而得每月朔也。

若累加滿交終則去之。

求每日夜半入交者，置天正十一月定朔夜半入交九日六千〇一十一分五十四秒，加一日而得一十〇日六千〇一十一分五十四秒，爲十一月二日夜半入交，又加一日而得一十一日六千〇一十一分五十四秒，爲十一月三日夜半入交，又加一日而爲十一月四日夜半入交。如斯得每日夜半入交也。

若累加而滿交終則去之。

求定朔望加時入交（第四）

置經朔望入交泛日及分秒，以定朔望加減差加減之，即定朔望加時入交日及分秒。

甲戌歲，置天正十一月經朔入交定朔夜半入交泛一十〇日七千四百五十一分九十八秒，減朔之減定差一千九百四十四分，餘一十〇日五千五百〇七分爲定朔加時入交定朔夜半入交泛。同月望，置入交二十五日五千一百〇四分九十四秒，加望之加定差二千〇三十六，得二十五日七千一百四十分，爲定望加時入交。如此求每月朔望加時入交也。

分下秒數，五十以上收，五十已下棄。◎加加減差而滿交終去之，不足減加交終而減。右有以加時夜半等入交求月去黃道度，今設新術，其數略之。

求交常交定度（第五）

置經朔望入交泛日及分秒，以月平行度乘之，爲交常度；以盈縮差盈加縮減之，爲交定度。

此以下皆求日食月食術也。

日食 例如元禄十三年庚辰歲正月，置經朔入交泛二十五日九千八百六十二分，乘月平行十三度三十六分八十七秒半，得三百四十七度四十〇分三十秒，爲交常度，即正交之食，以經朔盈差二度一十一分八十秒盈而加得三百四十九度五十二分，爲交定度。又元禄十四年辛巳歲正月，置朔入交泛二十六日五千九百四十四分，乘月平行度，得三百五十五度五十三分三十九秒，爲交常度，即正交之食，加盈差一度八十七分八十七秒，得三百五十七度四十一分，爲交定度。

入交泛日之分下秒數當五十以上收，五十已下棄而用。◎交定度度下之數當整分而秒數五十以上收，五十已下棄。

乘月平行度繁位，故當乘二千一百三十九，一百六十除，或二百五十四乘、十九除亦可。入交泛二十五日以上一日已下者爲正交食，十二日以上十四日已下者爲中交食。

日食，入交泛若爲初日者，乘月平行度而更加交終三百六十三度七十九分三十四秒，爲交常度。◎又以盈差加交常度，滿交終度亦不去。

交定度[1]之入食限，正交交前限三百四十五度一十八分[2]以上、交後限三百六十八度一十分已下，中交交前限一百七十七度五十九分以上、交後限二百〇〇度五十一分已下，有食。此限外不食故不必求。

月食 置甲戌歲十月望之入交泛二十六日一千一百八十六分，乘月平行度，得三百四十九度一十七分四十四秒，爲交常度，以經望縮差初

---

① 天文臺藏抄本作“交常度”，大谷大學藏抄本、九州大學藏抄本、東京大學藏抄本和東北大學藏抄本作“交定度”。後者正確。

② 天文臺藏抄本與東北大學藏抄本作“三百一十八分”，大谷大學藏抄本和九州大學藏抄本作“三百四十五度一十八分”，東京大學藏抄本作“三百四十七度一十八分”。大谷大學藏抄本正確。

度八十八分四十九秒[1]縮減，餘得三百四十八度二十八分九十五秒，爲交定度，乃比正交食交前限少，無食故不求。元禄十三年庚辰歲正月，置經望入交泛一十三日五千三百九十三分，乘月平行度，得一百八十一度〇〇三十五秒，爲交常度，加經望盈差二度三十二分八十四秒，得一百八十三度三十三分，爲交定度。同年七月，望入交泛初日二千三百七十三分乘月平行度，得三度一十七分二十四秒，爲交常度。減縮差二度二十一分七十三秒，餘初度九十六分爲交定度[2]。又元禄十四年辛巳歲七月，望入交泛初日八千四百五十六分，得縮差二度〇二分七十八秒、交常度一十一度三十〇分三十三秒、交定度九度[3]二十八分也。

分秒收棄同於月食。◎正交食中交食之限同于日食。月食入交泛爲初日者，乘月平行度，即交常度，不加交終度。◎若加盈差而满交終度者，去交終度；不足減縮差，加交終度而減。交定度入食限，正交食，交前限三百五十〇度七十四分以上、交後限一十三度〇五分已下，中交食，交前限一百六十八度八十九分以上、交後限一百九十四度九十四分已下，有月食，此限外無食故不必求。

求日月食甚定分（第六）

日食：視定朔分在半日周已下，去減半周，爲中前；已上，減去半周，爲中後；與半周相減相乘，退二位，如九十六而一，爲時差；中前以減，中後以加，皆加減定朔分，爲食甚定分；以中前後分各加時差，爲距午定分。

月食：視定望分在日周四分之一已下，爲卯前；已上，覆減半周，爲卯後；在四分之三已下，減去半周，爲酉前；已上，覆減日周，爲酉後。以卯酉前後分自乘，退二位，如四百七十八而一，爲時差；子前以減，子後以加，皆加減定望分，

---

① 天文臺藏抄本、東京大學藏抄本與東北大學藏抄本作“四十九秒”，大谷大學藏抄本與九州大學藏抄本作“四十五秒”。前者正確。

② 天文臺藏抄本作“交常度”，大谷大學藏抄本、九州大學藏抄本、東京大學藏抄本和東北大學藏抄本作“交定度”。後者正確。

③ 天文臺藏抄本作“元度”，大谷大學藏抄本、九州大學藏抄本、東京大學藏抄本和東北大學藏抄本作“九度”。後者正確。

爲食甚定分；各依發斂求之，即食甚辰刻。

日食　庚辰歲正月朔，置定朔分三千七百五十三分，半日周已下，故以減半日周五千，餘一千二百四十七分爲中前分，以此減半周五千，餘三千七百五十三分乘中前分，得四百六十七萬九千九百九十一，退二位，九十六除，得四百八十七分，爲時差分，爲中前故減，以減定朔分，餘三千二百六十六分爲食甚定分。又以中前分加時差分，得一千七百三十四分，爲距午定分。辛巳歲正月，置定朔分三千三百〇五分，又爲半日周已下，故以減半日周五千，餘一千六百九十五分爲中前分，以此減半日周，餘乘中前分，得五百六十〇萬一千九百七十五，退二位，九十六除，得五百八十四分，爲時差分，爲中前故減，以減定朔分，餘二千七百二十一分爲食甚定分，以中前分加時差分，得二千二百七十九分，距午定分。

日食見食之限，視定朔分，日出分已下日入分以上者，初虧復圓共入夜分，故即使交日入食限亦不必求食。

月食　庚辰歲正月，置定望分六千八百二十三分，爲日周四分之三七千五百分已下，故減去半日周五千，餘一千八百二十三分，爲酉前分，自乘得三百三十二萬三千三百二十九，退二位，以四百七十八除，得七十分，爲時差分，酉前後共爲子前，故減，以減定望分，餘六千七百五十三分爲食甚定分。同年七月，置定望分八千七百九十八分，爲七千五百以上，以減日周，餘一千二百〇二分爲酉後分，自乘，退二位，四百七十八除，得三十分，爲時差分，爲子前故減，以減定望分，餘八千七百六十八分爲食甚定分。又辛巳歲七月，定望分爲八千八百三十八分，得酉後分一千一百六十二分、時差二十八分、食甚定分八千八百一十分。

卯，常爲子後，故卯前卯後共爲子後加差；酉，常爲子前，故酉前酉後共爲子前減差。月食見食限，視定望分，日出分增七百五十分之數以上者與日入分損七百五十分之數已下者，初虧復圓共入晝分，即使交日入日食限亦不必求食。

求日月食甚入盈縮曆及日行定度（第七）

置經朔望入盈縮曆日及分，以食甚日及定分加之，以經朔望日及分減之，即爲食甚入盈縮曆；依日躔術求盈縮差，盈加縮減之，爲食甚入盈縮曆定度。

日食　庚辰歲正月，置經朔入盈曆五十九日四千九百九十八分，以定朔之日三十一日即用於食甚日數而加三十一日與食甚定分三千二百六十六分，得九十〇日八千二百六十四分，内減經朔三十〇日九千九百九十七分，餘五十九日八千二百六十七分爲食甚入盈曆，用此盈曆依日躔第二條術求得盈差二度一十二分四十一秒，盈故以此食甚盈曆日分命度分，加五十九度八十二分六十七秒，得六十一度九十五分〇八秒，爲食甚日行定積度。辛巳歲正月，置經朔入盈曆四十八日六千二百[①]四十八分，經朔、定朔亦爲同日數，故日數不加，直加食甚定分二千七百二十一分[②]，減經朔[③]分三千六百六十八分，餘得四十八日五千三百〇一分，爲食甚入盈曆，以此依日躔第二條術求得盈差一度八十七分六十三秒，盈故食甚盈曆日分以命度分，加四十八度五十三分〇一秒，得五十〇度四十〇分六十四秒，爲食甚日行定積度。

經朔並盈縮曆皆日分之下秒數不用，定積亦度下當求到秒。

加減盈縮差，食甚入盈縮曆，日分命度分而加減也。

若不足減經朔日分，加半歲周而減之，又減而餘尚滿半歲周以上者則去之，如此時，盈變爲縮、縮變爲盈也。◎經朔日數與定朔日數爲同數者，不加減日數，當只以分數加減。經與定日數有增損者，皆當日數加減。

別術　置經朔望入盈縮曆日分，加減加減差，又以時差加減，得食甚入盈縮曆日分亦同。如此求時，無加減日數之煩。

月食　同於求日食。庚辰歲正月，置經望入盈曆七十四日二千六百五十一分，其經望與定望同日數，故加食甚定分六千七百五十三分，減經望分七千六百五十分，餘七十四日一千七百五十四分爲食甚入盈曆，以此求盈差二度三十二分七十五秒，加食甚盈曆之度分，得七十六度五

---

① 天文臺藏抄本作“三百”，大谷大學藏抄本、九州大學藏抄本、東京大學藏抄本和東北大學藏抄本作“二百”。後者正確。

② 天文臺藏抄本作“二十二分”，大谷大學藏抄本、九州大學藏抄本、東京大學藏抄本和東北大學藏抄本作“二十一分”。後者正確。

③ 天文臺藏抄本作“總”，東京大學藏抄本、大谷大學藏抄本、九州大學藏抄本均作“經”。後者正確。

十〇分二十九秒，爲食甚日行定積度。同年七月，以經望入縮曆六十八日八千二百七十六分得食甚入縮曆六十八日七千五百五十九分，求縮差二度二十一分六十三秒，爲縮故減食甚入縮曆度分，餘得六十六度五十三分九十六秒，爲食甚日行定積度。辛巳歲七月，望食甚入縮曆五十七日五千一百八十分，求同縮差二度〇一分八十九秒，得同日行定積五十五度四十九分九十一秒也。

求南北差（第八）

視日食甚入盈縮曆定度，在象限已下，爲初限；已上，用減半歲周，爲末限；以初末限度自相乘，如一千八百七十而一，爲度，不滿，退除爲分秒；用減四度四十六分，餘爲南北泛差；以距午定分乘之，以半晝分除之，所得，以減泛差，爲定差。泛差不及減者，反減之爲定差，應加者減之，應減者加之。在盈初縮末者，交前陰曆減，陽曆加，交後陰曆加，陽曆減；在縮初盈末者，交前陰曆加，陽曆減，交後陰曆減，陽曆加。

日食　庚辰歲正月朔，置食甚盈定積六十一度九十五分，象限九十一度三十一分已下，故直爲初限，自乘得三千八百三十八，一千八百七十除而得二度〇五分，以減四度四十六分[1]，餘得二度四十一分，爲南北泛差，乘距午定分一千七百三十四，其日半晝分二千二百三十四除，得一度八十七分，用減泛差，餘初度五十四分爲南北定差。食甚定積，作盈之初限而入交，爲正交食，故爲減。辛巳歲正月朔，置食甚盈定積五十[2]〇度四十一分，象限已下，爲初限，自乘得二千[3]五百四十一，一千八百七十除，得一度三十六分，以減四度四十六分，餘三度一十分

① 天文臺藏抄本作“以テ減四度四十六分”，東京大學藏抄本與東北大學藏抄本作“以テ四度四十六分ヲ減シテ”，大谷大學藏抄本與九州大學藏抄本作“以テ減度四十六分”。東京大學藏抄本和東北大學藏抄本正确。

② 天文臺藏抄本、東京大學藏抄本、九州大學藏抄本和東北大學藏抄本作“五十”，大谷大學藏抄本作“九十”。前者正確。

③ 天文臺藏抄本、東京大學藏抄本和東北大學藏抄本作“二千”，大谷大學藏抄本與九州大學藏抄本作“一千”。前者正確。

爲南北泛差。乘距午定分二千二百七十九，其日半晝分二千一百三十五[1]除，得三度三十一分，以此減泛差不足，故反減而餘初度二十一分，爲南北定差。食甚定積，作盈之初限而入交，爲正交食，爲減，然反減故變爲加差。

南北差，日食求而月食不求。◎定積度下當整分數而秒數收棄而用。◎半歲周並象限之秒數不用。

捷術 盈初與縮末，正交食爲減差，中交食爲加差；縮初與盈末，正交食爲加差，中交食爲減差。如本經以陰陽交前後定加減者繁多，故當用捷術定加減。

求半晝分者 半晝分雖於中星草求，然於此處欲速得，先以求食甚盈縮差時立成日下之行度乘食甚定分，萬約，以減食甚盈縮日行定積度，餘爲食甚日之晨前夜半黄道積度，由此依中星術以象限已下爲初限，以上用減半歲周，餘爲末限，滿積度去，餘乘其段晝夜差，百約，以所得後多加後少減於其段半晝分，而爲所求半晝分。帶食用 以半晝分減半日周五千，餘爲日出分；以半晝分加半日周而爲日入分。更點用 以昏明分二百五十減日出分，餘爲晨分，以昏明分加日入分，爲昏分。

求東西差（第九）

視日食甚入盈縮曆定度，與半歲周相減相乘，如一千八百七十而一，爲度，不滿，退除爲分秒，爲東西泛差；以距午定分乘之，以日周四分之一除之，爲定差。若在泛差已上者，倍泛差減之，餘爲定差，依其加減。在盈中前者，交前陰曆減，陽曆加；交後陰曆加，陽曆減；中後者，交前陰曆加、陽曆減；交後陰曆減，陽曆加。在縮中前者，交前陰曆加，陽曆減；交後陰曆減，陽曆加；中後者，交前陰曆減，陽曆加；交後陰曆加，陽曆減。

日食 庚辰歲正月朔日，以食甚盈定積六十一度九十五分減半歲周

---

[1] 天文臺藏抄本、東京大學藏抄本和東北大學藏抄本作“三十五”，大谷大學藏抄本與九州大學藏抄本作“二十五”。前者正確。

一百八十二度六十二分，餘乘定積度，得七千四百七十五萬，一千八百七十除，得三度九十九分七五[1]，爲東西泛差，乘距午定分一千七百三十四，以日周四分之一二千五百除，得二度七十七分，比泛差少，故直爲東西定差，作定積度盈曆而爲食甚中前，正交食，故爲減差。辛巳歲正月朔，以食甚盈定積五十〇度四十一分減半歲周，餘乘定積，得六千六百六十五，以一千八百七十除，得三度五十六分，爲東西泛差，乘距午定分二千二百七十九，二千五百除，得三度二十五分，亦比泛差少，故直爲東西定差，作爲定積度盈曆，爲食甚中前，正交食也，故爲減差。此數日食求而月食不求。◎定積度並半歲周等收棄同於求南北差。

捷術 盈之中前正交食減、中交食加，中後正交食加、中交食減。縮之中前正交食加、中交食減，中後正交食減、中交食加。如本經之文别陰陽曆交前後者繁多，故當用捷術。

求日食正交中交限度（第十）

置正交、中交度，以南北東西差加減之，爲正交、中交限度及分秒。

日食 庚辰歲正月朔，爲正交食，置正交限三百五十七度六十四分，減南北減定差初度五十四分，又減東西減定差二度七十七分，餘三百五十四度三十三分爲正交定限度。辛巳歲正月朔，爲正交食，置正交限三百五十七度六十四分，加南北加定差初度二十一分，減東西減定差三度二十五分，餘三百五十四度六十分爲正交定限度也。此數日食求而月食不求。

求日食入陰陽曆去交前後度（第十一）

視交定度，在中交限已下，以減中交限，爲陽曆交前度；已上，減去中交限，爲陰曆交後度；在正交限已下，以減正交限，爲陰曆交前度；已上，減去正交限，爲陽曆交後度。

---

[1] 天文臺藏抄本作“三度九十九分七五”，大谷大學藏抄本、九州大學藏抄本、東京大學藏抄本和東北大學藏抄本作“四度〇〇分”。前者正確。

日食 庚辰歲正月朔，置交定度①三百四十九度五十二分，爲正交定限度三百五十四度三十三分已下，故以減正交定限度，餘四度八十一分爲陰曆交前度。辛巳歲正月朔，置交定度三百五十七度四十一分，爲正交定限度三百五十四度六十分以上，故内減去正交定限度，餘二度八十一分爲陽曆交後度。

求月食入陰陽曆去交前後度（第十二）

視交定度，在交中度已下爲陽曆；已上，減去交中爲陰曆。視入陰陽曆，在後準十五度半，已下爲交後度；前準一百六十六度三十九分六十八秒，已上覆減交中，餘爲交前度及分。

月食　庚辰歲正月望，置交定度一百八十三度②三十三分，爲交中一百八十一度③八十九分以上，故減去交中度，餘一度四十四分爲陰曆，視其陰曆度分，爲後準十五度半已下，故直爲交後度。同年七月望，置交定度初度九十六分，爲交中度已下，故爲陽曆，在後準十五度半已下，故爲交後度。辛巳歲七月望，交定度九度二十八分，爲陽曆交後度。其後準以上與前準已下，去交前後度④皆比月食限多故無食。

求日食分秒（第十三）

視去交前後度，各減陰陽曆食限，不及減者不食。餘如定法而一，各爲日食之分秒。

日食 庚辰歲正月朔，置陰曆交後度四度八十一分，爲陰曆食，故以減陰曆食限八度，餘三度一十九分以陰曆定法八十除，得三分九十九

① 天文臺藏抄本、東京大學藏抄本與東北大學藏抄本作“交定度”，大谷大學藏抄本與九州大學藏抄本作“交度”。前者正確。

② 天文臺藏抄本、東京大學藏抄本、九州大學藏抄本和東北大學藏抄本作“一百八十三度”，大谷大學藏抄本作“一百八十二度”。前者正確。

③ 天文臺藏抄本、東京大學藏抄本與東北大學藏抄本作“一百八十一度”，大谷大學藏抄本與九州大學藏抄本作“一百八十七度”。前者正確。

④ 天文臺藏抄本與東北大學藏抄本無“去交前後ノ度”一句。大谷大學藏抄本、九州大學藏抄本與東京大學藏抄本均有。後者正確。

秒，爲陰曆食分秒。辛巳歲正月朔，置陽曆交後度二度八十一分，爲陽曆食，故以減陽曆食限六度，餘三度一十九分以陽曆定法六十二除，得五分三十二秒，爲陽曆食分秒。

若去交度之數比食限多而不足減其食限，則無食。

求月食分秒（第十四）

視去交前後度，不用南北東西差者。用減食限，不及減者不食。餘如定法而一，爲月食之分秒。

月食　置庚辰歲正月望陰曆交後度一度四十四分，以減月食限十三度〇五分，餘一十一度六十一分以定法八十七除，得一十三分三十四秒，爲陰曆食分。同年七月望，以陽曆交後度初度九十六分減月食限，餘一十二度[①]〇九分以定法八十七除，得一十三分九十秒，爲陽曆食分。辛巳歲七月望，陽曆交後度九度二十八分，得陽曆食四分三十三秒[②]。

去交度多而不足減食限者無食。◎食分十分以上爲既，即去交度四度三十五分以下得既也。[③]

求日食定用及三限辰刻（第十五）

置日食分秒，與二十分相減相乘，平方開之，所得以五千七百四十乘之，如入定限行度而一，爲定用分；以減食甚定分，爲初虧；加食甚定分，爲復圓；依發斂求之，爲日食三限辰刻。

日食 庚辰歲正月朔，置日食分三分九十九秒，以減二十分，餘乘

---

① 天文臺藏抄本、東京大學藏抄本、九州大學藏抄本和東北大學藏抄本作“一十二度”，大谷大學藏抄本作“半二度”。大谷大學藏抄本抄寫錯誤。

② 天文臺藏抄本、東京大學藏抄本與東北大學藏抄本作“三十三秒”，大谷大學藏抄本與九州大學藏抄本作“三十二秒”。前者正確。

③ 天文臺藏抄本作“食分十分以上皆云既，即去交度四度三十五分以下皆得既也”，東京大學藏抄本作“食分十分以上皆爲既，即去交度四度三十五分以下皆得既也”，大谷大學藏抄本與九州大學藏抄本作“食分十分以上爲既，即去交度四度三十五分以下得既也”。大谷大學藏抄本與九州大學藏抄本是正確的，它們是對天文臺藏抄本與東京大學藏抄本的訂正。

日食分秒，得六十三分八七九九，開平方除得七分九十九秒，乘五千七百四十，以定朔入限行度一萬〇〇九十二除，得四百五十四分，爲定用分。求入定限行度，置經朔入轉遲曆一日九千九百五十二分，加加定差三千七百五十六分，得二日三千七百〇八分，爲定朔入遲曆。視遲曆立成，當日率二十八限，以二十八限之遲行度一萬〇〇九十二分爲入定限行度。置食甚定分三千二百六十六分，減定用分，餘二千八百一十二分爲初虧分。又以定用分加食甚定分，得三千七百二十分，爲復圓分，以初虧、食甚、復圓三限之分依發斂加時術得初虧卯七刻、食甚辰三刻、復圓辰八刻。辛巳歲正月朔，以日食分五分三十二秒減二十分，餘乘五分三十二秒，得七千八分〇九七六，開平方除得八分八十四秒，乘五千七百四十，定朔入限行度一萬〇〇三十八分除，得五百〇五分，爲定用分。求其入定限行度，置經朔入疾曆日分，減減定差三百六十三，得定朔入疾曆一十一日八千九百三十五分，當立成日率百四十四限，故其下疾行一萬〇〇三十八分爲入限行度。置食甚定分二千七百二十一，加定用分得三千二百二十六分，爲復圓分。初虧在夜分，故不求。各依發斂加時術得食甚卯六刻、復圓辰三刻。

中前初虧與中後復圓在夜分者不會見食，故不必求。

求入定限行度　置經朔望入遲疾曆，以加減差加減而爲定朔望入遲疾曆，以此當立成日率以其限下遲疾行度爲入定限行度，加加減差，滿轉中者去之，不足減加轉中而減也。如此之時，遲曆變[1]疾曆、疾曆變[2]遲曆也。

求月食定用及三限五限辰刻（第十六）

置月食分秒，與三十分相減相乘，平方開之，所得，以五千七百四十乘之，如入定限行度而一，爲定用分，以減食甚定分，爲初虧；加食甚定分，爲復圓；依發斂求之，即月食三限

① 天文臺藏抄本與東北大學藏抄本作“反”，大谷大學藏抄本與九州大學藏抄本作“變”。意同，從後者。

② 天文臺藏抄本與東北大學藏抄本作“反”，大谷大學藏抄本與九州大學藏抄本作“變”。意同，從後者。

辰刻。

月食既者，以既内分與一十分相減相乘，平方開之，所得，以五千七百四十乘之，如入定限行度而一，爲既内分；用減定用分，爲既外分，以定用分減食甚定分，爲初虧；加既外，爲食既；又加既内，爲食甚；再加既内，爲生光；復加既外，爲復圓；依發斂求之，即月食五限辰刻。

月食 求三限者，庚辰歲正月望，以月食分一十三分三十四秒減三十分，餘乘一十三分三十四秒，開平方除得一十四分九十秒，乘五千七百四十，以定朔疾曆三十五限之行一萬一千七百五十二分[1]除，得七百二十八分，爲定用分。以此加食甚定分六千七百五十三，得七千四百八十一分，爲復圓分。初虧在晝而不見，故不求，依發斂加時術得復圓酉三刻。同年七月望，月食分一十三分九十秒，得定用分八百六十四，以減食甚定分八千七百六十八分，得初虧分七千九百〇四分，以定用分加食甚定分，得復圓分九千六百三十二分，依發斂加時術得初虧酉八刻、食甚亥初刻、復圓昏後子初刻。辛巳歲七月望，月食分四分三十三秒，求定用分五百九十二分，得初虧分八千二百一十八戌三刻、食甚分八千八百一十亥初刻、復圓分九千四百〇二亥六刻。

月食 求五限者，庚辰歲正月望，食分一十三分三十四秒内去十分，餘三分三十四秒爲既内食分，依此減一十分，餘乘既内食分，得二十二分二四四四，開平方除得四分七十二秒，乘五千七百四十，入定限行度一萬一千七百五十二除[2]，得二百三十分，爲既内刻分，以此減定用分七百二十八分，餘四百九十八分爲既外刻分。食既、生光皆在晝而不見，故不求。同年七月望，食分一十三分九十秒内去十分，餘三分九十秒爲既内食分，用此求既内刻分二百八十二分，以減食甚定分，餘八千四百八十六分爲食既分。又以既内刻分加食甚分，得八千七百六十八

---

① 天文臺藏抄本作“二十二分”，大谷大學藏抄本、九州大學藏抄本、東京大學藏抄本和東北大學藏抄本作“五十二分”。後者正確。

② 天文臺藏抄本作“限テ”，東京大學藏抄本作“除テ”。當爲“除”，天文臺本爲筆誤。

分，爲生光分。即食既戌五刻、生光亥初刻也。

求五限者，置月食分秒，減去食既限十分，餘爲既内食分也。◎求入定限行度者與日食同意。◎三限五限共初末時刻在晝者不求。

求五限如本經，以定用分減食甚分而求初虧分，以既外分與既内分逐加而求，能書文法之順序矣，然前求三限而於此處當求食既與生光，然則既外分不求可也，但帶食當求。

求月食入更點（第十七）

置食甚所入日晨分，倍之，五約，爲更法；又五約更法，爲點法。乃置初末諸分，昏分已上，減去昏分，晨分已下，加晨分，以更法除之，爲更數；不滿，以點法收之，爲點數；其更點數，命初更初點算外，各得所入更點。

月食 庚辰歲七月望月食五限求更點者，倍其日晨分二千〇二十分。五更除，得八百〇八分，爲更法。又更法五點除得一百六十二分，爲點法，食在昏後，置初虧分七千九百〇四分，減昏分七千九百八十分不足，故初虧在更前，置食既分，減昏分，餘五百〇六分不滿更法，爲初更，加一爲一更，其不滿點法除得三，加一爲四點。置食甚分 減昏分，餘七百八十八分，又不滿更法，故爲初更，加一爲一更，點法除其不滿得四，加一爲五點。置生光分，減昏分，餘一千〇七十分更法除，得一，加一爲二更，不滿二百六十二分點法除得一，加一爲二點。置復圓分，減昏分，餘一千六百五十二分更法除得二，加一爲三更，不滿三十六分不滿點法，故爲初點，加一爲一點。

三限五限時刻在昏後子前者，皆減昏分，在所求晨前子後者，皆加晨分而求也。晨昏分雖在中星草求，若於此處速求之術注於南北差之下。

求日食所起（第十八）

食在陽曆，初起西南，甚於正南，復於東南；食在陰曆，初起西北，甚於正北，復於東北；食八分已上，初起正西，復於正東。此據午地而論之。

日食 庚辰歲正月朔日食，陰曆食分三分九十九秒，故初虧見於西北，食甚見於正北，復圓見於東北。辛巳歲正月朔日食，陽曆食分五分三十二秒①，初虧食甚在地下而不見，復圓見於東南②。

求月食所起（第十九）

食在陽曆，初起東北，甚於正北，復於西北；食在陰曆，初起東南，甚於正南，復於西南；食八分已上，初起正東，復於正西。此亦據午地而論之。

月食 庚辰歲正月望月食爲既，初虧食甚在地下而不見，復圓見於正西。同年七月望月食爲既③，無陰曆陽曆差别④，初虧見於正東⑤，復圓見於正西。辛巳歲七月望月食爲陽曆食四分三十三秒，故初虧見於東北，食甚見於正北，復圓見於西北。

求日月出入帶食所見分數（第二十）

視其日日出入分，在初虧已上、食甚已下者，爲帶食。各以食甚分與日出入分相減，餘爲帶食差；以乘所食之分，滿定用分而一，如月食既者，以既内分減帶食差，餘進一位，如既外分而一，所得，以減既分，即月帶食出入所見之分；不及減者，爲帶食既出入。以減所食分，即日月出入帶食所見之分。其食甚在晝，晨爲漸進，昏爲已退；其食甚在夜，晨爲已退，昏爲漸進。

日食 辛巳歲正月朔，日出分二千八百六十五分，比食甚分多，比復圓分少，故爲帶食。以食甚分二千七百二十一分減日出分，餘一百四十四分爲帶食差，乘食分五分三十三秒，定用分五百〇五分除，得一分

---

① 天文臺藏抄本、東京大學藏抄本與東北大學藏抄本作“三十二秒”，大谷大學藏抄本與九州大學藏抄本作“一十二秒”。前者正確。

② 天文臺藏抄本作“南南”，大谷大學藏抄本、九州大學藏抄本、東京大學藏抄本和東北大學藏抄本作“東南”。後者正確。

③ 天文臺藏抄本、東京大學藏抄本與東北大學藏抄本作“皆既”，大谷大學藏抄本與九州大學藏抄本作“既”。後者正確。

④ 天文臺藏抄本、東京大學藏抄本、大谷大學藏抄本均作“ナク”，即否定意思的“無”，九州大學藏抄本作“ナリ”，意爲“成爲”、“有”，而显然九州大學本爲筆誤，當爲“ナク”，即“無”的意思。

⑤ 天文臺藏抄本、東京大學藏抄本與九州大學藏抄本作“正東”，大谷大學藏抄本與東北大學藏抄本作“正更”。前者正確。

五十二秒[①]，以此減食分，餘三分八十二秒爲所見分。

月食 庚辰歲正月望，日入分七千三百六十一分，比食甚分多，比復圓分少，故爲帶食。以食甚分六千七百五十三分減日入分，餘六百〇八分爲帶食差，爲食既[②]，故以既内分二百三十分減帶食差，餘三百七十八分乘既限十分，既外分四百九十八分除，得七分五十九秒，以減既限十分，餘二分四十一秒爲所見分。

以既内分減帶食差時不足，則出入食既，故無所見分。於此處速求日出入分術注南北差之下。

改術 日食，視日出分，食甚分以上、復圓分以下者，視日入分，初虧以上、食甚分以下者，爲帶食。月食，視日出分，初虧分以上、食甚分以下者，視日入分，生光分[③]以上、復圓分以下者，爲帶食。此外見食甚者，帶初末皆不必求所見分。

求日月食甚宿次（第二十一）

置日月食甚入盈縮曆定度，在盈，便爲定積；在縮，加半歲周，爲定積。望即更加半周天度。以天正冬至加時黄道日度，加而命之，各得日月食甚宿次及分秒。

日食 庚辰歲正月朔，置食甚盈曆[④]日行定積度六十一度九十五分，爲盈，即爲定積，加天正冬至加時黄道日度箕三度一十一分，以黄道宿次自箕宿累去斗、牛、女、虛全度，不滿危全度，即危四度三十九分爲日食甚宿度。辛巳歲正月朔，置食甚盈曆日行定度五十〇度四十分，爲盈，即爲定積，加天正冬至加時黄道日度箕三度〇九分，累去黄道宿次而以虛一度九十六分爲日食甚黄道宿度。

① 天文臺藏抄本作“二十二秒”，大谷大學藏抄本、九州大學藏抄本、東京大學藏抄本和東北大學藏抄本作“五十二秒”。後者正確。

② 天文臺藏抄本、東京大學藏抄本與東北大學藏抄本作“食皆既”，大谷大學藏抄本與九州大學藏抄本作“食既”。後者正確。

③ 天文臺藏抄本、東京大學藏抄本與東北大學藏抄本作“食甚分”，大谷大學藏抄本與九州大學藏抄本作“生光分”。從後者而改。

④ 天文臺藏抄本作“食甚後曆”，大谷大學藏抄本、九州大學藏抄本、東京大學藏抄本和東北大學藏抄本作“食甚盈曆”。後者正確。

月食 庚辰歲正月望，置食甚盈曆日行定積度七十六度五十分，爲盈，直加半周天一百八十二度六十二分，得二百五十九度[1]一十二分，爲月行定積度[2]，加冬至日度箕三度一十一分，累去黄道宿次，得翼三度五十四分，爲月食甚黄道宿度。同年七月望，置食甚縮曆日行定度六十六度五十四分，爲縮，加半歲周度一百八十二度六十二分，亦加半周天度，满周天去而餘六十六度五十三分，爲食甚月行定積度，加命如上而得危八度九十六分，爲月食甚宿度。辛巳歲七月望，食甚縮曆日行定積五十五度五十分也，求月行定積五十五度四十九分，得月食甚宿度虚七度〇四分。

半歲周，日分命度分而加也。◎定積度並周天歲周等之分下秒數當棄。◎求月行定積度，加半周天，满周天度去之。

2.7 步五星 第七

曆度，三百六十五度二十五分七十五秒。
曆中，一百八十二度六十二分八十七秒半。
曆策，一十五度二十一分九十秒六十二微半。
木星
　周率，三百九十八萬八千八百分。
　周日，三百九十八日八十八分。
　曆率，四千三百三十一萬二千九百六十四分八十六秒半。
　度率，一十一萬八千五百八十二分。
　合應，一百一十七萬九千七百二十六分。
　曆應，一千八百九十九萬九千四百八十一分。
　盈縮立差，二百三十六加。

① 天文臺藏抄本、東京大學藏抄本、九州大學藏抄本和東北大學藏抄本作“二百五十九度”，大谷大學藏抄本作“二百五十五度”。前者正確。

② 天文臺藏抄本作“定後度”，大谷大學藏抄本、九州大學藏抄本、東京大學藏抄本和東北大學藏抄本作“定積度”。後者正確。

平差，二萬五千九百一十二減。

定差，一千八十九萬七千。

伏見，一十三度。

段目	段日	平度	限度	初行率
合伏	一十六日八十六	三度八十六	二度九十三	二十三分
晨疾初	二十八日	六度二十	四度六十四	二十三分
晨疾末	一十六日八十六	三度八十六	二度九十三	二十三分
晨遲初	一十六日八十六	三度八十六	二度九十三	二十三分
晨遲末	一十六日八十六	三度八十六	二度九十三	二十三分
晨留	一十六日八十六	三度八十六	二度九十三	二十三分
晨退	一十六日八十六	三度八十六	二度九十三	二十三分
夕退	一十六日八十六	三度八十六	二度九十三	二十三分
夕留	一十六日八十六	三度八十六	二度九十三	二十三分
夕遲初	一十六日八十六	三度八十六	二度九十三	二十三分
夕遲末	一十六日八十六	三度八十六	二度九十三	二十三分
夕疾初	一十六日八十六	三度八十六	二度九十三	二十三分
夕疾末	一十六日八十六	三度八十六	二度九十三	二十三分
夕伏	一十六日八十六	三度八十六	二度九十三	二十三分

火星

周率，七百七十九萬九千二百九十分。

周日，七百七十九日九十二分九十秒。

曆率，六百八十六萬九千五百八十分四十三秒。

度率，一萬八千八百七分半。

合應，五十六萬七千五百四十五分。

曆應，五百四十七萬二千九百三十八分。

盈初縮末立差，一千一百三十五減。

平差，八十三萬一千一百八十九減。

定差，八千八百四十七萬八千四百。

縮初盈末立差，八百五十一加。

平差，三萬二百三十五負減。

定差，二千九百九十七萬六千三百。

伏見，一十九度。

段目	段日	平度	限度	初行率
合伏	六十九日	五十度	四十六度五十	七十三分
晨疾初	五十九日	四十一度八十	三十八度八十七〇	七十二分
晨疾末	五十七日	三十九度〇八	三十六度三十四〇	七十分
晨次疾初	五十三日	三十四度二十六〇	三十一度七十七〇	六十七分
晨次疾末	四十七日	二十七度〇四	二十五度一十五〇	六十二分
晨遲初	三十九日	一十七度七十二〇	一十六度四十八〇	五十三分
晨遲末	二十九日	六度二十	五度七十七〇	三十八分
晨留	八日			
晨退	二十八日	八度六十五六十七半	六度四十六三十二半	
夕退	二十八日	八度六十五六十七半	六度四十六三十二半	四十四分
夕留	八日			
夕遲初	二十九日	六度二十	五度七十七〇	
夕遲末	三十九日	一十七度七十二〇	一十六度四十八〇	三十八分
夕次疾初	四十七日	二十七度〇四	二十五度一十五〇	五十三分
夕次疾末	五十三日	三十四度十六	三十一度七十七〇	六十二分
夕疾初	五十七日	三十九度〇八	三十六度三十四〇	六十七分
夕疾末	五十九日	四十一度八十	三十八度八十七〇	七十分
夕伏	六十九日	五十度	四十六度五十	七十二分

土星

周率，三百七十八萬九百一十六分。

周日，三百七十八日九分一十六秒。

曆率，一億七百四十七萬八千八百四十五分六十六秒。

度率，二十九萬四千二百五十五分。

合應，一十七萬五千六百四十三分。

曆應，五千二百二十四萬五百六十一分。

盈立差，二百八十三加。

平差，四萬一千二十二減。

定差，一千五百一十四萬六千一百。

縮立差，三百三十一加。

平差，一萬五千一百二十六減。

定差，一千一百一萬七千五百。

伏見，一十八度。

段目	段日	平度	限度	初行率
合伏	二十日四十	二度四十	一度四十九	一十二分
晨疾	三十一日	三度四十	一度十二	一十一分
晨次疾	二十九日	二度七十五	一度七十二	一十分
晨遲	二十六日	一度五十	初八十三	八分
晨留	三十日			
晨退	五十二日六十四五十八	三度六十二五十四半	初二十八四十五半	
初夕退	五十二日六十四五十八	三度六十二五十四半	初二十八四十五半	一十分
夕留	三十日			
夕遲	二十六日	一度五十	初八十三	
夕次疾	二十九日	二度七十五	一度七十二	八分
夕疾	三十一日	三度四十	二度二十	一十分
夕伏	二十日四十	二度四十	一度四十九	一十一分

金星

周率，五百八十三萬九千二十六分。

周日，五百八十三日九十分二十六秒。

曆率，三百六十五萬二千五百七十五分。

度率，一萬。

合應，五百七十一萬六千三百三十分。

曆應，一十一萬九千六百三十九分。

盈縮立差，一百四十一加。

平差，三減。

定差，三百五十一萬五千五百。

伏見，一十度半。

段目	段日	平度	限度	初行率
合伏	三十九日	四十九度五十	四十七度六十四〇	一度二十七分半
夕疾初	五十二日	六十五度五十	六十三度〇四	一度二十六分半
夕疾末	四十九日	六十一度	五十八度七十	一度二十五分半
夕次疾初	四十二日	五十度二十五〇	四十八度三十六〇	一度二十三分半
夕次疾末	三十九日	四十二度五十	四十度九十	一度一十六分
夕遲初	三十三日	二十七度	二十五度九十九〇	一度二分
夕遲末	一十六日	四度二十五〇	四度〇九	六十二分
夕留	五日			
夕退	一十日九十五二十三	三度六十九八十七	一度五十九二十三	
夕退伏	六日	四度三十五〇	一度六十三〇	六十一分
合退伏	六日	四度三十五〇	一度六十三〇	八十二分
晨退	一十日九十五二十三	三度六十九八十七	一度五十九二十三	六十一分
晨留	五日			
晨遲初	一十六日	四度二十五〇	四度〇九	

晨遲末	三十三日	二十七度	二十五度九十九〇	六十二分
晨次疾初	三十九日	四十二度五十	四十度九十	一度二分
晨次疾末	四十二日	五十度二十五〇	四十八度三十六〇	一度一十六分
晨疾初	四十九日	六十一度	五十八度七十二	一度二十三分半
晨疾末	五十二日	六十五度五十	六十三度〇四	一度二十五分半
晨伏	三十九日	四十九度五十	四十七度六十四〇	一度二十六分半

水星

周率，一百一十五萬八千七百六十分。

周日，一百一十五日八十七分六十秒。

曆率，三百六十五萬二千五百七十五分。

度率，一萬。

合應，七十萬四百三十七分。

曆應，二百五萬五千一百六十一分。

盈縮立差，一百四十一加。

　　平差，二千一百六十五減。

　　定差，三百八十七萬七千。

晨伏夕見，一十六度半。

夕伏晨見，一十九度。

段目	段日	平度	限度	初行率
合伏	一十七日七十五〇	三十四度二十五〇	二十九度〇八	二度一十五分五十八〇
夕疾	一十五日	二十一度三十八〇	一十八度一十六〇	一度七十分三十四
夕遲	一十二日	一十度一十二〇	八度五十九〇	一度一十四分七十二〇
夕留	二日			
夕退伏	一十一日一十八八十〇	七度八十一二十〇	二度一十八十	
合退伏	一十一日一十八八十〇	七度八十一二十〇	二度一十八十	一度三分四十六
晨留	二日			

晨遲　一十二日　一十度二十二〇　八度五十九〇

晨疾　一十五日　二十一度三十八〇　一十八度一十六〇　一度一十四分七十二〇

晨伏　一十七日七十五〇　三十四度二十五〇　二十九度〇八　一度七十分三十四

推天正冬至後五星平合及諸段中積中星（第一）

置中積，加合應，以其星周率去之，不盡，爲前合；復減周率，餘爲後合；以日周約之，得其星天正冬至後平合中積中星。命爲日，日中積；命爲度，日中星。以段日累加中積，即諸段中積；以平度累加中星，經退則減之，即爲諸段中星。上考者，中積内減合應，滿周率去之，不盡，便爲所求後合分。

元禄甲戌歲　木星　置氣朔第一條所求中積一十五億〇八百四十四萬九千八百七十三分，加合應一百一十七萬九千七百二十六分，得一十五億〇九百六十二萬九千五百九十九分，滿周率三百九十八萬八千八百除去，不盡一百八十六萬三千一百九十九分，爲前合分，以前合分減周率，餘二百一十二萬五千六百〇一分，爲後合分，日周一萬約得二百一十二日，不滿日周約爲五十六分〇一秒，即天正冬至後合伏段中積也，此命度分，得二百一十二度五十六分〇一秒，爲合伏段中星。置合伏段中積，加合伏段日一十六日八十六分，得二百二十九日四十二分〇一秒，爲晨疾初段中積。晨疾初段中積加晨疾初段日二十八日，得二百五十七日四十二分〇一秒，爲晨疾末段中積。晨疾末段中積加晨疾末段日二十八日，得二百八十五日四十二分〇一秒，爲晨遲初段中積。如此留段、退段亦皆累加其段日，得諸段中積。◎置合伏段中星二百一十二度五十六分〇一秒，加合伏平度三度八十六分，得二百一十六度四十二分〇一秒，爲晨疾初段中星。晨疾初段中星加晨疾初段平度六度一十一分①，得二百二十二度五十三分〇一秒，爲晨疾末段中星。晨疾末段中星加晨疾末段平度五度五十一分，得二百二十八度〇四分〇一秒，爲晨遲初段②

① 天文臺藏抄本作“一十一秒”，大谷大學藏抄本、九州大學藏抄本、東京大學藏抄本和東北大學藏抄本作“一十一分”。後者正確。

② 天文臺藏抄本作“晨遲四段”，大谷大學藏抄本、九州大學藏抄本、東京大學藏抄本和東北大學藏抄本作“晨遲初段”。後者正確。

中星。如此累加得晨留段中星二百三十四度二十六分〇一秒，留段平度無，即以此又用於晨退段中星，置晨退段中星，以晨退段平度四度八十八分一十二秒半退故減，餘二百二十九度三十七分八十八秒半，爲退段中星。又夕退段中星内減夕退段平度，餘二百二十四度四十九分七十六秒，爲夕留段中星，夕留平度無，故以夕留段中星即爲夕遲初段①中星，自夕遲又累加平度而得諸段中星也。

中積累加段日而滿歲周者，去當時歲周。◎中星累加平度而滿歲周者，去當時歲周度分。若不足減退段平度，加歲周度減之。木火土三星於退段，應將當時消長數分前後兩退段附於平度之數而加減，但金水二星不用。後合，爲天正冬至後，故當其年暮月又有次年，故計其相距日數當其年正月而前合諸段應從其年正月前求，但置後合日分，自最末段逐前累減段日而於其段内量得正朔者，又考可得前後伏疾遲退段初末日行分，而自天正冬至前後求也。又後合，計至次年正月之日數，考可得初末日行分，至次年正月後累加而求也。中星，置後合中星，應自最末段逐前累減平度，或退段加平度至其所求段。◎或前合中積中星量其該求段而累加求亦同。

例如，求甲戌歲木星者，後合伏當六月，故置合伏中積二百一十二日五十六分〇一秒，減夕伏段段日一十六日八十六分，餘一百九十五日七十〇分〇一秒，爲夕伏段中積。夕伏段中積内減夕疾末段日，餘一百六十七日七十〇分〇一秒，爲夕疾末段中積，夕疾末段中積内減夕疾初段日，餘爲夕疾初段中積。如此累減，得夕退段中積一十三日一十二分〇一秒，此冬至後十三日也，距正朔四十餘日，故此段内有正月朔，又退段於其段得初末日之行分，故即自此段求也。若當前後疾段並前遲初段者，於求初末日行分用前段，故自其前段求也。◎中星，置後合伏二百一十二度五十六分〇一秒，減夕伏段平度，爲夕伏段中星。夕伏段中星内減夕疾末段平度，餘爲夕疾末段中星，如此求其中積至夕退段止，但自留求夕退爲退，故加平度也，至退段，將消數四秒分前後兩段，以二秒逐前求者，加平度時附減，逐後求者，減平度時附加而求其段中星

① 天文臺藏抄本、東京大學藏抄本、東北大學藏抄本與均作“夕遲初段”，大谷大學藏抄本與九州大學藏抄本作“夕遲初度”。前者正確。

也，皆不足減，加歲周而減也。火土金水星亦皆同此。上考者，如開元十二年，置中積二十〇億三千〇七十五萬一千〇八十，内減合應，餘二十〇億二千九百五十七萬一千三百五十四分滿周率除去，不盡三百二十六萬〇九百五十四分，爲天正冬至後合分。

推五星平合及諸段入曆（第二）

各置中積，加曆應及所求後合分，滿曆率去之；不盡如度率而一爲度，不滿，退除爲分秒，即其星平合入曆度及分秒；以諸段限度累加之，即諸段入曆。上考者，中積内減曆應，滿曆率去之，不盡，反減曆率，餘加其年後合，餘同上。

甲戌歲，木星，置中積一十五億〇八百四十四萬九千八百七十三分，加曆應一千八百九十九萬九千四百八十一分與所求後合分二百一十二萬[①]五千六百〇一分，得一十五億二千九百五十七萬四千九百五十五分，滿曆率四千三百三十一萬二千九百六十四分八十六秒半除去，不盡一千三百六十二萬一千一百八十四分七十二秒半，以度率一十一萬八千五百八十二分除，得一百一十四度八十六分七十二秒，爲後合入曆度分。置合伏段入曆，加合伏段限度二度九十三分，得一百一十七度七十九分七十二秒，爲晨疾初段入曆。晨疾初段入曆加晨疾初段限度四度六十四分，得一百二十二度四十三分七十二秒，爲晨疾末段[②]入曆。晨疾末段入曆加晨疾末段限度四度一十九分，爲晨遲初段[③]入曆。如此累加限度求諸段限度也。

累加限度而滿周天度者，去三百六十五度二十五分七十五秒。留段無限度，故直用前段入曆，於退段累加限度。

木火土三星附退段限度而有增減之數，以所謂度率除周率，加歲周三百六十五日二千四百二十五分[④]所得，與周率相減，餘半而於前後退

---

① 天文臺藏抄本作“一千二萬”，大谷大學藏抄本、九州大學藏抄本、東京大學藏抄本和東北大學藏抄本作“一十二萬”。後者正確。

② 天文臺藏抄本與東北大學藏抄本作“晨疾末限”，大谷大學藏抄本、九州大學藏抄本與東京大學藏抄本作“晨疾末段”。後者正確。

③ 天文臺藏抄本、東京大學藏抄本與東北大學藏抄本作“晨遲初段”，大谷大學藏抄本與九州大學藏抄本作“晨遲初度”。前者正確。

④ 天文臺藏抄本、東京大學藏抄本與東北大學藏抄本作“二十五分”，大谷大學藏抄本與九州大學藏抄本作“三十五分”。前者正確。

段限度之數，周率多者附增、周率少者附損可用，不然則累加減而不合前後入曆度數，乃木星得附損數八微半，土星得附增數八微，皆不附用而煩入曆尾算①，火星得附增數一十九秒五十八微，故常附增退段限度可用也。此依火星度率不盡收棄之過不及，注於前條。求前合中正月前之段日入曆者，置後合入曆，自最末段逐前累減限度而距其所求段也。

例如甲戌歲木星，置後合入曆一百一十四度八十六分七十二秒，減夕伏段限度二度九十三分，餘一百一十一度九十三分七十二秒，爲夕伏段入曆。夕伏段入曆内減疾末段限度四度六十四分，餘一百〇七度二十九分七十二秒，爲夕疾末段入曆。如此累減退而求至夕退段也。

火星，用晨夕退段限度時，常增一十九秒五十八微，爲六度四十六分五十二秒而累加減也。或減不足，加三百六十五度二十五分七十五秒而減之。

上考者，如開元十二年，置中積二十〇億三千〇七十五萬一千〇八十，減曆應，餘二十〇億一千一百七十五萬一千五百九十九分，滿曆率除去，以不盡減曆率，餘二千三百九十五萬七千七百四十九分六十五秒半，加後合分，二千七百二十一萬八千七百〇三分六十五秒半，以度率除，得二百二十九度五十三分四十九秒，爲後合入曆。

求盈縮差（第三）

置入曆度及分秒，在曆中已下，爲盈；已上，減去曆中，餘爲縮。視盈縮曆，在九十一度三十一分四十三秒太已下，爲初限；已上，用減曆中，餘爲末限。

其火星，盈曆在六十度八十七分六十二秒半已下，爲初限；已上，用減曆中，餘爲末限。

置各星立差，以初末限乘之，去加減平差，得，又以初末限乘之，去加減定差，再以初末限乘之，滿億爲度，不滿退除爲分秒，即所求盈縮差。

又術：置盈縮曆，以曆策除之，爲策數，不盡爲策餘；以

---

① 天文臺藏抄本、東京大學藏抄本與東北大學藏抄本作“尾算”，大谷大學藏抄本與九州大學藏抄本作“度算”。前者正確。

其下損益率乘之，曆策除之，所得，益加損減其下盈縮積，亦爲所求盈縮差。

依又術，甲戌歲木星後合伏入曆一百一十四度八十六分七十二秒爲曆中一百八十二度六十二分八十七秒半已下，故爲盈曆，曆策一十五度二十一分九十秒除得七策，不滿八度三十四分四十二秒乘立成七策之損分六十一，曆策除得三十三分，爲損，減七策之盈積五度七十五分，餘五度四十二分爲合伏段之盈差。晨疾末段[①]，置入曆一百三十二度四十三分七十二秒，爲曆中以下，故爲盈曆，曆策除，得八策，不滿〇度六十七分六十二秒[②]乘八策之損分九十三，曆策除，得四分，損減八策之盈積五度一十四分，餘五度一十分爲晨疾末段之盈差。又火星後合伏，置入曆三百五十四度一十一分一十八秒，爲曆中以上，去曆中，餘一百七十一度四十八分三十秒爲縮曆，曆策除得十一策，不滿四度〇七分四十秒乘十一策之損分千百五十八。曆策除，得三度一十分，爲損，用減十一策之縮積一十一度五十八分，餘八度四十八分爲合伏段縮差。

用本術者，求盈縮曆初末限，然用又術，求盈縮而初末限不求。◎有時與用本術所求數微違，取簡易而用又術也。

如本術求者，甲戌歲木星，後合伏入盈曆一百一十四度八十六分七十二秒爲九十一度三十一分四十三秒太以上，故用減曆中，餘六十七度七十六分一十五秒半爲盈末限。置立差二百三十六，乘盈末限，加平差二萬五千九百一十二，又乘盈末限，以減定差一千〇八十九萬七千，餘又乘盈末限，得五億四千五百九十九萬，億約得五度四十六分，爲合伏段[③]盈差。餘傚之。

求平合諸段定積（第四）

各置其星其段中積，以其盈縮差盈加縮減之，即其段定積

---

① 天文臺藏抄本、東京大學藏抄本與東北大學藏抄本作“晨疾末段”，大谷大學藏抄本與九州大學藏抄本作“晨疾末限”。前者正確。

② 天文臺藏抄本、東京大學藏抄本與東北大學藏抄本作“六十二秒”，大谷大學藏抄本與九州大學藏抄本作“六十一秒”。前者正確。

③ 天文臺藏抄本與東京大學藏抄本作“約テ五度四十六分ヲ合伏段”，東北大學藏抄本作“約段”，大谷大學藏抄本和九州大學藏抄本作“約シ五度四十六分ヲ合伏段”。從天文臺藏抄本與東京大學藏抄本。

日及分秒；以天正冬至日分加之，滿紀法去之，不滿，命甲子算外，即得日辰。

甲戌歲木星後合伏，置其段中積二百一十二日五十六分〇一秒，其段盈差五度四十二分命日分爲五日四十二分，爲盈故加而得二百一十七日九十八分〇一秒，爲合伏定積，加天正冬至初日〇四分七十三秒，得二百一十八日〇二分七十四秒，日數去紀法六十，三十八壬子日〇二分七十四秒爲平合伏日辰。晨疾初，置中積二百二十九日四十二分〇一秒，其段盈差命日分而加五日三十分，得二百三十四日七十二分〇一秒，爲晨疾初定積，加天正冬至日分，得二百三十四日七十六分七十四秒，日數滿紀法去而得五十四戊午日七十六分七十四秒，爲平晨疾初日辰。又火星後合伏，置中積三十九日二十四分二十一秒，其段縮差命日分而以八日四十八分爲縮，故減而餘三十〇日七十六分二十一秒，爲合伏段定積。此爲其年冬至後，故加次年天正冬至五日二十八分九十四秒，得三十六日〇五分一十五秒。日數不滿紀法，故直以三十六庚子日〇五分一十五秒爲平合伏日辰。

加盈差，滿歲周者去之，不足減縮差，加歲周而減之。◎加天正冬至日分者，若爲其年冬至後者，加次年天正冬至日分，又爲其年天正冬至前者，加前年天正冬至日分也。

求平合及諸段所在月日（第五）

各置其段定積，以天正閏日及分加之，滿朔策，除之爲月數，不盡，爲入月已來日數及分秒。其月數，命天正十一月算外，即其段入月經朔日數及分秒；以日辰相距，爲所在定朔月日。

甲戌歲木星後合伏，置平定積二百一十七日九十八分〇一秒，加天正閏餘二十二日九十〇分三十二秒，得二百四十〇日八十八分三十四秒，滿朔策二十九日五十三分〇六秒除而得八箇月，不滿四日六十三分八十六秒，将八箇月天正十一月空、十二月一、正月二、二月三地算，而爲六月，不滿爲四日六十三刻，即平合伏經日辰。然爲經朔月日，故六月定朔丁酉至壬寅算日，則爲六月六日，即定日辰，置前合夕留段定積六十五日五十八分〇一秒，加天正閏日分，得八十八日四十八分三十四秒[①]，滿朔策除，得二箇月[②]與不滿二十九日四十二分二十二秒，自天正十一月數，爲正月二十九日四十二刻，爲夕留經日辰。定朔爲二月己巳朔，故夕留己巳日即二月朔日，以此爲定月日。

各段當其年冬至後者，加次年天正閏餘之日分，若求其年天正前者，加前年天正閏餘之日分。

求平合及諸段加時定星（第六）

各置其段中星，以盈縮差盈加縮減之，金星倍之，水星三之。即諸段定星；以天正冬至加時黄道日度加而命之，即其星其段加時所在宿度及分秒。

甲戌歲木星[③]後合伏，置中星二百一十二度五十六分〇一秒，以其段盈差五度四十二分盈加，得二百一十七度九十八分〇一秒，爲合伏加時定星，加天正冬至黄道日度箕三度一十九分八十八秒，以黄道宿次自箕宿累去斗、牛、女、虚、危以下全度分，得柳初度一十二分，爲加時定星宿度。火星前合之夕退段，置中星一百九十七度一十四分〇五秒[④]，加其段盈差一十〇度七十一分，得二百〇七度八十五分〇五秒，爲夕退加時定星，加天正冬至日度，滿黄道宿次累去而得井二十三度四十一分，爲加時定星宿度。土星後合伏，置中星八度八十四分六十三秒，以其段縮差二度一十三分縮減，餘六度七十一分六十三秒爲合伏加時定星，爲其歲冬至後，故加乙亥歲天正冬至黄道日度箕三度一十八分四十二秒，滿黄道宿次累去而得斗初度三十二分，爲加時定星宿度。金星後合伏，置中星三十二度八十一分三十六秒[⑤]，倍其段盈差一度二十

---

① 天文臺藏抄本作“二十四秒”，大谷大學藏抄本、東京大學藏抄本、九州大學藏抄本和東北大學藏抄本作“三十四秒”。後者正確。

② 天文臺藏抄本、九州大學藏抄本、東京大學藏抄本和東北大學藏抄本作“二箇月”，大谷大學藏抄本作“三箇月”。前者正確。

③ 天文臺藏抄本作“本星”，大谷大學藏抄本、東京大學藏抄本和九州大學藏抄本作“木星”，東北大學藏抄本缺“第六和第七”内容。應爲“木星”。

④ 天文臺藏抄本與東京大學藏抄本作“〇五秒”，大谷大學藏抄本與九州大學藏抄本作“〇〇秒”。前者正確。

⑤ 天文臺藏抄本與東京大學藏抄本作“三十六秒”，大谷大學藏抄本和九州大學藏抄本作“一十六秒”。前者正確。

六分，加二度五十二分，得三十五度三十三分三十六秒，爲平合加時定星，爲其歲冬至後，故加乙亥歲天正冬至日度，去命如上而得牛五度二十五分，爲加時定星宿度。水星後合第一夕[1]疾段，置中星一百〇五度六十四分七十秒，三因其段縮差二度〇一分，減六度〇三分，餘九十九度六十一分七十秒爲夕疾加時定星，加天正冬至日度，去命如上而得壁七度四十九分，爲定星宿度。若加盈差滿歲周度則去之，不足減縮差，加歲周度而減之。◎各段當其年冬至後者，加命次年天正冬至日度，或當其年天正冬至以前者，加命前年天正冬至日度也。

求諸段初日晨前夜半定星（第七）

各以其段初行率，乘其段加時分，百約之，乃順減退加其日加時定星，即其段初日晨前夜半定星；加命如前，即得所求。

木 甲戌歲水星後合伏，置平合日辰日下分二分七十四秒，乘合伏初行率二十三分，百約，得六十三秒，爲順行，故以此減加時定星二百一十七度九十八分〇一秒，餘二百一十七度九十七分三十八秒爲合伏初日晨前夜半定星，加去命冬至加時日度如前而得柳初度一十一分，爲夜半宿度。晨疾初，置定積日辰日下分七十六分七十四秒，乘晨疾初初行率二十二分，百約得一十六分八十八秒，爲順行，故以減加時定星二百二十一度七十二分〇一秒，餘二百二十一度五十五分一十三秒爲晨疾初初日晨前夜半定星，加命冬至日度如前而得柳三度八十六分，爲夜半宿度。又前合夕退段，置定積日辰日下分四分七十四秒，乘初行率一十六分，百約得七十六秒，爲退行，故加加時定星，得二百〇一度六十二分八十五秒，爲退之初日晨前夜半定星，加命如前而得井一十七度一十八分，爲夜半宿度。當其年冬至後者，加次年天正冬至日度，又當其年天正冬至以前者，加命前年天正冬至日度也。◎或以百約得數直加減於加時宿度而得夜半宿度亦同。

求諸段日率度率（第八）

各以其段日辰距後段日辰爲日率，以其段夜半宿次與後段

---

[1] 天文臺藏抄本缺“夕”，大谷大學藏抄本、東京大學藏抄本和九州大學藏抄本均有“夕”。從後者補。

夜半宿次相減，餘爲度率。

甲戌歲後合伏，以其段定積日辰日數三十八日，減次段晨疾初日辰之日數五十四日，餘一十六日爲合伏段日率。以晨疾初日辰之日數五十四日減晨疾末日辰之日數二十二日，不足，故加紀法六十爲八十二日而減，餘二十八日爲晨疾初段日率。如本文求，从合伏壬寅日至晨疾初戊午日算日數，得一十六日，爲合伏日率，从晨疾初戊午日至晨疾末丙戌日算日數，得二十八日，爲晨疾初日率。◎以後合伏夜半定星二百一十七度九十七分減晨疾初夜半定星二百二十一度五十五分，餘三度五十八分爲合伏段度率。以晨疾初夜半定星二百二十一度五十五分減晨疾末夜半定星①二百二十七度五十一分，餘五度九十六分爲晨疾初段度率。如②本文求，以合伏夜半宿度柳初度一十一分減晨疾初夜半宿度柳三度六十九分，餘三度五十八分爲合伏度率。以晨疾初夜半宿度柳三度六十九分減晨疾末夜半宿度柳九度六十五分，餘五度九十六分爲晨疾初度率。又如求火星後合伏，夜半宿度作爲牛初度六十四分則晨疾初夜半宿度爲奎八度四十分，故以黄道宿次，以壁、室、危、虚、女、牛之全度累加於奎八度四十分，減牛初度六十四分，餘七十九度一十四分爲合伏段度率。

右如本文，夜半宿次相減宿號異者，隨其順逆行前後宿全度累加而減也。

[捷術] 求日率，以其段日辰日數減後段日辰日數，餘爲其段日率。不足減，加紀法而減。如火星前後伏段，段日日數比紀法多，故平合平伏③日辰五十一日以上，次段二次加減紀法也，求度率，以其段定星積度分減後段積度分，餘爲度率，然五星術不用每日夜半積度，故從本術而當以宿度求相距度率，不足減，加周天三百六十五度二十五分而減之。

---

① 天文臺藏抄本作“末半定星”，東京大學藏抄本作“末夜半定星”，大谷大學藏抄本作“水夜半定星”，九州大學藏抄本作“木夜半定星”。從東京大學藏本而改。東京大學藏本此處附貼紙，其中文字模糊。

② 天文臺藏抄本在“如”字前有“先”字，大谷大學藏抄本、東京大學藏抄本與九州大學藏抄本均無“先”字。從後者删去。

③ 天文臺藏抄本作“平合伏”，大谷大學藏抄本、東京大學藏抄本、九州大學藏抄本和東北大學藏抄本作“平合平伏”。後者正確。

求諸段平行分（第九）

各置其段度率，以其段日率除之，即其段平行度及分秒。

甲戌歲，木星後合伏段，置度率三度五十八分，日率一十六日除，得二十二分三十七秒，爲合伏段平行分；晨疾初，置度率五度九十六分，日率二十八日除，得二十一分二十九秒，爲晨疾初段平行分；晨疾末，置度率五度三十一分，日率二十八日除，得一十八分九十六秒，爲疾末段平行分。

求諸段增減差及日差（第十）

以本段前後平行分相減，爲其段泛差；倍而退位，爲增減差；以加減其段平行分，爲初末日行分。前多後少者，加爲初，減爲末；前少後多者，減爲初，加爲末。倍增減差，爲總差；以日率減一，除之，爲日差。

求甲戌歲木星後合晨疾初段，前段合伏平行二十二分三十七秒與後段夕遲末平行一十八分九十六秒相減，前多後少之餘三分四十一秒爲晨疾初段泛差，倍而退一位得六十八秒，爲增減差，前多後少，故以增減差加於平行二十一分二十九秒，得二十一分九十七秒，爲初日行分，以增減差減平行分，餘二十〇分六十一秒爲末日行分。又倍增減差而得一分三十六秒，爲總差，日率二十八日内減一日，以餘二十七日除總差，得五秒〇四微，爲日差。求晨疾末段，前段晨疾初之平行二十一分二十九秒與後段晨遲初之平行一十四分八十二秒相減，前多後少之餘六分四十七秒爲晨疾末段泛差，倍而退一位得一分二十九秒，爲增減差，前多後少，故以增減差加於晨疾末段平行一十八分九十六秒，得二十〇分二十五秒，爲初日行分，以增減差減平行分，餘一十七分六十七秒爲末日行分，亦倍增減差得二分五十八秒，爲總差，日率二十八日内減一日，以餘二十七日除總差，得九秒三十六微，爲日差。其木星合伏段、晨遲末段①、夕退段、夕遲末段、夕伏段等，前段又後段平行分不必相減，故依次術求增減差並日差也。

---

① 天文臺藏抄本作“晨遲木段”，東北大學藏抄本、東京大學藏抄本、九州大學藏抄本和大谷大學藏抄本作“晨遲末段”。後者正確。

求前後伏遲退段增減差（第十一）

前伏者，置後段初日行分，加其日差之半，爲末日行分。

後伏者，置前段末日行分，加其日差之半，爲初日行分；以減伏段平行分，餘爲增減差。

前遲者，置前段末日行分，倍其日差，減之，爲初日行分。

後遲者，置後段初日行分，倍其日差，減之，爲末日行分；以遲段平行分減之，餘爲增減差。前後近留之遲段。

木火土三星，退行者，六因平行分，退一位，爲增減差。

金星，前後退伏者，三因平行分，半而退位，爲增減差。

前退者，置後段初日行分，以其日差減之，爲末日行分。

後退者，置前段末日行分，以其日差減之，爲初日行分；乃以本段平行分減之，餘爲增減差。

水星，退行者，半平行分，爲增減差；

皆以增減差加減平行分，爲初末日行分。前多後少者，加爲初，減爲末；前少後多者，減爲初，加爲末。又倍增減差，爲總差；以日率減一，除之，爲日差。

五星前伏者　求甲戌歲木星後合伏，置後段晨疾初之初日行分二十一分九十七秒，半其段日差五秒〇四微而加，得二十一分九十九秒，爲合伏段末日行分，減合伏段平行二十二分三十七秒，餘三十八秒爲合伏段增減差，加平行分，得二十二分七十五秒，爲初日行分，倍增減差而得七十六秒，爲總差，日率内減一日，以餘一十五日除而得五秒〇七微，爲日差。◎求後伏木星前合之夕伏段，置前段夕疾末之末日行二十一分八十八秒，半其段日差四秒三十七微而加，得二十一分九十秒，爲夕伏段初日行分，減夕伏段平行二十二分三十五秒，餘四十五秒爲夕伏段增減差。求日差者同前。

五星前遲[①]　求木星後合之晨遲末段，置前段晨疾之末日行一十二

① 天文臺藏抄本在“五星前遲”前有“晨遲初”三字，其餘抄本均無。今從後者刪去之。

分三十四秒，倍其段日差一十八秒三十七微而減，餘一十一分九十七秒爲晨遲末段初日之行分，減晨遲末段平行六分五十七秒，餘五分四十秒爲增減差。求末日行分並日差同前。◎求後遲木星前合之夕遲初段，置後段夕遲末之初日行一十二分[①]五十二秒，倍其段日差一十九秒一十九秒而減，餘一十二分一十四秒爲夕遲初段之末日行分，減遲初段平行六分四十六秒，餘五分六十八秒爲增減差。求初日行分並日差同前。求金星前後遲段者注於左。

木火土三星退行　求木星後合之晨退段，置晨退段平行一十〇分四十六秒，六因退一位得六分二十八秒，爲晨退段增減差。求初末日之行分並日差同前。

金星前後退伏　求金星前合之夕退伏段，置其段平行七十三分三十三秒，三因、半而退一位得一十一分，爲夕退伏段增減差。求初末日行分並日差同前。◎求合退伏者同。◎求前退前合之夕退段，置後段夕退伏初日行六十二分三十三秒，減其段日差四分四十秒，餘五十七分九十三秒爲夕退段末日行分。求初日行分並日差同前。◎求後退前合之晨退段，置前段合退伏之末日行六十二分七十六秒，減其段日差四分四十二秒八十微，餘五十八分三十三秒爲晨退段[②]初日行分。求末日行分並日差同前。

水星退行　求水星後合第一夕退伏段，半夕退伏段平行六十三分，得三十一分五十秒，爲夕退伏段增減差。求初末日行分並日差同前。

改術 按：金星遲段如本術求而不合，故今取捷徑而設術云：置其段度率，日率加一而除，以所得夕遲爲初日行分、晨遲爲末日行分，而求增減差及日差。

例如，求金星前合之夕遲末段，倍夕遲末段之度率，置八度六十六分，日率加一[③]，以一十七日除，得五十〇分九十四秒，爲初日行分，

---

① 天文臺藏抄本、九州大學藏抄本、東京大學藏抄本和東北大學藏抄本作“一十二分”，大谷大學藏抄本作“一十一分”。前者正確。

② 天文臺藏抄本、東北大學藏抄本與東京大學藏抄本作“晨退段”，大谷大學藏抄本與九州大學藏抄本作“晨段”。前者正確。

③ 天文臺藏抄本、東北大學藏抄本與東京大學藏抄本作“一”，大谷大學藏抄本與九州大學藏抄本作“三”。前者正確。

内減平行分，餘二十三分八十八秒爲增減差，日率内減一日，餘一十五日除而得三分一十八秒四十微，爲日差。如本文求，置夕遲末段末日行六十五分三十八秒，倍同段日差一分〇四秒八十一微而減，餘六十三分二十八秒爲夕遲末段末日行分，減平行分，餘三十六分二十二秒爲增減差，以增減差減平行，爲末日行分，不足減，故求日差四分八十二秒九十二微，自初日累減，至末之第二日逆反。亦求宿次之度，至末之第四日而過夕留之宿度也。

求每日晨前夜半星行宿次（第十二）

各置其段初日行分，以日差累損益之，後少則損之，後多則益之，爲每日行度及分秒；乃順加退減，滿宿次去之，即每日晨前夜半星行宿次。

甲戌歲木星後合伏，爲六月六日壬子日，置合伏初日之行二十二分七十五秒，晨段順行逐日行分損，故減日差五秒〇七微，餘二十二分六十九秒九十三微，爲合伏第二日[①]星行分，即六月七日癸卯日，又累減日差，餘二十〇分六十四秒八十六微爲合伏第三日星行分，即六月八日甲辰日，又累減日差，餘二十二分五十九秒，爲合伏第四日星行分，即六月九日乙已日，如此求至合伏末日。又从晨疾初初日到末日求星行分，又从晨疾末初日到末日求星行分，各段如此求每日星行度也。

木火土三星晨段、金水二星夕段，順行，逐日損行分，故減日差，逆行，逐日增行分，故加日差。又木火土三星夕段、金水二星晨段，順行逐日增行分，故加日差，逆行逐日損行分，故減日差。留段皆无行分。

置後合伏初日六月六日晨前夜半宿度柳初度一十一分，加初日星行分二十二分七十五秒，得柳初度三十三分七十五秒，爲六月七日晨前夜半宿度，又加第二日星行二十二分六十九秒九十三微[②]，得柳初度五十六分四十四秒九十三微，爲六月八日夜半宿度，又加第三日星行二十二

---

① 天文臺藏抄本作“第二日”，大谷大學藏抄本、東京大學藏抄本、九州大學藏抄本和東北大學藏抄本作“第三日”。前者正確。

② 天文臺藏抄本作“…斂ヲ累加シテ”，大谷大學藏抄本、東京大學藏抄本與九州大學藏抄本作“…微ヲ加ヘテ”，東北大學藏抄本作“…微ヲ累加メ”。從東京大學藏抄本。

分六十四秒八十六微，得柳初度七十九分〇九秒七十九微，爲六月九日夜半宿度。如斯至合伏末日累加星行分而求夜半宿度，又从晨疾初初日至末日求夜半宿度，各段如此求每日晨前夜半宿度也。

留段，留之日數内皆用初日之宿度。◎退段，累減每日行分而爲夜半宿度。◎累加行分而滿黄道宿次者去之，爲次宿之度分。退行累減不足者，加前宿全度而減，餘爲前宿之度分。

求五星平合見伏入盈縮曆（第十三）

置其星其段定積日及分秒，若滿歲周日及分秒去之，餘在次年天正冬至後。如在半歲周已下，爲入盈曆；滿半歲周去之，爲入縮曆；各在初限已下，爲初限；已上，反減半歲周，餘爲末限；即得五星平合見伏入盈縮曆日及分秒。

甲戌歲木星平合，置後合伏定積二百一十七日九十八分〇一秒，爲半歲周以上，故去當時之半歲周一百八十二日六十二分一十〇秒半，餘三十五日三十五分九十〇秒半[①]爲太陽入縮曆，爲縮初限九十三日七十一分一十九秒少以下，故直爲縮初限。平見，置晨疾初定積二百三十四日七十二分〇一秒，半歲周以上，故去半歲周，餘五十二日〇九分九十〇秒半爲太陽入縮曆，爲縮初限以下，故爲初限。又火星後合之平見，置晨疾初定積一百二十九日二十八分二十一秒，半歲周已下，故爲太陽入盈曆，爲盈初限八十八日九十〇分九十一秒少[②]以上，故用減半歲周，餘五十三日三十三分八十九秒爲盈末限。

木火土三星，平合爲合伏，平見爲晨疾初，平伏爲夕伏，求此三段。金水二星，順合之平合爲合伏，平見爲夕疾初，平伏爲晨伏，求此三段。金星逆行之平合爲合退伏[③]，平見爲晨退，平伏爲夕退伏；水星逆行之平合爲合退伏，平見爲晨留，平伏爲夕退伏。求此三段也。此後

---

① 天文臺藏抄本作“三十五日九十〇秒半”，大谷大學藏抄本、東京大學藏抄本、九州大學藏抄本和東北大學藏抄本作“三十五日三十五分九十〇秒半”。後者正確。

② 天文臺藏抄本作“九十一秒”，大谷大學藏抄本、東京大學藏抄本、九州大學藏抄本和東北大學藏抄本作“九十一秒少”。後者正確。

③ 天文臺藏抄本在此句以下缺“平見ハ晨退ナリ平伏ハ夕退伏ナリ水星逆行ノ平合ハ合退伏ナリ”一句，其餘抄本均不缺。從後者補。

皆求合見伏三段。

求五星平合見伏行差（第十四）

各以其星其段初日星行分，與其段初日太陽行分相減，餘爲行差。若金、水二星退行在退合者，以其段初日星行分，併其段初日太陽行分，爲行差；内水星夕伏晨見者，直以其段初日太陽行分爲行差。

甲戌歲木星平合，後合伏初日之行二十二分七十五秒與前條所求平合縮初限三十五日太陽之行九十六分八十秒相減，餘七十四分〇五秒爲平合段行差。平見，晨疾初初日之行二十一分九十七秒與縮初限五十二日太陽之行九十七分六十七秒相減，餘七十五分七十秒爲平見[①]行差。金星逆伏，前合夕退伏，初日之行六十二分三十三秒與夕退伏盈末限八十日太陽之行九十九分二十一秒相併，一度六十一分五十四秒，爲逆伏行差。水星逆伏，後合第一夕退伏[②]以盈末限六十五日太陽之行九十八分三十七秒直爲行差。金星逆行，合、見皆初日行分與太陽行分相併而爲行差，水星逆行，合、見皆初日行分與太陽行分相併而爲行差[③]，見與伏，當留之初末，故無星行分，直以太陽行分爲行差之用也。[④]

求五星定合定見定伏泛積（第十五）

木火土三星，以平合晨見夕伏定積，便爲定合伏見泛積日及分秒。

金水二星，置其段盈縮差度及分秒，水星倍之。各以其段行差除之，爲日，不滿，退除爲分秒。在平合夕見晨伏者，盈減縮

---

① 天文臺藏抄本與東北大學藏抄本作“平伏”，大谷大學藏抄本、東京大學藏抄本與九州大學藏抄本作“平見”。後者正確。

② 天文臺藏抄本缺“後合第一ノ夕退伏ハ”一句，其餘抄本均有。從後者補之。

③ 天文臺藏抄本缺“水星ノ逆行ハ合ハ見モ皆初日ノ行分ト太陽ノ行分ト相併セテ行差トス”一句，其餘抄本均有。從後者補。

④ 天文臺藏抄本字跡模糊，似作“トス用ルナリ”，大谷大學藏抄本與東北大學藏抄本作“トシ用ルナリ”，九州大學藏抄本作“トシ用ルニ”。意同。

加；在退合夕伏晨見者，盈加縮減；各以加減定積爲定合伏見泛積日及分秒。

求木火土三星者，甲戌歲木星平合，以後合伏定積二百一十七日九十八分〇一秒即爲定合泛積，平見以晨疾初定積二百三十四日七十二分〇一秒即爲定見泛積，平伏以前合定積二百〇一日二十三分〇一秒即爲定伏泛積。

求金水二星者，金星後合伏，置盈差一度二十六分，行差二十七分六十四秒除而得四日五十五分八十六秒，爲順合之盈，故減其段定積三十四日〇七分三十六秒，餘二十九日五十一分五十秒爲順定合泛積。水星後合第一逆行夕退伏，倍縮差一度三十八分，得二度七十六分，行差九十八分三十七秒除，得二日八十〇分五十七秒，爲逆伏縮，故減其段定積一百一十六日七十六分七十〇秒，餘一百一十三日九十六分一十三秒爲逆定伏泛積。

平合、夕見、晨伏皆順行也。合，合伏；夕見，夕疾；晨伏，即晨伏也。退合、夕伏、晨見皆逆行也。退合，合退伏；夕伏，夕退伏；晨見，金星晨退，水星晨留也。

求五星定合定積定星（第十六）

木火土三星，各以平合行差除其段初日太陽盈縮積，爲距合差日；不滿，退除爲分秒，以太陽盈縮積減之，爲距合差度。各置其星定合泛積，以距合差日盈減縮加之，爲其星定合定積日及分秒；以距合差度盈減縮加之，爲其星定合定星度及分秒。

金水二星，順合退合者，各以平合退合行差，除其日太陽盈縮積，爲距合差日；不滿，退除爲分秒，順加退減太陽盈縮積，爲距合差度。順合者，盈加縮減其星定合泛積，爲其星定合定積日及分秒；退合者，以距合差日盈減縮加、距合差度盈加縮減其星退定合泛積，爲其星退定合定積日及分秒；命之，爲退定合定星度及分秒。以天正冬至日及分秒，加其星定合定積日及分秒，滿旬周去之，命甲子算外，即得定合日辰及分秒。以天正冬至加時黃道日度及分秒，加其星定合定星度及分秒，滿黃道宿次去之，即得定合所躔黃道宿度及分秒。徑求五星合伏定日：木、火、土三星，以夜半黃道日度，減其星夜半黃道宿次，餘在其日太陽行分已下，爲其日伏合；金、水二星，以其星夜半黃道宿次，減夜半黃道日度，餘在其日金、水二星行分已下者，爲其日伏合。金、水二星伏退合者，視其日太陽夜半黃道宿次，未行到金、水二星宿次，又視次日太陽行過金、水二星宿次，金、水二星退行過太陽宿次，爲其日定合伏退定日。

求木火土三星者，甲戌歲木星後合，置合伏縮初限三十五日之太陽縮積一度四十二分二十四秒，以合伏段行差七十四分〇五秒除，得一日九十二分〇九秒，爲距合差日，縮加於定合泛積二百一十七日九十八分〇一秒，得二百一十九日九十〇分一十秒，爲定合定積，加天正冬至初日〇四分七十三秒，日數滿紀法六十去，餘三十九癸卯日九十四分八十〇秒爲定合日辰。置定合定積，命度分得二百一十九度九十〇分〇一秒，縮減其縮積一度四十二分二十四秒，餘二百一十八度四十八分[①]爲定合定星。加天正冬至日度箕三度一十九分，以黃道宿次累去，得柳初度六十一分，爲定星宿度。如本文求定星者，置距合差日，減其縮積一度四十二分二十四秒，餘初度四十九分八十五秒爲距合差度，爲縮故以加定合泛積，得二百一十八度四十八分，爲定合定星，加命如上而得宿度。

求金水二星者，金星順合，置後合伏盈初限三十四日之太陽積一度[②]四十四分八十七秒，其行差二十七分六十四秒除，得五日二十四分一十四秒，爲距合差日，盈加定合泛積二十九日五十一分五十秒而得三十四日七十五分六十四秒，爲定合定積[③]，此爲甲戌年冬至後，故加乙亥歲天正冬至五日二十八分九十四秒，日數滿紀法去而得四十〇甲辰日〇四分五十八秒，爲定合日辰。置定合定積，命度分而得三十四度[④]七

---

① 天文臺藏抄本衍“八十三秒”四字，大谷大學藏抄本、東京大學藏抄本、九州大學藏抄本和東北大學藏抄本均無。從後者删之。

② 天文臺藏抄本字跡模糊，此處殘缺，大谷大學藏抄本、九州大學藏抄本、東京大學藏抄本和東北大學藏抄本作“積一度”。後者正確。

③ 天文臺藏抄本作“泛積”，大谷大學藏抄本、九州大學藏抄本、東京大學藏抄本和東北大學藏抄本作“定積”。後者正確。

④ 天文臺藏抄本、東京大學藏抄本與東北大學藏抄本作“三十四度”，大谷大學藏抄本與九州大學藏抄本作“五十四度”。前者正確。

十五分六十四秒[①]，以其盈積[②]一度四十四分八十七秒盈加，得三十六度二十〇分五十一秒，爲定合定星，此爲其年冬至後，故加乙亥歲[③]天正冬至日度箕三度一十八分，満宿次去而得牛六度一十二分，爲定星宿度。如本文求定星者，置距合差日，爲順合故加盈積一度四十四分八十七秒，得六度六十九分〇一秒，爲距合差度，爲盈，故以加泛積，得三十六度二十一分，爲定合定星。加命如上而得宿度。水星逆合，置第一後合合退伏盈末限五十四日之盈積一度九十四分三十二秒，行差二度〇二分除，得初日九十六分〇三秒，爲距合差日，盈減逆合泛積一百二十六日七十一分〇四秒，餘一百二十五日七十五分〇一秒爲退定合定積，加命天正冬至日分如前，得日辰五已巳[④]日七十九分七十四秒，逆定合定積命度分而盈如其盈積一度九十四分三十二秒，得一百二十七度六十九分，爲定合定星，加命如前而得宿度婁八度五十四分。如本文求定星者，置距合差日，爲退故減盈積，餘初度九十八分二十九秒爲距合差度，求宿度同前。

本經之術金水二星順合，以距合差日盈加縮減泛積而爲定積，以距合差度盈加縮減泛積而爲定星。逆合，以距合差日盈減縮加泛積而爲定積，以距合差度盈加縮減泛積而爲定星。雖本文即如此，然初學者難見，故細注但當依捷術也。

捷術　按：本術求距合差度繁難，故不求差度，只求距合差日，加減泛積，得定合定積，以太陽盈縮積盈加縮減定積，直得定合定星[⑤]。金水二星順合逆合皆同。

本經細字之文，不用求定積，直求定合定日者也。例如木星定合，於六月，合伏夜半宿度柳初度一十一分比於每日夜半日度，六月六日夜

---

① 天文臺藏抄本此句“度分ニ命シテ三十四度七十五分六十四秒ヲ”與上重複，其餘抄本均無此句。從後者刪之。

② 天文臺藏抄本作“其積”，大谷大學藏抄本、九州大學藏抄本、東京大學藏抄本和東北大學藏抄本作“其盈積”。後者正確。

③ 天文臺藏抄本作“亥”，大谷大學藏抄本、九州大學藏抄本、東京大學藏抄本和東北大學藏抄本作“乙亥”。後者正確。

④ 天文臺藏抄本作“五日己日”，大谷大學藏抄本、九州大學藏抄本、東京大學藏抄本和東北大學藏抄本作“五巳巳日”。後者正確。

⑤ 天文臺藏抄本作“定積”，大谷大學藏抄本、九州大學藏抄本、東京大學藏抄本和東北大學藏抄本作“定星”。後者正確。

半日度，以鬼初度七十九分於星行宿度柳初度一十一分加鬼宿全度二度一十四而減，餘一度四十六分，比其日太陽之行多。又六月七日，以夜半日度鬼一度七十六分於星行宿度柳初度三十三分加鬼宿全度而減，餘七十一分，比其日太陽之行少，又六月八日，以夜半日度柳初度五十九分減星行宿度柳初度五十六分，不足，故以六月七日爲定合定日。水星後合第一順合，爲合伏夜半星行宿度室一度二十九分，以二月十日夜半日度室二度六十二分減星行宿度，爲餘一度三十三分，比其日星行分少，故以二月十日爲順定合定日。金星前合之逆合夜半星行宿度奎八度六十九分，爲三月十三日夜半日度奎七度八十分，故太陽還行不到星。又三月十四日夜半日度奎八度七十九分，太陽行過星，故以其前日未行至之十二日[1]爲逆定合定日。

求木火土三星定見伏定積日（第十七）

各置其星定見定伏泛積日及分秒，晨加夕減九十一日三十一分六秒，如在半歲周已下，自相乘；已上，反減歲周，餘亦自相乘，滿七十五，除之爲分，滿百爲度，不滿，退除爲秒；以其星見伏度乘之，一十五除之；所得，以其段行差除之，爲日，不滿，退除爲分秒；見加伏減泛積，爲其星定見伏定積日及分秒；加命如前，即得定見定伏日辰及分秒。

甲戌歲　木星定見，置後合之晨見泛積二百三十四日七十二分〇一秒，爲晨，故加九十一日三十一分〇六秒，得三百二十六日〇三分〇七秒，半歲周以上，故用減歲周三百六十五日二十四分二十一秒，餘三十九日二十一分一十四秒自乘而七十五除，得初度二十〇分五十〇秒，乘伏見十三度，一十五除，得一十七分七十七秒，以行差七十五分七十秒除，得二十三分四十七秒，爲差日，爲晨見，故以加泛積，得二百三十四日九十五分四十八秒，爲定見定積，加天正冬至初日〇四分七十三秒，日數滿紀法六十去而得五十五乙未日〇〇二十一秒，爲定見定日，即六月二十三日也。定伏，置前合之夕伏泛積二百〇一日二十三

① 天文臺藏抄本、東京大学藏抄本作“十三日”，大谷大學藏抄本、九州大學藏抄本作“十二日”。後者正確。

分〇一秒，爲夕，故減九十一日三十一分〇六秒，餘得一百〇九日九十一分九十五秒，半歲周以下，故直自乘而七十五除，得一度六十一分一十秒，乘伏見十三度，一十五除，一度三十九分六十二秒又以行差七十四分〇七秒除，得一日八十八分五十秒，爲差日，爲伏，故以減泛積，餘一百九十九日三十四分五十二秒爲定伏定積[①]，加天正冬至日分，日數滿六十[②]去而得一十九癸未日三十九分二十五秒，爲定伏定日，即閏五月十六日也，泛積加九十一日三十一分〇六秒，滿歲周去之，不足減，加歲周而減之，當其年冬至後者，加次年天正冬至日分而命，又當其年天正前者，加前年天正冬至日分而命也。

求金水二星定見伏定積日（第十八）

各以伏見日行差，除其段初日太陽盈縮積，爲日，不滿，退除爲分秒；若夕見晨伏，盈加縮減；如晨見夕伏，盈減縮加；以加減其星定見定伏泛積日及分秒，爲常積。如在半歲周已下，爲冬至後；已上，去之，餘爲夏至後。各在九十一日三十一分六秒已下，自相乘；已上，反減半歲周，亦自相乘。冬至後晨，夏至後夕，一十八而一，爲分；冬至後夕，夏至後晨，七十五而一，爲分；又以其星見伏度乘之，一十五除之；所得，滿行差，除之，爲日，不滿，退除爲分秒，加減常積，爲定積。在晨見夕伏者，冬至後加之，夏至後減之；夕見晨伏者，冬至後減之，夏至後加之；爲其星定見定伏定積日及分秒；加命如前，即得定見定伏日晨及分秒。

甲戌歲 金星顺定見，置後合夕見盈初限七十三日之盈積二度三十一分五十七秒，行差二十四分九十五秒除，得九日二十八分一十四秒，爲夕見之盈，故加泛積六十五日四十六分六十七秒，得七十四日七十四分八十一秒，爲常積，半歲周以下，故爲冬至後，爲九十一日

① 天文臺藏抄本作“定積”，大谷大學藏抄本、九州大學藏抄本、東京大學藏抄本和東北大學藏抄本作“定伏ノ定積”。後者正確。

② 天文臺藏抄本、東京大學藏抄本與東北大學藏抄本作“六十”，大谷大學藏抄本與九州大學藏抄本作“九十”。前者正確。

三十一分〇六秒以下，直自乘而得五千五百八十七度二十八分，爲冬至後之夕，故七十五除，得七十四分五十秒，乘伏見度一十度五十分，一十五除，得五十二分一十五秒。又行差二十四分九十二秒①除，得二日〇九分二秒②，爲差日，爲夕見之冬至後，故以減常積，餘七十二日六十五分七十九秒爲定見定積，爲其年冬至後，故加乙亥歲天正冬至五日二十八分九十四秒，日數滿紀法六十③而去，得一十七辛巳日九十四分七十四秒，爲定見定日，即乙亥歲正月十九日也。同逆定伏，置前合夕伏盈末限八十日之盈積二度三十四分三十八秒，行差一度六十一分五十四秒除，得一日四十五分〇九秒，爲夕伏之盈，故以減泛積一百〇三日三十四分二十五秒，餘一百〇一日八十九分一十六秒爲常積，半歲周以下，故爲冬至後，九十一日三十一分〇六秒以上，故用減半歲周一百八十二日六十二分一十〇秒半，餘八十〇日七十二分九十三秒半自乘，得六千五百一十七度二十四分，爲冬至後之夕，故七十五除，得八十六分九十秒，乘伏見度一十〇度五十分，一十五除，得六十〇分八十三秒，亦以行差一度六十一分五十四秒除，三十七分六十五秒，爲差日，爲夕伏之冬至後，故以加常積，得一百〇二日二十六分八十一秒④，爲逆定伏定積，加天正冬至初日〇四分七十三秒，日數滿紀法而去，得四十二丙午日三十一分五十四秒，爲定伏定日，即三月八日也。若當其年冬至後者，加次年天正冬至之日分，又當其年天正冬至前者，加命前年天正冬至日分如前。

---

① 天文臺藏抄本、東京大學藏抄本與東北大學藏抄本作“九十五秒”，大谷大學藏抄本和九州大學藏抄本作“九十二秒”。後者正確。

② 天文臺藏抄本作“二日〇二秒”，大谷大學藏抄本、九州大學藏抄本、東京大學藏抄本和東北大學藏抄本作“二日〇九分二秒”。後者正確。

③ 天文臺藏抄本缺“六十”二字，其餘抄本均有。從後者而補。

④ 天文臺藏抄本作“後ル”，大谷大學藏抄本、九州大學藏抄本、東京大學藏抄本和東北大學藏抄本作“得ル”。後者正確。

三《授時曆解議（術解）》譯注

授時曆術解　二卷

元史　卷五十四　志六　曆三

授時曆經上　術解

《曆經》有七篇，氣朔、發斂、日躔、月離爲上卷，中星、交會、五星爲下卷。見於《元史》五十四、五卷，志之第六、七。

3.1　步氣朔　第一①

氣，二十四氣，歲之一周，本於太陽所定也。朔，朔、弦、望，月之一周，本於太陰所定也。屬恒氣與經朔者悉舉於此篇，故云“步氣朔”。

至元十八年歲次辛巳爲元。上考往古，下驗將來，皆距立元爲算。周歲消長，百年各一。其諸應等數，隨時推測，不用爲②元。

---

① 北海道大學藏抄本缺步氣朔、步發斂兩部分。

② 《授時曆》消長法爲：365. 2425 - 0. 002T（T爲儒略世紀），此法已於《統天曆》中使用。現代數值採用 Newcomb 方法：365. 2422 - 0. 000006T. 參見小川清彥《授時曆の消長法と春海の所謂再消法に就いて》，《天文》1997 年第30期。中山茂：《消長法の研究》，《科学史研究》1963 年通号66，第68—84 頁、1963 年通号67，第128—130 頁；1964 年通号69，第8—17 頁。

至元十八年辛巳歲，元世宗年號，天下一統而始行此曆之年也，當日本後宇多皇弘安四年。◎[①]細字之文[②]“上考往古～～”[③] 自“上考”至“爲算”十四字，附於大字之文也。以至元辛巳歲爲元，往古將來皆以至其當時之年數爲距算。假如當時前距至元辛巳歲得五十年，則以五十爲距算。又當時前距辛巳歲[④]得七十年，以七十爲距算。皆以其當時之歲爲算外而數得也［往古順、將來逆距辛巳］。前代之曆用積年，積年非云自天開以來之年數。冬至閏餘、入轉、入交等諸數皆依積年之數，冬至子正一會，依算法而求，爲其曆元之數也。《三統曆》積年十四萬三千一百二十七，沖之《大明曆》積年五萬一千九百三十九，《大業曆》積年百四十二萬七千六百四十四等，今至《授時》，破其數而不用，立距算求也。其義委注於《曆議》[⑤]。◎“周歲消長～～”自此以下文云換立元算之意也。將來換立元，測定諸率諸應亦當周歲分數每百年消長一也。其消長法委注於“歲周”之下。又按：用至元辛巳歲所測定之諸率諸應換立元算者，假如今元禄甲戌歲[⑥]，距辛巳之元四百一十三，若以甲戌歲爲元，則乙亥歲距算一、丙子歲距算二地數。往古又同，元禄癸酉歲距算一、壬申歲距算二地數，如此時如本術每百年消長一而求之歲周分之外，更每百年消長一而爲用於其元之歲周。假如以元禄甲戌歲爲元者，其歲周當爲三百六十五萬二千四百二十一，此内又消四，而以三百六十五萬二千四百一十七用作歲周也。若以此上考至元辛巳歲，距算爲四百一十三，故歲周長四，得三百六十五萬二千四百二十一，與辛巳歲之元率不合，然至推算諸數自合。◎“其諸應等數～～”諸應，乃氣應、閏應、周應、轉應、交應、合應、曆應等也。《授時》之諸應乃至元時所測驗也。至將來者，當於其時測定諸率、諸應而换立元，非必定辛巳歲爲元也。又按：用至元辛巳歲諸應之元算換立者，以當時距

---

① 原文中爲單圈符號，表示段落分隔符。這裏爲與漢字零號區别，改用雙圈號。

② 細字之文，指雙行夾注。下同。

③ “上考往古～～”，引號内文字爲《授時曆》曆經文字，建部賢弘在注釋時將原文省略，用“～～”表示下文省略。下同。

④ 天文臺藏抄本與東京大學藏抄本作“又當時後距辛巳歲”，大谷大學藏抄本作“又此後距辛巳歲”，從天文臺抄本。

⑤ 《曆議》，指《授時曆解議（議解）》。

⑥ 元禄甲戌歲，即元禄七年，日本年號，即公元1694年。

至元辛巳歲積算依本經術所求天正冬至分用於氣應；天正閏餘分用於閏應；冬至加時赤道積度分用於周應；中積加辛巳歲之轉應，滿轉終分去之，餘用於轉應；中積加辛巳歲之交應，滿交終分去之，餘用於交應。五星，前合分用於合應；中積加辛巳歲曆應，滿曆率去之，餘用於曆應；爲距其時之元也。假如以元禄甲戌歲爲元者，氣應四百七十三，閏應二十二萬九千〇三十二分五十六秒，周應三百〇八萬五千八百二十一；轉應[1]一萬三千九百四十〇分四十四秒；交應[2]一十〇萬七千四百五十一分九十八秒。五星：合應，木星一百八十六萬三千一百九十九，火星三百七十五萬四千四百四十八，土星四萬〇三十二，金星一百八十五萬八千四百六十九，水星四十四萬四千七百九十一；曆應，木星一千一百四十九萬五千五百八十三分七十二秒半，火星二百六十一萬五千一百一十六分四十秒，土星五千五百九十八萬六千五百九十四分七十六秒，金星五萬六千〇三十七分，水星一百九十九萬一千五百五十九分也。

日周，一萬。

日，一日也；周，周轉也。合一晝一夜爲一日。天之周旋復元一晝夜時刻定爲一萬分而爲日周。亦太陽行天者平行，一日一度，故見分爲一萬分，此雖與日周異，然同數也，故術中通用。◎前代之曆立日法，《三統曆》日法八十一，《麟德曆》日法一千三百四十，《紀元曆》日法七千二百九十等，皆一日之分也。此氣朔分依算法求整者之數也。今《授時》不用其法，以萬分爲率而無籌策之煩。其義委注於《曆議》。

歲實，三百六十五萬二千四百二十五分。

歲即年，實即充滿也。自前之冬至至後之冬至，復於太陽之元躔爲一歲。測歲之日數，三百六十五日二十四刻二十五分也。通日周爲歲實。◎測算之法，自至元十四年至十六年，測日晷，得冬至之正時刻，又取古之冬至測驗之密，以其相距年數計積日時刻而所定也。委注於《曆議》。◎歲實消長之法，至元辛巳歲百年前增一，二百年前增二，

① 天文臺藏抄本眉注："轉應，置中積，加轉應，滿轉終分去之，二十四萬二千九百七十三也。注文所記如本術，減閏應而得數。誤也。"東京大學藏抄本、大谷大學藏抄本無此眉注。

② 天文臺藏抄本眉注："交應亦差六萬四三六二三〇也"。東京大學藏抄本、大谷大學藏抄本無此眉注。

如此往古每百年增一。辛巳歲百年後損一，二百年後損二，如此將來每百年損一而爲各用於其時之歲實。◎又由其歲實求出之諸率，皆求用其時之率也。◎凡消長歲周者，非云天道造化之理如此，若三億六千五百萬年後，歲周分盡而空也。又三億六千五百萬年前，雖依得歲周七百三十日之數推考如此，然未必可云其法不可。此以今之冬至千數歲之際，以求令合於舊史所載冬至而將來數百年後又合之一旦算法也，非必求萬年前後。唯本於隨時考驗而求合天，乃其法自元《統天曆》起也。《統天曆》，積年乘歲分而減氣差爲氣泛積，積年與距算相減，餘爲距差，乘斗分差，萬約，爲躔差。又乘距差，以減氣泛積，餘爲氣定積，而求冬至，每歲消長之算法也。此亦非天道如此，於求令其合者之術每百年消長一之算法亦爲猶詳者乎。

通餘，五萬二千四百二十五分。

通，通分也。餘，氣餘也。太陽節中二氣三十日，太陰朔至朔一月三十日，皆爲十二月，三百六十日，故三百六十日爲一年常數，以常數比諸一歲周之日數，則氣餘五日二千四百二十五分也，通日周而爲通餘，即一歲之氣盈也。歲實有消長者，求當時[①]之通餘。

朔實，二十九萬五千三百五分九十三秒。

朔，月之朔也，太陽與太陰同度曰朔。前朔太陽太陰同度，至次朔太陽太陰同度爲一月。以日數計二十九日五十三刻〇五分九十三秒也，通日周爲朔實。◎測算之法，古有章月、章歲之數，最親朔策日分也。究其微，擬定古今交食辰集時刻二曜之先後，計算自古相距年月積日時刻定所得也。

通閏，十萬八千七百五十三分八十四秒。

閏，ウルフ也。一月日數二十九日五千三百〇五分九十三秒，故一年月數十二月積日爲三百五十四日三千六百七十一分一十六秒，比諸一歲之日數三百六十五日二千四百二十五分，則氣去朔一十〇日八千七百五十三分八十四秒也。通日周爲通閏，即一歲之閏餘分也，又併一歲之氣盈與一歲之朔虛亦同，其閏分爲二年八個月一十七日二十二刻餘，一

---

① 天文臺藏抄本作“日乏”合字，參考“氣策”處的注文，該字應爲“時”字。東京大學藏抄本、大谷大學藏抄本均作“時”。

月之積滿二十九萬五千三百〇五分九十三秒，是爲閏月。歲實有消長者，求當時[①]通閏。

歲周，三百六十五日二千四百二十五分。

冬至至冬至一歲之日數也，即歲實約日周命日所得也。歲實有消長者，求當時之歲周。

朔策，二十九日五千三百五分九十三秒。

策，算[②]也，數也。以云迎朔推策號朔策，前朔至後朔一月之積日也，即朔實約日周命日所得。

氣策，十五日二千一百八十四分三十七秒半。

氣，二十四氣也。一歲分二十四氣，其一氣之日數也，即以二十四除歲周所得也，其秒下云半，半秒也，云少，四分之一即二分五釐也，云太，四分之三即七分五釐也。若有秒母者亦同之，其秒母四分之一爲少，四分之二爲半，四分之三爲太也。◎歲實有消長者，求當時之氣策。

望策，十四日七千六百五十二分九十六秒半。

望，云太陰太陽隔半周天相望而太陰之體圓満，一月之中日也。朔至望、望至次朔之日數，故曰望策，即半朔策所得也。

弦策，七日三千八百二十六分四十八秒少。

弦，上弦、下弦也，太陰太陽前後各隔周天四分之一時，太陰之體半明而如弧形，其月上旬，太陰在太陽東，故東方見弦，此曰上弦；月下旬，太陰在太陽西，故西方見弦，此曰下弦也。朔至上弦、上弦至望、望至下弦、下弦至次朔之日數，故曰弦策，即朔策四分之一所得，又半望策亦同。

氣應，五十五萬六百分。

至元十八年辛巳歲天正冬至分測驗所得也。◎其測算之法詳於《曆議》也。◎前曆立積年月法而求，故演紀上元，天正冬至子正七曜同會。諸應始不用此數，今《授時》以距算求，故用爲元之年天正冬至所當諸數立諸應之數，然古宋《元嘉曆》《景初曆》等所立紀首之遲疾

---

① 天文臺藏抄本作“ソノカミ”，即“そのかみ”，可譯作“其時”。東京大學藏抄本、大谷大學藏抄本均作“當時”。

② 天文臺藏抄本、東京大學藏抄本、大谷大學藏抄本字形均似“筭”，當爲“算”字。

交會差率，《授時》之轉應交應也。

閏應，二十萬一千八百五十分。

至元十八年辛巳歲天正閏餘分即十一月朔至冬至加時之分也。◎測算之法，自至元十四年測驗日月食時刻，以盈縮遲疾差數增損，求其經朔望時刻，以相距日時刻擬定至元十八年天正經朔①，減去冬至所得也。

没限，七千八百一十五分六十二秒半。

没，終（ヲハル）也，云氣盈分積爲日，一氣十五日之外有二十一刻八十四分三十七秒半之餘分，此曰氣盈，滿四氣有餘之分數爲一日也，此乃没日，故雖每氣皆十五日，然有没之氣十六日也，以其氣盈分減没一日，餘七千八百一十五分六十二秒半，每氣日下分此數已上者，加氣策，滿分數爲一日，即爲有没之限，故號没限。歲實有消長者，求當時之没限也。

氣盈，二千一百八十四分三十七秒半。

每一氣十五日之盈分數也，故號氣盈，即氣策日下分，一氣之没分也。又二十四氣除通餘所得亦同。◎倍氣盈四千三百六十八分七十五秒號中盈分，是每月節、中二氣三十日盈分也。歲實有消長者，求當時之氣盈。

朔虚，四千六百九十四分七秒。

朔策日數不足一月三十日常數之分，故曰朔虚，即以朔策減三十日而所得也。此每月之滅分也。滅，乃盡也。不足每月三十日之分，云二個月餘損盡一日，經朔日下分若爲此數已下時，加朔策亦不滿三十日而爲月内有滅日之限分，故爲術中有滅限。《統天曆》称之滅限。◎上古之曆以中氣之盈日爲没，没分盡爲滅。《大衍曆》改而以氣分所盈爲没日，朔分所虚爲滅日，自此後皆從之。②

---

① 天文臺藏抄本中，抄寫者注曰“以字當爲入字”，東京大學藏抄本、大谷大學藏抄本均無。天文臺藏抄本中“定”誤寫作“足”，東京大學藏抄本、大谷大學藏抄本均作“定”。後者正確。

② 關於没日、滅日的意義及其用途，中國古代文獻没有給出解釋，科學史界對其有不同解讀和認知。建部賢弘首次給出清晰的解釋：没，是終的意思，氣盈分累積爲一日，就是没。滅，是盡的意思，朔虚累積爲一日，就是滅。《大衍曆》以前，“中氣之盈日爲没，没分盡爲滅”，没、滅僅與氣相關，與朔無關，一行之後，“以氣分所盈爲没日，朔分所虚爲滅日”，没與氣相關，滅與朔相關。

旬周，六十萬。

旬，十日，六旬之周日分，故曰旬周，即前甲子日至後甲子日干支遍周而復元之積分也。紀法六十通日周一萬而得。

紀法，六十。

紀，終也，支干一周爲終數，故曰紀法，即以十干與十二支得等數，十二支約、十干乘而所得也。◎紀法干支六十甲子圖載《立成》。

推天正冬至（第一）

天正，舊年十一月也，十一月建子之月號天正，十二月建丑之月號地正，正月建寅之月號人正。夏代以人正爲正月，即今之正月也。商代以地正爲正月，即今之十二月也。周代以天正爲正月，即今之十一月也。漢已來用夏正，冬至爲陰極陽發之始，故以冬至爲曆元。冬至，乃十一月中氣，故云天正冬至也。

◎有“推”者，云新推得；有“求”者，云由推得數求也。後傚此。

置所求距算，以歲實上推往古，每百年長一；下算將來，每百年消一。①乘之，爲中積。加氣應爲通積，滿旬周去之；不盡以日周約之爲日，不滿爲分。其日命甲子算外，即所求天正冬至日辰及分。如上考者，以氣應減中積，滿旬周去之；不盡，以減旬周。②餘同上。

距算，注於前。所求年距至元辛巳歲之年數也。◎歲實，每一歲之日積分也。◎細字消長數，委注於“歲實”下。◎氣應，至元辛巳歲天正冬至之分數，即冬至前甲子日至冬至加時之分也。◎旬周，甲子日至甲子日干支一周之積日分也。◎日周，一日之刻分也。◎術意：距算乘歲實，至元辛巳歲天正冬至至所求歲天正冬至之日積分也，爲中積，加氣應，至元辛巳歲天正冬至前甲子日至所求歲天正冬至之日積分也，

① 天文臺藏抄本眉注：“注中師曰：百年消長一，佈算，依其曆文佈算。其理私當識得”。東京大學藏抄本、大谷大學藏抄本無此眉注。

② 天文臺藏抄本眉注：“置求年距算，以一秒乘之，以減歲實，加一秒，爲平歲實，此乘距算，爲中積。”東京大學藏抄本、大谷大學藏抄本無此眉注。

爲通積，滿旬周除去，餘即所求年天正冬至前甲子日至天正冬至加時之日積分也，是爲天正冬至分。以日周一萬約而爲日數，不滿爲分。其日數自甲子始而乙丑、丙寅、丁卯地命名，故曰命甲子。一爲甲子，求得日數空爲甲子；二爲乙丑，求得日數一爲乙丑；三爲丙寅，求得日數二爲丙寅，如此甲子爲空，一、二、三、四、五以上之數自乙丑數，故曰算外，即云甲子算外也。又求得日數加一自甲子命者，或求得日數命自乙丑者，皆曰算上也。◎求辰刻，發斂第三條術也。◎古曆最初以章月、章歲之數求天正經朔，後求冬至。《麟德曆》以來先求氣，後求朔也。

上考者，以氣應減中積，乃至元辛巳歲天正冬至前甲子日逆至所求歲天正冬至之日積分也。滿旬周除去，餘即所求年天正冬至後甲子日逆至其冬至之日積分也，故以是減旬周，餘得所求歲天正冬至前甲子日順至所求歲天正冬至加時之日積分也。約日周命日如上。

求次氣（第二）

次氣，求冬至之次小寒、小寒之次大寒、大寒之次立春，以下二十四氣之日辰也。

置天正冬至日分，以氣策累加之，其日滿紀法去之，外命如前，各得次氣日辰及分秒。

天正冬至，第一條所求也。◎氣策，一氣之日分也。◎置冬至日分，加氣策得小寒日分，又加氣策得大寒日分，又加氣策得立春日分，如此累加，日數滿紀法六十去之，日數命甲子如前，逐次得氣之日分也。此爲恆氣。恆，即常也；累加，累疊而加也。

推天正經朔（第三）

天正，舊年十一月也，注於前。經朔，常朔也。求天正十一月之經朔也。

置中積，加閏應爲閏積，滿朔實去之，不盡爲閏餘，以減通積爲朔積，滿旬周去之；不盡以日周約之爲日，不滿爲分，即所求天正經朔日及分秒。上考者，以閏應減中積，滿朔實去之，不盡以減朔實，爲閏餘。以日周約之爲日，不滿爲分，以減冬

至日及分，不及減者，①
加紀法減之，命如上。

中積，第一條所求，即至元辛巳歲天正冬至至所求歲天正冬至日之積分也。◎閏應，至元辛巳天正十一月經朔至冬至日之積分也。◎朔實，朔至朔之分也。通積，第一條所求，至元辛巳天正冬至前甲子日至所求歲天正冬至前日之積分。◎術意：中積加閏應，至元辛巳歲天正十一月朔至所求歲天正冬至之積分也，爲閏積，滿朔實除去，不盡，所求年天正十一月經朔距天正冬至日之積分也，故爲閏餘，以閏餘減通積，餘爲元辛巳天正冬至前甲子日至所求歲天正十一月經朔日之積分也，爲朔積分，滿旬周除去，不盡，所求年天正十一月朔前甲子日至其經朔日之積分也，故以日周一萬約而爲日數，不滿爲分，得天正經朔日辰之日數、命甲子如前。◎不用朔積直求冬至之術，注於左。

上考者，以閏應減中積，自至元辛巳逆至所求年天正冬至日之積分也，滿朔實去之，不盡爲所求年地正十二月朔逆至天正冬至日之積分也，故減朔實，餘爲天正十一月朔順至冬至日之積分也，爲閏分，日周約而爲日數，不滿爲分，以減天正冬至之日分，餘即所求歲天正冬至前甲子日順至其天正十一月經朔之日分也，即天正經朔。

別術　爲閏餘，日周約爲日，不滿爲分，以減冬至日分，即所求天正經朔日及分。前略。本經求入轉入交等不用朔積分，故可用此術也。

求弦望及次朔（第四）

弦，上弦、下弦也，每月逐求經朔、經上弦、經望、經下弦之四象也。

置天正經朔日及分秒，以弦策累加之，其日滿紀法去之，各得弦望及次朔日及分秒。

天正經朔，第三條所求，天正十一月經朔之日分。弦策，朔弦望相距之日分也，故置天正十一月經朔日分，加弦策，得經上弦之日分，又加弦策，得經望之日分，又加弦策，得經下弦、又加，得十二月經朔日

① 大谷大學藏抄本此段後綴中根元圭注："璋曰命當作餘。"東京大學藏抄本無此注。

分，如此累加而求也。若日數滿紀法六十則去之。

推没日（第五）

置有没之氣分秒，如没限已上爲有没之氣。以十五乘之，用減氣策，餘滿氣盈而一爲日，併恆氣日，命爲没日。

有没之氣，云其氣内有没日也。◎没限，各氣日下之分有没日限之數也。◎十五，一氣之日數也。◎氣策，一氣之日分也。◎氣盈，一氣之没分也。◎恆氣，第一、二條所求所也。◎術意：見各恆氣日下分，没限以上者加氣策分，分數滿一日故爲有没之氣。先以其日下分減没一日，餘爲其氣内不足没日之分也。氣盈爲一氣盈十五日之没分，故除十五日，得一日之没分，以是除不足之分，爲其氣初日後若干日，得不足之分數滿全成一日之日數，故加其所滿之一日，得其氣初日至没日之日數也，其十五除，以氣盈除不足之分，依異乘同除術，不足之分乘十五、除氣盈，又初減。没一日乘十五後加没一日乘氣盈，併即爲氣策，故有没之氣之分秒直乘十五，以減氣策，餘除氣盈，得其氣初日至其没日之日數。併恆氣日數者，得甲子日後若干日所當也。若求辰刻者，以氣盈退除日下分而得刻分。①

按：若依周歲消長氣策有秒母者，如今所用者：

置有没之氣分秒，以二十四通之内子，以十五乘之，用減歲周，餘滿通餘而一爲日，併恆氣日，命爲没日。◎二十四，氣策之秒母也。若秒母有約法者，乘約法，皆合二十四之元數。◎歲周，氣策乘二十四，元數也。◎通餘，氣盈乘二十四之元數也。

推滅日（第六）

置有滅之朔分秒，在朔虚分已下爲有滅之朔。以三十乘之，滿朔虚而一爲日，併經朔日，命爲滅日。

有滅之朔，云經月之内有滅日之朔也。◎ 朔虚分，經朔分有滅日

① 天文臺藏抄本眉注："恆氣分秒若與没限正□□者，以其次氣初日即爲没日"。大谷大學藏抄本眉注："恆氣分秒若與没限正等者，以其次氣初日即爲没日。璋按：此説非是。"東京大學藏抄本無此眉注。

之限數也。◎三十，一月之常數三十日也。◎經朔，第三、四條所求也。◎術意：見經朔日下分，朔虛分以下者加朔策分，分數猶不滿一日，故爲有滅之朔，即其朔之滅日有餘之分也。朔虛分，不足一月常數三十日之滅分也，故除三十日得一日之滅分，以是除有餘之分，得其朔後若干日分數盡，損一日之日數也，此依異乘同除術，其朔分秒乘三十日，除朔虛分，爲其朔至滅日之日數。併經朔日數，得甲子後若干日所當也。若求辰刻，以朔虛分退除日下分，得刻分也。

3.2　步發斂　第二

發，ヒラク[①]，斂，オサマル[②]也。五行用事曰發斂。四時之候，春夏爲發，秋冬爲斂。此乃太陽之晷發於南、斂於北之意。又發斂加時，晝夜之發斂也，太陽之出爲發、入爲斂。◎斂作歛，非也。

土王策，三日四百三十六分八十七秒半[③]。

土王，即土用也，歲周日數除五行，七十三日〇四百八十五分，春屬木、夏屬火、秋屬金、冬屬水，爲各用事之日數。土爲木火金水之土用[④]，故屬其土之一分日數除以四時，十八日二千六百二十一分二十五秒，屬四時之季，爲春木[⑤]、夏火、秋金、冬水各土用之日數。故減四

---

① 日語“ヒラク”，即漢語“開，開始”的意思。

② 日語“オサマル”，即漢語“收、納”的意思。

③ 將一年時間分成五等份，每一等份分別分配於“水、木、金、火、土”五行之一行，每一行日數爲一年的五分之一，即 $a=365.2425$ 日 $\div 5=73.0485$ 日，把屬於土的日數 73.0485 日平均分配到四季之末（四季分別起自立春、立夏、立秋、立冬，屬於木、火、金、水），每季分配 $b=73.0485$ 日 $\div 4=18.262125$ 日，它與一個節氣的日數 $c=365.2425\div 24=15.2184375$ 日，相差日數 $\Delta=b-c=18.262125$ 日 -15.2184375 日 $=3.0436875$ 日，這個日數被稱作土王策。示意如下：

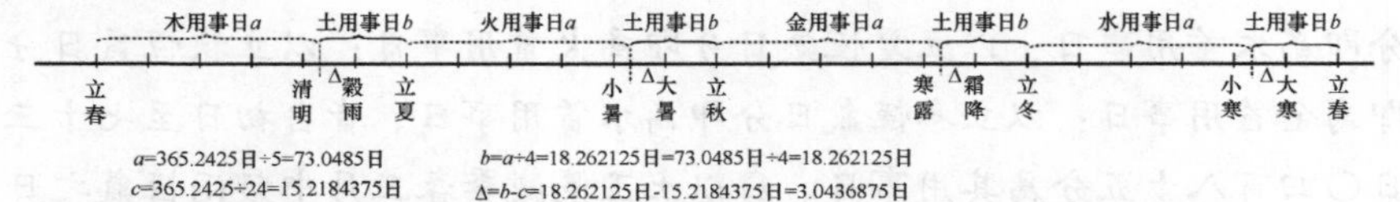

④ 天文臺藏抄本字跡模糊，似乎作“土用”或“王用”。大谷大學藏抄本作“圭用”，東京大學藏抄本作“主用”。中國曆法中的推五行，被稱作推土用事，所以應該爲“土用”。

⑤ 東京大學藏抄本與天文臺藏抄本作“春木”，大谷大學藏抄本作“春水”。前者爲是。

季月之中氣一氣策日分，餘三日四百三十六分八十七秒半爲土王策。又五除氣策亦同，歲周有消長者求當時之土王策也。

月閏，九千六十二分八十二秒。

每月之閏分也，十二月除通閏所得也。又中盈分即一月之氣盈分也。朔虚，一月之朔虚分也，併之，得一月之閏餘分亦同。歲實有消長者求當時之月閏也。

辰法，一萬。

辰，子丑寅卯以下之十二辰也。以一辰八刻三分刻之一爲一萬分也。日周一萬即百刻，十二辰除，得每辰八刻三十三分三分之一，有不盡，故以其不除已前之一萬即爲辰法，以法之十二爲辰母。

半辰法，五千。

半辰四刻六分刻之一爲五千分，即半辰法一萬所得也。此定辰刻，一辰分半，前半辰爲其辰正，後半辰爲次辰之初，故立半辰之法數。

刻法，一千二百。

刻，キザム①也，依漏刻之浮箭曰刻，一日爲百刻，其一刻之分數爲一千二百，即一刻爲百分，故通辰法之母十二所得也。又辰法乘十二辰，得一日之刻分十二萬，除百刻所得亦同。

推五行用事（第一）

五行，木火土金水也。一歲之内用其五行事之日曰用事也。

各以四立之節，爲春木、夏火、秋金、冬水首用事日。以土王策減四季中氣，各得其季土始用事日。

四立之節，立春正月節、立夏四月節、立秋七月節、立冬十月節也。◎土王策，土用初日至四季中氣初日之日數也。◎四季，季春三月、季夏六月、季秋九月、季冬十二月也。◎中氣，季春中氣穀雨、季夏中氣大暑、季秋中氣霜降、季冬中氣大寒也。◎術意：以立春恒氣日分即爲木首用事日；以立夏恒氣日分即爲火首用事日；以立秋恒氣日分即爲金首用事日；以立冬恒氣日分即爲水首用事日。皆自初日至七十三日〇四百八十五分爲其用事日。◎以土王策減季春三月中穀雨恒氣之日

---

① 日語“キザム”，即漢語“雕刻”的意思。

分，餘爲木之土始用事日。又以土王策減季夏六月中大暑恆氣之日分，餘爲火之土始用事日。又以土王策減季秋九月中降霜恆氣之日分，餘爲金之土始用事日。又以土王策減季冬十二月中大寒恆氣之日分，餘爲水之土始用事日。皆自初日至十八日二千六百二十一分二十五秒爲土用事日。依歲實消長有秒母者，恆氣之秒母與土王策之秒母不齊，互通爲同秒母而求也。

氣候

氣，二十四氣也，候，七十二候也。七十二候，自周公之《月令》出，雖自後魏載於曆，然頗有損益，至唐一行改定。天地之氣順時應於候，若有不順時，則不應候，然依其地之形質、寒熱燥濕、陰陽往來而或異也。

正月

立春，正月節。東風解凍。蟄蟲始振。魚陟負冰。

雨水，正月中。獺祭魚。 候雁北。 草木萌動。[1]

立春之初候：東風解凍。東風，コチカゼ也[2]。木，火之母，故春得木之氣，東風吹而解凝寒之凍。⊕中候：蟄蟲始振。蟄蟲，冬之寒氣藏土底之蟲也。得春之暖氣而振動。⊕末候：魚陟負冰。魚，鯉鮒之類也，春之陽氣至水中，故魚亦得暖氣而浮出水面、負上解殘之冰。◎雨水之初候：獺祭魚。獺，カハオソ也[3]。取魚而並置水邊，如人之祭也，故云祭魚。⊕中候：候雁北。候雁，カリ子也[4]。雁性好寒惡熱，故得暖氣飛行北之寒國。⊕末候：草木萌動。天氣降、地氣騰，天地和同，故草木萌芽而動也。

二月

驚蟄，二月節。桃始華。倉鶊鳴。 鷹化爲鳩。

春分，二月中。玄鳥至。雷乃發聲。始電。

---

① 天文臺藏抄本將“立春，正月節”與“雨水，正月中”兩句連列在一行，其他六句排列在以下兩行。今從中華書局本。以下各月均如此。

② 日語“コチカゼ”，即漢語“冰凍的風”的意思。

③ 日語“カハオソ”，即“かわうそ”，漢語“獺”的意思。

④ 日語“カリ”，即漢語“雁”的意思。

驚蟄之初候：桃始華。桃，モモ也①。二十四番花信之“風吹桃花開”②。⊕中候：倉鶊鳴。倉鶊，黄鳥ウグヒス也③，暖氣盛，故聲柔和地鳴叫④。黄鳥，雖非本邦之ウグヒス⑤，其好音時節不遠，故呼作ウグヒス，或云倉鶊爲ヒハリ⑥。⊕末候：鷹化爲鳩。鷹，タカ⑦也。鳩，ハト⑧也。鷹變化而爲鳩。◎春分之初候：玄鳥至。玄鳥，ツバメ⑨也。鷹⑩，好陽氣惡陰氣，故鷹換往来得純陽氣而自北國飛來。⊕中候：雷乃發聲。雷，イカツチ也⑪，陽氣盛故發雷聲。⊕末候：始電。電，イナヒカリ⑫也。爲雷火之類故尋雷而始電。

三月

清明，三月節。桐始華。田鼠化爲鴽⑬。虹始見。

穀雨，三月中。萍始生。鳴鳩拂其羽。戴勝降於桑。

清明之初候：桐始華。桐，キリ也⑭，二十四番花信之“風吹桐始花開”。⊕中候：田鼠化爲鴽。田鼠，ウグロモチ⑮，鴽，ウズラ也⑯。土中田鼠變爲鴽而飛行。⊕末候：虹始見。虹，ニジ也⑰，地之熱氣旋湧而虹見也。◎穀雨之初候：萍始生。萍，ウキクサ也⑱。陽氣盛於水

---

① 日語“モモ”，即漢語“桃子”的意思。

② 花信，即以花作爲標誌的花期，亦稱“花信風”，即風報花的消息，風應花期。“二十四番花信風”，節令用語，表氣候變化。

③ 日語“ウグヒス”，即漢語“倉鶊”的意思，黄鶯的别名。《詩・豳風・東山》：“倉庚于飛，熠燿其羽。”《禽經》：“倉鶊，黧黄、黄鳥也。”在日本叫春鵠。

④ 日語“ヤハラキ鳴”，即“和らぎ鳴”，漢語的意思是“柔和地鳴叫”。

⑤ 日語“ウグヒス”，即“夜鶯”。

⑥ 日語“ヒハリ”，即“雲雀”。

⑦ 日語“タカ”，即漢語“鷹”的意思。

⑧ 日語“ハト”，即漢語“鳩、鴿子”的意思。

⑨ 日語“ツバメ”，即漢語“家燕”的意思。

⑩ 天文臺藏抄本作“鷹”，大谷大學藏抄本作“鶯”，東京大學藏抄本作“燕”。

⑪ 日語“イカツチ”，即“いかずち”，漢語“雷”的意思。

⑫ 日語“イナヒカリ”，即“いなひかり”，漢字表記作“稲光”，又作“いなずま”，漢語“閃電”的意思。

⑬ 天文臺藏抄本缺“化”字，今從中華書局本補。以下注文亦同。

⑭ 日語“キリ”，即漢語“桐”的意思。

⑮ 日語“ウグロモチ”，今寫作“うころもち”，即漢語“鼹鼠”的意思。

⑯ 日語“ウズラ”，即漢語“鶉”的意思。

⑰ 日語“ニジ”，即漢語“虹”“霓”的意思。

⑱ 日語“ウキクサ”，漢字表記作“浮草”，即“浮萍”。

面而萍始生。⊕中候：鳴鳩拂其羽。鳩，ハト也，拂羽毛而飛鳴。⊕末候：戴勝降於桑。戴勝，即布穀，一名郭公，云カツカフ[①]鳥之類也。飛下桑木。

四月

立夏，四月節。螻蟈鳴。蚯蚓出。王瓜生。

小満，四月中。苦菜秀。靡草死。麥秋至。

立夏之初候：螻蟈鳴。螻蟈，カヘル[②]也。感陽氣極而陰氣動，螻蟈夜夜唱。⊕中候：蚯蚓出。蚯蚓，ミミズ[③]也，出地。⊕末候：王瓜生。王瓜，カラスウリ[④]生也。◎小満初候：苦菜秀。苦菜，ニガナ[⑤]也，或云茶芽榮秀。⊕中候：靡草死。靡草，ナツナ[⑥]也，或云薺莧葶藶之類，皆感陰氣而生。草皆至陽氣盛而衰也。⊕末候：麥秋至。麥秋，麥之時也，麥登熟時至。

五月

芒種，五月節。螳螂生。鵙始鳴。反舌無聲。

夏至，五月中。鹿角解。蜩始鳴。半夏生。

芒种之初候：螳螂生。螳螂，即イホシリ[⑦]，由螵蛸生也。⊕中候：鵙始鳴：鵙，モズ[⑧]也，爲陰鳥，故感陰氣動而始鳴。⊕末候：反舌無聲。反舌，即ウグヒス，爲純陽之鳥，故得陰氣生而止聲不鳴。◎夏至之初候：鹿角解。鹿，シカ[⑨]也，麋[⑩]陰冬至落角鹿陽夏至落角而

---

① 日語“カツカフ”，今寫作“カッコウ”，鳥名，即布穀、郭公。

② 日語“カヘル”，即“カエル”，漢語“蛙”的意思。螻蟈，即螻蛄，俗名拉拉蛄，土狗。非蛙，建部注解錯誤。

③ 日語“ミミズ”，即漢語“蚯蚓”的意思。

④ 日語“カラスウリ”，爲日本的烏瓜，即漢語的“王瓜”，學名爲 Trichosanthes cucumeroides（Ser.）Maxim，葫蘆科，栝樓屬多年生草質藤本植物。中國華東、華中、華南和西南均有分佈。生於山坡疏林中或灌叢中。果實、種子、根均可供藥用，中藥名分别爲：王瓜、王瓜子、王瓜根。

⑤ 日語“ニガナ”，即漢語“苦菜”。

⑥ 日語“ナツナ”，即“ナズナ”，漢語“薺菜”的意思。靡草，草名。《禮記·月令》：“〔孟夏之月〕靡草死，麥秋至。”鄭玄注曰：“舊説云靡草，薺、亭曆之屬。”孔穎達注疏曰：“以其枝葉靡細，故云靡草。”

⑦ 日語“イホシリ”，今寫作“いぼじり”或“疣雀”，即漢語“螳螂”的意思。

⑧ 日語“モズ”，寫作“鵙”，鳥名，又名“伯勞”。

⑨ 日語“シカ”，即鹿。

⑩ 麋，天文臺藏抄本作“靡”，今改。

新養茸。⊕中候：蜩始鳴。蜩，セミ[①]也，夏鳴爲蜩、秋鳴爲寒蜩。⊕末候：半夏生。半夏生於田間也。

六月

小暑，六月節。溫風至。　蟋蟀居壁。鷹始摯。

大暑，六月中。腐草爲螢。土潤溽暑。大雨時行。

小暑之初候：溫風至。溫熱之風吹至也。⊕中候：蟋蟀居壁。蟋蟀，キリギリス[②]，亦カウロキ[③]也，居於人家之壁。⊕末候：鷹始摯。鷹隨己性得秋殺伐之氣學習取鳥也。◎大暑之初候：腐草爲螢。腐草，腐朽草也。水濕腐草化爲螢而飛。⊕中候：土潤溽暑。火土之最中，故土炎暑氣蒸而濕潤[④]之熱。⊕末候：大雨時行。炎暑之氣滿滿，故大雨降潤將枯草木也。傍晚驟雨也。

七月

立秋，七月節。涼風至。　白露降。　寒蟬鳴。

處暑，七月中。鷹乃祭鳥。天地始肅。禾乃登。

立秋之初候：涼風至。秋氣始生而涼金風吹至也。⊕中候：白露降。陰氣生，故白露降也。⊕末候：寒蟬鳴。寒蟬，ツクヅクホウシ[⑤]也，比夏蜩形小也，得秋氣而鳴。◎處暑初候：鷹乃祭鳥。殺伐之氣長，故鷹乘其氣取鳥而竝置大澤之中如祭。⊕中候：天地始肅。肅，イマシム[⑥]也，肅殺之氣悉至。⊕末候：禾乃登。禾，全稱五穀。此候五穀悉登也。

八月

白露，八月節。鴻雁來。　玄鳥歸。　羣鳥養羞。

秋分，八月中。雷始收聲。蟄蟲壞户。水始涸。

---

① 日語“セミ”，即蟬。

② 日語“キリギリス”，即漢語“蟋蟀”。

③ 日語“カウロキ”，即“コオロギ”，即漢語“蟋蟀”的意思。

④ 日語“ウルホヒウルホヒ”，即漢語“濕潤”的意思。

⑤ 日語“ツクヅクホウシ”，即“ツクツクボウシ”，爲寒蟬。

⑥ 日語“イマシム”，即“いましめる”（戒める、誡める、警める、縛める），引申爲“つつしむ（慎む）”，本義爲做事振奮、恭敬，引申指莊重、威嚴，又引申亦指冷峻、肅殺、清除等，《廣韻》：恭也，敬也，戒也，進也，疾也。這裏是肅然的意思。

白露之初候：鴻雁來。鴻雁自北國飛來也，立春歸北、立秋得陰氣而南來。⊕中候：玄鳥歸。燕春分南來而白露北歸也。⊕末候：羣鳥養羞。羣鳥，羣集之鳥也，收養自己食物。◎秋分之初候：雷始收聲。秋分陰氣過半，故雷始收聲也。⊕中候：蟄蟲壞户。蟲蟄竅以土壞户而禦寒氣也。⊕末候：水始涸。水得陞陽之氣而增也，降陰之氣純而陽氣日衰，故水始涸。

九月

寒露，九月節。鴻雁來賓。雀入大水爲蛤。菊有黄華。

霜降，九月中。豺乃祭獸。草木黄落。　蟄蟲咸俯。

寒露之初候：鴻雁來賓。白露鴻雁强長先來、寒露弱少後來，故先來鴻雁似以後來爲賓。⊕中候：雀入大水爲蛤。雀，即スズメ[①]。蛤，ハマグリ[②]也。雀入大水而變爲蛤。⊕末候：菊有黄花。黄，金土色，故菊之黄花最有榮色。◎霜降之初候：豺乃祭獸。豺，オホカミ[③]也。豺性烈猛，故得秋之氣而取獸並列如祭。⊕中候：草木黄落。霜[④]始降，故草木之葉枯、枝幹中空[⑤]而黄落也，云此時伐薪爲炭。⊕末候：蟄蟲咸俯。蟄於土中之蟲避寒氣伏隱在内而皆以黏土墐其户也。

十月

立冬，十月節。水始冰。　地始凍。雉入大水爲蜃。

小雪，十月中。虹藏不見。天氣上昇，地氣下降。　閉塞而成冬。

立冬之初候：水始冰。寒氣至，水始冰也。⊕中候：地始凍。寒氣益强而地面凍。⊕末候：雉入大水爲蜃。雉，キシ[⑥]也。蜃，蛟蜃，ミツチ[⑦]也，又車螯曰ホハマクリ[⑧]。雉入大水變爲蛟蜃也。以證《五雜

---

① 日語“スズメ”，即麻雀。

② 日語“ハマグリ”，即蛤蜊。

③ 日語“オホカミ”，即“オオカミ”，即狼。

④ 天文臺藏抄本作“露”，大谷大學藏抄本與東大藏抄本作“霜”。後者正確。

⑤ 日文原文爲ウッロヒ，即うつろぎ［空木］或うつおぎ［空木］，意即枝幹腐而中空的樹木。

⑥ 日語“キシ”，即“きじ［雉］”，漢語的“野雞”。生活在日本本州、四國、九州的鳥，是日本的國鳥。

⑦ 日語“ミッチ”，即“みずち［蛟］”，漢語“蛟”的意思。

⑧ 日語“ホハマクリ”，即“おおはまぐり［車螯］”，即漢語的“大蛤、蜃蛤”。

組》中爲大蛤之誤[①]。◎小雪初候：虹藏不見。地陽之氣不上而陰氣下，故虹隱而不可見。⊕中候：天氣上昇地氣下降。天之氣昇、地之氣降而不可兩相交泰。⊕末候：閉塞而成冬。天地不通，故閉塞而悉成冬之氣也。

十一月

大雪，十一月節。鶡鴠不鳴。虎始交。荔挺出。

冬至，十一月中。蚯蚓結。　麋角解。水泉動。

大雪之初候：鶡鴠不鳴。鶡鴠，ヤマトリ[②]也，止聲無鳴。⊕中候：虎始交。虎，トラ[③]也，始感一陽之動而交尾。⊕末候：荔挺出。荔，馬薤也，挺出於地而生，或云荔挺爲香草，陳皓[④]之説也，以證《本草綱目》《月令廣義》等誤也。◎冬至之初候：蚯蚓結。蚯蚓，ミミズ[⑤]也，結而不伸。⊕中候：麋角解。麋[⑥]，大鹿也。虎，夏至落角，麋冬至落角。⊕末候：水泉動。陽氣生故水泉溫而動也。

十二月

小寒，十二月節。雁北鄉。鵲始巢。　雉雊。

大寒，十二月中。雞乳。　征鳥厲疾。水澤腹堅。

小寒之初候：雁北鄉。雁將歸舊鄉而先向北方也。⊕中候：鵲始巢。鵲，カササギ[⑦]也，樹上爲巢。⊕末候：雉雊。鷄感陽氣鳴而求雌。◎大寒之初候：雞乳。鶏，ニハトリ[⑧]也，交尾而爲子。⊕中候：

---

① 天文臺藏抄本作“設”，大谷大學藏抄本與東大藏抄本作“誤”。後者正確。《五雜組》是明代謝肇淛（1567—1624）撰著的一部筆記著述。後世傳抄翻刻過程中又誤作《五雜俎》。明末清初傳入日本，書名不曾改變。

② 日語“ヤマトリ”，即“山雞”。

③ 日語“トラ”，即“虎”。

④ 陳皓，即陳澔之誤也。荔，《本草》謂之蠡，實即馬薤也。鄭康成、蔡邕、高誘皆云馬薤，况《説文》云：荔，似蒲而小，根可爲刷，與《本草》同。但陳澔注爲香草，附和者即以爲零陵香，殊不知零陵香自生於三月也。仲冬雪季，萬物沉寂，一種叫荔挺的蘭草，也感受到陽氣的萌動而抽出新芽，在此時獨長出地面。

⑤ 日語“ミミズ”，即“蚯蚓”。

⑥ 天文臺藏抄本、東大藏抄本將“麋”誤作“麛”。大谷大學藏抄本不誤。

⑦ 日語“カササギ”，即“喜鵲”。

⑧ 日語“ニハトリ”，即家禽“雞”。

征鳥厲疾。征鳥，タカ[①]也。嚴猛疾速而擊鳥。㊉末候：水澤腹堅。水方爲盆，故水澤厚堅也。[②]

求七十二候之日辰術，前曆有，《授時曆》不載其法，依出候，其術補注於左。又前曆有以六十四卦配當氣日而求其日辰術，此亦附注之。

六十四卦，春爲木屬震卦，六氣配六爻；夏爲火屬離卦，六氣配六爻；秋爲金屬允卦，六氣配六爻；冬爲水屬坎卦，六氣配六爻。其餘以六十卦當二十四氣者，每二氣日數五分而爲公卦、辟卦、侯卦[③]、大夫卦、卿卦，其侯卦二氣之際分内外，所謂冬至小寒二氣，公卦中孚、辟卦復、侯内外卦屯、大夫卦謙、卿卦睽也；大寒立春二氣，外、臨、小過、蒙、益也；雨水驚蟄二氣，漸、泰、需、隨、晉也；春分清明二氣，解、大壯、豫、訟、蠱也；穀雨立夏二氣，革、夬、旅、師、比也；小滿芒种二氣，小畜、乾、大有、家人、井也；夏至小暑二氣，咸、姤、鼎、豐、涣也；大暑立秋二氣履、遁、恆、節、同人也；處暑白露二氣，損、否、巽、萃、大畜也；秋分寒露二氣，賁、觀、歸妹、無妄、明夷也；霜降立冬二氣，困、剥、艮、既濟、噬嗑也；小雪大雪[④]二氣，大過、坤、未濟、蹇、頤也。

候策五日〇七百二十八分一十二秒半，氣策除以三所得也，歲周有消長者求當時之候策。

卦策六日〇八百七十三分七十五秒，倍氣策、五除所得也，倍土王策所得亦同，歲周有消長者求當時之卦策。

求七十二候

各置中節恆氣日及分秒，命爲初候，以候策累加之，得次候及末候。

求六十四卦

各置中氣日及分秒，命爲公卦用事日，加卦策，爲辟卦用事日，又

---

① 日語“タカ”，即“鷹”。

② 天文臺藏抄本、大谷大學藏抄本眉注：“《魏書》所載有差”。東大藏抄本無此眉注。

③ 天文臺藏抄本缺“侯卦”内容，東大藏抄本與大谷大學藏抄本均有。從後者而補。

④ 天文臺藏抄本作“小寒大寒”，東大藏抄本與大谷大學藏抄本均有“小雪大雪”。後者正確。

加卦策，爲侯内卦用事日，加土王策得節氣之初爲侯外卦，又加之，爲大夫卦用事日，復加卦策，爲卿卦用事日。

推中氣去經朔（第二）

十一月中冬至、十二月中大寒、正月中雨水以下也，求其月經朔至中氣之日分，即每月之閏餘也。

置天正閏餘，以日周約之爲日，命之，得冬至去經朔。以月閏累加之，各得中氣去經朔日算。滿朔策去之，乃全置閏，然侯定朔無中氣者裁之。璋[①]曰：全，當作合。

天正閏餘，第三条所求，即天正十一月朔至冬至之分也。◎月閏，每一月氣去朔之閏分也。◎術意：置天正閏餘，滿日周爲日，得數爲天正十一月經朔至冬至之日分，即冬至去經朔之日分，加月閏，爲大寒去十二月經朔之日分，又加月閏，爲雨水去正月經朔之日分，如此累加得每月中氣去經朔之日分也。若累加滿朔策時，去朔策日分，其月爲經閏月。然求定朔依後定日定大小月，以無中氣之月爲定閏月也。依歲實之消長，月閏有秒母者，閏餘之秒數當通秒母，又去朔策亦通秒母而用也。◎天正閏餘一十八萬六千五百五十二分〇九秒以上者，所求年内有閏月，此於前曆號閏限，即以通閏減朔策所得也。但歲周有消長者，當求當時之閏限。◎天正閏餘二十八萬六千二百四十三分一十一秒以上者，所求天正之月有閏，如此者，有時將其所求月即用於天正十一月，又有時用於舊年閏十月，皆得定朔後，以無中氣之月定。其天正閏限之數，以月閏減朔策所得也。但歲周有消長者，當求當時之限。

推發斂加時（第三）

加時，加時刻也。總求其所當辰刻之術也。依下條有發斂，皆依此術求辰刻也。

置所求分秒，以十二乘之，滿辰法而一，爲辰數；餘以刻法收之，爲刻；命子正算外，即所在辰刻。如滿半辰法，通作一辰，命起子初。

① 璋，即中根元圭，建部贤弘的弟子。

所求分秒，皆日數下分秒也。◎十二，辰法之母也。◎辰法一萬以十二爲母一辰之分數也。◎刻法一千二百以十二爲母一刻之分數也。◎術意：置所求分秒，乘十二得通分，滿辰法一萬除而得辰數，不滿辰法分除刻法一千二百而得刻數，其辰數命空子、一丑、二寅、三卯以上得其辰，刻數命作正若干刻也。◎細字之文，不滿辰法之數若比半辰法五千多者，去五千加一辰，其餘刻法除而爲刻數，然則命爲初若干刻也。

若所求分秒九千五百八十三分三分分之一以上者，得子初若干刻，此非晨前子，昏後子也。雖云昏後子正爲次日，其初屬當日而添夜字以別也。不別正初而命辰刻者，所求分秒乘十二，常加半辰法五千，滿辰法爲辰數，不滿分除以刻法一千二百[①]爲刻數也。

命辰刻之分

命辰刻，以夜半子正爲子辰之中。別正初者，以亥之半爲辰首，亥之半至子首四刻六分刻之一爲子之初辰，子首至子之半四刻六分刻之一爲子之正辰。正初合而子之一辰八刻三分刻之一也。又子之半至丑首四刻六分刻之一爲丑之初辰，丑首至丑之半四刻六分刻之一爲丑之正辰，正初合而丑之一辰八刻三分刻之一也。又丑之半至寅首四刻六分刻之一爲寅之初辰，寅首至寅之半四刻六分刻之一爲寅之正辰，正初合而寅之一辰八刻三分刻之一也。如此分十二辰之刻數，但正初皆以四刻爲限而命五刻者無。◎不別正初而命刻數者，以亥之半爲辰首，爲子之初刻，至子之半，爲子之一辰八刻三分刻之一，又以子之半爲丑之初刻，至丑之半爲丑之一辰八刻三分刻之一，又以丑之半爲寅之初刻，至寅之半，爲寅之一辰八刻三分刻之一，如此分十二辰之刻數也，此不謂正初之號，自初刻至八刻命成某辰之若干刻。

晝夜之限

分晝夜有天之晝夜與人之晝夜。天之晝夜，以晨前子正爲一日之首，終於昏後子，故其晝分全，夜分半屬日出前、半屬日入後，據太陽者皆用天之晝夜。人之晝夜，以日出爲一日之首而終於次日之日出，即其日日出前子丑寅之辰屬昨日之夜，次日出前子丑寅之辰屬今日之夜，

---

① 天文臺藏抄本字跡模糊，難以辨認，大谷大學藏抄本與東大藏抄本均無此“一千二百”。

其日出至日入爲晝分、日入至次日日出爲夜分。據太陰者用人之晝夜，又以更點命夜分者，以日入後爲昏首，至日出前晨分爲五更也。◎凡注朔弦望者，弦望本據太陰而所名也，見太陰者，朔後望前昏見晨不見，望後朔前晨見昏不見，皆用人之晝夜，故加時在子後日出前者退一日而爲前日之夜分。朔與晨昏不見太陰，故本於太陽而用天之晝夜，其加時在子後日出前，即爲當日晨前之辰，其外氣日之數皆用天之晝夜也。

每辰撞鐘數

每辰撞鐘數極於先天數九，自九逆退取，故得子午九、丑未八、寅申七、卯酉六、辰戌五、巳亥四而終。按：西國撞鐘數，每半辰起於一而終於十二。寬文中[①]有蠻國貢自鳴鐘，在官庫不能旋轉而久廢，且無察者。寶永末年，余仕官之暇承台命監察之，紀極而其機巧冠世矣，故將其旋轉之所以、機發之巧樣等記於粗片帖以獻之[②]。雖知其自鳴鐘自西國出，尚不察自何國出，蠻字之側雕成時數九八七六五四與宮分子丑寅卯辰巳午未申酉戌亥之漢字[③]。其撞鐘者，自丑未之初辰一數起，逐辰每正初增一，止於子午正辰十二之數。一歲三百六十五日分爲十二宮，子三十一日、丑三十一日、寅三十日、卯三十一日、辰三十一日[④]、巳三十一日、午三十一日、未二十八日、申三十一日、酉三十日、戌三十一日、亥三十日也。

3.3 步日躔 第三

日，即太陽；躔，ヤトリ[⑤]也。悉舉太陽行之盈縮、黃赤道所麗並宿度所在等據太陽者，故曰步日躔。

---

① 天文臺藏抄本眉注："寬文以下至此條終，不可書"。大谷大學藏抄本眉注："寬文以下至此條終，不可書寫。"

② 蠻國所貢自鳴鐘在官庫之事，可參考建部賢弘修理自鳴鐘的著述《辰刻愚考》(1722)。

③ 從正子（深夜零時）開始：九→八→七→六→五→四次；從正午（晝零時）開始：九→八→七→六→五→四次。

④ 天文臺藏抄本作"三十一日"，大谷大學藏抄本與東大藏抄本作"三十日"。

⑤ ヤトリ，即投宿的意思。

周天分，三百六十五萬二千五百七十五分。

天體渾圓，其周圍度數爲度，母通計一萬之分也，故號周天分。一晝夜天運旋復於元，躔一周之分也。◎測算之法，起自元歲周，究其微於歲差，委注於《曆議》。◎周天分消長之算法，往古每百年消一，將來每百年長一，各爲其時所用之周天分。

◎凡歲周消長，往古長，將來消；周天消長，往古消，將來長。此《曆議》云：考古則增歲餘而損歲差，以之推策則增歲差而損歲餘。以其消長算云三億六千五百萬年前周天分空也，然立其法者，如注於歲周之下，非必求合其萬年之前後。唯往古推合於千數歲之法而求合於數百年之下，一旦之假術也。然考至堯時，歲差之分甚少，且中星不合《堯典》之文，若只消長歲周而不用周天之消長，則大率近《堯典》中星，而疑周天消長似元來誤書，然不加妄意，依消長之數咸注釋耳，委弁①於《曆議》。

周天，三百六十五度二十五分七十五秒。

半周天，一百八十二度六十二分八十七秒半。

象限，九十一度三十一分四十三秒太。

一度定作一萬爲度母。以度母約周天分得周天。◎周天半而得半周天。◎周天四分之一得象限，半周天半而所得亦同。◎周天分有消長者求當時之周天、半周天並象限。

歲差，一分五十秒。

今歲冬至太陽所在退去歲冬至太陽所在，每歲之差號曰歲差，即以歲周減周天所得也。歲周與周天有消長者求當時之歲差。◎測算之法，上古本《堯典》之中星，當時以月食既或以月金星木星等測日之所在而推算得冬至之日躔，依其相距年數計退度而求其數。又自漢已來以所測驗互參校而究微也，委注於《曆議》。

周應，三百一十五萬一千七十五分。

至元辛巳歲天正冬至日躔赤道積度分也。先以渾儀測而擬定至元辛巳歲天正冬至加時太陽在箕宿十度，自赤道虛宿六度至箕十度，累計赤道宿次之度分得三百一十五度一十分七十五秒，通度母一萬所得也。◎

① 弁，通“辯”。

其測驗之法注於《曆議》。

半歲周，一百八十二日六千二百一十二分半。

冬至至夏至盈之日數、又夏至至冬至縮之日數也，或云其二至限，即歲周半而所得也。歲周有消長者求當時之半歲周。

盈初縮末限，八十八日九千九十二分少。

縮初盈末限，九十三日七千一百二十分少。

冬至後至夏至太陽之行常過平行之積度，故號盈。其盈内冬至至春正太陽之日行常比平行多而其行積度過平行之積度，至春分盈極多，此爲盈初限。春正至夏至太陽之日行常比平行少，盈初損行過平行積度，猶過平行之積度，至夏至盈盡而適平，此爲盈末限。合其盈初末之日數，即半歲周也。夏至後至冬至，太陽之行常不及平行積度，故號縮。其縮内夏至至秋正太陽之日行常比平行少，其行積度不及平行積度，至秋分縮極多，此爲縮初限，秋正至冬至，太陽之日行常比平行多，然於縮初，平行積度增行之不足，猶不及平行之積度，至冬至縮盡而適平，此爲縮末限。合其縮之初末限日數，即半歲周也。其盈之初限與縮之末限皆八十八日九千〇九十二分少，即將盈縮之極差二度四十分一十四秒命日分，減歲象限九十一日三千一百〇六分少而所得也。其縮之初限與盈之末限皆九十三日七千一百二十分少，即將盈縮之極差命日分，加歲象限而所得也。歲周有消長者求當時之限。求盈縮之極差術注於《曆議》。

推天正經朔弦望入盈縮曆（第一）

經朔弦望加時，求當於冬至與夏至後若干日也。此將推天正經朔入縮曆而求弦望及次朔入盈縮曆之二條併爲此一條。

置半歲周，以閏餘日及分減之，即得天正經朔入縮曆。以弦策累加之，各得弦望及次朔入盈縮曆日及分秒。

冬至後盈，夏至後縮。滿半歲周去之，即交盈縮。

半歲周，盈之日數與縮之日數也。◎閏餘，氣朔第三條所求，天正經朔至冬至加時之分也。◎弦策，朔至上弦、上弦至望、望至下弦、下弦至次朔之日分也。◎術意：半歲周，於此前年夏至至天正冬至縮曆之日數也。減閏餘日分，得前年夏至至天正十一月經朔之日分，爲夏至後，故爲縮曆。天正朔總在冬至前而在前年夏至後，故常得縮曆。加弦策得上弦，又加弦策得望，又加弦策得下弦，如此累加而求之。其縮曆累加弦策，滿半歲周去之，餘爲天正冬至後，故爲入盈曆。其[①]盈曆累加弦策，滿半歲周去之，餘爲夏至後，故爲縮曆。又其縮曆累加弦策，滿半歲周去之，餘爲又冬至後，爲盈曆。如此盈後得縮、縮後得盈，盈縮互相變，故云交盈縮也。

求盈縮差（第二）

太陽實行行過平行積度爲盈，行不足平行積度爲縮。其實行積度與平行積度相比，求餘數而爲盈差，求不足之數而爲縮差，皆求其經之加時太陽所在也。

視入曆盈者，在盈初縮末限已下，爲初限，已上，反減半歲周，餘爲末限；縮者，在縮初盈末限已下，爲初限，已上，反減半歲周，餘爲末限。其盈初縮末者，置立差三十一，以初末限乘之，加平差二萬四千六百，又以初末限乘之，用減定差五百一十三萬三千二百，餘再以初末限乘之，滿億爲度，不滿退除爲分秒。縮初盈末者，置立差二十七，以初末限乘之，加平差二萬二千一百，又以初末限乘之，用減定差四百八十七萬六百，餘再以初末限乘之，滿億爲度，不滿退除爲分秒，即所求盈縮差。

入曆，入盈曆、入縮曆之日分也。◎所謂視，云置之意也，後倣之。◎盈初，冬至後至春正之日分；縮末，冬至前至秋正之日分；縮初，夏至後至秋正之日分；盈末，夏至前至春正之日分也。◎以立平定差求，垜疊之術也。注於後。◎滿億，三差之約法也。所謂退除，云退而以法除盡也。後倣之。◎術意：所求入盈曆，冬至後也。盈初限八十八日九千〇九十二分少以下直爲盈初，即冬至順至其經朔弦望[②]之日分

---

① 天文臺藏抄本作“弦”，東京大學藏抄本、大谷大學藏抄本與北海道大學藏抄本作“其”。後者正確。

② 東京大學藏抄本與天文臺藏抄本作“經朔弦望”，大谷大學藏抄本與北海道大學藏抄本作“經朔望”。前者正確。

也，以上用減半歲周，餘爲盈末，即夏至逆至其經朔弦望之日分也。所求入縮曆，夏至後也。縮初限九十三日七千一百二十分少以下直爲縮初，即夏至順至其經朔弦望之日分也，以上用減半歲周，餘爲縮末，即冬至逆至其經朔弦望之日分也。◎其盈初與縮末，二限皆置立差三十一，乘初末限之日分，加平差二萬四千六百，又乘初末限之日分，用減定差五百一十三萬三千二百，餘又乘初末限之日分，滿億爲度，不滿億則以一億退除爲分爲秒。又縮初與盈末，二限皆置立差二十七，乘初末限之日分，加平差二萬二千一百，又乘初末限之日分，用減定差四百八十七萬六百，餘又乘初末限之日分，滿億爲度數，不滿則以一億除而爲分爲秒，即得盈縮之差度也。◎前曆分二十四氣立朓朒數而造立成之數，求經朔弦望入氣，於其氣内隨入氣日下分求得朓朒之定數。《授時曆》不别二十四氣，以二分二至爲限依招差術一般地求各氣也。其云朓者縮差也，云朒者盈差也。

以垜疊術招三差之法

先自至元十四年起每日測日晷，擬定二十四氣之定氣並盈縮差度。視其差數，得冬至前至秋分六氣之縮差與冬至後至春分六氣之盈差，對氣之數相等，又得夏至前至春分六氣之盈差與夏至後至秋分前①六氣之縮差，對氣相等，因冬至前後與夏至前後之對氣差數不倫，故分盈初縮末與縮初盈末二限，用垜疊術求得二限之三差也。其術注於《曆議》，故今略之。

又術：置入限分，以其日盈縮分乘之，萬約爲分，以加其下盈縮積，萬約爲度，不滿爲分秒，亦得所求盈縮差。

又術，以立成數相求之術也，本術繁多，故此術代以求之。所謂立成，云成於所立之意也，造其數者注於後。◎入限分，盈初限、盈末限、縮初限、縮末限之日下分也。◎盈縮分，立成之盈縮分即其一日太陽實行過不及平行之分也。◎萬約，日周也。◎盈縮積，立成盈縮積即二至至其日太陽實行積度過不及平行積度之差度分也。◎術意：以盈縮之初末限日數當立成積日，以其當日立成盈縮分依異乘同除術②乘初末

① 天文臺藏抄本作“秋分前”，東京大學藏抄本、大谷大學藏抄本與北海道大學藏抄本作“秋分”。後者正確。

② 天文臺藏抄本作“異除同乘”，東京大學藏抄本、大谷大學藏抄本與北海道大學藏抄本作“異乘同除”。後者正確。

限日下分，日周一萬約，得數就日下分，太陽實行過不及平行之差分也。故加其當日之立成盈縮積，得盈縮定差度也，其日周約，以得數與盈縮之初末皆加於盈縮積者，盈縮皆於初限增逐日差度，故加也，於末限損逐日差度，然其末限，用逆之日數，故卻又加也。

造太陽立成數之法

積日即初末限之日數也，盈初與縮末，初限初日、一限一日、二限二日、三限三日，如此至八十八限爲每限積日。縮初與盈末，初限初日、一限一日、二限二日，如此至九十三限爲每限積日也。

盈縮積，每限之盈縮積差也。盈初與縮末，初限以爲初日而盈縮積空[①]也；一限以一日乘立差三十一，加平差二萬四千六百，又乘一日，用減定差五百一十三萬三千二百，餘又乘一日，約法一億約，得初度〇五百一十分八千五百六十九秒，爲一限之盈縮積；又二限，置立差三十一，乘二日，如上術而得初度一千一十六分七千七百五十二秒，爲二限之盈縮積；又三限，以三日如術而求得盈縮積初度一千五百一十七分七千三百六十三秒，如此求至八十八限[②]。縮初與盈末，初限以爲初日而盈縮積空也；一限，置立差二十七，乘一日，加平差二萬二千一百，又乘一日，用減定差四百八十七萬〇六百，餘又乘一日，以約法一億約，得初度四百八十四分八千四百七十三秒，爲一限之盈縮積；又二限以二日如上術求得初度〇九百六十五分二千五百[③]八十四秒，爲二限之盈縮積；三限，以三日如術得盈縮積初度一千四百四十一分二千一百[④]七十一秒，如此求至九十三限也。

盈縮分，每一日之盈縮差也。盈初縮末，以初限盈縮積空減一限盈縮積初度五百一十分八千五百六十九秒，即五百一十分八千五百六十九秒爲初限盈縮分；以一限盈縮積減二限盈縮積初度一千一十六分七千七

① 天文臺藏抄本作“積差”，東京大學藏抄本、大谷大學藏抄本與北海道大學藏抄本作“積空”。後者正確。

② 天文臺藏抄本作“八十限”，東京大學藏抄本、大谷大學藏抄本與北海道大學藏抄本作“八十八限”。後者正確。

③ 天文臺藏抄本作“二千八百”，東京大學藏抄本、大谷大學藏抄本與北海道大學藏抄本作“二千五百”。後者正确。

④ 天文臺藏抄本作“二千七百”，東京大學藏抄本、大谷大學藏抄本與北海道大學藏抄本作“二千一百”。後者正确。

百五十一秒，餘五百〇五分九千一百八十三秒爲一限盈縮分；以二限盈縮積減三限盈縮積，餘五百〇〇分九千六百一十一秒爲二限盈縮分；如此逐相減求至八十七限，其八十八限後無限，故以八十九日求盈縮積，減八十八限盈縮積，餘爲八十八限盈縮分。求縮初盈末亦同之，至九十二限逐相減而求之。求其九十三限盈縮分，以九十四日求盈縮積，減九十三限盈縮積，餘爲九十三限盈縮分。

每日行度，即每日日行之度分也。盈初縮末，置初限之盈縮分五百一十分八千五百六十九秒，加平行一度，得一度〇五百一十〇分八千五百六十九秒，爲初日之行度。置一日之盈縮分五百〇五分九千一百八十三秒，加平行一度，得一度〇五百〇五分九千一百八十三秒，爲一日之行度。二日之盈縮分加平行一度，得一度〇五百〇一分九千六百一十一秒，爲二日之行度，如此盈縮分加平行一度，至八十八限求行度。縮初盈末，以初日盈縮分四百八十四分八千四百七十三秒減平行一度，得餘九千五百一十五分一千五百二十七秒，爲初日之行度。以一日之盈縮分四百八十〇分四千一百一十一秒減平行一度，得餘九千五百一十九分五千八百八十九秒，爲一日之行度。以二日之盈縮分減平行一度，得餘九千五百二十四分〇四百一十三秒，爲二日之行度。如此以盈縮分減平行一度，至九十三限求行度也，其所求諸數悉載立成卷中。

赤道宿度

赤道，天旋之中道也；宿度，二十八宿之距度也。二十八宿，著於天而常不動，近在赤道内外，紀徵日月之度之繩準，故先測定其距度，據之得七曜之躔次也。《曆議》云：非日躔無以校其度，非列舍無以紀其度。

其測驗之法委注於《曆議》。

角 十二一十　　亢 九二十　　氐 十六三十　　房 五六十

心 六五十　　尾 十九一十　　箕 十四十；

右東方七宿，七十九度二十分。

斗 二十五二十　　牛 七二十　　女 十一三十五　　虛 八九十五太

危 十五四十　　室 十七一十　　壁 八六十；

右北方七宿，九十三度八十分太。

奎 十六六十　　婁 十一八十　　胃 十五六十　　昴 十一三十

畢 十七四十　　觜 初○五　　參 十一一十；

右西方七宿，八十三度八十五分。

井 三十三三十　　鬼 二二十　　柳 十三三十　　星 六三十

張 十七二十五　　翼 十八七十五　　軫 十七三十；

右南方七宿，一百八度四十分。

右四方宿之配位以虛宿六度爲天心子中，故以虛六當北正而四分周天，其宿就近而定東南西北各七宿也。◎周天秒數附虛宿者，以虛六度爲始，故帶於虛六①前也。凡赤道一周常爲三百六十五度二十七分七十五秒，其周天分有消長亦將其消長之數不用於赤道一周，然至術中如前歲至次歲累加而求，依消長數有時前卻，故以算法或②別附消長數而加減，詳釋於《數解》中。

右赤道宿次，並依新製渾儀測定，用爲常數，校天爲密。若考往古，即用當時宿度爲準。

右之③赤道宿次之度分以新製渾儀所測定而密合天度也。新製渾儀即簡儀，漢已來所測皆不能究度下之分數，附姚舜輔所測太半少，皆私遷就而非真，今用二線測得分數之正而爲常數。◎若考往古，當各用其時測定之二十八宿之度也。古西漢所測、開元所測、皇祐所測、元豐所測、崇寧所測皆不同，此未必云測驗不密，如觜宿近世東移侵入參宿而變觜參之次也，此爲其移動之證。郭氏亦有此意，故云考往古以當時宿度爲準，又《曆議》云：歷代所測不同，非微有動移，則前人所測或有不密。天道微渺之理未必究於一時。

推冬至赤道日度（第三）

求冬至加時太陽所在當赤道某宿④若干度也。太陽所在當赤道之宿

---

① 天文臺藏抄本與東京大學藏抄本作“虛六”，大谷大學藏抄本與北海道大學藏抄本作“虛宿”。前者正確。

② 天文臺藏抄本與東京大學藏抄本作“或”，大谷大學藏抄本與北海道大學藏抄本作“減”。前者正確。

③ 天文臺藏抄本作“古人”，東京大學藏抄本、大谷大學藏抄本與北海道大學藏抄本作“右ノ”。後者正确。

④ 天文臺藏抄本與東京大學藏抄本作“某宿”，大谷大學藏抄本與北海道大學藏抄本作“其宿”。前者正確。

度云赤道日度。此以下太陽所在當黄道宿度曰黄道日度；又太陰所在當赤道宿度曰赤道月度；太陰所在當黄道宿度曰黄道月度；又太陰所在當其交之白道宿度曰白道月度。此皆次第注解，然今併而爰略注。凡周天命赤道宿度，太陽命黄道宿度，太陰命白道宿度，故皆依術求各道宿次之度而成各其用也。

置中積，以加周應爲通積，滿周天分上推往古，每百年消一；下算將來，每百年長一。去之，不盡以日周約之爲度，不滿退約爲分秒。命起赤道虚宿六度外，去之至不滿宿，即所求天正冬至加時日躔赤道宿度及分秒。上考者，以周應減中積，滿周天去之，不盡，以減周天，餘以日周約之爲度，餘同上。如當時有宿度者，止依當時宿度命之。①

中積，氣朔第一條所求，即至元辛巳歲天正冬至太陽所在至所求年天正冬至太陽所在之中積度分。◎周應，自虚宿六度累計至元辛巳歲天正冬至太陽所在之積度分也。◎周天分，天一周之分，上每百年消一、下每百年長一而爲當時所用之周天分。消長法委注於“周天分”之下。◎日周乃一萬，於此所乃度母一萬也。◎赤道虚宿六度爲天心乃宿度之首。古以冬至日常在斗宿而自斗宿起，故周天餘分附於斗而號斗分。立歲差法已來推其元自虚起，今《授時曆》定虚宿六度以爲天心。◎術意：中積加周應，至元辛巳天正冬至日躔以前之虚宿六度至所求年天正冬至加時太陽所在之積分也，爲通積。滿周天分去之，餘爲虚宿六度至所求年天正冬至加時太陽所在之積分也。滿度母一萬約而命度數，不滿一萬退除而命分秒。去自赤道虚宿六度後殘虚宿二度九十五分七十五秒，去危室壁奎婁以下宿次之全度分，至不滿宿止，以其餘之度分爲不滿宿號之若干度分，即天正冬至加時太陽所在赤道宿度分也。

上考者以周應減中積，餘爲至元辛巳歲天正冬至日躔前虚宿六度逆至所求年天正冬至加時太陽所在之積分也，滿周天分去之，不盡乃自虚宿六度逆至所求年天正冬至加時太陽所在之分，以此減周天分，餘爲自虚宿六度順至所求年天正冬至加時太陽所在之分也，日周約而命度分秒，自虚宿六度起去之如上，得所求年天正冬至赤道日度也。有當時所測宿度者，當用其宿度去命也。假如求崇寧時用崇寧所測宿度，求漢時

① 天文臺藏抄本眉注：“按：經乎？愚依經文，用周天消長時，列距算，乘一，以減周天分，乘距算，名天積分，以減通積餘。依本文命不可耶。”其他抄本均無眉注。

用洛下閎①所測宿度去也，其所起皆用虛六。

别術 置所求距算，以當時歲差乘之爲退天分，滿一萬爲度，不滿退除爲分秒，用往古加將來減於箕宿十度，即所求天正冬至之日躔赤道宿度及分秒。若加而滿宿次者累去之，不足減者累加前宿次而減之。

求四正赤道日度（第四）

四正，冬正、春正、夏正、秋正也。春分秋分，恆氣也；春正秋正，定氣也。冬至夏至，恆氣定氣無異，春秋二正併而號四正。求其四正加時太陽所在之赤道宿度也。欲求黃道二十八宿度而求四正後赤道積度，欲求四正後赤道積度，而先求四正赤道日度也。此非見行曆②用數。上考下算皆依歲差冬至日躔赤道日度進退一度者，自此依下術可換求黃道二十八宿度也。◎四正赤道日度，第十三條求午中赤道日度中用夏至加時赤道日度，又月離第十四條求白道交初中用春秋二正赤道日度，此等與今所求異，故各於其所别求其度也。

置天正冬至加時赤道日度，累加象限，滿赤道宿次去之，各得春夏秋正日所在宿度及分秒。

天正冬至加時赤道日度，第三條所求也。◎累加象限，周天之象限也。◎冬正至春正日數八十八日有餘，太陽之行定積度乃歲象限度也；又春正至夏正日數九十三日有餘，太陽之行定積度亦歲象限度也；夏正至秋正、秋正至次冬至亦皆歲象限度也。然則雖當累加歲象限，但此術見行曆不用，唯求黃道二十八宿度術也，故歲之一周及於周天度而用也。月離中求白道宿次度時，以交周度及於周天度而用亦與此同意也。若細論，每歲太陽退一分五十秒，換求黃道宿度，當用歲象。◎術意：置天正冬至加時赤道日度，加周天象限度，自其冬至之宿起，以赤道宿次度分累去之，至不滿宿止之，得其宿之若干度分，爲春正赤道日度；置春正赤道日度，加象限，自其春正之宿起，累去赤道宿次之度分，至

---

① “洛下閎”乃“落下閎”之误。

② 見行曆，即現在施行的曆法。

不滿宿止，得其宿之若干度分，爲夏正赤道日度；置夏正赤道日度，加象限，去命如上而得秋正赤道日度也。

求四正赤道宿積度（第五）

求冬至後、春正後、夏正後、秋正後赤道二十八宿積度也。此第六條欲求黄道二十八宿度而求之，見行曆中不求之數也。◎四正之下、赤道之上當補入“後”字。

置四正赤道宿全度，以四正赤道日度及分減之，餘爲距後度；以赤道宿度累加之，各得四正後赤道宿積度及分。

四正赤道宿全度，乃冬春夏秋正赤道日度所當宿之全度分也。◎四正赤道日度，第五條所求也。◎距後度，自四正加時距其宿尾之度分也。◎術意：置冬至赤道日度所當宿之全度，減冬至赤道日度，餘爲冬至距其宿尾之度分，爲距後度，即其宿之積度也。加次宿全度分而爲次宿之積度，又加次宿之全度分，爲其次宿積度。如此逐累加次宿之全度至春正而求各宿積度，皆冬至後其宿之距後度也。又置春正所當宿之全度，減春正赤道日度，餘爲春正後其宿之距後度也，即其宿之積度。加次宿全度，爲次宿積度。又累加各次宿之全度至夏至，求各宿之積度，即皆春正後其宿之距後度也。又置夏至所當宿之全度，減夏正赤道日度，餘爲夏正後其宿之距後度也，即其宿之積度。累加各次宿之全度至秋正而求各宿之積度，即皆夏正後其宿之距後度也；又置秋正所當宿之全度，減秋正赤道日度，餘爲秋正後其宿之距後度，即其宿之積度。如上求各次積度，合四正而求二十八宿赤道之積度也。

黄赤道率[①]

此乃以赤道求黄道、以黄道求赤道之立成數也。黄道常出入赤道内外二十三度九十分，故於赤道有斜正，其度有廣狹，求其真數最難，今《授時曆》新設精微之術，算定[②]每度之偏正，更造立成之率數而求其度，最足稱矣。

① 天文臺藏抄本缺黄赤率數表。東京大學藏抄本、大谷大學藏抄本不缺。從後者。

② 天文臺藏抄本與東京大學藏抄本作“定”，大谷大學藏抄本與北海道大學藏抄本作“足”。前者正確。

積度 至後黄道 分後赤道	度率	積度 至後赤道 分後黄道	度率	積差	差率
初	一		一〇八六五		八十二秒
一	一	一〇八六五	一〇八六三	八十二秒	二分四六
二	一	二一七二八	一〇八六〇	三分二八	四分一一
三	一	三二五八八	一〇八五七	七分三九	五分七六
四	一	四三四四五	一〇八四九	十三分一五	七分四一
五	一	五四二九四	一〇八四三	二十分五六	九分〇七
六	一	六五一三七	一〇八三三	二十九分六三	十分七三
七	一	七五九七〇	一〇八二三	四十分三六	十二分四〇
八	一	八六七九三	一〇八一二	五十二分七六	十四分〇八
九	一	九七六〇五	一〇八〇一	六十六分八四	十五分七六
十	一	十八四〇六	一〇七八六	八十二分六〇	十七分七四五
十一	一	十一九一九二	一〇七七二	一〇〇〇五	十九分一六
十二	一	十二九九六四	一〇七五五	一一九二一	二十分八七
十三	一	十四〇七一九	一〇七四〇	一四〇〇八	二十二分五八
十四	一	十五一四五九	一〇七二〇	一六二六六	二十四分三〇
十五	一	十六二一七九	一〇七〇四	一八六九六	二十六分〇五
十六	一	十七二八八三	一〇六八四	二一三〇一	二十七分七九
十七	一	十八三五六七	一〇六六三	二四〇八〇	二十九分五五
十八	一	十九四二三〇	一〇六四二	二七〇三五	三十一分三〇
十九	一	二十四八七二	一〇六二二	三〇一六五	三十三分〇七
二十	一	二十一五四九四	一〇五九九	三三四七二	三十四分八五
二十一	一	二十二六〇九三	一〇五七五	三六九五七	三十六分六三

二十二	一	二十三六六六八	一〇五五四	四〇六二〇	三十八分四二
二十三	一	二十四七二二二	一〇五三〇	四四四六二	四十分二〇
二十四	一	二十五七七五二	一〇五〇六	四八四八二	四十二分
二十五	一	二十六八二五八	一〇四八二	五二六八二	四十三分七九
二十六	一	二十七八七四〇	一〇四五六	五七〇六一	四十五分五九
二十七	一	二十八九一九六	一〇四三二	六二六二〇	四十七分三八
二十八	一	二十九九六二八	一〇四〇八	六六三五八	四十九分一七
二十九	一	三十一〇〇三六	一〇三八二	七一二七五	五十分九五
三十	一	三十二〇四一八	一〇三五五	七六三七〇	五十二分七三
三十一	一	三十三〇七七三	一〇三三二	八一六四三	五十四分五〇
三十二	一	三十四一一〇五	一〇三〇六	八七〇九三	五十六分二六
三十三	一	三十五一四一二	一〇二八〇	九二七二九	五十八分〇一
三十四	一	三十六一六九一	一〇二五四	九八五二〇	五十九分七四
三十五	一	三十七一九四五	一〇二二九	十四四九四	六十一分四五
三十六	一	三十八二一七四	一〇二〇三	十〇六三九	六十三分一四
三十七	一	三十九二三七七	一〇一七七	十一六九五三	六十四分八一
三十八	一	四十二五五四	一〇一五二	十二三四三四	六十六分四七
三十九	一	四十一二七〇六	一〇一二六	十三〇〇八一	六十八分〇八
四十	一	四十二二八三二	一〇一〇三	十三六八八九	六十九分六七
四十一	一	四十三二九三四	一〇〇七五	十四三八五六	七十一分二四
四十二	一	四十四三〇〇九	一〇〇四九	十五〇九八〇	七十二分七六
四十三	一	四十五三〇五八	一〇〇二七	十五八二五六	七十四分二六
四十四	一	四十六三〇八五	一〇〇〇〇	十六五六八二	七十五分七一

四十五	一	四十七三〇八五	九九七四	十七三二五三	七十七分一二
四十六	一	四十八三〇五九	九九五一	十八〇九六五	七十八分五〇
四十七	一	四十九三〇二〇	九九二五	十八八八一五	七十九分八四
四十八	一	五十二九三五	九九〇一	十九六七九九	八十一分一二
四十九	一	五十一二八三六	九八七六	二十四九一二	八十二分三七
五十	一	五十二二七二二	九八五一	二十一三一四八	八十三分五七
五十一	一	五十三二五六三	九八二七	二十二一五〇五	八十四分七二
五十二	一	五十四二三九〇	九八〇三	二十二九九七七	八十五分八三
五十三	一	五十五二一九三	九七八〇	二十三八五六〇	八十六分八八
五十四	一	五十六一九七三	九七五五	二十四七二四八	八十七分八九
五十五	一	五十七一七二八	九七三一	二十五六〇三七	八十八分八五
五十六	一	五十八一四五九	九七〇八	二十六四九二二	八十九分七七
五十七	一	五十九一一六七	九六八五	二十七三八九九	九十分六三
五十八	一	六十〇八五二	九六六一	二十八二九六二	九十一分四四
五十九	一	六十一〇五一三	九六三九	二十九二一〇六	九十二分二二
六十	一	六十二〇一五二	九六一六	三十一三二八	九十二分九四
六十一	一	六十二九七六八	九五九四	三十一〇六二二	九十三分六一
六十二	一	六十三九三六三	九五七二	三十一九九八三	九十四分二六
六十三	一	六十四八九三四	九五五一	三十二九四〇九	九十四分八五
六十四	一	六十五八四八五	九五二九	三十三八八九四	九十五分三八
六十五	一	六十六八〇一四	九五〇九	三十四八四三二	九十五分九〇
六十六	一	六十七七五二三	九四八七	三十五八〇二二	九十六分三八
六十七	一	六十八七〇二〇	九四七〇	三十六七六六〇	九十六分八一

六十八	一	六十九六四八〇	九四五〇	三十七七三四一	九十七分一九
六十九	一	七十五九三〇	九四二七	三十八七〇六〇	九十七分五六
七十	一	七十一五三五七	九四一二	三十九六八二六	九十七分八九
七十一	一	七十二四七六九	九三九二	四十六六〇五	九十八分一八
七十二	一	七十三四一六一	九三八五	四十一六四二三	九十八分四五
七十三	一	七十四三五四六	九三五三	四十二六二六八	九十八分六八
七十四	一	七十五二八九九	九三四三	四十三六一三六	九十八分九一
七十五	一	七十六二二四三	九三二九	四十四六〇二七	九十九分一〇
七十六	一	七十七一五七一	九三一五	四十五五九三七	九十九分二五
七十七	一	七十八〇八六八	九三〇四	四十六五八六二	九十九分四〇
七十八	一	七十九〇一九〇	九二八六	四十七五八〇二	九十九分五二
七十九	一	七十九九四七六	九二七五	四十八五七五四	九十九分六二
八十	一	八十八七五一	九二六五	四十九五七一六	九十九分七二
八十一	一	八十一八〇一六	九二五五	五十五六八八	九十九分七九
八十二	一	八十二七二七一	九二四四	五十一五六六七	九十九分八四
八十三	一	八十三六五一五	九二三八	五十二五六五一	九十九分八九
八十四	一	八十四五七五三	九二二八	五十三五六四〇	九十九分九三
八十五	一	八十五四九八一	九二二二	五十四五六三三	九十九分九六
八十六	一	八十六四二〇三	九二一五	五十五五六二九	九十九分九七
八十七	一	八十七三四一八	九二一二	五十六五六二六	九十九分九九
八十八	一	八十八二六三〇	九二一〇	五十七五六二五	一
八十九	一	八十九一八四〇	九二〇四	五十八五六二五	一
九十	一	九十一〇四四	九二〇四	五十九五六二五	一

九十一	三一	九十一〇二 四八	二八 七七	六十五六 二五	三一 二五
九十一		九十一三一 二五		六十八七 五〇	

黄道積度，黄道半弧背也。二至爲元，初限空、一限一度、二限二度、三限三度，如此至九十一度爲每度黄道積度，其九十二限，即象限九十一度三十一分二十五秒也。

各以黄道半弧背求赤道半弧背爲赤道積度，初限黄道半弧背空，赤道半弧背亦空也；一限以黄道半弧背一度得赤道半弧背一度〇八分六十五秒；二限以黄道半弧背二度得赤道半弧背二度一十七分二十八秒；三限以黄道半弧背三度得赤道半弧背三度二十五分八十八秒；如此至九十一限求之，其術注於左，最末九十二限黄道、赤道皆象限也。◎凡以二至爲元，二至後每度黄道度狭而赤道度廣，至二分適等；以二分爲元，二分後每度黄道度廣而赤道度狭，至二至適等，故以所定之二至後黄道積用於二分後赤道積，以所求之二至後赤道積用於二分後黄道積也。

度率，每限半弧背之差也。二至後黄道，以初限積度空減一限積度一度，即一度爲初限度率；以一限積度減二限積度二度，餘一度爲一限度率；以二限積度減三限積度三度，餘一度爲二限度率。如此求至九十一限而常得一度。其九十一限乃象限度下之分秒也。

二至後赤道，以初限積度空減一限積度一度〇八分六十五秒，即一度二八分六十五秒爲初限度率；以一限積度減二限積度二度一十七分二十八秒，餘一度〇八分六十三秒爲一限度率；以二限積度減三限積度三度①二十五分八十八秒，餘一度〇八分六十秒爲二限度率。如此至九十一限求其度率也。九十一限之至後赤道度率二十八分七十七秒時，至後黄道度率三十一分二十五秒，此於術中雖不煩，但以三十一分二十五秒約二十八分七十七秒，爲至後赤道度率九十二分〇六秒，爲至後黄道度率可用也。②

---

① 天文臺藏抄本作“一度”，東京大學藏抄本、大谷大學藏抄本與北海道大學藏抄本作“三度”。後者正確。

② 天文臺藏抄本缺“九十一限之至後赤道度率二十八分七十七秒時，至後黄道度率三十一分二十五秒，此於術中雖不煩，但以三十一分二十五秒約二十八分七十七秒，爲至後赤道度率九十二分〇六秒，爲至後黄道度率可用也。”這段文字，眉注補之。東京大學藏抄本、大谷大學藏抄本和北海道大學藏抄本均不缺這段文字。

積差，黄道半背每度之弧矢也。初限黄道半弧背空，故弧矢亦空也；一限以初限黄道半弧背一度求得弧矢八十二秒，爲一限積差；二限以黄道半弧背二度求得弧矢三分二十八秒，爲二限積差；三限以黄道半弧背三度求得弧矢七分三十九秒，爲三限積差；如此至九十一限求之。其術注於左，其九十二限即周天半徑也。

差率，每度弧矢之差也。以初限積差空減一限積差八十二秒，即八十二秒，爲初限差率；以一限積差減二限積差三分二十八秒，餘二分四十六秒爲一限差率；以二限積差減三限積差七分三十九秒，餘四分一十一秒爲二限差率；如此求至九十一限也。得九十一限差率三十一分二十五秒，然象限度下分三十一分二十五秒約而得一度，以此爲九十一限差率可用也。[①] ◎其積度度率用黄道立成，積差差率用月離術中白道去極之立成也。

求黄道弧矢術

立天元一爲黄道弧矢，自之，爲因周天經黄道半弧背弦差，寄左。置周天度，以周率三約得周天徑，以黄道半弧背乘之，得内減寄左，餘爲因周天徑黄道半弧弦，自之，再寄。置周天徑，減去黄道矢，餘以黄道矢乘之，爲黄道半弧弦冪，以周天徑冪乘之，與再寄相消得度，三乘方開之，得黄道弧矢也。

求赤道半弧背術[②]

《管窺輯要》“論黄赤差”中云：郭守敬授時用弧矢接勾股之法以求之，法以黄道半弧背立天元一以求得黄道矢，自之，以周天徑除之，得黄道半弧弦差，去減黄道半弧背，餘爲黄道半弧弦。又用黄道矢去減周天半徑，爲黄赤道小弦，以黄赤道大股乘之，用黄赤道大弦除之，得黄赤小股。又以黄赤道小股自之，以黄道半弧弦自之[③]，相併，平方開之，得赤道小弦。又以黄道半弧弦乘半徑，所得以赤道小弦除之，爲赤

---

① 天文臺藏抄本天文臺藏抄本缺“得九十一限差率三十一分二十五秒，然象限度下分三十一分二十五秒約而得一度，以此爲九十一限差率可用也”道段文字，眉注補之。東京大學藏抄本、大谷大學藏抄本和北海道大學藏抄本均不缺這段文字。

② 此段注文見於《授時發明》。

③ 天文臺藏抄本眉注：“◎以黄道半弧弦爲赤道方取影爲股，黄赤小股爲勾，勾冪股冪併而開平方，得赤道小弦。”其他抄本均無此眉注。

道大股，就爲赤道半弧弦。又以黄赤道小股乘黄赤道大弦，所得用赤道小弦除之，得赤道横大勾，以減半徑，餘爲赤道横弧矢，自之，如圜徑而一，得赤道半背弦差，去加赤道半弧弦，爲赤道半弧背。

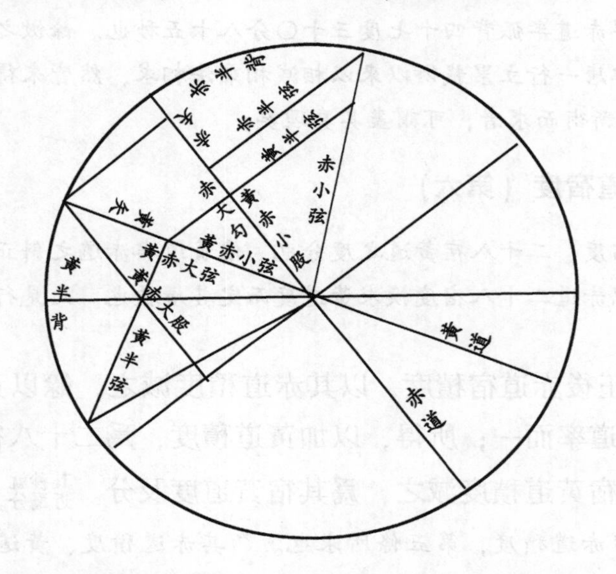

例如以黄道半弧背四十五度求者，立天元一如前術得黄道弧矢一十七度三十二分五十三秒，自之，周天徑一百二十一度七十五分除，得黄道半弧背弦差二度四十六秒，以減黄道半弧背四十五度，餘得黄道半弧弦四十二度五十四分，又以黄道矢減周天半徑，餘得黄赤道小弦四十三度五十四分。又以二至出入赤道内外之極二十三度九十分爲半弧背，立天元一如前術求得黄赤道大弧矢四度八十一分①，以減周天半徑，餘得黄赤道②大股五十六度〇六分半，以周天半徑即爲黄赤道大弦。置黄赤道小弦，乘黄赤道大股，以黄赤道大弦除之，得黄赤道小股四十〇度〇九分。又黄赤道小股自乘，黄道半弧弦自乘，相併，開平方除之，得赤道小弦五十八度四十五分三十秒。又置黄道半弧弦，乘周天半徑，以赤道小弦除之，得赤道大股四十四度三十〇分四十三秒，又爲赤道半弧

① 天文臺藏抄本作“八十分”，東京大學藏抄本、大谷大學藏抄本與北海道大學藏抄本作“八十一分”。後者正確。

② 天文臺藏抄本與東京大學藏抄本作“黄赤道”，大谷大學藏抄本與北海道大學藏抄本作“黄道”。前者正確。

弦。又置黄赤道小股，乘黄赤道大弦，以赤道小弦除之，得赤道大勾四十一度七十五分，以其減周天半徑，餘得赤道弧矢一十九度一十二分半，自之，以周天徑除，得赤道半弧背弦差三度〇分四十二秒，加赤道半弧弦，得赤道半弧背四十七度三十〇分八十五秒也。餘傚之。古求黄赤道差，雖唐一行立累裁術以來以相減相乘法相求，然皆未得實數，今《授時》立新術而求者，可謂盡其真理矣。

推黄道宿度（第六）

黄道宿度，二十八宿黄道之度分也。依黄道與赤道之斜正，其度有廣狹，故以赤道二十八宿度換求黄道度而定其廣狹也。此見行曆中不求之數也。

置四正後赤道宿積度，以其赤道積度減之，餘以黄道率乘之，如赤道率而一；所得，以加黄道積度，爲二十八宿黄道積度；以前宿黄道積度減之，爲其宿黄道度及分。其秒就近爲分。

四正後赤道積度，第五條所求也。◎其赤道積度、黄道率、赤道率、黄道積度，皆立成至後分後之數也。◎術意：置四正後赤道二十八宿積度，隨至後分後立成其度分，比諸赤道積度立成數最近少而減其限積度，依餘異乘同除術而乘其限黄道度率，其限赤道度率除，得數加其限黄道積度，爲其宿黄道積度。四正後皆如此求二至二分之正至其宿尾，得二十八宿黄道積度也。◎置其宿積度，減前宿積度，餘爲其宿度分而得二十八宿黄道度也。其當四正之始之宿積度比前宿積度少，故加減周天象限也。◎細字云“秒就近爲分”，乃所得二十八宿黄道度分下之不盡，五以上收、五以下棄而皆整分也。然若累計其宿次，收其不盡多而過周天分、棄多而不足周天分，故思量其不盡以合周天分也。亦周天秒七十五附虚宿。

今按：本術自四正求者，略術也，當直自冬至求。然則不用第四、五條之術，一般而得，其術注於左。

别術 置天正冬至赤道宿全度，以冬至赤道日度分減之，餘爲距後度，以赤道宿度累加之，爲冬至後赤道宿積度，視半周天以下即爲冬至後，以上去之，餘爲夏至後，其二至後積度象限以下即爲至後，已上去之爲分後，以其赤道積度減之，餘以黄道率乘之，如赤道率而一，所得以加黄道積度，爲二十八宿黄道積度，以前宿黄道積度減之，爲其宿黄道度及分也①。

黄道宿度

角 十二八十七　亢 九五十六　氐 十六四十　房 五四十八

心 六二十七　尾 十七九十五　箕 九五十九

七右東方七宿，七十八度一十二分。

斗 二十三四十七　牛 六九十　女 十一十二　虛 九分空太

危 十五九十五　室 十八三十二　壁 九三十四

右北方七宿，九十四度一十分太。

奎 十七八十七　婁 十二三十六　胃 十五八十一　昴 十一〇八

畢 十六五十　觜 初〇五　參 十二十八

右西方七宿，八十三度九十五分。

井 三十一〇三　鬼 二一十一　柳 十三　星 六三十一

張 十七七十九　翼 二十〇九　軫 十八七十五

右南方七宿，一百九度八分。

右黄道宿度，依今曆所測赤道準冬至歲差所在算定，以憑推步。若上下考驗，據歲差每移一度，依術推變，各得當時宿度。

右黄道宿度，《授時曆》以所測至元辛巳歲天正冬至日躔在赤道箕十度而求得之數。辛巳歲前後各六十餘年間可用。若自至元辛巳歲考古來者，冬至赤道日度差一度以前術換求宿度，當用於其當時之黄道宿度也。

推冬至加時黄道日度（第七）

求冬至加時太陽所在當黄道宿度也。欲求每日晨前夜半黄道日度而求四正晨前夜半黄道日度，欲求四正夜半日度而求四正加時黄道日度；欲求四正加時日度而先求冬至加時黄道日度也。

① 天文臺藏抄本作“度分”，東京大學藏抄本、大谷大學藏抄本與北海道大學藏抄本作“度及分”。後者正確。

置天正冬至加時赤道日度，以其赤道積度減之，餘以黄道率乘之，如赤道率而一；所得，以加黄道積度，即所求年天正冬至加時黄道日度及分秒。

冬至加時赤道日度，第三條所求也。◎其積度度率，皆立成至後之數也。◎術意：其冬至赤道日度爲其宿首距冬至太陽所在之度分，冬至前之數當秋正後，爲自冬至逆而距其宿首之度分時，其度廣狹與至後同，故以至後之率求也。先置冬至赤道日度，減立成赤道積，餘乘其段黄道度率，以其段赤道度率除之，得數加其段黄道積度爲冬至加時黄道日度也。

求四正加時黄道日度（第八）

求二分二至定氣加時太陽所在當黄道宿度也。欲求四正晨前夜半黄道日度而求四正加時日度也。

置所求年冬至日躔黄赤道差，與次年黄赤道差相減，餘四而一，所得加象限，爲四正定象度。置冬至加時黄道日度，以四正定象度累加之，滿黄道宿次去之，各得四正定氣加時黄道度及分。

黄赤道差，冬至赤道日度與冬至黄道日度相減，黄道度之多分也。◎四而一，四正也。◎象限，歲周之象限度也。◎定象度，將黄道一歲周度分四象而一象之度也，即冬至至春正、春正至夏至、夏至至秋正、秋正至冬至之黄道定度也。◎術意：今歲冬至至次歲冬至一歲太陽一周之行爲赤道度，即歲周度，爲黄道度微多。求其黄道度，先今歲冬至太陽所在赤道日度與黄道日度相減，餘得今歲黄道積度比赤道積度多差，又次歲，有歲差退分，冬至太陽所在赤道日度與黄道日度相減，餘得次歲黄道積度比赤道積度多差，其今歲黄赤道差與次年黄赤道差相減，餘得每歲黄道一歲周之度比赤道一歲周之度多差，以此加歲周度，得黄道歲周度也。四象除①得黄道定象度。本經略此術而其兩差相減，餘四而一，加歲周象限度，爲定象度。此寫《紀元曆》，故只求一象之度而不

---

① 東京大學藏抄本與天文臺藏抄本作“除”，北海道大學藏抄本與大谷大學藏抄本作“距”。前者正确。

求黄道歲周度，且術意亦混雜，故將改術注於左。◎置冬至加時黄道日度，加定象度，自冬至宿起累去黄道宿次度分至不滿宿，得春正加時黄道日度。又加定象度，自春正宿累去黄道宿次度分至不滿宿，得夏至加時黄道日度。又加定象度，自夏至宿累去黄道宿次度，得秋正加時黄道日度也。

別術 以歲周度減周天度，餘爲赤道一歲退天度分，以二十三乘之，以二十五除之，爲黄道一歲退天度分，用減周天度，餘爲黄道歲周度，四而一，得四正定象度。下略。赤道、黄道周圍之度皆周天度也。今歲冬至太陽所在至次歲冬至太陽所在之赤道度爲歲周度，故以減赤道一周天度，餘爲赤道每歲之差，此以赤道每歲差分依立成之術減至後赤道積度，餘乘黄道率，如赤道率而一，得數加黄道積度，爲黄道每歲差分，即黄道一歲周度不及黄道一周天度之分也，故以此減周天度，得黄道一歲周之定度，即前歲冬至太陽所在至次歲冬至太陽所在之黄道度也。◎略其立成法數而代以二十三乘二十五除。◎右求黄道一歲周度者，總自此以下術，黄道積度數若有時滿此數則拂去，又有不足減者用加也。此數，每歲得同數，但得隨歲周有消長而異。◎此別術據一行《大衍》舊法，術理詳且速，故當皆用此術也。

求四正晨前夜半日度（第九）

所謂晨前夜半，云夜明前夜半子正也，求其夜半太陽所在黄道宿度也。此欲求每日晨前夜半之日度而求四正夜半日度。其四正加時常在晨前夜半之後，故晨前夜半常屬前氣之末，以入其氣日定爲初日，故自晨前夜半取作四正之首日也。

置四正恒氣日及分秒，冬夏二至，盈縮之端，以恒爲定。以盈縮差命爲日分，盈減縮加之，即爲四正定氣日及分。置日下分，以其日行度乘之，如日周而一；所得，以減四正加時黄道日度，各得四正定氣晨前夜半日度及分秒。

四正恒氣，氣朔第一、二條所求，二十四恒氣内冬至、春分、夏至、秋分之日分也。◎盈縮差，皆極差也。冬至夏至加時無盈縮之差，春分加時盈極差二度四十〇分一十四秒，秋分加時縮極差二度四十〇分一十四秒。◎四正定氣，冬至太陽極於南、夏至極於北、春分秋分適交於赤道之定日分也。◎日下分，定氣日下之分數也。◎其日行度，冬至最多行、夏至最少行，皆太陽立成初日之行也，春分秋分皆平行一度也。◎四正加時黄道日度，第八條所求也。◎術意：先春分加時，太陽所在行過黄赤道之交二度四十〇分一十四秒，此命日分爲二日四千〇一十四分，即春分加時後太陽行過黄赤道交之日分也，以此减春分恆氣日分，餘爲太陽正交赤道之定日分，太陽所在，自冬至適象限度也，此爲春正定氣之日分。又秋分加時，太陽所在行黄赤道之交不足二度四十〇分一十四秒，此命日分爲二日四千〇一十四分，即春分加時太陽行黄赤道之交不足之日數也。以此加秋分恆氣日分，爲太陽交赤道之定日分，太陽所在，自夏至適象限度數也，以此爲秋正定氣之日分。又爲冬至盈、夏至縮之端無行過不及之差，故以各恆氣之日分即爲冬至夏至定氣之日分，其度分命日分。置盈縮極差度分，乘日周一萬，平行一度除，得日分也。然則恆至定二日餘間皆用平行一度，故至其秒數尾微有增損，差最寡且算法混雜，故不設妄意之術，從經而用。◎置四正定氣日下分數，冬至乘最多行一度五分一十一秒，夏正乘最少行九十五分一十五秒，春秋二正乘平行一度，皆日周一萬除，得其定氣初日晨前夜半至定氣加時太陽之行分，故以此减四正定氣加時黄道日度，得四正定氣初日晨前夜半太陽所在黄道宿度也。與用初日行度乘其日下分不適，初日行度乃其加時後初日之行，晨前夜半屬前日，故當用前氣末日之行耳。《紀元曆》以日下分减日周，餘乘其初日之行，日周除，得數加加時日度，爲其一日晨前夜半日度。此於理最精，其差甚微，故不設妄意之術從本經之術而用也。

求四正後每日晨前夜半黄道日度（第十）

求每日晨前夜半太陽所在之黄道宿度也。古曆分二十四氣求每日，《授時》分四象求四正後。

以四正定氣日距後正定氣日爲相距日，以四正定氣晨前夜半日度距後正定氣晨前夜半日度爲相距度，累計相距日之行定度，與相距度相减，餘如相距日而一，爲日差，相距度多爲加，相距度少爲减，以加减四正每日行度率，爲每日行定度。

累加四正晨前夜半黄道日度，滿宿次去之，爲每日晨前夜半黄道日度及分秒。

四正定氣日，第九條所求也。分數不用，用日數。◎相距日，冬正距春正之日數[1]、春正距夏正之日數以下也。◎定氣晨前夜半日度，第九條所求之宿度分也。◎相距度，冬正晨前夜半距春正晨前夜半太陽實行定積度、春正晨前夜半距夏正晨前夜半太陽實行定積度以下也。◎累計行度，累計立成行度之數也。◎冬正加時距春正日數之行積度，春正加時距夏正日數之行積度以下也。◎日差，每一日加減差也，冬正春正後爲盈，常累計行度數少而相距度多，此實行多故爲加；夏正秋正後爲縮，常累計行度數多而相距度少，此實行少故爲減。◎每日行度率，立成每日行度也。◎術意：四正後每日行度，即當爲立成之行度，然加時常在夜半後而不當子正，故相距度與累計行度不倫，其不倫分除積日而爲每日平均之差，加減於立成之行度爲每日行定度，累計此，求適合相距度之算法也。先算冬至定氣支幹至春正定氣幹支之日數而爲冬至春正相距日。又算春正定氣干支至夏正定氣干支之日數而爲春正夏正相距日，如此求四正相距日。有以定氣之日算相減直得之捷術，注於《數解》中。◎以冬正距晨前夜半黄道日度減其宿黄道宿之全度，餘以黄道宿次度自次宿至春正晨前夜半日度累加，而爲冬正春正相距度；又以春正晨前夜半日度減其宿全度，餘累加次宿至夏正晨前夜半日度，而爲春正夏正相距度。如此求四正相距度。有以定象度直求之捷術，注於《數解》中。◎冬正，自立成盈初縮末之初日隨其相距日數順而併每日行度，爲冬至後累計行度之數；春正，以立成縮初盈末九十三日[2]當春正初日，自九十三日隨其相距日數逆而併每日行度，爲春正後累計行度之數；夏正，自立成縮初盈末之初日隨其相距日數順而併每日行度，爲夏正後累計行度之數；秋正，以立成盈初縮末之八十八日當秋正初日，自八十八日逆而隨其相距日數併每日行度，爲秋正後累計行度之數。有以盈縮之積直得之捷術，注於《數解》中。◎其冬正後累計行度之數與

---

① 天文臺藏抄本作“相距日數”，大谷大學藏抄本與北海道大學藏抄本作“距八日數”，東京大學藏抄本作“距ル日數”。應改爲“距ル日數”。

② 天文臺藏抄本作“九十三”，東京大學藏抄本、大谷大學藏抄本與北海道大學藏抄本作“九十三日”。後者正確。

冬至春正相距度相減，餘以冬至春正相距日數除，爲冬至至春正之日差，自立成盈初縮末之初日順加逐日行度，爲冬至後每日行定度。又春正後累計行度數與春正夏正相距度相減，餘以春正夏正相距日數除，爲春正至夏正之日差。立成縮初盈末九十三日爲初日，逆而加逐日之行度，爲春正後每日行定度。夏至後，如上求夏正至秋正之日差，自立成縮初盈末初日順而減逐日之行度，爲夏正後每日行定度。秋正後，如上求秋正至冬至之日差，自立成盈初縮末八十八日逆而減逐日行度，爲秋正後每日之行定度。◎置冬至初日晨前夜半黃道日度，加冬至初日定行度，爲一日之晨前夜半日度，又加一日之行定度，爲二日之晨前夜半日度，如此累加至春正之前日，滿黃道宿次去之，爲次宿之度分；又置春正初日晨前夜半日度，加春正初日之行定度，爲一日晨前夜半之日度；又加一日之行定度，爲二日之晨前夜半日度，如此累加至夏至之前日而求之，滿其宿次去之如上。又求夏正[1]後秋正後亦同，得四正後晨前夜半黃道日度也。按：當求每日晨前夜半黃道積度，若不求此，則中星術中不得每日内外度去極度半晝夜之定分等，故今將補術注於左。

補術 求每日晨前夜半黃道積度者，置冬至日下分，以初日行度乘之，如日周而一，所得以減黃道歲周度，餘爲冬至初日晨前夜半黃道積度，以每日行定度累加之，滿黃道歲周度去之，爲冬至後每日晨前夜半黃道積度。◎冬至初日之行，盈初縮末立成初日之行也。◎黃道歲周度，第八條中依别術所求也。◎天正冬至初日之積度，得前年天正冬至後之積度，滿黃道歲周度去後，爲其年天正冬至後之積度也，再滿歲周度去後，爲次年天正冬至後之積度也，故若依歲周之消長黃道歲周度有增減者，當考其消長之年而用於黃道歲周度也。

求每日午中黃道日度（第十一）

午中黃道日度，午正太陽所在黃道度也。中星術中欲求昏明五更中星宿度而求每日午中赤道日度，欲求午中赤道日度而求每日午中黃道積度，欲求午中黃道積度而求每日午中黃道日度也。

---

① 天文臺藏抄本作“夏至”，東京大學藏抄本、大谷大學藏抄本與北海道大學藏抄本作“夏正”。後者正確。

置其日行定度，半之，以加其日晨前夜半黄道日度，得午中黄道日度及分秒。

行定度，乃第十條所求每日之行定度也。半而所得之數，乃其日晨前夜半至其日午中太陽之行分也，故加晨前夜半之日度，得午中黄道之日度也。

求每日午中黄道積度（第十二）

此二至後午中黄道積度也。欲求每日午中赤道積度而求午中黄道積度也。又《授時曆》若有時求每日午中之晷，則當據此積度數。

以二至加時黄道日度距所求日午中黄道日度，爲二至後黄道積度及分秒。

二至加時黄道日度，第八條所求，冬至夏至加時日度也。◎術意：求二至加時至其日午中太陽所在之積度，故以二至加時日度減黄道其宿全度，餘累加次宿始逐宿度分，至其午中日度加之，爲其日午中黄道積度也。

按：前條求午中黄道日度，此條求午中黄道積度。寫《紀元》《大明》等之舊術，《紀元曆》晷漏諸數皆本午中，《授時曆》屬太陽者皆用晨前夜半，然則日度之數殊，無用者繁而煩。今察《授時》之本旨，略此二條而直求積度，即其術注於左。

別術 求每日午中黄道積度　置其日行定度，半之，以加其日晨前夜半黄道積度，爲冬至後午中黄道積度，滿黄道半歲周度去之，爲夏至後積度及分秒。◎冬至後積度若加而滿黄道歲周度則當去之。◎晨前夜半黄道積度，依第十條中補術所求也。◎此術皆求冬至後積度可也。本經倣《大明曆》而用二至後，故從而求二至後也。

求每日午中赤道日度（第十三）

求午中太陽所在赤道宿度也。此乃中星術中欲求昏明五更中星而求午中赤道日度也。

置所求日午中黄道積度，滿象限去之，餘爲分後，内減黄道積度，以赤道率乘之，如黄道率而一。所得以加赤道積度及所去象限，爲所求赤道積度及分秒。以二至赤道日度加而命之，即每日午中赤道日度及分秒。

午中黄道積度，第十二條所求也。◎滿象限去之爲黄道，故用定象度。◎積度度率，黄赤立成之數也。◎加所去象限爲赤道，故用歲周之象限度。◎二至赤道日度，冬至加時赤道日度乃第三條所求也，夏至加時赤道日度依補術而求，其術注於左。◎術意：午中黄道積度爲二至後黄道積度，故定象度以下即爲冬至後夏至後積度，以上去定象度，餘爲春分後秋分後積度。依立成之術將黄道度换求赤道度也，置其所求四正後黄道積度，隨至後分後減立成黄道積，餘乘其段赤道度率，除其段黄道度率，所得加於其段赤道積，得四正後赤道積度。分後者，前去定象度，故於此加歲周之象限度，皆爲二至後每日午中赤道積度。◎求日度，置二至後每日午中赤道積度，冬至後加冬至加時赤道日度、夏至後加夏至加時赤道日度，各自其宿累去赤道宿次之全度分，至不滿宿止之，爲其宿度分，即得每日午中赤道日度也。

按：雖第四條有求四正加時赤道日度之術，然非此所用之數。故今補術注於左。《紀元曆》更立求夏至赤道日度一條，《授時》闕[①]其術。

補術　求夏至加時赤道日度　置天正冬至加時赤道日度，加半歲周度，滿赤道宿次去之，得夏至加時赤道日度及分秒。

黄道十二次宿度

十二次入宫。宿度，二十八宿之分野，太陽行而入其宫限之度分也。娵訾，室壁之次，名衛之分野，辰亥，雙魚宫也；降婁，奎婁之次，名魯之分野，辰戌，白羊宫也；大梁，昴之次，名趙之分野，辰酉，金牛宫也；實沈，參之次，晉之分野，辰申，陰陽宫也；鶉首，井鬼之次，秦之分野，辰未，巨蟹宫也；鶉火，柳之次，名周之分野[②]，辰午，獅子宫也。鶉尾，翼軫之次，楚之分野[③]，辰巳，雙女宫也；壽星，角亢之次，鄭之分野，辰辰，天秤宫也；大火，心之次，名宋之分

① 天文臺藏抄本作“欠”，東京大學藏抄本、大谷大學藏抄本與北海道大學藏抄本作“闕”。從後者。

② 天文臺藏抄本缺“野”字，大谷大學藏抄本不缺。今補。

③ 天文臺藏抄本缺“野”字，大谷大學藏抄本不缺。今補。

野，辰卯，天蠍宮也；析木，箕斗之次，名燕之分野，辰寅，人馬宮也；星紀，斗牛之次，吴越之分野，辰丑，摩羯宮①也；玄枵，虚之次，齊之分野，辰子，寶瓶宮也。此詳於《晉書》也。古今各宿所距度分前後增減不一，且依歲差之移又不同，故依術推求入宮限之度當準當時。

危	十二度六十四分九十一秒	入娵訾之次，辰在亥
奎	一度七十三分六十三秒	入降婁之次，辰在戌
胃	三度七十四分五十六秒	入大梁之次，辰在酉
畢	六度八十八分五秒	入實沈之次，辰在申
井	八度三十四分九十四秒	入鶉首之次，辰在未
柳	三度八十六分八十秒	入鶉火之次，辰在午
張	十五度二十六秒	入鶉尾之次，辰在巳
軫	十度七分九十七秒	入壽星之次，辰在辰
氐	一度一十四分五十二秒	入大火之次，辰在卯
尾	三度一分一十五秒	入析木之次，辰在寅
斗	二度七十六分八十五秒	入星紀之次，辰在丑
女	二度六分三十八秒	入弦枵之次，辰在子

右黄道入十二次宿度，以至元辛巳歲天正冬至日躔在箕十度，虚宿六度爲子正玄枵之中而求得之度數也。此亦隨歲差移一度而求當時之入宿度，其術本經闕，故將補術二條注於左。

補術　求赤道十二次入宫宿度　以冬至加時赤道日度距虚宿六度爲距中度，置周天度，十二而一，爲每宫度半②之，加距中度，爲入亥宫赤道積度，以每宫度累加之，滿周天者去之，得入各宫赤道積度，以冬至加時赤道日度加而命之，即十二次入宫③赤道宿度及分秒。

求黄道十二次入宫宿度　置入十二宫赤道積度，滿半周天去之，爲

① 天文臺藏抄本作“天蠍宫”，東京大學藏抄本、大谷大學藏抄本與北海道大學藏抄本作“摩羯宫”。從後者。

② 天文臺藏抄本此字字跡模糊難辨，大谷大學藏抄本作“半”字。從後者。

③ 天文臺藏抄本作“入宿”，東京大學藏抄本、大谷大學藏抄本與北海道大學藏抄本作“入宫”。後者正確。

夏至後，其二至後滿象限去之爲分，後以其赤道積度減之，餘以黃道率乘之，如赤道率而一，所得以加黃道積度與所去象限及半周天，爲入各宮黃道積度，以冬至加時黃道日度加而命之，即入十二宮黃道宿度及分秒。

右以冬至後積度求各宿度，若用四正後求亦同術也。

求入十二次時刻（第十四）

入十二次時刻，求太陽行而入其十二宮之日時刻亦同術[①]也。

各置入次宿度及分秒，以其日晨前夜半日度減之，餘以日周乘之，爲實；以其日行定度爲法，實如法而一，所得依發斂加時求之，即入次時刻。

入次宿度，前之十二次宿度也。◎晨前夜半日度並其日定行度，皆第十條所求也。◎術意：置十二次之宿度，比諸每日晨前夜半黃道日度，減最近少者，餘爲其日晨前夜半至其入宮加時太陽之行分也。乘日周一萬，其日太陽行定度除，得日晨前夜至入宮加時之刻分，故依發斂加時之術求得入之時刻也。

3.4　步月離　第四[②]

月，太陰也；離，麗也。求太陰行之遲疾、陰陽曆之表裏並宿度所在等總據太陰者之術，悉載此篇，故云步月離。

轉終分，二十七萬五千五百四十六分。

轉終分，太陰遲疾行一周日數通日周之積分也。疾曆初爲入轉初日。初日最疾行而逐日行分徐損，至六日八十八刻八十六分適平行，即每日行常比平行多，其積行度過平行積度，故爲疾初限，於此疾差極多爲五度四十二分。自此逐日行分猶徐損而至六日八十八刻八十六分最遲

① 天文臺藏抄本作“意”，東京大學藏抄本、大谷大學藏抄本與北海道大學藏抄本作“術”。後者正確。

② 北海道大學藏抄本缺“步月離”部分。

行，每日行常比平行少，疾初限損行過平行積度而其行積度猶過平行積度，故爲疾末限，於此疾差盡而無餘，爲遲曆初。遲曆初日最遲行而逐日行分徐增至六日八十八刻八十六分而適平行，即每日行常比平行少，其行積度不及平行積度，故遲初限，於此遲差極多爲五度四十二分。自此逐日行分猶徐增至六日八十八刻八十六分最疾行也，每日行常比平行多，遲初限增不及平行積度，其行積度猶不及平行積度，故爲遲末限，於此遲差盡而無餘，復於疾曆初。其疾曆之初末皆一十三日七十七刻七十三分，遲曆之初末也皆一十三日七十七刻七十三分，合二十七日五十五刻四十六分而爲入轉一終。凡太陰常麗黄道内外而有交終定數，其遲疾之行不據黄道，又不據赤道，亦如五星不據去太陽遠近而别一終，又其行亦最速而難得測驗之密，故自至元十四年丁丑歲每日逐一時測驗太陰之行而測得極遲極疾並平行之處，十三轉計爲五十一事，得轉終日數及行之遲疾極度，且依交食時刻推算與此参校而擬定其數，委注於《曆議》。

轉終，二十七日五千五百四十六分。

轉中，十三日七千七百七十三分。

轉終，日周一萬約轉終分爲日數，不滿爲分數所得，即太陰遲疾行一周日數也。轉中，轉終半而所得，即疾曆日數又遲曆日數也。

初限，八十四。

中限，一百六十八。

周限，三百三十六。

周限，轉終限也，轉終二十七日五十五刻四十六分爲三百三十六限也。一日定爲十二限二十分，故以十二限二十分除百刻，得一限刻數八刻二十分，又以十二限二十分乘轉終，得三百三十六限。此立限數，太陰行最速而其遲疾之變動，以一日數難究所求之微，故每一時測定其行，紀得其遲疾舒急之序，據此求其密。然一時爲一限而一日定爲十二限時，轉終限數與一限刻數皆有不盡，故依算法增二十分而定爲十二限二十分，轉終限整爲三百三十六，一限刻整爲八刻二十分。◎半周限而得中限，此轉中之限數即遲曆疾曆之限也。◎半中限而得初限。此爲遲疾曆各初末損益日之限數也。雖名爲象限，易混淆於周天歲周等象限之號，末限亦同數，取最初而號爲初限。

月平行，十三度三十六分八十七秒半。

月平行，入轉一周太陰遲行疾行平均之行度也。經朔太陽與太陰同度，至次經朔太陽與太陰同度，即朔策之日數也。太陽一日平行一度，故二朔[①]間太陽行二十九度五十三分餘，太陰行一周天外又二十九度五十三分餘也，故以朔策除周天度，得一日太陰先太陽之數十二度三十六分八十七秒半，加太陽一日平行度一度，得太陰一日平行度也。周天消長數不用。

轉差，一日九千七百五十九分九十三秒。

每月經朔日數行過入轉一終之日分，故號轉差，即以轉終減朔策所得也。

弦策，七日三千八百二十六分四十八秒少。

朔至上弦、上弦至望、望至下弦、下弦至次朔入轉之行日分也。此雖出於氣朔中，然彼爲太陽行日數，而此爲入轉日數，同數，重出此處。

上弦，九十一度三十一分四十三秒太。
望，一百八十二度六十二分八十七秒半。
下弦，二百七十三度九十四分三十一秒少。

上弦度，上弦太陰去太陽度數，即太陰在太陽東九十一度三十一分四十三秒太也，此周天象限也。◎望度，望太陰去太陽度數，即太陰在太陽東一百八十二度六十二分[②]八十七秒半也，此半周天度。◎下弦度，下弦太陰去太陽度數，即太陰在太陽東二百七十三度九十四分三十一秒少也，此三象限度也。以上諸數皆不用周天消長數。

轉應，一十三萬一千九百四分。

轉應，至元辛巳歲天正冬至加時入轉分即入轉初日後一十三日一千九百〇四分也。測算之法，據測得太陰行之極遲極疾並平行處得其轉日之入時刻，又以交食時刻推算與此參考，擬定辛巳天正冬至之入轉而所得也。

---

① 天文臺藏抄本作“二朔”，東京大學藏抄本與大谷大學藏抄本作“一朔”。前者正確。
② 天文臺藏抄本與東京大學藏抄本作“六十二分”，大谷大學藏抄本作“六十一分”。前者正確。

推天正經朔入轉（第一）

求天正十一月經朔加時當入轉之若干日分也。欲求朔弦望定日而求經朔弦望之遲疾差，欲求遲疾差而求經朔弦望入遲疾曆之日分，欲求入遲疾曆而推求入轉日分。

置中積，加轉應，減閏餘，滿轉終分去之，不盡以日周約之爲日，不滿爲分，即天正經朔入轉日及分上考者，中積内加所求閏餘，減轉應，滿轉終去之，不盡，以減轉終，餘同上。。

中積，氣朔第一條所求，至元辛巳歲天正冬至加時至所求歲天正冬至加時之轉積日之分也。◎轉應，入轉初日至至元辛巳歲天正冬至加時之轉分也。◎閏餘，氣朔第三條所求，天正經朔加時至同冬至加時之分也。◎術意：置中積，加轉應，至元辛巳歲天正冬至前入轉初日至所求歲天正冬至加時之轉積分也，内減所求歲閏餘分，餘爲至元辛巳歲天正冬至前入轉初日至所求歲天正經朔加時之轉積分，故滿轉終分除去，得不盡爲入轉初日至所求歲天正經朔加時之轉分也。

按：氣朔第三條術中求朔積分，然則直置朔積分，加轉應，無減閏餘之煩，不設改術，從經而注耳。

上考者，置中積，加所求歲閏餘，至元辛巳歲天正冬至逆至所求歲天正經朔加時之轉積分也，減轉應，餘爲至元辛巳歲天正冬至前之入轉初日逆至所求歲天正經朔之轉積分也。滿轉終分去之，不盡爲所求歲天正朔後之入轉初日逆至其經朔之轉分也。故以此減轉終分，餘爲所求歲天正朔前之入轉初日至其經朔加時之轉分也。如上滿日周約爲日數，不滿爲分，得天正經朔入轉也。

求弦望及次朔入轉（第二）

求經上弦、經望、經下弦至次經朔每月四象之入轉也。

置天正經朔入轉日及分，以弦策累加之，滿轉終去之，即弦望及次朔入轉日及分秒。如徑求次朔，以轉差加之。

經朔入轉加弦策，得經上弦入轉，經上弦入轉加弦策，得經望入轉，經望入轉又加弦策，得經下弦入轉，如此自下弦、次朔、弦、望逐累加而求也。若加而滿轉終以上則去轉終日分。◎若自天正經朔入轉直求逐次朔入轉，累加轉差日分而得逐朔入轉也，加而滿轉終則去之。

求經朔弦望入遲疾曆（第三）

求經朔弦望入轉日分入遲曆、入疾曆之分也。此欲求朔弦望遲疾差度而求遲疾曆日分也。

各視入轉日及分秒，在轉中已下，爲疾曆；已上，減去轉中，爲遲曆。

入轉日分，第二條所求經朔弦望之入轉也。◎轉中，疾曆限之日數、又遲曆限之日數也。◎術意：入轉一終之内，初之半限十三日七十七刻七十三分爲疾曆，後之半限十三日七十七刻七十三分爲遲曆，故視經朔弦望入轉之日分，轉中以下爲初半限，直爲疾曆；以上，去轉中[①]之日分，其餘爲後半限，故爲遲曆也。◎《大衍曆》以後，入轉初自遲曆起，《紀元》以後，皆自疾曆起。今按：疾曆如太陽盈曆，遲曆如太陽縮曆，然則當宜起自其疾曆。

遲疾轉定及積度

入轉日	初末限	遲疾度	轉定度	轉積度
初	初	疾初	十四六七六四	初
一	一十二二十	疾一三〇七七	十四五五七三	十四六七六四
二	二十四四十	疾二四九六三	十四四〇二九	二十九二三三七
三	三十六六十	疾三五三〇五	十四二一三〇	四十三六三六六
四	四十八八十	疾四三七四八	十三九八七七	五十七八四九六
五	六十一	疾四九九三八	十三七二七一	七十一八三七三
六	七十三二十	疾五三五二二	十三四四四六	八十五五六四四[②]
七	末八十二六十	疾五四二八一	十三二三五三	九十九〇〇九〇

① 天文臺藏抄本作“入轉”，東京大學藏抄本與大谷大學藏抄本作“轉中”。後者正確。

② 天文臺藏抄本眉注：“六日之限數ニ十二二十ヲ加、八十五 四十ヲ得ル、以中限百六十八限ヲ減メ、七日ノ限、末限八十二六十ヲウル”。其他抄本無。

八	七十四十	疾五二九七四	十二九四七五	一百一十二二四四三
九	五十八二十	疾四八七三五	十二六九四八	一百二十五一九一八
十	四十六	疾四一九九六	十二四七七七	一百三十七八八六六
十一	三十三八十	疾三三〇八六	十二二九六〇	一百五十三六四三
十二	二十一六十	疾二二三五九	十二一四九六	一百六十二六六〇三
十三	九四十	疾一〇一六八	十二〇四六二	一百七十四八〇九九
十四	初二八十	遲初三〇八八	十二〇八五二	一百八十六八五六一
十五	一十五	遲一五九二三	十二二一一二	一百九十八九四二三
十六	二十七二十	遲二七四八八	十二三七五二	二百一十一一五三五
十七	三十九四十	遲三七四二二	十二五七三〇	二百二十三五二八七
十八	五十一六十	遲四五三〇八	十二八〇六三	二百三十六一〇一七
十九	六十三八十	遲五一〇〇四	十三〇七五三	二百四十八九〇八〇
二十	七十六	遲五三九三八	十三三三七七	二百六十一九八三三
二十一	末七十九八十	遲五四二四八	十三五七二二	二百七十五三二一〇
二十二	六十七六十	遲五二二三三	十三八五一一	二百八十八八九三二
二十三	五十五四十	遲四七三九九	十四〇九五五	三百二七四三三
二十四	四十三二十	遲四〇二三一	十四三〇四六	三百一十六八三八八
二十五	三十一	遲三〇七七二	十四四七八二	三百三十一一四三四
二十六	一十八八十	遲一九六七七	十四六二六三	三百四十五六二一六
二十七	六六十	遲七二〇二	十四七一五四	三百六十六二三七九

入轉日，即入轉一終之日，初日至二十七日之日數也。◎初末限，依入轉日限數之遲疾曆初末限也。置入轉日數，乘十二限二十分，得限數。初日空、一日十二限二十分、二日二十四限四十分、三日三十六限六十分，如此至二十七日，其自初日至十三日，中限一百六十八以下，故爲疾曆限。十四日至二十七日，中限以上，故去中限，餘爲遲曆限。

其疾曆限初日至六日，爲初限八十四已下，故直爲疾初限；七日至十三日，爲初限已上，故用減中限，餘爲疾末限。其遲曆限十四日至二十日爲初限以下，故直爲遲初限；二十一日至二十七日爲初限以上，故用減中限，餘爲遲末限。

遲疾度，即遲疾之差度也，此以實測數所擬定也。依術求者，初日，疾差度空；一日，以疾初限十二限二十分乘立差三百二十五，加平差二萬八千一百，又乘疾初限，以減定差一千一百一十一萬，餘又乘疾初限，以一億約，得一度三十〇分七十七秒[1]，爲一日之疾差度；二日，以疾初限二十四限四十分如上求得二度四十九分六十三秒，爲二日之疾差度；三日，以疾初限三十六限六十分如上求得三度五十三分〇五秒，爲三日之疾差度。如此至遲末二十七日得差度也。

轉定度，太陰每日遲速之行度也，此以實測數所擬定也。依術求者，置一日之疾差[2]一度三十〇分七十七秒，加月平行十三度三十六分八十七秒，所得内減初日之疾差空，即得十四度六十七分六十四秒，爲初日之行度。又置二日之疾差二度四十九分六十三秒，加月平行度，所得内減一日之疾差度，餘爲十四度五十五分七十三秒，爲一日行度。又置三日之疾差三度五十三分〇五秒，加月平行度，得内減二日之疾差度，餘十四度四十〇分二十九秒，爲二日行度。如此至二十七日求行度爲轉定度。其十三日、二十七日之行度，依術所求雖微有增損，然不加妄意而用本經之數。

轉積度，入轉初日後逐日太陰行積度也。初日積度空，置初日積度，加初日行十四度六十七分六十四秒，即得十四度六十七分六十四秒，爲一日之轉積度。置一日之轉積度，加一日之行度十四度五十五分七十三秒，得二十九度二十三分三十七秒，爲二日之轉積度。又置二日之轉積度，加二日之行度十四度四十〇分二十九秒，得四十三度六十三分六十六秒，爲三日之轉積度。如此累加至二十七日求轉積度也。

右諸數乃求每日晨昏月度立成之數也。

---

① 天文臺藏抄本作“一度三十〇分七十七秒”，大谷大學藏抄本作“一度三十日分七十二秒”，東京大學藏抄本作“一度三十〇分七十二秒”。前者正確。

② 天文臺藏抄本與東京大學藏抄本作“遲差”，大谷大學藏抄本作“疾差”。後者正確。

求遲疾差（第四）

太陰實行積度過平行積度爲疾，相比平行積度其餘度分爲疾差；又實行積度不及平行積度爲遲，相比平行積度其不足度分爲遲差。皆求其經之加時太陰所在也。

置遲疾曆日及分，以十二限二十分乘之，在初限已下爲初限，已上，覆減中限，餘爲末限。置立差三百二十五，以初末限乘之，加平差二萬八千一百，又以初末限乘之，用減定差一千一百一十一萬，餘再以初末限乘之，滿億爲度，不滿退除爲分秒，即遲疾差。

遲疾曆日分，第三條所求。◎十二限二十分，一日之限數也。◎注於求三差之數術後。◎術意：一日分爲一十二限二十分，以十二限二十分乘遲疾曆之日分，得其遲疾曆之總限數，初限八十四以下，遲疾皆直爲初限，以上，用減中限一百六十八，餘，遲疾皆爲末限。置立差三百二十五，乘初末限，加平差二萬八千一百，又乘初末限，用減定差一千一百一十一萬，餘又乘初末限，滿億爲度，不滿億一億約而爲分秒，即得遲疾差也。◎前曆隨入轉日數立二十七限之朓朒積與損益率，依其入轉日下分求其損益定數，加減於朓朒積而得定朓朒。凡太陰之行最速，其緩急之序用一日損益時最麁也，故《授時曆》分一日爲十二限二十分，立一限之損益而求其密最精詳矣，亦劉焯、一行等欲究其微而求加時轉率，隨入轉日下分更求遲疾差也。此不仅未得實數，卻乖理，故其後無取用者。

求立平定三差法

先自至元十四年起每日逐時測太陰之行而擬定入轉一周每日遲疾之差度，視其數，疾曆初末與遲曆初末舒急同衰，故分遲疾初末四象，取一象七日之數以垜疊術求三差率數。其術注於《曆議》，今畧之也。

又術：置遲疾曆日及分，以遲疾曆日率減之，餘以其下損益分乘之，如八百二十而一，益加損減其下遲疾度，亦爲所求遲疾差。

前術爲求遲疾差本術，算法繁而難速求，故依本術造立成諸數代替本術而用也。◎遲疾曆日分，作爲乘十二限二十分而用。◎日率，立成每限之積日分也。◎損益分，立成每限實行過不及平行之差分也。◎八百二十，以每日刻分十二限二十分除日周一萬所得也。◎遲疾度，立成每限之遲疾差度分也。◎術意：置遲疾曆日分，比立成日率近少，減日率，餘爲其限有餘之分數，依異乘同除術，乘立成其限之損益率，一限刻八百二十分除，隨其有餘之分得遲疾之差分，以此益加損減立成其限遲疾度，即得遲疾定差。其加減，立成初限至八十三限，逐限增差度，故益加，八十四限至一百六十七限，逐限損差度，故損減。

造太陰立成數法

限數，遲曆疾曆各一周一十三日七千七百七十三分之限數也，初限至百六十七限。

日率，遲疾各每限之日分也，以三百六十限除轉終二十七萬五千五百四十六分，得每限之分八百二十分七百四十四秒。初限，遲疾日率空；一限，限數一乘每限之分，得初日〇八百二十，爲一限遲疾曆日率；二限，置限數，乘每限之分，得初日一千六百四十，爲二限遲疾曆日率；三限，置限數三，乘每限之分，得初日二千四百六十，爲三限遲疾曆日率。如此至一百六十七限求之。其日率分下秒數皆棄去以分數爲尾。

遲疾積每限太陰實行積度疾過平行積度、遲不及積度分，即遲疾差也。視其限數，一限至八十三限皆初限八十四以下，故直爲初限，八十四限至一百六十七限，皆初限以上，故用減中限一百六十八，餘爲末限。即一限爲初限一、一百六十七限爲末限一。二限爲初限二、一百六十六限爲末限二。三限爲初限三、一百六十五限爲末限三。如此至八十四限順逆[①]初限與末限限數相當。先初限，遲疾積度空；一限，置立差三百二十五，乘初限一，得三百二十五，加平差二萬八千一百，又乘初限一，得二萬八千四百二十五，以減定差一千一百一十一萬，餘又乘初限一，以一億約，得初度一千一百〇八分一千五百七十五秒，爲一限遲

① 天文臺藏抄本與東京大學藏抄本作“順逆”，大谷大學藏抄本作“順道”。前者正確。

疾積；二限，置立差三百二十五，乘初限二，得六百五十，加平差二萬八千一百，又乘初限二，得五萬七千五百，用減定差一千一百一十一萬，餘乘又初限二，一億約，得初度二千二百一十〇分五千秒，爲二限①遲疾積；三限，以初限三如上求得初度三千三百〇六分八千三百二十五秒，爲三限遲疾積，如此求至初限八十四，自八十五限逆取用初限積作末限積至一百六十七限爲遲疾積，得其八十三限遲疾積五度四千二百七十一分八千三百二十五秒，八十四限遲疾積五度四千二百三十三分七千六百秒，自此八十二限之數卻少而爲損分，故此二限之數不用，依別術由損益分求也。乃依此三差之數有時尚未齊，然不設妄意之術，用本經之術。

損益分，每限②八刻二十分太陰實行疾過、遲不及平行度之分也。初限，以遲疾積空減一限遲疾初度一千一百〇八分一千五百七十五秒，即初度一千一百〇八分七十五秒爲初限益分；以一限遲疾積減二限遲疾積初度二千二百一十〇分五千秒，餘一千一百〇二分三千四百二十五秒爲一限益分；以二限遲疾積減三限遲疾積初度三千三百〇六分八千三百二十五秒，餘一千〇九十六分三千三百二十五秒爲三限益分。如此求至八十三限，从八十四限以益分逆取用至一百六十七限而爲損分。

其初限至八十三限前少後多故爲益分，八十四限至一百六十七限前多後少故爲損分，即初限之益與百六十七限之損相等，一限之益與一百六十六限之損相等，二限之益與一百六十五限之損相等，如此至八十四限順逆損益數相當。八十三限雖爲益分卻得損分，故不用其積度，立別術求之。先置八十一限益分五分三千四百二十五秒，三除，得一分七千八百〇八秒，爲八十三限益分，倍之，得三分五千六百一十六秒，爲八十二限益分。置八十二限遲疾積五度四千二百八十八分一千秒，加所求八十二限益分，得五度四千二百九十一分六千六百一十六秒，爲八十三限遲疾積。置八十三限遲疾積，加八十三限益分，得五度四千二百九十三分四千四百二十四秒，爲八十四限遲疾積也。按：《大統曆》右所求損益分皆八百二十約而所得用作損益分。然求遲疾差又術中不用如八百

① 天文臺藏抄本與東京大學藏抄本作“二限”，大谷大學藏抄本作“限”，缺一字。前者正確。

② 天文臺藏抄本與東京大學藏抄本作“每限”，大谷大學藏抄本作“無限”。前者正確。

二十而一，直益加損減其下遲疾積，得所求遲疾差也。此最捷術而宜，然今從經文注之。

遲疾限行度，遲疾曆各每限太陰行度也。置月平行十三度三十六分八十七秒半，乘轉終二十七日五千五百四十六分，以三百三十六限除，得每限平行一度〇九百六十三分四千〇九十四秒。以初限益分一千一百〇八分一千五百七十五秒加每限平行，得初限疾行度一度二千〇七十二分[1]五千六百六十九秒，以初限益分減每限平行，得初限遲行度初度九千八百五十五分二千五百一十九秒。又以一限益分一千一百〇二分三千四百二十五秒加每限平行，得一限疾行度一度二千〇六十五分七千五百一十九秒，以一限益分減每限平行，得一限遲行度初度九千八百六十一分〇六百六十九秒，又以二限益分一千〇九十六分三千三百二十五秒加每限平行，得二限疾行度一度二千〇五十九分七千四百一十九秒，以二限益分減每限平行，得二限遲行度初度九千八百六十七分〇七百六十九秒，如此至八十三限求之。比八十四限遲行之數爲疾行之數、疾行之數爲遲行之數，兩行之數逆取用至一百六十七限而爲遲疾行度。其初限疾行度與百六十七限遲行度相等，初限遲行度與一百六十七限疾行度相等，又一限疾行度與一百六十六限遲行度相等，一限遲行度與一百六十六限疾行度相等，如此至八十三限順逆遲與疾互相當也。按：《大統曆》以右所得遲疾行度皆除八百二十分，以得數用於其限行度。然求朔弦望定日術中，不用“以八百二十乘之，所入遲疾限[2]下行度除之”之文，直爲“以所入遲疾限下行度乘之，得加減差”，此亦爲捷術，雖宜，然從經文注耳。

求朔弦望定日（第五）

此求定朔、定弦、定望日時刻也。太陽與太陰適同度爲定朔，太陽與太陰適隔象限爲定上弦，適隔半周天度爲定望，隔三象限度爲定下弦。經朔弦望日分，太陽太陰皆用平行，故依太陽盈縮與太陰遲疾各不

① 天文臺藏抄本作“七十二分”，東京大學藏抄本與大谷大學藏抄本作“七十一分”。計算結果爲七十一分五十六秒，收棄爲七十二分。

② 天文臺藏抄本作“遲疾曆”，東京大學藏抄本與大谷大學藏抄本作“遲疾限”。後者正確。

適當其所在，故以其兩差求適合時刻先後之差增損於經，求其實度適時刻也。唐代始《戊寅曆》已前以經朔定每月，故朔小餘朔虛分以下爲小月，朔虛分以上爲大月，此所謂平朔也。《麟德曆》已來，平朔法廢而久用定朔也。其義委注於《曆議》。

以經朔弦望盈縮差與遲疾差，同名相從，異名相消盈遲縮疾爲同名，盈疾縮遲爲異名。以八百二十乘之，以所入遲疾限下行度除之，即爲加減差盈遲爲加，縮疾爲減。，以加減經朔弦望日及分，即定朔弦望日及分。若定弦望分在日出分已下者，退一日，其日命甲子算外，各得定朔弦望日辰。定朔干名與後朔干同者，其月大；不同者，其月小；内無中氣者爲閏月。

盈縮差，日躔第二條所求，經加時太陽所在盈自經至東、縮自經至西之度分也。◎遲疾差，第四條所求，經加時太陰所在遲自經至西、疾自經至東之度分也。◎同名，盈加與遲加，加同名也。縮減與疾減，減同名也。其同名者，兩差相加也。異名，盈加與疾減異名，縮減與遲加異名也。其異名者，兩差相減也。皆求經加時太陽太陰朔弦望相去其限之度也。◎八百二十，遲疾曆一限之刻數也。◎遲疾限下行度，太陰立成之數即每限八刻二十分間太陰之行分也。所入，求遲疾差時以所當入限之數立成，用其限下段遲疾之行也。◎加減差，加減於經而得定之差也，即盈與遲爲加，縮與疾爲減。◎日出分，中星第二條所求，即其定弦望日日出分也，此爲比量弦望分之用，故或不俟本術，於此處有速求之畧術，注於《數解》中。◎退一日，弦望以見太陰爲要，人之晝夜，以日出爲一日之首，故加時在日出前者①，以其日退而取用前日也。◎定朔干名，十干之名也。◎大月三十日、小月二十九日也。◎中氣，十一月中冬至、十二月中大寒、正月中雨水已下也。◎閏月，云積氣盈朔

① 天文臺藏抄本作“以晨分爲一日之首，故加時在晨分前者”，東京大學藏抄本作“以日出爲一日之首，故加時在日出前者”，大谷大學藏抄本作“以□□爲一日之首，故加時晨前者”。東北大學藏抄本從天文臺藏抄本。在本書“步發斂”注解的最后，建部贤弘論“晝夜之限”，把夜分天之晝夜與人之晝夜。天之晝夜，以晨前子正爲一日之首；人之夜，以日出爲一日之首。即把日界分天文日界與民用日界。此句前一句是“人之晝夜”，而且此術又稱“若定弦望分在日出分已下者，退一日”。因此，東京大學藏抄本作“日出前者”正確。大谷大學藏抄本的抄寫者不知所從，故空缺。此處討論進朔法問題。

虚満一月，發斂術中求經閏於此條得定閏也。◎術意：太陽在經以東、太陰在經以西者，盈差遲差相併，得太陰在太陽以西相去其限之度。太陽在經以西、太陰在經以東者，縮差疾差相併，得太陰在太陽以東相去其限之度。又太陽在經以西、太陰在經以西者，縮差疾差相減而得太陽太陰相去其限之度。但縮差多遲差少，太陰東相去太陽也，縮差少遲差多，太陰西相去太陽也。太陽在經以東、太陰亦在經以東者，盈差疾差相減而得太陽太陰相去其限之度。但盈差多疾差少，太陰西相去太陽，盈差少疾差多，太陰東相去太陽也。右朔，直相去；上弦，隔上弦度相去；望，望度；下弦，隔下弦度各相去也。置其相去度，依異乘同除術乘八百二十分，以其遲疾限之太陰行度除，隨其相去度得太陰行之刻分，故以此爲加減差，加減經朔弦望日分，得定朔弦望之日分也。其太陰西相去太陽者，經以後至其定限故爲加差，太陰東相去太陽者，經以前至其定限故爲減差。按：以遲疾限行度除非真，當以太陰與太陽行差除，委辯於後。置其定朔弦望日分，日數命自甲子，定干支之分數依發斂加時術得晨刻也。◎朔，據太陽定日，晨前夜半至昏後夜半爲一日；弦望，據太陰，故定日以晨分至次晨分爲一日。然定弦望日下分在其日晨分以下者，加時在日出前而屬前日，故退一日取前日也。按：若望日月帶食之虧初在日出前者，定望分爲日出分以上者亦退而取前日，此初虧至日出間見食之所以也。此文本經缺[①]，故注補術於左。前曆有進朔法，所謂定朔分爲日法四分之三以上者進一日，以次日取爲朔日，此厭定朔加時在昏後，則前日之晨太陰去太陽之度多而東方見月體而立之法也。《麟德曆》起後代皆循用，至《授時》始廢而不用其法。委注於《曆議》。◎大月三十日，从其定朔日十干三番周至次朔復於前朔干名，故其朔干名與次朔干名同者其月大。小月二十九日，从其定朔日十干三番周三十日而一日餘，然前朔日至次朔退一干名，不同者其月小也。◎閏月，雖發斂第二條已求，然爲經尚不定，故依定朔取各月中氣之日，以無中氣之月爲定閏月也。凡定朔日，不論定朔加時早晚，以其日晨前夜半取作朔日定中氣初日亦然[②]。故朔干支與中氣干支同名者，中氣加

---

① 天文臺藏抄本作“欠”，東京大學藏抄本與大谷大學藏抄本均作“闕”，意同“缺”。

② 天文臺藏抄本作“又尔リ”，東京大學藏抄本字跡模糊，大谷大學藏抄本作“亦尔リ”。“尔リ”訓作“しかリ”，同“然リ”，“這样”的意思。

時在合朔加時以前，將其中氣取作其朔日而爲其月内中氣也；中氣在朔，前月必無中氣而得閏月也。

補術 若有月食虧初於日出前者，定望分雖在日出後亦退之。以上之文本經缺①，當補入“退一日”之下、“其日命”之上。

改術 以八百二十乘之，以所入限行差除之。上下畧。行差，太陰與太陽之行差也。置經朔弦望盈縮曆之日所入立成太陽行度，乘八百二十，日周一萬約，得數每八刻二十分太陽之行分也。以此減經朔弦望遲疾曆②所入立成太陰之行度，餘爲每八刻二十分太陰與太陽行差，故乘八百二十，入限行差除，得加減差。凡太陽與太陰相去度除太陰行度時，隨其相去度得太陰行之刻分，然則隨其太陰行分有太陽行刻分，隨此太陽行刻分又求太陰行刻分，又復隨其所求分有太陽行分而盡無。《管窺輯要》云：月不及日之度分，俟月行追及乎日方得合朔，然以月行補得不及日之度分，而日又行過月，月不及日度分之日行分矣。又得月行以補之，其數不易齊矣，法以月行度分内減去日行度分，以其餘月行度分與不及日之度分相除，則得月追及日度分之日行分，即爲損益差。

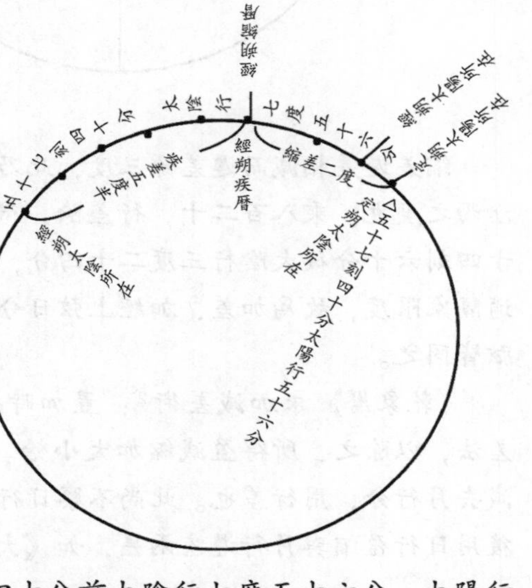

求加減差圖解二條

假如經朔縮差二度

◎疾差五度

◎太陽限行度八分

◎太陰限行度一度八分

◎行差一度

縮差疾差相併得七度。此經朔加時太陰去太陽東之度也。乘八百二十，行差除，得五十七刻四十分，即經加時五十七刻四十分前太陰行七度五十六分、太陽行

---

① 天文臺藏抄本作“欠”，東京大學藏抄本與大谷大學藏抄本均作“闕”。意同“缺”。

② 天文臺藏抄本作“盈縮曆”，東京大學藏抄本與大谷大學藏抄本均作“遲疾曆”。後者正確。

五十六分而太陽與太陰合，故作爲減差減經朔日分，餘五定朔日分。

假如經上弦縮差二度

◎遲差五度

◎太陽限行度八分

◎太陰限行度一度八分

◎行差一度

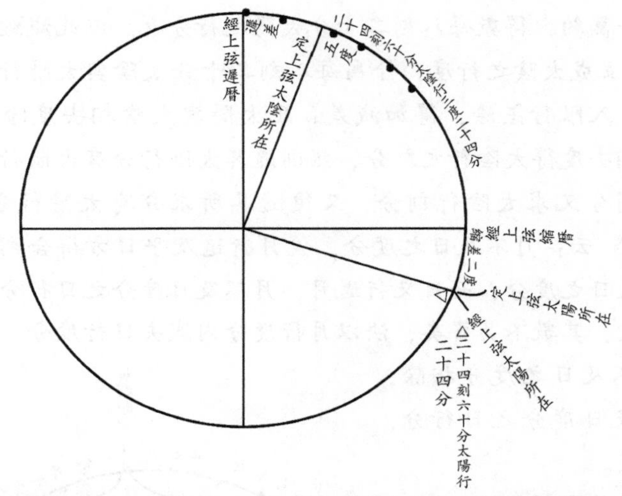

縮差遲差相減而遲差餘三度，此乃自太陽所在隔象限度而其限去太陰西之度也。乘八百二十，行差除，得二十四刻六十分，即①經加時二十四刻六十分後太陰行三度二十四分，太陽行二十四分，而太陽與太陰適隔象限度，故爲加差，加經上弦日分，得定上弦日分也。求定望定下弦皆同之。

《乾象曆》求加減差術②：置加時盈縮，章歲減月行分乘周半，爲差法，以除之，所得盈減縮加大小餘。其章歲，太陽一日之通行分也，減去月行分，用行差也。此尚不察日行盈縮，只以月行遲疾加減也。其後用日行盈縮與月行遲疾兩差，如《大業曆》③ 雖月行遲疾用行差除之

---

① 天文臺藏抄本與東京大學藏抄本作“即”，大谷大學藏抄本作“則”。意近，從前者。

② 天文臺藏抄本與大谷大學藏抄本作“《乾象曆》求差術”，東京大學藏抄本作“《乾象曆》求加減差術”。從後者。

③ 天文臺藏抄本與東京大學藏抄本作“大業曆”，大谷大學藏抄本作“大象曆”。前者正確。

數，然日行盈縮用行度除之數，《皇極》《大衍》以後，日行盈縮用行度除之數，月行遲疾[1]求加時轉率，隨轉率更求日行之過不及分而加減。此用行差非，用行度亦非，術理乖。《欽天曆》以後宋金元諸曆皆用行度[2]。豈[3]非踵故習之類乎？然《授時曆》本意亦非又用行度、用行差者。雖今設改術，然不依其術，皆從經而注耳。

推定朔弦望加時日月宿度（第六）

求定朔弦望加時黄道日度與黄道月度[4]也。所謂黄道月度，指太陰所在當黄道宿度也。欲求朔弦望白道月度而求朔弦望赤道度，欲求赤道月度而求朔弦望黄道月度也。其黄道日度屬日躔，然隨求月度而此處求。

置經朔弦望入盈縮曆日及分，以加減差加減之，爲定朔弦望入曆。在盈，便爲中積，在縮，加半歲周，爲中積。命日爲度，以盈縮差盈加縮減之，爲加時定積度。以冬至加時日躔黄道宿度加而命之，各得定朔弦望加時日度。

經朔弦望入盈縮曆，日躔第一條所求，冬至夏至加時至經朔弦望[5]加時之日分也。◎加減差，第五條所求，經朔弦望加時至定朔弦望加時之刻分也。◎中積，冬至後中積也。◎命日爲度，日數分數命爲度數分數也。畧乘度母一萬、日周一萬約而如此。◎盈縮差，定朔弦望之盈縮差也。◎加時定積，定朔弦望加時日行黄道定積度也。◎冬至加時黄道日度，日躔第七條所求也。◎術意：置經朔弦望入盈縮曆日分，加減加減差，爲定朔弦望入盈縮曆，即冬夏二至加時至定朔弦望加時之日分。

---

① 東京大學藏抄本與天文臺藏抄本作“月行遲疾”，大谷大學藏抄本作“月行遲度”。前者正確。

② 天文臺藏抄本眉注：“△隨轉率更求日行之過不及分而加減。此用行差非，用行度亦非，術理乖。《欽天曆》以後宋金元諸曆皆用行度。”其餘抄本均在正文中均有此内容，應加入正文。

③ 天文臺藏抄本作“故豈”，東京大學藏抄本與大谷大學藏抄本均作“豈故”。後者正確。

④ 天文臺藏抄本作“黄道日度”，東京大學藏抄本與大谷大學藏抄本均作“黄道月度”。後者正確。

⑤ 天文臺藏抄本作“經朔望”，東京大學藏抄本與大谷大學藏抄本均作“經朔弦望”。後者正確。

盈即冬至後，故直爲中積。縮爲夏至後，故加半歲周而爲冬至後中積。置其中積日數分數，命度數分數而見周天之度①，即冬至加時至其定朔弦望加時，太陽平行之黄道積度分也。又以其定朔弦望入盈縮曆日分依日躔第二條之術求盈縮差，盈加縮減而爲加時定積度，即冬至黄道至定朔弦望加時太陽所在之黄道日行定積度分也。按：盈縮差，非經朔弦望之盈縮差，新求定朔弦望盈縮差而加減也。本經省其文，故注補術於左。◎置加時定積度，加冬至加時黄道日度，自其宿累去黄道宿次之度分，至不滿宿止而得定朔弦望加時黄道日度也。其朔弦望加時日度無用，隨得積度而求也。

補術 “依據日躔之術求至盈縮差”，以上之文，補入本書“命日爲度”之下、“盈加縮減”之上，“以盈縮差”四字可削。

凡合朔加時，日月同度，便爲定朔加時月度，其弦望各以弦望度加定積，爲定弦望月行定積度，依上加而命之，各得定弦望加時黄道月度。

合朔，即定朔。◎月行定積度，定朔弦望加時月行黄道定積度也。◎術意：合朔，太陽與太陰適同度，故以右所求定朔加時定積度便爲定朔加時月行定積度，即冬至黄道至定朔加時太陰所在之黄道積度。弦望太陰去太陽，上弦爲上弦度、望爲望度、下弦爲下弦度，故各以其度加右所求上弦望下弦加時月行定積度，得定弦望之加時月行黄道定積度，即冬至黄道至上弦望下弦太陰所在黄道積度也。◎置朔弦望月行定積度，如上加冬至加時黄道日度，自其宿累去黄道宿次之度分，至不滿得定朔弦望加時黄道月度也。加時月度，無其用，然隨求積度而求也。

推定朔弦望加時赤道月度（七）

定朔弦望加時太陰所在當赤道度而求其宿度也。此十九條欲求定朔弦望加時白道月度而求之。《授時》法，求白道起於赤道，故先推赤道月度也。

各置定朔弦望加時黄道月行定積度，滿象限去之，以其

---

① 天文臺藏抄本作“周天分度”，東京大學藏抄本與大谷大學藏抄本均作“周天ノ度”。後者正確。

黄道積度減之，餘以赤道率乘之，如黄道率而一，用加其下赤道積度及所去象限，各爲赤道加時定積度；以冬至加時赤道日度加而命之，各爲定朔弦望加時赤道月度及分秒。象限已下及半周天去之，爲至後；滿象限及三象去之，爲分後。

月行定積度，第六條所求，冬至黄道至其定朔弦望加時太陰所在之黄道積度也。◎滿象限去之，幾般滿象限去之也。本書唯有滿象限去之而紛擾，下之細字文云"象限以下及半周天去之爲至後、滿象限及三象去之，爲分後"，斷上文，即去半周天者二次去象限也，去三象者三次去象限也。云至後分後，非云一歲之氣日，云以黄道一周至分所當而指也。象限之數雖黄道與赤道有異，於此處皆用周天象限可也。◎黄赤道積度度率，黄赤立成之數也，此以黄道求赤道之術也。◎赤道加時定積度，定朔弦望加時月行赤道之定積度也。◎冬至加時赤道日度，日躔第三條所求也。◎術意：置定朔弦望加時月行[①]黄道定積度，象限以下直爲冬至後，滿象限去之，餘爲春分後，其春分後積度象限以下直爲分後，以上又去象限，餘[②]爲夏至後；其夏至後積度象限以下直爲至後，以上又去象限，餘爲秋分後。按：如此幾般去象限甚煩，故依本經細字之文，自初當以象限、半周天、三象限之度數相比而去之。◎置各至後分後積度，比諸黄赤立成積度，減其最近黄道積，餘乘其段赤道度率，以其段黄道度率除之，得數加其段赤道積，亦前不滿者象限直用，去象限者加象限，去半周天者加半周天，去三象限者加三象限，爲各定朔弦望加時赤道定積度，即冬至赤道至定朔弦望加時太陰所在之赤道積度，加冬至加時赤道日度，自其宿累去赤道宿次度分，至不滿宿止之，得定朔弦望加時赤道月度也。

推朔後平交入轉遲疾曆（八）

朔後乃經朔後，平交即泛交。求經朔加時後至黄白道正交之泛日分

① 天文臺藏抄本眉注："周行，當爲月行"。東京大學藏抄本與大谷大學藏抄本均作"月行"。今改。

② 天文臺藏抄本眉注："條，當爲餘"。東京大學藏抄本與大谷大學藏抄本均作"餘"。今改。

也。欲求白赤道交而求距差，欲求距差而求冬至距正交定積度，欲求冬至距正交定積度而求朔後平交也。入轉遲疾曆，即朔後平交加時之入轉遲疾曆也。此數曾不用。

置交終日及分，内減經朔入交日及分，爲朔後平交日，以加經朔入轉，爲朔後平交入轉；在轉中已下，爲疾曆；已上，去之，爲遲曆。

交終日，黄白道正交至正交一終之泛日分也。◎經朔入交，交會第一條所求，即朔前正交至經朔加時交泛之日分也。其術注於交會中，今畧之。◎交終日分内減朔入交泛日分，得經朔加時至朔後黄白正交之泛日分，即朔後平交。若經朔入交泛二十四日八千九百三十八分五十五秒以上者，得朔後平交日分比交差日分少，一月之内有再交，故以所得日分即爲前平交日分，更加交終日分，得數爲後平交日分，求一月之内兩交諸數也。

平交入轉遲疾曆不用，從本經之文畧注。其不用之義委於次條辯之。◎經朔入轉，第一二條所求，即入轉初日至經朔加時之日分也。故加朔後平交日分，得入轉初日至朔後平交加時之日分，即平交入轉。若加滿轉終則去之。◎視其平交入轉，轉中以下者直爲平交加時入疾曆日分，轉中以上去轉中，餘爲平交加時入遲曆。

求正交日辰（第九）

正交，黄白道正交也。日辰，求每月正交其當甲子日若干日也。此條全不用。

置經朔，加朔後平交日，以遲疾曆依前求至遲疾差，遲加疾減之，爲正交日及分，其日命甲子算外，即正交日辰。

按：正交若爲白道交初，則以用其交白道宿次爲要而求正交日辰，然前代諸曆由黄白道交求白道，故皆求黄白道正交日辰並正交加時黄道月度。今《授時曆》由白赤道交求白道，求黄白正交日辰曾其無益，故此一條與前條求中平交入轉遲疾曆術及次條中求加時黄道月度術皆削去，而可新改爲求白赤道正交日辰，總而自第八條至十一條文法混雜，故設改術四條於第十一條末注之。

此術曾不用，從經文略注。◎經朔日分，氣朔第三四條所求也。加朔後平交日分，得黄白平交日辰也。若加滿紀法則去之。◎遲疾曆，前條所求平交入遲疾曆也。以此依第四條術求遲疾差，乘八百二十，其平交遲疾曆限行度除，得平交加時至定正交加時遲前疾後太陰行刻分，故以此遲加疾減平交日辰，得黄白道正交加時日辰也。本經有脱文，故補之①。

補術 "以八百二十乘之，如所入遲疾限行度而一，所得" 以上之文，可補入本經 "求至遲疾差" 之下、"遲加疾減" 之上。

推正交加時黄道月度（第十）

正交，黄白道正交也。求其正交太陰所在當黄道之宿度也。如前曆，由黄白道交求白道者先求此宿度，然《授時曆》自白赤道交起，不曾用此宿度，故削此題號，可隨術中所求得而改爲求冬至距正交定積度。欲求白道宿次而求定差距差定限度，欲求定限度而求冬至距正交定積度也。

置朔後平交日，以月平行度乘之，爲距後度；以加經朔中積，爲冬至距正交定積度。以冬至日躔黄道宿度加而命之，爲正交加時月離黄道宿度及分秒。

朔後平交，第八條所求，即經朔加時至黄白道正交之泛日分也。◎距後度，經朔加時距後黄白道正交之度也。◎經朔中積，冬至加時至其經朔加時之積日分也。求之術本經省，故於改術中補之。◎術意：置朔後平交日分，乘月平行度，得經朔加時距後黄白道正交之黄道定積度，爲距後度。凡太陰每日之行雖每有遲速，交終泛日，若爲以定積度平行度計之日數，泛日乘平行還源而得定積度。◎置經朔入盈縮曆之日分，盈者直爲中積，縮者加半周歲而爲中積，皆冬至至其經朔加時之積日分也。乘太陽平行一度而日周一萬約，得冬至黄道至其經朔加時之黄道積度，加距後度，得冬至黄道距正交之黄道定積度也。若加而滿周天者去之。

求正交加時黄道宿度者全無益，畧注。先置冬至距正交定積度，加天正冬至加時黄道日度，自其宿滿黄道二十八宿之度分累去，至不滿宿

① 東京大學藏抄本與大谷大學藏抄本後加一句 "本經有脱文，故補之。" 依此而補。

而得正交加時月離黃道宿度。

求正交在二至後初末限（第十一）

正交，黃白道正交也。二至後，冬至夏至黃道以後。初限順、末限逆之積度也。此欲求距差定限度而求之。

置冬至距正交積度及分，在半歲周已下，爲冬至後；已上，去之，爲夏至後。其二至後，在象限已下，爲初限，已上，減去半歲周，爲末限。

冬至距正交積度，第十條所求也。◎半歲周，即半歲周度，冬至距夏至之黃道積度也。◎象限，即歲周之象限度也。◎術意：置冬至距正交定積度，半歲周已下者直爲冬至黃道距後黃白道正交之積度；半歲周以上則去半歲周度分，餘爲夏至黃道距後正交之積度。其二至後積度象限以下直爲初限，即二至黃道順距正交之積度；象限以上用減半歲周，餘爲末限，即二至黃道逆距正交之積度。其號二至後者，非云二至後之氣日，云以黃道一周太陽所躔指其氣也。

改術 四條

推朔後黃白道平交及在二至後初末限 第八

置交終日及分，内減經朔入交日及分，爲朔後平交日分若其平交在交差以上者加交終日及分，得一月再交日分也，以月平行度乘之，爲距後度。視經朔入盈縮曆，在盈便爲中積，在縮加半歲周爲中積，命日爲度，以加距後度，爲冬至距黃白道正交黃道定積度，在半歲周以下爲冬至後，以上去之爲夏至後。其二至後在象限以下爲初限，以上減去半歲周爲末限。

求冬至距白赤道正交定積度 第九

置二至後初末限度及分，用減象限，餘以十五度八十五分乘之，如象限而一，爲白赤道正交距黃赤道正交黃道定差，以加減三象限度冬至後初限加末限減，夏至後初限減末限加，爲冬至距白赤道正交黃道定積度及分。

求朔後白赤道泛交入轉遲疾曆 第十

視冬至距白赤道正交定積度及分，與距黃白道正交定積度及分相減，餘爲黃白道正交距白赤道正交黃道定積度，如月平行度而一，所得以加減朔後黃白道平交日分距白赤道交度多、距黃白道交度少爲加，距白赤道交度少、距黃白道交度多爲減。，爲朔後白赤道泛交日分若不足減者加朔策而減之，爲前月朔後交，加而滿朔策者去之爲後月朔後交也。①，加其經朔入轉，爲朔後泛交入轉，在轉中以下爲疾暦，以上去之爲遲暦。

求白赤道正交日辰　第十一

置朔後泛交入遲疾暦日及分，依前求至遲疾差，以八百二十乘之，如所入遲疾限行度而一，遲加疾減朔後白赤道泛交日分，爲朔後白赤道正交定日分，以加經朔日及分，其日命甲子算外，即白赤道正交日辰。

改術第八 合本經第八條十條十一條之術，取其要也，術意注於前。

改術第九 十五度八十五分，白赤道交距黄赤道交之黄道極定差也。置此兩交相距赤道極度十四度六十六分，依黄赤立成法減分後赤道積，餘乘其段黄道率，以赤道率除，以所得加其段黄道積，得十五度八十五分。◎以二至後初末限減象限，得黄白正交距黄赤正交初限順、末限逆之黄道積度，依異乘同除術乘十五度八十五分，象限除，得其順逆度分相應之白赤正交距黄赤正交黄道度分，爲定差。此據本經第十二條術意。◎三象限，冬至距秋正黄赤交之積度也，故加減定差而得冬至距白赤正交之積度。冬至後初限、夏至後末限，白赤正交當黄白正交後而在黄赤交以後，故爲加；冬至後末限、夏至後初限，白赤正交當黄白正交後②而在黄赤交以前，故爲減。若交初起自春正者，以定差加減象限度，爲冬至距白赤正交定積度也。但下術皆同。

改術第十 冬至距白赤正交定積度與距黄白正交定積度相減，餘爲白赤正交距黄白正交之積度，月平行度除，得白赤正交至黄白正交之泛日分，其距白赤交積度多者，白赤正交在黄白正交以後，故加；距白赤交積度少者，白赤正交在黄白正交以前，故減。加減朔後黄白道平交日分而得朔後白赤道泛交日分。若減不足，白赤交在前月，故加朔策而減，又加而滿朔策者，白赤交在後月，故去朔策也。◎又術置冬至距白赤道正交定積度，内減經朔中積，餘如月平行度而一，得朔後白赤泛交日分。

---

① 天文臺藏抄本作“爲後餘月朔策後交也”，東京大學藏抄本與大谷大學藏抄本均作“爲後月朔後交也”。從後者而改。

② 天文臺藏抄本作“前”，東京大學藏抄本與大谷大學藏抄本均作“後”。後者正確。

改術第十一　求泛交入轉遲疾曆遲疾差以下之術意，注於本經第八條九條中，故畧之。

議白赤道正交中交

白道常麗黄道而遷交，故黄白道交太陰自黄道北出南，其交號正交而定爲交初，自黄道南入北，其交號中交。白赤道交異於此，乃不據黄白道正交中交而常在黄赤道交前後各十四度六十六分間，既在黄白正交後，又在中交後，秋正近黄道之白赤交太陰由赤道北出南，故爲表交，定爲交初而可取作正交。又既在黄白正交後，也在中交後，春正近黄道之白赤交太陰由赤道南入北，故爲裏交，定爲交中而可取作中交。本經第十四條術意按：春正秋正兩交皆取用交初，今據出入赤道内外别表裏而立正交中交。下諸術皆依此而注也。又其自赤道南入北之交爲正交，得求定交初之數無差違。

求定差距差定限度（第十二）

定差，白赤正交極限距其交白赤正交之度分也。此用於第十六條求白赤道内外度，然求其内外之術不精而設改術，故其無用。距差，黄赤[①]正交距其交白赤正交之度分也。此欲求第十四條白赤道交初而求之。定限度，以赤道度求白道度用相減相乘術之定限率也，即欲求白道宿度而求之。

置初末限度，以十四度六十六分乘之，如象限而一，爲定差；反減十四度六十六分，餘爲距差。以二十四乘定差，如十四度六十六分而一；所得，交在冬至後名減，夏至後名加，皆加減九十八度，爲定限度及分秒。

初末限度，冬至後夏至後初末限度即二至自黄道初限順、末限逆距黄白正交之黄道積度也。◎十四度六十六分，二至在黄道白道之交者，黄赤交距白赤交之極限赤道度也，求之術委注於《曆議》，今畧之。◎定差，白赤交之極外限距所求白赤交之赤道度也。◎距差，所求白赤正交距黄赤正交之赤道度也。◎二十四，定限度加減之極數也，白赤道内

① 天文臺藏抄本作“黄赤道”，東京大學藏抄本與大谷大學藏抄本均作“黄赤”。後者正確。

外多極限三十度①所用定限度一百二十二與少極限十八度所用定限度七十四相減，餘半而所得也。求其定限度多少之極術注於後。◎加減：若在冬至後黄白正交，其正交後夏至出黄道外、其中交後冬至入黄道内，白赤内外度比黄赤内外極限狭，故爲減；若在夏至後黄白正交，其正交後冬至黄道外出、其中交後夏至入黄道内、白赤内外度比黄赤内外極限廣，故爲加。◎九十八度，定限度多少之中數，即白赤内外度、相當黄赤内外度極限者所用定限度也。定限度多極一百二十二與少極七十四相併，半而所得也。◎術意：十四度六十六分，乃象限相應之極差也，故依異乘同除術乘初末限度分，象限除，得數爲白赤交極外限距所求白赤交之度分也，爲定差。以定差減十四度六十六分，餘爲所求白赤交距黄赤交之度分也，爲距差。按：不求定差，直以初末限度減象限，餘乘十四度六十六分，象限除而得距差。此術理速而不設别術，用本經之術。◎二十四，二至前後各象限相應之定限度增減極數也。十四度六十六分，象限相應之定差也，故依異乘同除術，其交定差乘二十四，十四度六十六分除，得其交定限度增減之定數也。故黄白正交在冬至後者減九十八度，在夏至後者加九十八度，得其所求交定限度。按：不依定差而直置二至後初末限度，乘二十四，以象限除之，得定限度增減之數。此術理速，不設别術，用本經之術。凡爲了約簡本經之術文法，先求定差，後求距差，依定差求定限度②也。本書“定限度及分秒”，“秒”字可削。

求定限度多少之極限者

求定限度多極限一百二十二，秋正白道正交黄赤道之交者，白道冬至在陽曆外、夏至在陰曆内白赤内外三十度，半象限四十五度六十五度之處白赤極差之極多者三度五十分也，还原相減相乘之法而置三度五十分，進一位得三千五百，以半象限除，得數加半象限，得一百二十二。◎求少極限七十四，秋正白道中交黄赤道之交者，白道冬至在陰曆内、夏至在陽曆外白赤内外十八度，半象限之處白赤極差之極少者一度三十

① 天文臺藏抄本與東京大學藏抄本作“三十度”，大谷大學藏抄本作“二十度”。前者正確。

② 天文臺藏抄本作“定差度”，東京大學藏抄本與大谷大學藏抄本均作“定限度”。後者正確。

分也。進一位得一千三百，以半象限除，得數加半象限得七十四。求其三度五十分、一度三十分，同於求黄赤道差術，委注於《曆議》。

求四正赤道宿度（第十三）

求冬至春分夏至秋分之正所當赤道之宿也。按：雖日躔第四條求四正加時赤道日度，但非此處用數，故今别立一條之術，此欲求白赤道之交初而求春秋二正赤道宿度，其求春秋正，自冬至累加而得，故附而求四正也。

置冬至加時赤道度，命爲冬至正度；以象限累加之，各得春分、夏至、秋分正積度；各命赤道宿次去之，爲四正赤道宿度及分秒。

冬至加時赤道度，日躔第三條所求也。◎所謂冬至正，將云春分正、夏至正、秋分正，而云冬至正。◎象限，用歲象限度。◎積度，即赤道積度。凡四正赤道積度，常冬至爲空、春正爲象限、夏至爲半周、秋正爲三象限也，然求其宿度，加冬至加時赤道日度，以宿次之度去而命之。今此積度，以冬至加時赤道日度爲冬至積度而累加象限爲積度，故求宿度時，不加冬至日度而自冬至宿全度去而命之也。◎先置冬至加時赤道日度，爲冬至正之積度，加象限而爲春分正之積度，又加象限而爲夏至正之積度，又加象限而爲秋分正之積度。皆自冬至宿累去赤道宿次之度分至不滿宿，得四正赤道宿度也。

求月離赤道正交宿度（第十四）

所謂月離赤道，太陰懸離赤道者也。正交，即白赤道正交。宿度，赤道宿度。求每月所麗白赤道正交當赤道宿度也。此欲求白道宿次而求赤道二十八宿初末限，欲求二十八宿初末限而求白赤道正交宿度，即求此白道交初。

以距差加減春秋二正赤道宿度，爲月離赤道正交宿度及分秒。冬至後，初限加，末限減，視春正；夏至後，初限減，末限加，視秋正。

距差，第十二條所求也，即黄赤正交距白赤正交之赤道度也。◎春秋二正赤道宿度，第十三條所求也。◎加減，黄白正交在冬至後初限者，白赤交在黄赤交以後，故爲加；在冬至後末限者，白赤交在黄赤交之前，故爲減。又黄白交在夏至後初限者，白赤交在黄赤交以前，故爲減；在夏至後末限者，白赤交在黄赤交之後，故爲加。◎月離赤道正交，即月道與赤道之正交也。◎細字之文：視春正、視秋正，交初起於春正號正交、起於秋正號正交設[①]兩術矣。然今以秋正之交定爲正交而注也。其議委辯於前。◎術意：以距差冬至後初限、夏至後末限加於秋正赤道宿度，冬至後末限、夏至後初限減秋正赤道宿度，得白赤道正交赤道宿度。本書"正交宿度及分秒"，"秒"字可削。

求正交後赤道積度入初末限（第十五）

正交後，白赤道之交初爲正交後也。赤道宿積度，二十八宿之赤道積度也。入初末限，其積度正交後中交後半交後[②]之初末限也，此欲求白道二十八宿度分而求之。

各置春秋二正赤道所當宿全度及分，以月離赤道正交宿度及分減之，餘爲正交後積度；以赤道宿次累加之，滿象限去之，爲半交後；又去之，爲中交後；再去之，爲半交後；視各交積度在半象已下，爲初限；已上，用減象限，餘爲末限。

春秋二正赤道所當宿[③]全度，白赤之交初起自春正者，春正交初之赤道宿全度分也；白赤之交初起自秋正者，秋正交初之赤道宿全度分也。此非二正之宿全度，云二正當白赤交初之宿全度也，故云所當。若前條以距差加減二正[④]宿度，加滿其宿次去之。又有不足減，加前宿全度而減者，二正之宿與正交之宿相異。本文將"春秋二正赤道"六字改爲"月離赤道正交"六字。◎月離赤道正交宿度，即第十四條所求。◎正交中交半交，皆云白赤之交也。◎各交積度，各交後之積度，即正交後中交後半交後二十八宿赤道之積度也。◎初末限，界半象限而初限順、末限逆之積度也，乃半象處白赤差之極多處也。◎象限，周天之象

---

① 東京大學藏抄本與天文臺藏抄本作"該"，大谷大學藏抄本作"設"。後者正確。

② 東京大學藏抄本與天文臺藏抄本作"半交後"，大谷大學藏抄本作"平交後"。前者正確。

③ 天文臺藏抄本眉注："抄本脱宿字"。今補。

④ 東京大學藏抄本與天文臺藏抄本作"二正"，大谷大學藏抄本作"一正"。前者正確。

限也。凡白道一周非周天度，常爲交終度，象限雖用交象度，然其宿次度本赤道，故以交終度用及周天度而求宿次度分首尾合者也。◎術意：以正交宿度減其宿赤道宿全度，餘得白赤正交距其宿尾之度，爲正交後其宿赤道積度。加次宿全度分，爲次宿積度，又累加次宿全度分，爲又次宿積度。如此累加全度分得二十八宿赤道積度。此皆正交後積度。視其正交後積度，滿象限去之，餘爲半交後積度。其半交後積度又滿象限去之，餘爲中交後積度。其中交後積度又滿象限去之，餘爲半交後積度。各視其正交後半交後中交後半交後積度，半象限四十五度六十五分以下者，直爲初限，半象限以上，用減象限，餘爲末限也。

求月離赤道正交後半交白道舊名九道出入赤道内外度及定差（第十六）

半交，爲白赤道半交而内外出入度之極多處也。内外，赤道以北爲内，赤道以南爲外。每交求其白赤道半交内外度也。所謂正交後半交，雖中交後半交亦同數，取其近交初之半交而云正交後半交；又交初起秋正者，正交後半交出白道赤道之外；交初起春正者，正交後半交入白道赤道之内，故該云正交後半交白道出入赤道内外兩交，蓋云交後半交，省“正”字可也。定差，周天徑一度相應白赤内外之度差也。此欲求每日晨昏白道内外度並去極度而求之。九道，月道所麗黄道以方色名之，爲青道二、朱道二、白道二、黑道二之八行，與黄道共九道也。委注於《暦議》。

置各交定差度及分，以二十五乘之，如六十一而一；所得，視月離黄道正交在冬至後宿度爲減，夏至後宿度爲加，皆加減二十三度九十分，爲月離赤道後半交白道出入赤道内外度及分；以周天六之一，六十度八十七分六十二秒半，除之，爲定差。月離赤道正交後爲外，中交後爲内。

按：此條及次條不該出於此處。又求每交内外度之術意不精，故解釋本經之文而後論其議，更設改術四條於二十三條之末耳。

各交定差，第十二條所求，即白赤正交之極限距其所求白赤交之赤道度也。◎二十五，黄白道内外出入之極六度，四歸六歸而所得也。◎

六十一，黄赤正交距白赤正交之極差十四度六十六分，四歸六歸而所得也。其四歸六歸者，約不盡、整其數之算法也。按：用九因二十二除亦可。◎月離黄道正交，黄白道之正交也。云冬至後夏至後之宿度，以第十一條術中云“黄白交在二至後”見。◎二十三度九十分，冬夏二至黄赤内外出入之極度也。◎爲加爲減，黄白正交在冬至黄道後者，其黄白正交後夏至出黄道南、中交後冬至入黄道北，其白道比黄赤内外極度近赤道，故爲減；黄白正交在夏至黄道後者，其黄白正交後冬至出黄道南、中交後夏至入黄道北，其白道比黄赤内外極度遠赤道，故爲加。◎周天六之一，周天半徑也。古以圜周率三約周天度得周天徑，半而得半徑六十〇度八十七分半。本經云六十度八十七分六十二秒半者，用周天度分下秒數七十五也。然而此等無需求秒數，故可用六十度八十七分半。◎定差，天徑一度相應其交之白赤内外度也。以此度差求次條每日内外度。◎細字之文，乃次條求白道去極度依内外定加減也。白赤正交起自秋正者，如本文，正交起自春正者及此，即正交後當爲内、中交後當爲外。◎術意：先其交之定差，二至距其黄白正交度數相應之定差也。六度，象限相應之黄白内外之極度也。十四度六十六分，象限度相應定差之極數也，故将六度即視爲極定差十四度六十六分相應之黄白内外度。依異乘同除之術，其交定差乘六度，除十四度六十六分，爲其交冬夏二至黄道所當而得黄白内外度，故加減二至黄赤内外之極二十三度九十分，得其交白赤半交内外度，以周天半徑除，得天徑一度相應之白赤内外度差，此爲定差。按：不用第十二條所求定差之數，直置二至後初末限之度分，乘六度，如象限而一，以所得加減二十三度九十分者，於術理速也。然不設别術，用本術而注也。

右求白赤内外術，以二至所當定而爲白赤半交内外極度，此謬乎？蓋白道若春秋二正之適赤道正交者，二至所當即白赤半交内外之極，白赤正交常遷而在春秋二正赤道前後各十四度六十六分之間不定，即其隨白赤交距黄赤交之度分，爲去二至黄道前後其所當之白赤半交内外極度也，故求其所當之黄赤内外度與黄白内外度，相加減，可得白赤内外度，即其術注於卷尾。

求月離出入赤道内外白道去極度（第十七）

月離出入赤道内外，每日晨昏太陰出入赤道内外之度分也。去極度，每日晨昏太陰去北極遠近之度分也。題首可補入“每日晨昏”四字。

置每日月離赤道交後初末限，用減象限，餘爲白道積；用其積度減之，餘以其差率乘之；所得，百約之，以加其下積差，爲每日積差；用減周天六之一，餘以定差乘之，爲每日月離赤道内外度；内減外加象限，爲每日月離白道去極度及分秒。

每日月離赤道交後初末限，每日晨昏白赤正交、中交後白道積之初末限也，即正交中交距其日晨昏太陰所在初限順、末限逆之積度也。本經每日之下、月離之上可補入“晨昏”二字。求之術本經闕[①]，此求得每日晨昏白道積度以其積度所求也，故作補術注於第二十三條末。先依第二十三條補術，視所求每日晨昏白道定積度，半周天以下直爲正交後，以上去半周天，餘爲中交後。其正交中交後之積度，象限已下直爲初限，已上用減半周天，餘爲末限。◎白道積度，乃白赤半交順逆距晨昏太陰所在之白道定積度，即白道半弧背也。◎其積度，日躔黄赤立成至後黄道分後赤道積一度至九十一度之數即假用作白道半弧背。◎其差率，日躔黄赤立成黄赤弧矢差假用作白道弧矢差。◎百約，黄赤立成度率一假用作白道半弧背差。◎其下積差[②]，黄赤立成黄赤弧矢假用作白道弧矢。◎每日積差，以白赤半交距晨昏太陰所在之度爲半弧背而爲其弧矢。◎周天六分之一，即周天半徑。◎定差，第十六條所求，即天徑一度相應其所求交之内外度也。◎内外，白道在赤道北爲内，在赤道南爲外。◎象限，北極距赤道之緯度也。◎爲加爲減，白道在赤道内者入赤道以北故減，在外者出赤道以南故加。◎術意：以每日晨昏白道交後初末限減象限，得其所求交之白赤半交[③]距太陰所在順逆之度分，即白道半弧背也。當黄赤立成而滿其積度去之，餘依異乘同除術乘其段差率，其段度率百約，以所得加其段積差，得每日積差，即其日白道弧矢也。乘定差而得每日内外度，此依同乘異除術乘其半交内外度，周天半

① 天文臺藏抄本作“欠”，東京大學藏抄本與大谷大學藏抄本均作“闕”。意同，從後者。

② 東京大學藏抄本與天文臺藏抄本作“積差”大谷大學藏抄本作“積度”。前者正確。

③ 東京大學藏抄本與天文臺藏抄本作“半交”，大谷大學藏抄本作“平交”。前者正確。

徑除，略而先除得定差而後乘也。以内外度内減外加象限而得白道距北極之緯度①，即去極度也。本書"去極度及分秒"秒字可削。

求每交月離白道積度及宿次（第十八）

每交，每月白道麗赤道一交終也；積度，白赤正交後二十八宿白道定積度也。宿次，白道二十八宿度分也，此求隨白道麗赤道有遠近而二十八宿度有多少也。

置定限度，與初末限相減相乘，退位爲分，爲定差；正交、中交後爲加，半交後爲減。以差加減正交後赤道積度，爲月離白道定積度；以前宿白道定積度減之，各得月離白道宿次及分。

定限度，第十二條所求各交之定限度也。◎初末限，第十五條所求白赤交後初末限，即自正交中交半交初限順、末限逆距二十八宿尾之赤道度也。◎相減相乘，求白赤道差之總術也，其起術注於後。◎退位，約法十約也。◎爲分，一位爲分位、百分爲度也。◎定差，赤道積與白道積有多少之差度分也。◎細字之文，白赤正交後與中交後白道之懸者斜而徐遠赤道，白道積比赤道積徐多，故爲加差。半交後白道之懸者斜而徐近赤道，白道積比赤道積徐少，故爲減差。◎正交後積度，第十五條所求白赤交初正交距二十八宿尾之赤道積度也，即術中象限不去以前之積度也。◎白道定積度，白赤正交距二十八宿尾之白道定積度也。◎月離白道宿次，其交二十八宿白道度分也。◎術意：先以初末限度分減其交定限度，餘乘初末限，退一位爲分數，分滿百爲度，即其赤道積度相應之白赤定差也。正交後、中交後爲加定差，半交後爲減定差，即以其定差加減正交後二十八宿赤道積度，得正交後二十八宿白道積度，各置其宿積度，減前曆積度，餘爲其宿度分而得二十八宿白道度分也。

相減相乘起術

凡黄道常出入赤道内外各二十三度九十分而無變遷，故求黄赤道差者，以立天元一得其真數術造黄赤道每度立成之數而求之。白道懸赤道異於此，出入赤道内外者每一交遷變無定度，故求其白赤道差，故難如

---

① 天文臺藏抄本作"躔度"，東京大學藏抄本與大谷大學藏抄本均作"緯度"。後者正確。

黄赤道造立成之數，又若以真術直求，乘除甚艱難而不容易得，故造定限度數立相減相乘之法而爲求白赤差總術，此由唐一行累裁法而起。

先等分白赤各交限數，以其半交内外度數如求黄赤差術而求各限白赤道差之真數，以各限度數除之，爲各段定積。以各段定積前後相減，驗而所得積差各段大率相等，以積差除限差之度，得數爲約法，以約法乘定積，加各限度數而爲定限度，即以此求差之法，以初末限減去定限度，餘乘定限度，以約法約而得定差也。若欲細而極求，依垜疊術招立差、三乘差以上之率差，可得其密數，然其術又繁多而爲乘除之患，故取捷徑可用相減相乘。

推定朔弦望加時月離白道宿度（第十九）

求定朔弦望加時太陰所在當白道宿次若干度分之術也，此欲求第二十三條每日晨昏白道宿度而求之。

各以月離赤道正交宿度距所求定朔弦望加時月離赤道宿度，爲正交後積度；滿象限去之，爲半交後；又去之，爲中交後；再去之，爲半交後；視交後積度在半象已下，爲初限；已上，用減象限，爲末限；以初末限與定限度相減相乘，退位爲分，分滿百爲度，爲定差；正交中交後爲加，半交後爲減。以差加減月離赤道正交後積度，爲定積度，以正交宿度加之，以其所當月離白道宿次去之，各得定朔弦望加時月離白道宿度及分秒。

月離赤道正交宿度，第十四條所求，即白赤交初正交赤道宿度分也。◎定朔弦望加時月離赤道宿度，第七條所求，即定朔弦望加時太陰所在赤道宿度也。◎正交後積度，定朔弦望加時正交後月行赤道定積度，即其正交距定朔弦望加時太陰所在赤道度也。◎滿象限去之，置其積度之數，以象限幾般拂去也。其術與第十五條之求交後初末限同。◎定差，定朔弦望加時太陰所在之白赤差也。術同於第十八條。◎月離赤道正交後積度，即右[1]所求之定朔弦望加時正交後月行赤道定積度也。◎定積度，定朔弦望加時正交後月行白道定積度，即白赤正交距定朔弦

---

[1] 天文臺藏抄本眉注："古，當爲右"。抄本誤作"古"，今改。

望加時太陰所在之白道積度分也。◎正交宿度，白赤正交之白道宿度也。求之術本經闕①，故注補術於左。◎其所當月離白道宿次，其交初正交之宿所當也，即用其交白道宿次自正交之宿累去全度分也。◎術意：先視定朔弦望日辰，在其月正交日辰後即用其月白道之交；若在其月正交日辰前，則用前月白道之交，置各其交初正交所當赤道宿全度分，減正交赤道宿度分，餘自次宿累加赤道宿次全度分，加至其定朔弦望加時赤道月度，得數爲白赤正交距定朔弦望加時太陰所在之赤道積度也，此爲正交後積度。置其積度，象限以下直爲正交後積度，滿象限去之，餘爲半交後積度。若其半交後積度又滿象限則去之，餘爲中交後積度。若其中交後積度又滿象限則去之，餘爲半交後積度。其交後積度半象限以下者直爲初限，半象限以上則用減象限，餘爲末限。置其交定限度，減初末限度分，餘乘初末限度分，退一位爲分，分滿百爲度，得其定朔弦望加時太陰所在之白赤定差。以此正交中交後加、半交後減於所求之正交後積度，餘得白赤正交距定朔弦望加時太陰所在之白道定積度，爲加時定積度。◎又依補術，置月離赤道正交宿度，與其交定限度相減相乘，退位爲分而爲定差，以加月離赤道正交宿度而得正交白道宿度。置加時白道定積度，加正交白道宿度，自其宿累去其交之白道宿次度分至不滿宿，得定朔弦望加時太陰所在之白道宿度分。本書“宿度及分秒”秒字可削。

補術　求每交月離赤道正交白道宿度　置每交月離正交赤道宿度及分，與定限度相減相乘，退位爲分，爲定差，以加正交赤道宿度，爲月離赤道正交白道宿度及分。此一條之術可在第十八條與第十九條之間。術中之正交赤道宿度，第十四條所求也。定差，隨正交後常加也。

求定朔弦望加時及夜半晨昏入轉（第二十）

求定朔弦望加時入轉、同晨前夜半入轉、同晨入轉、同昏入轉之日分也。夜半入轉，求定朔弦望夜半月度、晨昏月度②時欲用其日太陰行

① 天文臺藏抄本作“欠”，東京大學藏抄本與大谷大學藏抄本均作“闕”。意同，從後者。

② 天文臺藏抄本作“晨昏日度”，東京大學藏抄本與大谷大學藏抄本均作“晨昏月度”。後者正確。

度而求之。晨昏入轉，欲求晨昏轉積度並每日行度而求之。其加時入轉雖無用，就求夜半入轉而求也。

置經朔弦望入轉日及分，以定朔弦望加減差加減之，爲定朔弦望加時入轉；以定朔弦望日下分減之，爲夜半入轉；以晨分加之，爲晨轉；昏分加之，爲昏轉。

經朔弦望入轉，第二條所求，即入轉初日至經朔弦望加時之日分也。◎加減差，第五條所求，即經朔弦望加時至定朔弦望加時加差順、減差逆之刻分也。◎定朔弦望加時入轉，入轉初日至其定朔弦望加時之日分也。◎定朔弦望日下分，其日晨前夜半至其加時之刻分也。◎夜半入轉，入轉初日至其晨前夜半之日分也。◎晨分，晨前夜半至其日晨之刻分也。◎晨轉，晨入轉，即入轉初日至其晨之日分也。◎昏分，晨前夜半至其日昏之刻分也。◎昏轉，昏入轉，即入轉初日至其昏之日分也。◎術意：以加減差加減經朔弦望入轉日分而得定朔弦望加時入轉，内減定朔弦望日下分，餘得定朔弦望日晨前夜半入轉之日分。以晨分加夜半入轉，得晨入轉之日分。以昏分加夜半入轉，得昏入轉之日分也。右朔與上弦求昏轉，望與下弦求晨轉，此求每日月度，自朔至望，昏見太陰，晨不見，故求昏月度；自望至次朔，晨見太陰，昏不見，故求晨月度[①]。故欲用其晨昏太陰行度而求各其入轉也。◎求夜半入轉有累加而求之捷術，注於《數解》中。前代曆求每日夜半入轉，此可也，然無用他日入轉，唯求朔弦望夜半入轉也。

求夜半月度（第二十一）

夜半，定朔弦望之晨前夜半也。月度，白道月度也。求定朔弦望晨前夜半太陰所在當白道之宿度也。此欲求每日晨昏月度而求定朔弦望晨昏月度，欲求晨昏月度而求定朔弦望夜半月度也。

置定朔弦望日下分，以其入轉日轉定度乘之，萬約爲加時轉度，以減加時定積度，餘爲夜半定積度；依前加而命之，各得夜半月離宿度及分秒。

---

① 東京大學藏抄本與天文臺藏抄本作“晨月度”，大谷大學藏抄本作“晨月夜”。前者正確。

定朔弦望日下之分，即定朔弦望日之晨前夜半至其加時之刻分也。◎其入轉日，第二十條所求定朔弦望夜半入轉之日數也。轉定度，本經入轉立成第四段之數，即其日太陰之行度也。◎萬約，日周一萬也。◎加時轉度，定朔弦望日之晨前夜半至其加時太陰之行度分也。◎加時定積度，第十九條所求定朔弦望加時正交後月行白道定積，即其交正交距其加時太陰所在之白道積度分也。◎夜半定積度，即定朔弦望之晨前夜半正交後月行白道定積度，即正交距其夜半太陰所在之白道積度也。◎依前加而命之，加依第十九條補術所求之正交白道宿度，以其交白道宿次累去也。◎夜半月離宿度，定朔弦望之晨前夜半太陰所在白道宿度也。本經"宿度及分秒"之"秒"字可削。◎術意：以夜半入轉日數當本經入轉立成之轉日，其日下轉定度爲隨每日周一萬其日之太陰行度也，故乘定朔弦望日下分，日周一萬約，得數爲定朔弦望之加時轉度，以減加時白道定積度，餘爲定朔弦望夜半定積度。隨正交日辰所在，加其交之正交白道宿度，自其宿累去其交之白道宿次度分至不滿宿，得夜半月度也。按：轉度之數若細求者，置定朔弦望日下分，以其轉日所入之遲疾限行度乘之，八百二十而一，得加時轉度，然而此等之數不用究其微，唯隨其入轉日數用所當之轉定度，故不設改術，從經之術而注也。次條求晨昏轉度同意也。又如《紀元曆》用午中入轉不適理者乎。

求晨昏月度（第二十二）

晨昏，定朔弦望之晨昏也；月度，白道月度也。求定朔弦望晨與昏太陰所在當白道宿度也。此欲求二十三條每日晨昏月度而求之。

置其日晨昏分，以夜半入轉日轉定度乘之，萬約爲晨昏轉度；各加夜半定積度，爲晨昏定積度；加命如前，各得晨昏月離宿度及分秒。

其日晨昏分，定朔弦望日之晨分昏分也。◎夜半入轉，第二十條所求也。用轉定度同於前條。◎萬約，日周一萬也。◎晨昏轉度，定朔弦望日之晨轉度昏轉度也，即其日晨前夜半至晨昏太陰行之度分也。◎夜半定積度，第二十一條所求，即正交距其晨前夜半太陰所在之白道積度分也。◎加命如前，依第十九條補術而求。加正交白道宿度而命也。◎晨昏月離宿度，定朔弦望之晨白道月度同昏白道月度也。本經"及分秒”秒字可削。◎術意：以定朔弦望夜半入轉日之所當轉定度乘其定朔弦望晨分，日周一萬約而得定朔弦望之晨轉度。又以轉定度乘其昏分，萬約而得定朔弦望之昏轉度。夜半定積度加晨轉度，得定朔弦望之晨白道定積度，即正交距其日晨太陰所在之白道積度也。又以夜半定積度加昏轉度，得定朔弦望昏之白道定積度，即正交距其日昏太陰所在之白道積度也。隨各正交日辰所在加其交之正交白道宿度，自其宿累去其交白道宿次度分至不滿宿，得晨昏月離白道宿度分也。其朔與望，求晨與昏兩數，上弦求昏、下弦求晨。其議注於二十三條。

求每日晨昏月離白道宿次（第二十三）

每日晨白道月度、每日昏白道月度也，求每日晨昏太陰所在之白道宿度也。本經“宿次”二字當作“月度”①。

累計相距日數轉定度，爲轉積度，與定朔弦望晨昏宿次前後相距度相減，餘以相距日數除之，爲日差；距度多爲加，距度少爲減。以加減每日轉定度，爲行定度；以累加定朔弦望晨昏月度，加命如前，即每日晨昏月離白道宿次。朔後用晨，望後用昏，朔望晨昏俱用。②

相距日數，定朔距定上弦日數、定上弦距定望日數、定望距定下弦日數、定下弦距次定朔日數也。◎轉定度，本經入轉立成之轉定度，即每日太陰之行度也。◎轉積度，轉定積度也。朔與上弦，隨昏轉日求昏轉積度。望與下弦，隨晨轉日求晨轉積度也。◎定朔弦望晨昏宿次，第二十二條所求晨昏白道月度，即其晨昏太陰所在之白道宿度也。本經“宿次”二字當作“月度”。◎前後相距度，定朔之昏至定上弦之昏、定上弦之昏至定望之昏、又定望之晨至定下弦之晨、定下弦之晨至次朔之晨，皆太陰所在距太陰所在之白道定積度也。◎日差，每日太陰定行度之轉定度有增損之差也。凡每日定行度，隨入轉日下之餘分與轉定度有增損，又相距度數亦依太陰所在前後有增損，故求其該增損之差爲日差。加減轉定度而得每日行定度，逐日累加而求適

---

① 本經“宿次”指宿度，也就是月亮位於白道位置的黃經，簡稱作“月度”。所以，建部十分嚴謹地認爲將“宿次”改爲“月度”比較明確。

② 天文臺抄本作“朔後用昏，望後用晨，朔望晨昏俱用。”今據中華書局本改。

合前後白道宿度之算法也。◎細字“爲加爲減”，比轉積度相距定度多者，太陰所在過轉積度，故加日差，使每日行度比轉定度多；比轉積度相距度少者，太陰所在行不及轉積度，故減日差，使每日行度比轉定度少。◎每日轉定度，即本經入轉立成每日行度也。朔上弦，隨昏轉日而用，望下弦隨晨轉日而用。◎行定度，每日太陰行之定度分，即朔後其日昏至次日昏每日之行度、望後其日晨至次日晨每日之行度也。◎定朔弦望晨昏月度，第二十二條所求也。◎加命如前，其晨昏月度累加每日晨昏行定度，隨正交日辰所在而滿其交白道宿次度分去之，餘爲次宿度分。按：此條中欠[①]求每日晨昏白道定積度術，若不求其積度，則不得求每日白赤内外度去極度等，且經文有“加命如前”，置每日積度，加正交白道宿度，滿白道宿次去之，命如第十九、二十一、二十二條等求月度之意也，故將求其積度之補術注於左。◎每日晨昏月離白道宿次，朔至後望，每日昏之白道月度也。望至後次朔，每日晨白道月度也，皆其晨昏太陰所在宿度也。本經“宿次”二字當作“月度”。◎細字之文，朔至後望，昏見晨不見太陰，故朔後求昏月度；望至後次朔，晨見昏不見太陰，故望後求晨月度。朔與望兩日，晨昏皆見太陰，故朔望求晨與昏兩月度也。其朔後晨與望後昏不会見太陰，故不求。◎術意：相距日，定朔干支至定上弦干支算日數而爲朔上弦相距日；定上弦干支至定望支干算日數而爲上弦望相距日；望下弦也如此得相距日。又有朔弦望日數相減而直得之捷術，注於《數解》中。◎轉積度，先定朔令第二十二條所求昏轉日數當本經入轉立成轉日，隨自其日至朔上弦相距日數累計逐日轉定度，得數爲定朔昏轉積度。上弦自昏轉日數所當隨上弦望相距日數累計逐日轉定度，爲上弦昏轉積度。望下弦用晨轉日數如上求晨之轉積度，又有以轉積度數直求之捷術，注於《數解》中。◎相距度，先定朔以第二十二條所求定朔昏月度依正交日辰減其交白道其宿全度分，餘自次宿累加其交白道宿次度分，又加至上弦昏月度，爲朔上弦昏相距度。上弦以上弦昏月度減其交白道其宿全度分，餘累加次宿至定望昏月度而爲上弦望昏相距度。望下弦以晨月

① 天文臺藏抄本作“欠”，東京大學藏抄本與大谷大學藏抄本均作“闕”。意同，從前者。

度求晨相距度也。又有以晨昏定積度直求之捷術，注於《數解》中。◎相距度與轉積度相減，餘除相距日數，爲日差。朔，令朔之昏轉日數當立成轉日，其日至上弦前日每日轉定度加減日差，爲每日昏行定度；上弦，昏轉日所當至望前日每日轉定度加減日差而爲每日昏行定度，此即每日自其日昏至次日昏太陰行定度也。又望與下弦，令其晨轉日數當立成轉日，自其日轉定度加減逐日日差至次朔前日，爲每日晨行定度。此即每日其日晨至次日晨太陰行定度也。◎朔與上弦，置昏月度，累加每日行定度，隨正交日辰所在滿其交白道宿次度分去之，餘爲次宿度分而得朔後每日昏月度。望與下弦，置晨之月度，累加每日行度，滿其交白道宿次度分去之，餘爲次宿度分而得望後每日晨之月度。其朔望兩日晨昏皆求月度也。

依補術而求者，朔與上弦，置二十二條所求昏定積度，累加每日昏行定度，得朔後每日昏定積度；望與下弦，置晨定積度，累加每日晨行定度，得望後每日晨定積度。置其每日晨昏定積度，隨正交日辰所在而加其交之正交白道宿度，滿其交之白道宿次累去，至不滿宿，得每日晨昏月度也。

補術 爲行定度，以累加定朔弦望晨昏白道定積度，爲每日晨昏定積度，加命如前，即每日晨昏月離白道月度。前略。

改術 四條

求每日晨昏月離赤道交後初末限　第一

視每日晨昏月離白道定積度，在半周天以下爲正交後，以上去之爲中交後。各交後積度象限以下爲初限，以上用減半周天，餘爲末限。

求月離赤道半交黃道出入赤道内外度　第二

置距差度分，以六十一乘之，如十四度六十六分而一爲分，以減二十三度九十分，爲月離赤道半交黃道出入赤道内外度及分。

求月離赤道半交白道出入赤道内外度　第三

置距差度分，以六十一乘之，如六十六而一，所得以加減冬至距正交定積度（冬至後初限減末限加，夏至後初限加末限減），爲白赤道半交距黃白道正交黃道定積度，視在半歲周以下爲陽曆，半交後以上去半歲周爲陰曆，半交後其交後積度象限以下爲初限，以上用減半歲周，餘爲末限，置初末限度，以六度乘之，如象限而一，爲月離赤道半交白道出入黄道内外度，以加減月離赤道半交黄道出入赤道内外度陰曆半交後爲加，陽曆半交後爲減，爲月離赤道半交白道出入赤道内外度，以周天六之一六十度八十七分半除之爲定差。

求每日晨昏月離出入赤道内外白道去極度　第四

置每日晨昏月離赤道交後初末限，用減象限，餘爲白道積，用其積度減之，餘以其差率乘之，所得百約之，以加其下積差爲每日積差，用減周天六之一，餘以定差乘之，爲每日晨昏月離赤道内外度月離赤道正交後爲外，中交後爲内，内減外加象限，爲每日晨昏月離白道去極度及分。

第一補術：晨昏月離白道定積度，依第二十三條補術所求，即正交距晨昏太陰所在之白道積度也。總而正交至中交，交中度也。又正交中交至半交，爲交象度，然取本經之意，交中及於半周天、交象及於象限而用。

第二改術：先以距差極十四度六十六分爲至後赤道，依日躔黄赤立成術減其赤道積，餘乘其段黄道度率，其段赤道度率除，所得加其段黄道積得十三度五十五分，此乃二至前後赤道各十四度六十六分相應之黄道度也。由此依中星内外立成術置十三度五十五分，滿積度去之，餘乘其段内外差，百約，以所得減其段内外度，餘得二十三度二十九分，此乃赤道二至前後各十四度六十六分所當黄赤内外度也。以之減二十三度九十分，餘六十一分，此爲二至前後赤道十四度六十六分相應之黄赤内外差也。故依異乘同除術置各交距差，乘六十一，十四度六十六分除，得數乃其白赤半交所當黄赤内外差也。以此減二十三度九十分，餘即白赤半交所當黄赤内外度。

解圖①

假如冬至距正交定積二十九度〇三分 ◎黄白交在冬至後初限 ◎距差一十度。

置距差度分，乘六十一，十四度六十六分除，得四十二分，此距差度分相應之内外差也。以減二十三度九十分，餘二十三度四十八分爲白赤道半交所當黄赤内外度也。

---

①　天文臺抄本在以下文字下方空白，缺圖。今據大谷大學抄本補圖。

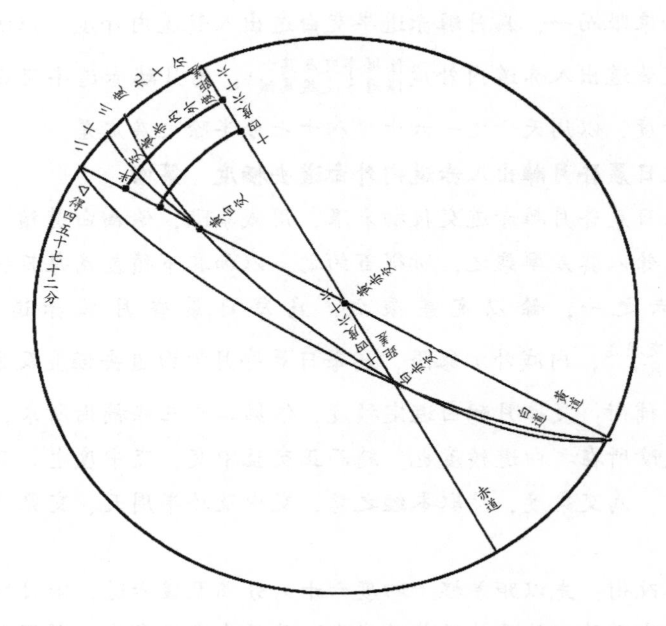

第三改術：右所求十三度五十五分，乃二至前後赤道十四度六十六分相應之黃赤度，即冬至距白赤半交黃道極度也。故置距差，乘十三度五十五分，十四度六十六分除，得其距差黃道度，即冬至距其白赤半交黃道度也。乘十三度五十五分，十四度六十六分除，依零約術代之以六十一乘六十六除。黃白正交在冬至後初限、夏至後末限者，白赤交皆①在黃赤交以後，其白赤半交又在二至黃道以後，故減；亦在冬至後末限、夏至後初限者，白赤交在黃赤交以前，其白赤半交亦在二至黃道以前，故加。皆加減冬至距正交定積度，得數爲近冬至黃道之白赤半交所當距黃白正交之黃道定積度。半歲以下，黃白正交在陽曆半交後，滿半歲周則去之，餘爲近夏至黃道之半交後積度，故黃白正交在陰曆半交後。其交後積度象限已下直爲初限，已上用減半歲周，餘爲末限。以黃白半交內外出入六度乘初末限，象限除，得數爲其白赤半交所當黃白內外度。黃白正交在白赤陽曆半交後者，黃白半交白道冬至入黃道北、夏至出黃道南，皆近赤道，故減。又黃白正交在白赤陰曆半交後者，黃白半交白道冬至出黃道南、夏至入黃道北，皆遠赤道，故加。以其黃白內

① 東京大學藏抄本與天文臺藏抄本此處作“皆”，大谷大學藏抄本此處缺“皆”。

外度加減白赤半交所當黄赤内外度，得白赤半交内外度也。◎周天六之一，周天半徑也。求定差術注於本經第十六條。右改術雖最粗，然倣本經術意取其要求大概也。若究極真，可辯白道周旋度並麗赤道與黄道之斜直而設爲精微之法以求也。

解圖①

假如冬至距正交定積二十九度〇三分。◎冬至後初限距差一十度。◎黄赤内外度二十三度四十八分。

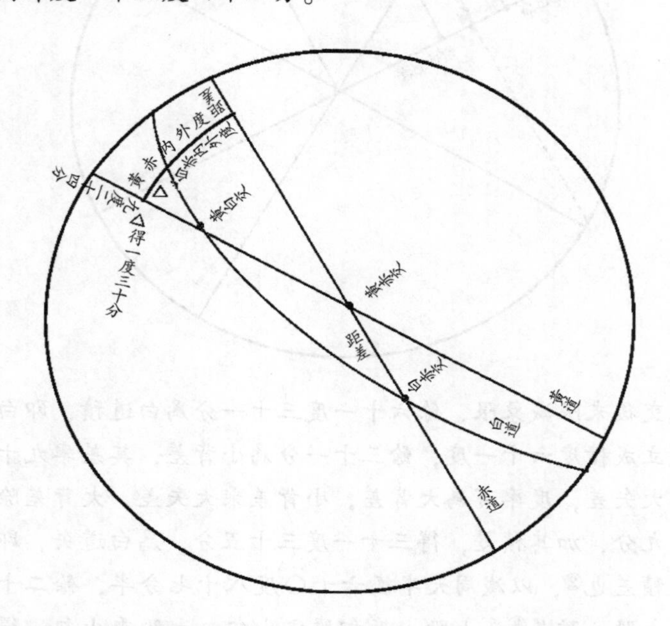

置距差一十度，乘六十一，六十六除，得九度二十四分，此乃距差黄道度，爲冬至後初限，故減冬至距正交定積度，餘一十九度七十九分爲白赤半交距黄白正交之定積度，即陽曆半交後初限也。乘六度，象限除，得一度三十分，此乃白赤半交所當之黄白内外度也。以減白赤半交之黄赤内外二十三度四十八分，餘二十二度一十八分爲白赤半交内外度。

第四改術②　此全爲本經第十七條之術，委注於其下。

---

① 天文臺抄本在以下文字下方空白，缺圖。今據大谷大學抄本補圖。

② 天文臺抄本作“第四本術”，大谷大學抄本作“第四改術”。後者正確。

解圖①

假如白赤内外定差三十六分四十四秒 ◎昏白赤正交後末限三十度。

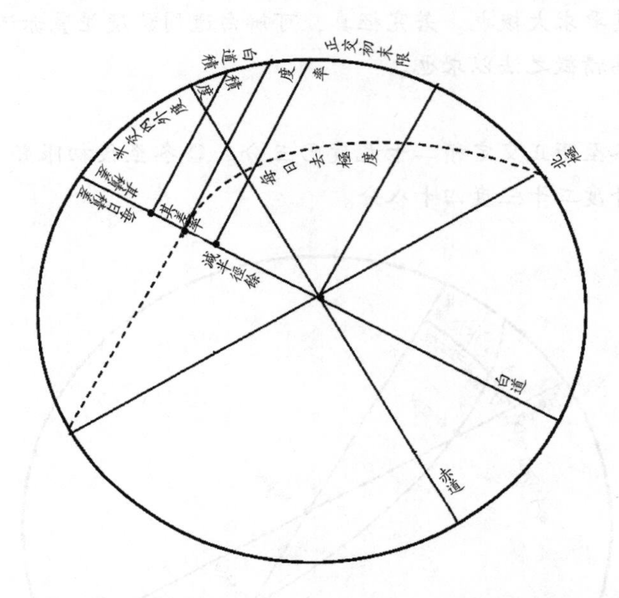

以正交後末限減象限，餘六十一度三十一分爲白道積，即白道半弧背也，減立成積度六十一度，餘三十一分爲小背差，其差率九十三分六十一秒爲大矢差，度率百爲大背差，小背差乘大矢差，大背差除而得小矢差二十九分，加其積差，得三十一度三十五分，爲白道矢，即以其日昏之白道積差也②，以減周天半徑六十〇度八十七分半，餘二十九度五十二分爲大股，弦差③爲小股一度相應之小勾，大股乘小勾，得大勾一十〇度七十六分，爲其日昏太陰在赤道内之度，以加象限得一百〇二度〇七分，爲其日昏太陰去北極之度分。

新術　求月出入分

今按：自古雖悉④備月離術，然不曾見有求月出入時刻者，故取用

① 天文臺抄本在以下文字下方空白，缺圖。今據大谷大學抄本補圖。

② 天文臺藏抄本字跡模糊，難以辨認，東京大學藏抄本與大谷大學藏抄本均作“也”。從後者。

③ 東京大學藏抄本與天文臺藏抄本此處作“定差”，大谷大學藏抄本此處作“弦差”。後者正確。

④ 天文臺藏抄本作“委”，東京大學藏抄本與大谷大學藏抄本均作“悉”。後者正確。

本經術意，更設新術七條注於左耳。

求定朔弦望日出月行黄道積度　第一

置定朔弦望日下分，與日出分相減，餘以夜半入轉日下轉定度乘之日下之分多爲減，日下之分少爲加，所得以加減定朔弦望加時月行黄道積度，爲定朔弦望日出月行黄道積度及分秒。

求每日日出月行黄道積度　第二

累計相距日數轉定度爲轉積度，與定朔弦望日出月行前後相距度相減，餘以相距日數除之，爲日差距度多爲加，距度少爲減，以加減每日轉定度，爲每日行定度，以累加定朔弦望日出月行積度，即每日日出月行黄道積度及分秒。

求每日日出月出泛差刻　第三

置每日晨前夜半黄道積度，加其日日出分，爲每日日出日行黄道定積度，用減其日日出月行黄道積度，餘爲日出日月相去度，以百刻乘之，以周天内減去太陰行定度，其餘除之，爲每日日出月出泛差刻。

求每日月出去黄道度　第四

置其日泛差刻，以太陰行定度乘之，百約，爲月行差度，以加日出月行積度，爲月出黄道定積度，減去冬至距正交定積度不足減者，加周天而減之，餘爲正交後積度，滿半周去之，爲中交後其交後積度。象限已下爲初限，以上用減半周，餘爲末限，以初末限度減象限，餘爲黄道積，用其積度減之，餘以其差率乘之，百約，以加其下積差，爲每日積差，用減周天六之一，餘六因，以周天六之一除之，爲每日月出去黄道度及分秒。

求每日月出在赤道内外度　第五

置每日月出去黄道定積度，依中星之術求得每日月出黄道在赤道内外度，以月出去黄道度加減之月在赤道内者，正交後減中交後加；月在赤道外者，正交後加中交後減，若不足減者反減，則月在赤道内者得外，在赤道外者得内。，爲每日月出在赤道内外度及分。

求每日月晝夜分　第六

置每日月出在赤道之内外度，以至差刻乘之，如二十三度九十分而一，所得以加減五十刻月在内者爲減，月在外者爲加，爲每日月夜分，以減日周，餘爲泛晝分，以其日太陰太陽行差乘之，以周天內減去太陰行定度，其餘除之，所得以加泛晝分，爲月晝分。

求每日月出入分及辰刻　第七

置每日月夜分，半之加泛差刻爲月出分满日周者去之，以月晝分加月出分满日周去之，餘在日出分已上者爲次日，爲月入分，各依發斂求之①，得辰刻。

第一術

本經求每日晨昏積度皆作白道積而無用處，故由黃道起而求諸數也。先定朔弦望日下分與其日日出分相減，餘乘其日太陰行定度，萬約，得定朔弦望加時至日出太陰行分，以此與月離第六條所求定朔弦望加時月行黃道積度，日下分多則減、日下分少則加，爲定朔弦望日出月行黃道積度，即定朔弦望日出時冬至至太陰所在之積度也。

第二術

本經雖求晨昏行定度，皆用白道距度求，微有異，故以前後相距黃道度依月離第二十三條術得每日日出行定度，累加定朔弦望日出月行黃道積度，求每日日出月行黃道積度也。

第三術

晨前夜半黃道積度，依日躔第十條補術所求也。加日出分，得日出時冬至至太陰所在之積度，即日出日行黃道積度。以此減日出太陰所在之積度，餘爲日出太陰去太陽之黃道度也，乘日周爲實，周天度內減其日太陰行定度，餘爲法，除實，得日出至月出之刻分。此太陽既行至日出處，依去黃道內外遠近，太陰不當地際，故以此爲泛差刻，以下術求其當所地際之定刻分也。

第四術

置所求泛差刻，乘其日太陰行定度，以百約，得數爲隨泛差刻之太陰行度分也，以此爲月行差度，加第二所求日出月行積度，爲月②出黃道定積度，即日出所當太陰所在冬至後黃道積度。故減月離第十條所求

---

① 東京大學藏抄本與天文臺藏抄本作“發斂”，大谷大學藏抄本“發斂加時術”。從前者。

② 東京大學藏抄本與天文臺藏抄本作“月”，大谷大學藏抄本作“日”。前者正確。

冬至距正交定積度，餘爲日出[①]所當太陰所在正交後之積度。由此依求月去黄道度術求其黄白内外度也。視正交後積度，交中度已下，直爲正交後；以上，減去交中度，餘爲中交後。其正交中交後積度，又交象度[②]已下爲初限，以上，用減交中度，餘爲末限。以初末限之度減交象度，餘爲半交前後之度分。用日躔黄赤道立成而減其最上段積度，餘乘其段差率，百約，以加其下積差，爲其日積差。此爲太陰所在半交前後之弧矢也。以此減交象弧矢，餘爲正交中交前後之半弧弦，乘黄白内外之極六度，以交象矢除，得月去黄道度也。雖此爲本術，然從本經術意，其交中度用半天周、交象度用象限、交象弧矢用周天六之一而求也。

第五術

置第四所求月去黄道定積度，依中星第一條之術，半歲周已下直爲冬至後、以上減去半歲周餘爲夏至後之積度。其二至後之積度，象限已下爲初限，以上用減半歲周，餘爲末限，滿内外立成積度去之，餘乘其段内外差，百約，以所得減其段内外度，餘，冬至後初限與夏至後末限爲外、冬至後末限與夏至後初限爲内，皆太陰所當在黄道赤道内外之度分也。以月出去黄道度加減，爲月出在赤道内外度，即太陰在赤道内外之度。其太陰所當在黄道赤道内者，正交後減、中交後加；太陰所當[③]在黄道赤道外者，正交後加、中交後減。

第六術

二至半晝夜分與五十刻相減，餘爲至差刻。月出乘月在赤道内外度[④]，黄赤道内外之極二十三度九十分除得數，得月出比五十刻多少之數。太陰在赤道外者，出地際比五十刻晩故加；太陰在赤道内者，比五十刻早故減而爲月之半夜分，倍而爲月夜分，即其月太陰旋地下之刻分

① 東京大學藏抄本與天文臺藏抄本作“日出”，大谷大學藏抄本作“月出”。前者正確。

② 天文臺藏抄本作“象限度”，東京大學藏抄本與大谷大學藏抄本均作“象度”。從後者。

③ 天文臺藏抄本作“在”，東京大學藏抄本與大谷大學藏抄本均作“當”。後者正確。

④ 天文臺藏抄本作“内外”，東京大學藏抄本與大谷大學藏抄本均作“内外度”。從後者。

也。以此減日周，餘爲太陰旋地上之泛刻分。其月出至月入，隨泛刻分有太陰行分，隨此行分有月入晚之刻分，故置泛刻分，乘其日太陰與太陽行差，百刻約而爲太陰行分。又乘百刻，周天度内減太陰行度，以其餘除，則得隨行分之天旋刻分，故加泛刻分爲月晝分，即太陰旋地上之定刻分也。

第七術

置月半夜分，加第三所求月出日出泛差刻而爲月出分，即其日晨前夜半至月出之刻分也。又月出分加月晝分而爲月入分，即其日晨前夜半至月入之刻分也。若滿日周以上則去之，餘爲昏後夜半至月入之刻分。望後皆月入在次日，各依發斂加時之術求得月出入之辰刻也。

元史　卷五十五　志七　曆四

授時曆經 下　術解

3.5　步中星　第五[①]

中，南面之中；星，其中之星也。從《書》云“南面以考中星，北面以察斗建，宅四方以測日晷”之意，去極遠近、晝夜長短等屬中星者悉載此篇，故曰步中星。

大都北極出地四十度太強。

大都，元朝之大都北京[②]，即古燕都，今之順天府也。北極，非星，云天體永不動處，如車之轂、磨之臍，指其近極之星號爲北極星，云南極星亦同之。凡南北兩極，天旋之樞也；出地，出地之高度數也；

① 北海道大學藏抄本缺“步中星”部分。

② 天文臺藏抄本作“北京”，東京大學藏抄本與大谷大學藏抄本作“大都北京”。從後者。

地，本爲球而無平處，人居地上以所望見取準測定高下，其準即當天之正半①，四十度太強，四十度八十分也，太，乃四分度之三即七十五分，比四分度之三微多故云太強，又南極入地亦同數也，此隱地下之度數也。◎北極出地，依所居高下不定，乃居南方之地出地下，居北方之地出地高，此非全北高南下之謂，地爲球之所以也。元朝自南海至北海二萬里内測驗北極高下之度數見於元之《天文志》，委注於《曆議》。◎北極高下之差者，南北直行之路程，《唐書》云三百五十一里八十步而以一度爲差。近世歐邏巴人浮船遠遊而所測定，二百五十里差一度，地之周圍九萬里。◎去極星之心者，古祖沖、梁令瓚等爲一度有餘，宋沈括所測三度有餘，《授時》爲三度。今所考議於首卷。

冬至，去極一百一十五度二十一分七十三秒。

夏至，去極六十七度四十一分一十三秒。

冬至去極，冬至加時太陽去北極之度數也；夏至去極，夏至加時太陽去北極之度數也。此以黄赤道内外出入之極二十三度九十〇分三十秒加象限九十一度三十一分四十三秒，得冬至去極度，減象限得夏至去極度。求其黄赤道内外出入之極度術解於後。

冬至晝，夏至夜，三千八百一十五分九十二秒。

夏至晝，冬至夜，六千一百八十四分八秒。

冬至晝刻與夏至夜刻各短極而同刻也，夏至晝刻與冬至夜刻各永極而同刻也，其晝夜刻以漏水測、以儀驗定，而究微者依算法以求北極出地或以日晷求也。其術解於後。

昏明，二百五十分。

昏、明，太陽不出地準前二刻五十分而明也，此爲明分；太陽入地準後二刻五十分而昏，此爲昏分。若以晨昏分晝夜者，常夜損晝增昏明五刻，故野鄙之俗云：冬夜比夏晝短，夏夜比冬晝短；又正月中與九月中晝夜等，此之謂也。◎凡昏明，自古四時皆以二刻半爲限，然依冬夏之季有長短，又隨所居山頂嶽趾有早晚，日出入遠望之山嶺者亦有時少異，《天經或問》云：晨昏其久暫分數亦因冬夏而分長短也。今測以太

① 天文臺藏抄本眉注："但其準實在天之正半以上如地半徑，故天之正半，人自地面不見，即比地平限卑之地半徑也。然日月星出入之時有遊氣而當天正半之處見其躰，人不會自地面俯見。"其他抄本無此眉注。

陽出入在地下十八度内爲晨昏之界，但太陽行此十八度，又各方各宫不等，因有五刻七刻十刻之别，若論極高七十二度以上之度，晨昏雖至丙夜，亦無黯黑也①。云丙夜者，子時也。此《唐書》所謂“骨利幹，晝長夜短，夜，天如曛而不瞑”之類也②。凡定昏明之限，據未詳，野俗以手裏膚文可見爲度，然於時未必無早晚。今按：晝夜之差大率不及三十刻之地，昏明總有早又有晚，皆不用人目之視而定，常以二刻半爲定數而取晨昏，無傷言之害歟。③

黄道出入赤道内外去極度及半晝夜分④

求黄赤道内外出入度並去北極度、每日半晝夜分等之立成數也。

黄道積度	内外度	内外差	冬至前後去極	夏至前後去極	冬晝夏夜	夏晝冬夜	晝夜差
初	二十三九〇三〇	三三	一百一十五度二一七三	六十七度四二一三	一千九百〇七九六	三千九二〇四	〇九
一	二十三八九九七	九九	一百一十五度二一四〇	六十七度四一四六	一千九百〇八〇五	三千九一九五	二九
二	二十三八八九八	一分六六	一百一十五度二〇四一	六十七度四二四五	一千九百〇八三四	三千九一六六	四七
三	二十三八七三二	二分三一	一百一十五度一八七五	六十七度四四一一	一千九百〇八八一	三千九一一九	六六
四	二十三八五〇一	二分九九	一百一十五度一六四四	六十七度四六四二	一千九百〇九四七	三千九〇五三	八五
五	二十三八二〇三	三分六五	一百一十五度一三四五	六十七度四九四一	一千九百一〇三二	三千〇八九六八	一分〇四
六	二十三七八三七	四分三三	一百一十五度〇九八〇	六十七度五三〇六	一千九百一一三六	三千〇八八六四	一分二二
七	二十三七四〇五	四分九八	一百一十五度〇五四八	六十七度五七三八	一千九百一二五八	三千〇八七四二	一分四二
八	二十三六九〇七	五分六五	一百一十五度〇〇五〇	六十七度六二三六	一千九百一四〇〇	三千〇八六〇〇	一分六一
九	二十三六三四二	六分三六	一百一十四度九四八五	六十七度六八〇一	一千九百一五六一	三千〇八四三九	一分七九
十	二十三五七〇六	七分〇二	一百一十四度八八四九	六十七度七四三七	一千九百一七四〇	三千〇八二六〇	一分九九
十一	二十三五〇〇四	七分六九	一百一十四度八一四七	六十七度八一三九	一千九百一九三九	三千〇八〇六一	二分一八
十二	二十三四二三五	八分三九	一百一十四度七三七八	六十七度八九〇八	一千九百二一五七	三千〇七八四三	二分三七
十三	二十三三九六	九分〇八	一百一十四度六五三九	六十七度九七四七	一千九百二三九四	三千〇七六〇六	二分五六
十四	二十三二四八八	九分七五	一百一十四度五六三一	六十八度〇六五五	一千九百二六五〇	三千〇七三五〇	二分七四

---

① 《續通志》卷102“天文略六”：“新法以日在地下十八度内爲晨昏之限，但太陽行此十八度，又各方各宫不等，因有五刻七刻十刻之别，若論極高七十二度以上之地，則夏月晨昏相切，雖至丙夜，無甚黯黑也。”

② 《新唐書·回鶻傳下》：“骨利幹處瀚海北……其地北距海，去京師最遠，又北度海則晝長夜短，日入亨羊胛，熟，東方已明，蓋近日出處也。”後用以比喻光陰快速流逝。

③ 東京大學藏抄本缺“凡定昏明之限”以下至“無傷言之害歟”這段文字。

④ 天文臺藏抄本、大谷大學藏抄本無此數表，東京大學藏抄本有載。今據後者而補。

十五	二十三一五一三	十分四七	一百一十四度四六五六	六十八度二六三〇	一千九百二九二四	三千〇七〇七六	二分九四
十六	二十三〇四六六	十一分一四	一百一十四度三六〇九	六十八度二六七七	一千九百三二一八	三千〇六七八二	三分一四
十七	二十二九三五二	十一分八五	一百一十四度二四九五	六十八度三七九一	一千九百三五三二	三千〇六四六八	三分三〇
十八	二十二八一六七	十二分五四	一百一十四度一三二〇	六十八度四九七六	一千九百三八六二	三千〇六一三八	三分五一
十九	二十二六九二三	十三分二五	一百一十四度〇〇五六	六十八度六二三〇	一千九百四二一三	三千〇五七八七	三分六九
二十	二十二五五八八	十三分九五	一百一十三度八七三一	六十八度七五五五	一千九百四五八二	三千〇五四一八	三分八八
二十一	二十二四一九三	十四分六六	一百一十三度七三三六	六十八度八九五〇	一千九百四九七〇	三千〇五〇三〇	四分〇七
二十二	二十二二七二七	十五分三七	一百一十三度五八七〇	六十九度〇四一六	一千九百五三七七	三千〇四六二三	四分二六
二十三	二十二一一九〇	十六分〇六	一百一十三度四三三三	六十九度一九五三	一千九百五八〇三	三千〇四一九七	四分四三
二十四	二十一九五八四	十六分七八	一百一十三度三七二七	六十九度三五五九	一千九百六二四六	三千〇三七五四	四分六二
二十五	二十一七九〇六	十七分四七	一百一十三度一〇四九	六十九度五二三七	一千九百六七〇八	三千三二九三	四分八〇
二十六	二十一六一五九	十八分二〇	一百一十二度九三〇二	六十九度六九八四	一千九百七一八八	三千二八一二	四分九八
二十七	二十一四三三九	十八分九〇	一百一十二度七四八二	六十九度八八〇四	一千九百七六八六	三千二三一四	五分一六
二十八	二十一二四四九	十九分六〇	一百一十二度五五九二	七十度〇六九四	一千九百八二〇二	三千一七九八	五分三五
二十九	二十一〇四八九	二十分二七	一百一十二度三六三二	七十度二六五四	一千九百八七三七	三千一二六三	五分四九
三十	二十八四六二	二十分九九	一百一十二度一六〇五	七十度四六八一	一千九百九二八六	三千〇七一四	五分六七
三十一	二十六三六三	二十分六八	一百一十一度九五〇六	七十度六七八〇	一千九百九八五三	三千〇一四七	五分八五
三十二	二十四一九五	二十二分三五	一百一十一度七三三八	七十度八九四八	二千〇四三八	二千九百九五六二	六分〇一
三十三	十九一九六〇	二十三分〇三	一百一十一度四三三三	七十一度一二八三	二千一〇三九	二千九百八九六一	六分一六
三十四	十九九六五七	二十三分七一	一百一十一度二八〇〇	七十一度三四八六	二千一六五五	二千九百八三四五	六分三三
三十五	十九七二八六	二十四分三七	一百一十一度〇四二九	七十一度五八五七	二千二二八八	二千九百七七一二	六分八四
三十六	十九四八四九	二十五分〇三	一百一十度七九九二	七十一度八二九四	二千二九三六	二千九百七〇六四	六分六三
三十七	十九二三四六	二十五分六六	一百一十度五四八九	七十二度〇七九七	二千〇三五九九	二千九百六四〇一	六分七八
三十八	十八九七八〇	二十六分三一	一百一十度三九二三	七十二度三三六三	二千〇四二七七	二千九百五七二三	六分九二
三十九	十八七一四九	二十六分九三	一百一十度〇三九二	七十二度五九九四	二千〇四九六九	二千九百五〇三一	七分〇五
四十	十八四四五六	二十七分五二	一百〇九度七五九九	七十二度八六八七	二千〇五六七四	二千九百四三二六	七分一九
四十一	十八一七〇四	二十八分一四	一百〇九度四八四七	七十三度一四三九	二千〇六三九三	二千九百三六〇七	七分三二
四十二	十七八八九〇	二十八分七二	一百〇九度三〇三三	七十三度四二五三	二千〇七一二五	二千九百二八七五	七分四四
四十三	十七六〇二八	二十九分二九	一百〇八度九一六一	七十三度七一二五	二千〇七八六九	二千九百二一三二	七分五六
四十四	十七三〇八九	三十分四八	一百〇八度六三二三	七十四度〇〇五八	二千〇八六二五	二千九百一三七五	七分六八
四十五	十七〇一〇五	三十分三八	一百〇八度三二四八	七十四度三〇三八	二千〇九三九三	二千九百〇六〇七	七分七八
四十六	十六七〇六七	三十分九〇	一百〇八度〇二二〇	七十四度六〇六七	二千一百〇一七一	二千八百九八二九	七分八九

四十七	十六三九七七	三十一分四一	一百〇七度七一二〇	七十四度九一六六	二千一百〇九六〇	二千八百九〇九四	七分九八
四十八	十五〇八三六	三十一分九一	一百〇七度三九七九	七十五度二三〇七	二千一百一七五八	二千八百八二四三	八分〇八
四十九	十五七六四五	三十二分三六	一百〇七度〇七八八	七十五度五四九八	二千一百二五六六	二千八百七四三四	八分一七
五十	十五四四〇九	三十二分八五	一百〇六度七五五二	七十五度八七三四	二千一百三三八三	二千八百六六一七	八分二六
五十一	十五一一二四	三十三分二六	一百〇六度四二六七	七十六度二〇一九	二千一百四二〇九	二千八百五七九一	八分三二
五十二	十四七七九八	三十三分六四	一百〇六度〇九四一	七十六度五三四五	二千一百五〇四一	二千八百四九五九	八分四〇
五十三	十四四四三四	三十四分〇七	一百〇五度七五七七	七十六度八七〇九	二千一百五八八一	二千八百四一一九	八分四六
五十四	十四一〇二七	三十四分四五	一百〇五度四一七〇	七十七度二一一六	二千一百六七二七	二千八百三二七三	八分五四
五十五	十三七五八二	三十四分八一	一百〇五度〇七二五	七十七度五五六一	二千一百七五八一	二千八百二四二九	八分五九
五十六	十三四一〇一	三十五分一五	一百〇四度七二四四	七十七度九〇四二	二千一百八四八〇	二千八百一五六〇	八分六四
五十七	十三〇五八六	三十五分四七	一百〇四度三七二九	七十八度二五五七	二千一百九三〇四	二千八百〇六九六	八分六九
五十八	十二七〇三九	三十五分七八	一百〇四度〇一八二	七十八度六一〇四	二千二百〇一七三	二千七百九八二七	八分七五
五十九	十二三四六一	三十六分〇七	一百〇三度六六〇四	七十八度九六八二	二千二百一〇四八	二千七百八九五二	八分七八
六十	十一九八五四	三十六分三三	一百〇三度二九九七	七十九度三二八九	二千二百一九二六	二千七百八〇七四	八分八一
六十一	十一六二二一	三十六分五九	一百〇二度九三六四	七十九度六九二二	二千二百二八〇七	二千七百七一九三	八分八四
六十二	十二五六二	三十六分八三	一百〇二度五七〇五	八十度〇五八一	二千二百三六九一	二千七百六三〇九	八分八九
六十三	十八八七九	三十七分〇五	一百〇二度二〇二二	八十度四二六	二千二百四五八〇	二千七百五四二〇	八分九〇
六十四	十五一七四	三十七分二四	一百〇一度八三一七	八十〇度七九六九	二千二百五四七〇	二千七百四五三〇	八分九二
六十五	十一四五〇	三十七分四四	一百〇一度四五九三	八十一度一六九三	二千二百六三六二	二千七百三六三八	八分九四
六十六	九七七〇六	三十七分六一	一百〇一度〇八四九	八十一度五四三七	二千二百七二五六	二千七百二七四四	八分九七
六十七	九三九四五	三十七分七六	一百〇〇度七〇八八	八十一度九一九八	二千二百八一五三	二千七百一八四七	八分九七
六十八	九〇一六九	三十七分九一	一百〇〇度三三二	八十二度二九七四	二千二百九〇五〇	二千七百〇九五〇	八分九八
六十九	八六三七八	三十八分〇七	九十九度九五二一	八十二度六七六五	二千二百九九四八	二千七百〇〇五二	九分〇〇
七十	八二五七二	三十八分一七	九十九度五七二四	八十三度〇五七二	二千三百〇八四八	二千六百九一五二	九分〇〇
七十一	七八七五四	三十八分二八	九十九度一八九七	八十三度四三八九	二千三百一七四八	二千六百八三五三	九分〇一
七十二	七四九二六	三十八分三八	九十八度八〇六九	八十三度八二一七	二千三百二六四九	二千六百七三五一	九分〇一
七十三	七一〇八八	三十八分四七	九十八度四二三二	八十四度二〇五五	二千三百三五五〇	二千六百六四五〇	九分〇一
七十四	六七二四二	三十八分五四	九十八度〇三八四	八十四度五九〇二	二千三百四四五一	二千六百五五四九	九分〇一
七十五	六三三八七	三十八分六二	九十七度六五三〇	八十四度九七五六	二千三百五三五二	二千六百四六四八	九分〇一
七十六	五九五二五	三十八分六七	九十七度二六六八	八十五度三六二八	二千三百六三五三	二千六百三七四七	九分〇一
七十七	五五六五八	三十八分七三	九十六八八〇一	八十五度七四八五	二千三百七一五四	二千六百二八四六	九分〇〇
七十八	五一七八五	三十八分七七	九十六度四九二八	八十六度一三五八	二千三百八〇五四	二千六百一九四六	九分〇〇

七十九	四七九〇八	三十八分八一	九十六度一〇五一	八十六度五二三五	二千三百八九五四	二千六百一〇四六	九分〇〇
八十	四四〇二七	三十八分八五	九十五度七一七〇	八十六度九一一六	二千三百九八五四	二千六百〇一四六	九分〇〇
八十一	四〇二四二	三十八分八八	九十五度三二八五	八十七度三〇〇	二千四百〇七五四	二千五百九二四六	九分〇〇
八十二	三六二五四	三十八分八九	九十四度九三九七	八十七度六八八九	二千四百一六五四	二千五百八三四六	八分九七
八十三	三二三六五	三十八分九〇	九十四度五五〇八	八十八度〇七七八	二千四百二五五一	二千五百七四四九	八分九七
八十四	二八四七五	三十八分九二	九十四度一六一八	八十八度四六六八	二千四百三四四八	二千五百六五五二	八分九七
八十五	二四五八三	三十八分九三	九十三度七七一六	八十八度八五六〇	二千四百四三四五	二千五百五六五五	八分九七
八十六	二〇六九〇	三十八分九四	九十三度三八三三	八十九度二四五三	二千四百五二四二	二千五百四七五八	八分九六
八十七	一六七九六	三十八分九四	九十二度九九三九	八十九度六三四七	二千四百六一三八	二千五百三八六二	八分九六
八十八	一二九〇二	三十八分九五	九十二度六〇四五	九十〇度〇二四一	二千四百七〇三四	二千五百二九六六	八分九六
八十九	九〇〇七	三十八分九五	九十二度二一五〇	九十〇度四一三六	二千四百七九三〇	二千五百二〇七〇	八分九六
九十	五一一二	三十八分九五	九十一度八二五五	九十〇度八〇三一	二千四百八八二六	二千五百一一七四	八分九五
九十一	一二一七	一十二分一七	九十一度四三六〇	九十一度一九二六	二千四百九七二一	二千五百〇二七九	二分七九
九十一三一	空	空	九十一度三一四三	九十一度三一四三	二千五百	二千五百	空

黄道積度，黄道一周分四象，用於初度至九十一度每度内外並去極之黄道積度，又初日至九十一日每日半晝夜分四象之積日亦通用。

内外度，黄道積以冬至爲初度而至春正順九十一度、至秋正逆九十一度，爲每度黄道出赤道南之外度；又以夏至爲初度而至秋正順二九十一度，至春正逆九十一度，爲每度黄道入赤道北之内度，即黄道積初度爲内外之極二十三度九十〇分三十秒，以積一度如術得内外二十三度八十九分九十七秒，以積二度如術得内外二十三度八十八分九十八秒，以積三度得内外二十三度八十七分三十二秒，如此至九十一度求得内外度也，其術如左。①

求内外度術

《管窺輯要》云：置半徑，内減赤道小弦，餘爲赤道二弦差，又爲黄赤道小弧矢，又爲内外矢。置半徑，内減黄道所在度矢，餘爲黄赤道小弦，以二至黄赤道内外半弧弦乘之，以黄赤道大弦除之，爲黄

① 天文臺藏抄本作“如此到九十一度而得内外度也。其術如左。”東京大學藏抄本作“如此到九十一度而求得内外度也。”大谷大學藏抄本作“如此到九十一度求内外度。”從天文臺抄本。

赤道小弧弦，又爲黃赤道小勾。置黃赤道小弧矢，自之，以圓徑除之，爲半背弦差，加黃赤道小弧弦，爲赤道内外度，又爲黃赤道小弧半背。置象限，視黃赤道内外度在盈初縮末加、盈末縮初減，即得黃道去極度。《授時》所求内外極差二十三度九十分，較古定差亦消減矣。先以每度黃道積度爲半弧背，求得黃道弧矢與赤道小弦。又以二至黃赤道内外出入之極二十三度九十〇分三十秒爲半弧背，求得半弧弦二十三度七十一分三十秒。以上之術委注日躔求黃赤道之立成中。◎周天半徑内減所求之赤道小弦，餘爲内外矢。◎周天半徑内減所求黃道矢，餘爲黃赤小弦，乘二至出入内外之半弧弦，半徑除，得數爲所求[1]内外半弧弦。◎内外矢自乘，周天徑除，爲半背弦之差，加内外半弧弦，得内外度。此用古圓周[2]三徑一率之術。今所考注於首卷。圖解別記[3]。

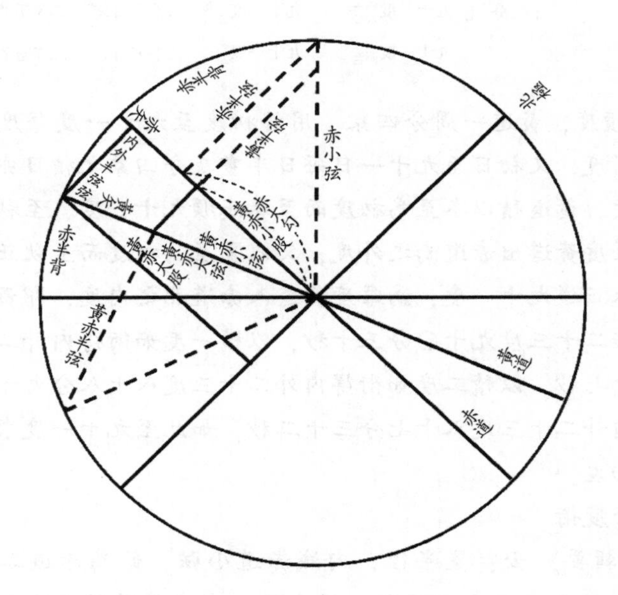

① 東京大學藏抄本與大谷大學藏抄本刪掉“所求”二字。從天文臺抄本。

② 天文臺藏抄本與東大藏抄本作“古圓周”，大谷大學藏抄本作“右圓周”。當作“古圓周”。

③ 東京大學藏抄本此處附有圖，但不清晰，圖如《授時發明》“論内外差”圖；今據該書補圖。天文臺藏抄本、大谷大學藏抄本無圖。

求二至出入内外極度術

按：以二至日晷求内外極度有用地徑之術，又有不用地徑之術。其用地徑者，立天元一爲冬至股，自之，以減周天半徑冪，餘爲冬至勾冪，寄左①。置表高，以冬至加時日晷長除之，爲差法，以冬至股乘之，加入地半徑，爲冬至勾，自之，與寄左相消得度，平方開之，得冬至股。◎置冬至股，乘差法，加地半徑，爲冬至勾，又爲冬至半弧弦。◎以冬至股減周天半徑，餘爲冬至弧矢。◎依弧矢之術求得冬至半弧背。◎又以夏至加時日晷長如前術求得夏至半弧背。◎夏至半弧背與冬至半弧背併，以減象限，餘折半而得二至出入内外之極度。

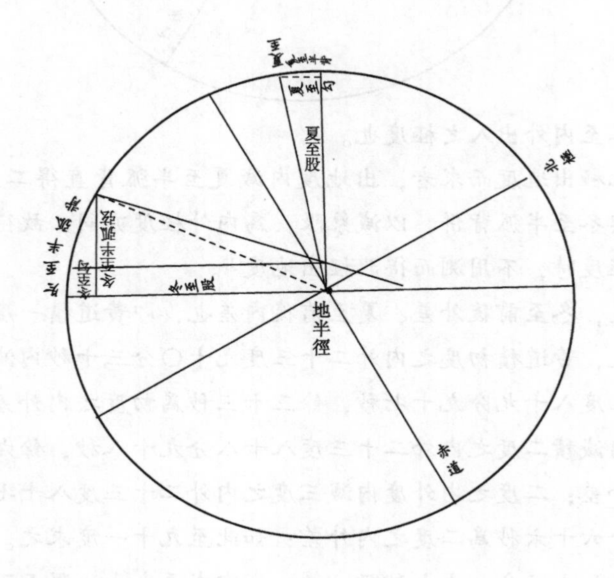

不用地徑者，冬至加時日晷長爲小股，表高爲小勾，自乘，小股自乘，相併而開平方除之，得小弦。◎置周天半徑，乘日晷長，小弦除，得冬至大股，以減周天半徑，餘爲冬至弧矢。◎又周天半徑乘表高，小弦除，得冬至大勾，又爲冬至半弧弦。◎冬至矢自乘，周天徑除，爲半弧背弦差，以加冬至半弧弦，爲冬至半弧背。◎又以夏至加時日晷長如前術求得夏至半弧背。◎冬至半弧背與夏至半弧背相併，以減象限，餘

① 天文臺藏抄本與東京大學藏抄本作“寄左”，大谷大學藏抄本作“號左”。前者正確。

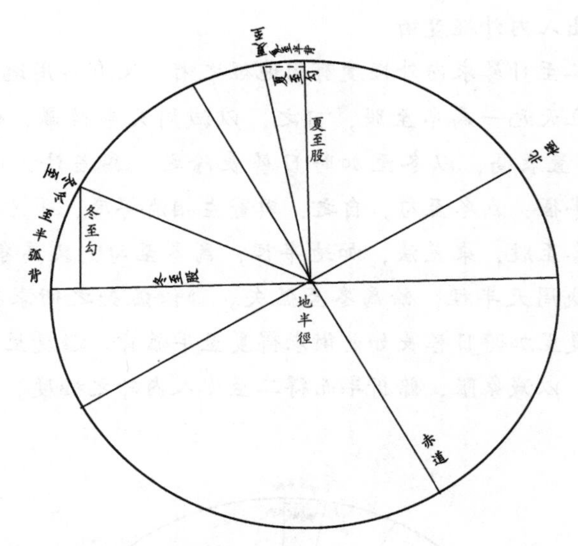

折半，得二至内外出入之極度也。

或用北極出地度而求者，出地度内减夏至半弧背直得二至内外度。又出地度與冬至半弧背併，以减象限，爲内外極度亦同，故得二至半弧背與内外極度時，不用測而得北極出地度①。

内外差，冬至前後外差、夏至前後内差也，即黄道積一度相應内外之增損分也，黄道積初度之内外二十三度九十〇分三十秒内减積一度之内外二十三度八十九分九十七秒，餘三十三秒爲初度之内外差；積一度之内外度内减積二度之内外二十三度八十八分九十八秒，餘九十九秒爲一度之内外差；二度之内外度内减三度之内外二十三度八十七分三十二秒，餘一分六十六秒爲二度之内外差；如此至九十一度求之。用九十一限之内外差一十二分一十七秒時，第一術中求至九十一限而百約，三十一分四十三秒除也。故自始約一十二分一十七秒，爲九十一限之内外差三十八分七十二秒，於術中當皆用百約。

去極度，黄道積冬至爲初度，至春正順九十一度、至秋正逆九十一度，每度之去極度也。又夏至爲初度，至秋正順九十一度、至春正逆九十一度，每度之去極度也。黄道積初度，以内外二十三度九十〇分三十

① 天文臺藏抄本作“極北出地”，東京大學藏抄本與大谷大學藏抄本作“北極出地”。當爲“北極出地”。

秒加象限九十一度三十一分四十三秒，得冬至前後去極一百一十五度二十一分七十三秒，減象限，得夏至前後去極六十七度四十一分一十三秒；積一度，以内外二十三度八十九分九十七秒加象限，得冬至前後去極一百一十五度二十一分四十秒，減象限[①]，得夏至前後去極六十七度四十一分四十六秒；積二度[②]，以内外二十三度八十八分九十八秒加象限，得冬至前後去極，減象限，得夏至前後去極度。如此求至九十一度也。

半晝夜分，每日晝分夜分之半，冬至初日至春正順九十一日、至秋正逆九十一日，每日半夜分，夏至初日至秋正順九十一日、至春正逆九十一日，與每日半晝分同刻也。又冬至初日至春正順九十一日、至秋正逆九十一日，每日半晝分[③]，夏至初日至秋正順九十一日、至秋正逆九十一日，與每日半夜分同刻也。黄道積初度爲内外之極度二十三度九十分三十秒，冬至初日半晝分與夏至初日半夜分爲千九百〇七分九十六秒；冬至初日半夜分與夏至初日半晝分爲三千〇九十二分〇四秒。黄道積一度以内外二十三度八十九分九十七秒如術得冬至前後一日之半晝分與夏至前後一日之半夜分一千九百〇八分〇五秒，得冬至前後一日之半夜分與夏至前後一日之半晝分三千〇九十一分九十五秒。黄道積二度以内外二十三度八十八分九十八秒如術得冬至前後二日之半晝分與夏至前後二日之半夜分一千九百〇八分三十四秒，得冬至前後二日之半夜分與夏至前後二日之半晝分三千〇九十一分六十六秒，如此至黄道積九十一度，求二至前後九十一日每日半晝夜分也。其術如左。

求半晝夜分術

置每度所求内外矢，倍之，以減周天徑，餘爲所求日之圓徑。◎以冬至地上、夏至地下矢，減二至之半圓徑，餘爲冬至地下、夏至地上之大勾。乘所求日内外半弦，二至内外半弦除，爲所求日冬至前後地下、夏至前後地上之小勾。以此冬至前後減、夏至前後加於所求日半圓徑，

---

① “減象限”三字前，天文臺藏抄本有“積二度八内外”，東京大學藏抄本與大谷大學藏抄本删去了。後者正確。

② 天文臺藏抄本作“積三度”，東京大學藏抄本與大谷大學藏抄改爲“積二度”。後者正確。

③ 天文臺藏抄本作“半夜分”，東京大學藏抄本與大谷大學藏抄本作“半晝分”。後者正確。

爲所求日地上矢。◎以地上矢減圓徑，餘乘地上矢，開平方除之，爲所求日之半弧弦。◎地上矢自乘而圓徑除，爲半弧背弦差，加入所求日之半弧弦，爲所求日地上半弧背。◎置地上半弧背，乘百刻，所求日圓極而一，得所求日半晝分，以減半日周①，餘爲所求日半夜分。求其内外矢、内外半弧弦術注於前。求二至圓徑並地上地下矢、二至半晝夜極分等術，注於《曆議》。

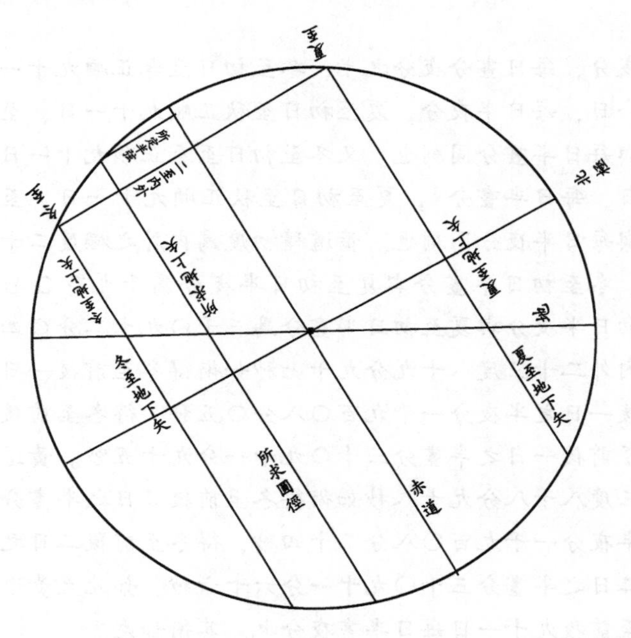

晝夜差，每日晝夜分增損之半差也。夏晝冬夜，初日半晝夜三千〇九十二分〇四秒内減一日半晝夜三千〇九十一分九十五秒，餘九秒爲初日半晝夜之差；一日半晝夜分②内減二日半晝夜三千〇九十一分六十六秒，餘二十九秒爲一日半晝夜之差；二日半晝夜分内減三日半晝夜三千〇九十一分六十六秒，餘四十七秒爲二日半晝夜之差，如此求至九十一日也。或以冬晝夏夜之半晝夜分如右逐日相減而求亦同，用九十一限晝夜差二分七十九秒時，第二術中求至九十一限百約而除三十一分四十三

---

① 天文臺藏抄本衍“求”，今删去。

② 天文臺藏抄本與東京大學藏抄本作“半晝夜分”，大谷大學藏抄本作“半晝度分”。前者正確。

秒也。故自始約二分七十九秒，用九十一限晝夜差八分八十八秒，於術中皆百約也。

求每日黃道出入赤道内外去極度（第一）

求每日晨前夜半太陽在赤道内外之度分並太陽去北極之度分也。

置所求日晨前夜半黃道積度，滿半歲周去之，在象限已下，爲初限；已上，復減半歲周，餘爲入末限；滿積度去之，餘以其段内外差乘之，百約之，所得，用減内外度，爲出入赤道内外度；内減外加象限，即所求去極度及分秒。

所求日晨前夜半黃道積度，依日躔第十條補術所求也。◎半歲周，依日躔第八條中別術所求黃道半歲周度也。象限，即定象度。◎滿積度，内外立成之積度也。◎内外差，就其段内外差即黃道積一度内外之損[①]分也。百約，黃道積一度之分數也。◎減[②]内外度，立成其段内外度也。◎象限，周天之象限度也。◎内減外加，太陽在赤道北者内減、在赤道南者外加。按：如本經之文，内外難分別，故注補術於左。◎術意：每日夜半積度，冬至距其夜半太陽所在之積度也，即爲冬至後。半歲周以上者去之，餘爲夏至後積度。其二至後積度象限已下直爲初限，即二至積順之積度也；象限以上，用減半歲周，餘爲末限，即二至前逆之積度。置初末限度，滿立成黃道積度去之，餘依異乘同除術乘其段内外差，百約，得數乃就度下分之内外積差[③]也。以此減其段内外度，得其加時太陽去赤道度分，即其日晨前夜半内外度。冬至後初限[④]與夏至後末限[⑤]，赤道外也；夏至後初限與冬至後末限，赤道内也。◎北極距赤道常爲象限度，故置象限，以内外度内減外加，得北極距太陽所在之度分，即其日晨前夜半黃道去極度。或百約之，以所得冬至前後減、夏

① 天文臺藏抄本作“積”，東京大學藏抄本與大谷大學藏抄本改作“損”。後者正確。
② 天文臺藏抄本作“積”，東京大學藏抄本與大谷大學藏抄本改作“減”。後者正確。
③ 天文臺藏抄本作“積差”，東京大學藏抄本與大谷大學藏抄本改作“損差”。後者正確。
④ 天文臺藏抄本作“初段限”，東京大學藏抄本與大谷大學藏抄本作“初限”。後者正確。
⑤ 天文臺藏抄本作“末段”，東京大學藏抄本與大谷大學藏抄本改作“末限”。後者正確。

至前後加於其段去極度。得所求之去極度，與象限相減而爲内外度亦同。

補術　置所求日晨前夜半黄道積度，在半歲周已下爲冬至後，以上減去半歲周爲夏至後，其二至後在象限已下爲初限，以上復減半歲周，餘爲入末限。中略。爲出入赤道内外度。冬至後初限爲外，末限爲内；夏至後初限爲内，末限爲外，内減外加象限，即所求去極度及分秒。如右求初末限時，當别二至後隨初末限定内外也。否則不分别内外。

求每日半晝夜及日出入晨昏分（第二）

求每日半晝夜分、每日日出分日入分、每日晨分昏分也。

置所求入初末限，滿積度去之，餘以晝夜差乘之，百約之，所得，加減其段半晝夜分，爲所求日半晝夜分；前多後少爲減，前少後多爲加。以半夜分便爲日出分，用減日周，餘爲日入分；以昏明分減日出分，餘爲晨分；加日入分，爲昏分。

入初末限，第一條所求，即二至後初末限順逆黄道積度也。◎滿積度，立成黄道積度也。◎晝夜差，立成其段半晝夜之差即隨黄道積一度而半晝夜之增損分也。◎百約，一度之積分也。◎其段半晝夜，立成其段之半晝夜分也。◎細字加減，冬至後半夜分逐日損者順之積度與夏至前半晝分逐日增者逆之積度，立成前段多後段少，故減；冬至後半晝分逐日增者順之積度與夏至前半夜分逐日損者逆之積度，立成前段少後段多，故加。◎半晝分，日出至正午、正午至日入之分也。半夜分，晨前子正至日出、日入至昏後夜半之分也。◎日出分，晨前夜半至日出之分即半夜分也。日入分，晨前夜半至日入之分也。◎晨分，晨前夜半至日出前明之分也。昏分，晨前夜半至日入後昏之分也。◎術意：置晨前夜半黄道積度之二至前後度分，滿立成之積度去之，餘依異乘同除術乘其段晝夜差，百約，得數乃隨其度下分數半晝夜增損之分也。以此加減於立成其段半夜分，得其日半夜分，加減立成其段半晝分，得其日半晝分。◎晨前夜半至日出之半夜分便爲日出分。又以日入至昏後夜半之半夜分減日周，餘爲晨前夜半至日入之分，爲日入分。或以半日周加半晝分得日入分亦同。◎以至日出前明二百五十分減日出分，餘爲晨前夜半至晨之分也，爲晨分。又以至日入後昏二百五十分加日入分，晨前夜半至昏之分也，爲昏分，或以晨分減日周，餘得昏分。又以昏分減日周，餘得晨分亦同。

求晝夜刻及日出入辰刻（第三）

求每日晝刻夜刻並每日日出辰刻、日入辰刻也。

置半夜分，倍之，百約，爲夜刻；以減百刻，餘爲晝刻；以日出入分依發斂求之，即得所求辰刻。

半夜分，第二條所求也。◎百約，刻母一百分也。◎百刻，晝夜之總刻，晨前夜半至昏後夜半，又日出至次日日出皆同爲百刻。◎術意：每日半夜分爲日入至昏後子之分，倍而得日入至次日日出之分，即全夜分，百約爲刻分，以此減百刻[1]，餘爲全晝[2]刻分。或以半晝分倍而百約爲晝之全刻分，以減百刻[3]，餘爲夜刻亦同。◎置每日日出分、日入分，依求發斂加時術得各辰刻也，委注於發斂術中。按：全夜分昏後子以後非其日之半夜，故分數微有增損，不加妄議從經術而用也。

求更點率（第四）

更點率，每夜一更分數、一點分數也。此第五條求欲更點所在辰刻而求之。◎更點，以漏刻分夜分，将昏至晨全夜分長短均而分甲乙丙丁戊[4]之五夜，每更撃鼓，又每更皆等分五點，每點撞鐘定時刻也。更點，又曰更籌，又曰更唱。

置晨分，倍之，五約，爲更率；又五約更率，爲點率。

晨分，第二條所求。◎五約，更數五又點數五也。◎術意：倍其日晨分而得昏至明之夜分，五更除而得一更之分數，爲更率。五點二除更

---

① 東京大學藏抄本與天文臺藏抄本作“百刻”，大谷大學藏抄本作“酉ノ刻”。前者正確。

② 天文臺藏抄本作“全暦”，東京大學藏抄本與大谷大學藏抄本改作“全晝”。後者正確。

③ 東京大學藏抄本與天文臺藏抄本作“百刻”，大谷大學藏抄本作“酉刻”。前者正確。

④ 天文臺藏抄本作“卯”，東京大學藏抄本與大谷大學藏抄本作“戊”。後者正確。

率，得一點之分數，爲點率。

求更點所在辰刻（第五）

求每更每點所當之辰刻，當某辰之若干刻也[①]。

置所求更點數，以更點率乘之，加其日昏分，依發斂求之，即得所求辰刻。

更點數，其所求之更數點數也，自一更一點命，所云内減一而置也。◎術意：其所求更數内減一，餘乘其日更率，又點數内減一，餘乘其日點率，相併而得數即其日昏至其加時之刻分也。加昏分，得晨前夜半至其更點加時之刻分，依發斂加時術得辰刻也。若加昏分而滿日周者去之，餘爲昏後夜半至其加時之分。

求距中度及更差度（第六）

距中度，每日初昏之距南中度也。更差度，逐更正南之差度也。此欲求五更中星而求之。

置半日周，以其日晨分減之，餘爲距中分；以三百六十六度二十五分七十五秒乘之，如日周而一，所得，爲距中度；用減一百八十三度一十二分八十七秒半，倍之，五除，爲更差度及分。

半日周，晨前夜半至午中之刻分也。◎晨分，第二條所求，即晨前夜半至晨之刻分。◎距中分，距午中分即晨至午中之刻分，又午中至昏之刻分也。◎三百六十六度二十五分七十五秒，周天度與太陽平行一度相併得數，即午中太陽所在至次日午中正南之度分也。◎距中度，初昏距南中度即午中太陽所在至昏正南之度分也。◎一百八十三度一十二分八十七秒半，半周天加太陽平行之半所得也。◎五除，更數也。◎更差度，逐更前更正南距次更正南之度數也。◎術意：置半日周，減晨分，餘爲距中分，乘周天度，日周除，得數即昏太陽所在距昏正南之度分。又距中分乘太陽行一度，日周除，得數即午中[②]太陽所在距昏太陽所在

---

① 天文臺藏抄本作缺“當某辰之若干刻也”一句，據東京大學藏抄本與大谷大學藏抄本而補。

② 天文臺藏抄本在“太陽”前有兩個“午中”，其中一個爲衍文，今刪去。東京大學藏抄本與大谷大學藏抄本没有此衍文。

之度分也。二數相併，得午中太陽所在距昏正南之度分，即距中度也。括此術，距中度乘三百六十六度二十五分七十五秒，日周除，爲距中度。夜半太陽所在距正南爲半周天度，又午中太陽所在距夜半太陽所在爲太陽半行度，故相併爲午中太陽所在距夜半正南之度數一百八十三度一十二分八十七秒半，減距中度，餘爲昏正南距夜半正南之度分也。此前曆號爲距子度，倍而得數，即昏正南距晨正南之度分也，五更除而得數，得當更正南距次更正南之度分，即爲更差度。按：太陽行度每日有增損，故不加妄意從經而用也。

求昏明五更中星（第七）

中星，乃臨[①]正南所見之星。求每夜昏、明、五更中正南之宿度也。

置距中度，以其日午中赤道日度加而命之，即昏中星所臨宿次，命爲初更中星；以更差度累加之，滿赤道宿次去之，爲逐更及曉中星宿度及分秒。

距中度，第六條所求，即太陽所在距昏正南之度分也。◎午中赤道日度，日躔第十三條所求，即午中太陽所在赤道宿度也。◎昏中星所臨，其日昏正南所見中星二十八宿之度分也。◎更差度，第六條所求也。◎曉中星，明之中星也。本經“及分秒”，“秒”字可削。◎術意：置每日距中度，加其日午中赤道日度，自其宿累去赤道宿次之度分至不滿宿止，得其日昏當正南所見之宿度分，即爲昏中星，又爲初更之中星。其初更即一更甲夜也。加更差度、滿赤道宿次去而得二更乙夜之中星宿度分，又加更差度，滿赤道宿次去而三得更丙夜之中星宿度分，如此得四更丁夜、五更戊夜之中星宿度分。又五更之中星加更差度，滿赤道宿次去而得曉之中星宿度也。

按：求夜分半中星，常置一百八十三度一十二分八十七秒，加其日午中赤道日度，滿赤道宿次去而得其日夜半中星宿度分也。

其九服所在晝夜刻分及中星諸率，並準隨處北極出地度數

① 天文臺藏抄本將“臨”誤作“條”，東京大學藏抄本誤作“望”，大谷大學藏抄本改作“臨”。今據中華書局本和大谷大學本改。

推之。已上諸率，與晷漏所推自相符契。

九服，王畿千里之外方四千五百里分九區①而爲九服。《周禮·職方氏》云：乃辯九眼之邦國，方千里曰王畿，其外方五百里曰侯服，又其外方五百里曰甸服，又其外方五百里曰男服②，又其外方五百里曰采服，又其外方五百里曰衛服，又其外有五百里曰蠻服，又其外方五百里曰夷服，又其外方五百里曰鎮服，又其外方五百里曰藩服。◎中星諸率，昏晨分、更點率、距中度、更差度等前條所求諸數也。◎於居其九服之地處測定北極出地度依算術悉推求也。◎細字“晷”，日晷③也。漏，漏刻也。依其北極出地所求之數與候日晷、下水漏所驗之數自然相合也。

求九服所在漏刻（第八）

此於居九服之地處求每日晝夜漏之長短也。

各於所在以儀測驗，或下水漏，以定其處冬至或夏至夜刻，與五十刻相減，餘爲至差刻。置所求日黄道，去赤道内外度及分，以至差刻乘之，進一位，如二百三十九而一，所得内減外加五十刻，即所求夜刻；以減百刻，餘爲晝刻。其日出入辰刻及更點等率，依術求之。

所在，居王畿之外南北東西各地之處④也。◎以儀，候極儀、圭表等諸儀也。◎下水漏，野俗云⑤“水止計以”也。其外有或沙漏或自鳴鐘之類測時刻之器。自鳴鐘，萬歷已來來中國，《五雜組》云：西僧利瑪竇有自鳴鐘，中設機構，每遇一時驟鳴，如此經歲，無頃刻之差訛也，亦神矣。◎五十刻，晝夜平均之刻也。◎至差刻，冬夏二至差刻即

---

① 天文臺藏抄本、東京大學藏抄本與大谷大學藏抄本均將“區”作“�”，形近而誤，今改。

② 天文臺藏抄本缺“又其外方五百里曰甸服，又其外方五百里曰男服”兩句，東京大学藏抄本、大谷大學藏抄本有此兩句。今據《周禮·職方氏》補。

③ 天文臺藏抄本誤作“晷”，其他抄本不誤。

④ 天文臺藏抄本作“処”，東京大學藏抄本作“處”，大谷大學藏抄本作“所”。意同，從前者。

⑤ 天文臺藏抄本與東京大學藏抄本作“云”，大谷大學藏抄本作“出”。前者正確。

比諸平均刻冬至夜之長刻，又比諸平均刻夏至夜之短刻也。◎所求日黄道去赤道内外度①，第一條所求也。◎二百三十九，二至黄赤道出入内外之極二十三度九十分進位所得也。◎内減外加，夏至前後黄道在赤道内，夜刻數比平均短，故内減，冬至前後黄道在赤道外，夜刻數比平均长，故外加。◎術意：各於居所②測晷候北極而算求晝夜刻，又下湯③而爲驗定。其冬至或夏至之夜刻與五十刻相減，餘爲至差刻。置内外度，依異乘同除術乘至差刻，二十三度九十分除，得其日内外度五十刻差相應之刻分，故五十刻内減外加而得每日夜刻，以減晝夜總刻百刻，餘爲每日晝刻。◎細字，以於其居處求得每日晝夜刻依第二條已下之術，求日出入之辰刻、晨昏分、更點差、中星等諸數也。

補術 今按：前曆有求每日午中日晷術，《授時》不載其法，故略其數而設其術大意注於左。

求每日午中日晷

置每日午中黄道積度及分秒，象限已下爲二至後，以上復減半歲周，餘爲二至前，滿積度去之，餘以其段晷差乘之，百約，所得冬至前後減、夏至前後加其段晷長，即得所求午中晷。

求立成數術

黄道積度，爲初度至九十一度每度黄道積度。冬至前後與夏至前後該用兩數。

日晷長，冬至前後黄道積初度即冬至加時晷長。黄道積一度，以中星立成初度内外差求一度之勾股得晷長；黄道積二度，以中星立成一度内外差求二度之勾股得晷長；黄道積三度，以中星立成二度内外差求三度之勾股得晷長；如此至九十一度求之。◎夏至前後黄道積，初度即夏至加時晷長。黄道積一度，以中星立成初度内外差求勾股得晷長；黄道積二度，以中星立成一度内外差求勾股得晷長；如此至九十一度而求也，求其勾股術注於左。

---

① 天文臺藏抄本作“黄道云赤道”，東京大學藏抄本作“黄道去赤道”，大谷大學藏抄本作“黄道赤道”。從東京大學本而改。

② 天文臺藏抄本作“処”，東京大學藏抄本字作“處”，大谷大學藏抄本作“所”。從後者。

③ 天文臺藏抄本作“湯”，眉注朱批作“陽”。東京大學藏本與大谷大學藏抄本作“漏”。從前者。

晷差，冬至前後初度晷長内減一度之晷長，餘爲初度之晷差；一度晷長内減二度晷長，餘爲一度之晷差；二度晷長内減三度晷長，餘爲二度之晷差；如此至九十一度求之。◎夏至前後，以初度晷長減一度晷長，餘爲初度晷差；以一度晷長減二度晷長，餘爲一度晷差；如此至九十一度而求也。

求勾股得晷長術

求冬至前後者，先黄道積初度即冬至加時之晷長也。所[①]求得之大勾大股爲第一。◎黄道積一度，以初度内外差爲小弧全背依弧術求得小弧矢小弧弦。◎倍小矢而減天徑，餘乘第一大勾，小弧弦乘第一大股，二數相併而乘小弧弦，倍之，以天徑冪除，得數爲股差。自乘，以減小弧弦冪[②]，餘開平方除之，得數爲勾差。◎以勾差加第一大勾，爲第二大勾，以股差減第一大股，餘爲第二大股。◎置表高，乘第二大股而爲實[③]。第二大勾内減地半徑，餘爲法，實如法而一得黄道積一度之晷

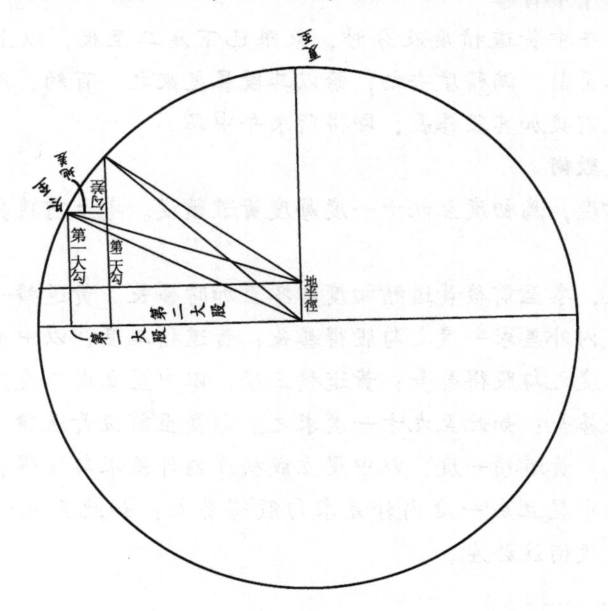

① 天文臺藏抄本作“処”，東京大學藏抄本與大谷大學藏抄本作“所”。後者正確。

② 天文臺藏抄本作“以テ小弧弦冪餘”，大谷大學藏抄本作“以テ小弧弦冪ヲ減ノ餘”。東京大學藏抄本作“以テ小弧弦冪ヲ減メ、餘”。從東京大學藏抄本。

③ 天文臺藏抄本作“股”，東京大學藏抄本與大谷大學藏抄本作“實”。後者正確。

長。◎又黄道積二度，以一度内外差爲小弧全背如右術加減於第二大勾股而求第三大勾股，以表高得積二度之晷長。◎求夏至前後者，先黄道積初度即夏至加時晷長，所求大勾股爲第一，自黄道積一度如前而求也，求其二至加時大勾股術註於前。以小弧背求小弧矢弦者有精微捷術，委注於首卷。

3.6 步交會　第六

交，即マシハル；會，即アフ①。月道交值日道曰交，太陽與太陰同躔曰會，故日月交食總號交會。凡屬太陰之交者悉舉於此篇，故曰步交會。

交終分，二十七萬二千一百二十二分二十四秒。②

交終分，月道正交於黄道後再至正交一周度數，以月平行計通日周之積分也，云交至交一終之分，以號交終分。凡月道常麗黄道而周行③，其交不依行之遲疾，又不據去太陽遠近而有一交終，太陰先當黄道號正交，自此行出④黄道南而徐遠黄道，積行九十〇度九十四分八十三秒⑤出黄道南而極六度也，此號爲半交。自此行徐近黄道，猶在黄道南而自半交後積度九十〇度九十四分八十三秒又當黄道，此號爲中交。以上常出黄道外，爲月行陽曆。自此入黄道北行而徐遠黄道，自中交積行九十〇度九十四分八十三秒，猶入黄道北而極六度也。此又爲號半交。自此行而徐近黄道，在黄道北自半交積行九十〇度九十四分八十三秒再正交於黄道。以上常入黄道内，爲月行陰曆。併其正交、中交、半

---

① 日語マシハル，即交；日語アフ，即漢語“會”的意思。

② 交點月長度27.212224日，化成分，即272122分24秒。

③ 天文臺藏抄本作“用行”，爲“周行”之筆誤。東京大學藏抄本與大谷大學藏抄本作“周行”。

④ 天文臺藏抄本作“至”，東京大學藏抄本、大谷大學藏抄本與北海道大學藏抄本均作“出”。後者正確。

⑤ 天文臺藏抄本、北海道大學藏抄本與東京大學藏抄本均作“八十三秒”，大谷大學藏抄本作“八十二秒”。前者正確。

交四象之積行度，三百六十三度七十九分三十四秒也，此爲交終[①]定積度。以月平行度計日數得二十七日二千一百二十二分二十四秒，爲交終日，通日周而爲交終分。交終測算法，乃自至元十四年丁丑歲起，測每日太陰去極度，比擬黄道去極度而得月道與黄道相交處八事[②]也。又《書經》仲康日食、《春秋》日食並漢以來至當時取日月食究求其交終之微，依日食月食時刻分秒算定其時入交日之時刻，求得辛巳年天正冬至加時之交分而爲交應也。委注於《議》[③] 中。

交終，二十七日二千一百二十二分二十四秒。

交中，十三日六千六十一分一十二秒。

交中，正交至中交、中交至正交之日分，即交終半而所得也。此數術中不用，但用於求陰陽曆日分或有時分正交、中交爲日分。

交差，二日三千一百八十三分六十九秒。

交差，每月經朔日分行過入交一終之日分，即以交終日分減朔策所得也，以云每朔交終差中略而號交差。前曆又云朔差或交朔。雖此數非術中所用之文，但累加求朔至朔、望至望之交泛而用。

交望，十四日七千六百五十二分九十六秒半。

交望，經朔至經望、又望至次朔入交之行日分也，以云入交望策而號交望，即朔策半而所得。望策於交望同數而異名，望策爲太陽行日數，故名作望策而出氣朔中，交望爲入交行日數，故名交望而重出此處。

交應，二十六萬一百八十七分八十六秒。

交應，至元十八年辛巳歲天正冬至加時入交泛之分數也。算法注於交終分下。

交終，三百六十三度七十九分三十四秒。

交終度，正交至正交一終之定積度，即交終日分乘月平行度而所得也。交終度之數，雖用於前後術中之文無，但於術中處處用到。

---

① 天文臺藏抄本作“經”，大谷大學藏抄本作“終”。後者正確。

② 天文臺藏抄本此處字跡潦草，大谷大學藏抄本、東京大学藏抄本均作“八事”。從後者。哪八事？未詳。

③ 《議》，即《授時曆議解》。

交中，一百八十一度八十九分六十七秒。

交中度，正交至中交、中交至正交之定積度，即交終度半而所得也。交中度半而得九十〇度九十四分八十三秒半，其號爲交象度。本經之術中無用，故略。

正交，三百五十七度六十四分。

中交，一百八十八度五分。

正交中交限，非前注之正交中交度，據人目之交限①也。天之正交至天之正交爲交終度，天之正交至人目之正交爲三百五十七度六十四分；亦天之正交至天之中交爲交中度，天之正交至人目之中交爲一百八十度〇五分，其人目之交去天之交前後各六度一十五分，此爲春秋二分人目去交度而爲南北差之中界也。委注於求日食正交中交限度術下。

日食陽曆限，六度。定法，六十。

陰曆限，八度。定法，八十。

陰陽曆之食限，去人目之交陰陽曆之食外限也。陰曆，爲黃道北，人目之月道親於黃道，故以去交八度爲有食之限；陽曆，爲黃道南，人目之月道疏於黃道，故以去交六度爲有食之限，即各以太陽太陰兩邊所合之緯度七十分，求距人目之交之經度而所得也，委於求日食分秒術之下注之。◎定法，即除法也，將太陽太陰之全徑各七十分定作十分，食既限爲十分。以此各約食限所得也，即食一分相應之去交度分也，或古曆將全徑定作十五分也，同意也，以十五分約各食限爲定法。②

月食限，十三度五分。定法，八十七。

月食，非人目交限，去天之交之食外限也，黃白道之交至暗影太陰兩邊相合處表裏皆十三度〇五分也。此爲見月食去交度之限。於交人目無偏，故正交中交限無屈伸，陰陽曆皆用天之陰陽曆也。◎定法，太陰全徑七十分定作十分而所用之除法也。太陰全徑定作十分時，暗影之徑倍其爲二十分也，其太陰之徑十分即皆既限。暗影半徑内減太陰半徑，餘

---

① 天文臺藏抄本作“交陰”，東京大學藏抄本、大谷大學藏抄本與北海道大學藏抄本均作“交限”。從後者改。

② 關孝和《天文數學雜著》曰：“日食陰曆食限（可訂正）：以陰曆在太陽南、太陰左，居於北而見，故日月同度。”“日食陰曆食限（可訂正）：陽曆，在太陽北、太陰南，人居於北而見，故日月離，”

五分爲既内限，皆與既限併得十五分，此爲月食既限，以約食限得定法八十七，即每食一分之去交度分也。食限之義委注於求月食分秒術之下。

推天正經朔入交（第一）

天正經朔，舊年十一月經朔也。入交，云入交日之若干日之義也，即求天正經朔加時入交泛之日分也。依此以下之術欲求日食月食之分秒時刻而求之。

置中積，加交應，減閏餘，滿交終分去之；不盡以日周約之爲日，不滿爲分秒，即天正經朔入交泛日及分秒。上考者，中積内加所求閏餘，減交應，滿交終去之，不盡，以減交終，餘如上。

中積，氣朔第一條所求，至元辛巳歲天正冬至加時至所求年天正冬至加時之交積分也。◎交應，至元辛巳歲天正冬至前正交至同冬至加時之交日積分也。◎閏餘，氣朔第三條所[1]求，即所求年天正十一月經朔加時至同冬至加時之分也。◎術意：中積加交應，減閏餘，辛巳歲天正冬至前正交至所求年十一月經朔加時之積也，故滿交終分除去，不盡爲所求年天正朔前正交至其天正經朔加時之交分，滿日周一萬約爲日數，不滿爲分數秒數，得所求年天正經朔入交也。今按：直接朔積分加交應去交終，則無減閏餘之煩，然不設改術，從經而注。上考者同意。

求次朔望入交（第二）

求次經朔經望之入交泛也。此依第五條以下之術欲求朔之日食與望之月食而求之。又依第三、四條之術求加時並夜半之入交也。

置天正經朔入交泛日及分秒，以交望累加之，滿交終日去之，即爲次朔望入交泛日及分秒。

天正經朔入交泛，前條所求也。◎交望，經朔至經望、經望至經朔交行之日分也。◎術意：天正經朔入交之泛日分加交望，得天正十一月

---

[1] 天文臺藏抄本作“處”，東京大學藏抄本、大谷大學藏抄本與北海道大學藏抄本均作“所”。從後者改。

經望之入交泛，又加交望得十二月經朔之入交泛，又加，得十二月經望之入交泛，如此累加而求也。若滿交終以上則去交終日分。

今按：交日之入食限，視朔入交泛，二十五日六千四百分以上、初日五千分已下、一十五日一千八百分已下、一十三日一千分以上者，當求日食[①]；視望入交泛[②]，二十六日〇五百分以上、一日一千六百分已下、一十四日七千六百分已下、一十二日四千五百分以上者，當求月食[③]也。

右求入食限，日食南北差午中極多爲四度四十六分，日出入空，東西差卯酉極多爲四度四十六分，午中空，故併二差者最多爲四度四十六分。又求交定度加減之極多爲二度四十分，亦去交度極多陰曆限八度、陽曆限六度也，故四度四十六分與二度四十分併，以加陰曆食限，得陰曆極差十四度八十六分，加陽曆食限[④]，得陽曆極差十二度八十六分。正交後爲陽曆，故正交限度加陽曆差，滿交終度去之，餘六度七十一分，除月平行度，得初日五千分，爲正交後入食限。正交前爲陰曆，故以陰曆差減正交限度，餘得三百四十二度七十八分，除月平行度，得二十五日六千四百分，爲正交前入食限。又中交後爲陰曆，故以陰曆差加中交限度，得二百〇二度九十一分，除月平行度，得一十五日一千八百分，爲中交後入食限。中交前爲陽曆，故以陽曆差減中交限，餘一百七十五度一十九分[⑤]，除月平行度，得一十三日一千分，爲中交前入食限。◎月食不用南北東西之差，又不別陰陽曆之食限，故以二度四十分加月食限十三度〇五分，得一十五度四十五分，爲月食限之極差，除月平行度，得一日一千六百分，爲限差日，即正交後入食限。以差日減交

① 天文臺藏抄本缺“當求日食”一句，東京大學藏抄本、大谷大學藏抄本與北海道大學藏抄本均有此句。從後者補。

② 天文臺藏抄本缺“視望入交泛”一句，東京大學藏抄本、大谷大學藏抄本與北海道大學藏抄本均有此句。從後者補。

③ 天文臺藏抄本與東京大學藏抄本作“月食”，大谷大學藏抄本與北海道大學藏抄本作“日食”。前者正確。

④ 天文臺藏抄本與東京大學藏抄本無“陽曆食限ニ加ヘテ”一句，大谷大學藏抄本與北海道大學藏抄本補之。今從後者。

⑤ 天文臺藏抄本作“度”，東京大學藏抄本、大谷大學藏抄本與北海道大學藏抄本均作“分”。當爲“分”。

終日分，餘十六日〇五百分爲正交前入食限。又以差日加交中日分，得一十四日七千六百分，爲中交後入食限。以差日減交中日分，餘得一十二日四千五百分，爲中交前入食限。

求定朔望及每日夜半入交（第三）

據求定朔望之晨前夜半入交泛而求每日晨前夜半入交泛也。◎此條所求夜半入交與次條所求加時入交，欲求其夜半與加時月去黃道度而求之。今《授時》不載其術，然此二條之術雖全無益，若或欲求其度，更難削去，仍今設求月去黃道度新術，附注於第四條之末。

置入交泛日及分秒，減去經朔望小餘，即爲定朔望夜半入交。若定日有增損者亦如之，否則因經爲定，大月加二日，小月加一日，餘皆加七千八百七十七分七十六秒，即次朔夜半入交；累加一日，滿交終日去之，即每日夜半入交泛日及分秒。

入交泛，第一、二條所求經朔望入交泛日分也。◎經朔望小餘，氣朔第三、四條所求也。小餘，分數也，即經朔望日晨前夜半至其經朔望加時之分也，古時日數號大餘、分數號小餘，《授時》即爲日爲分。然限此條有小餘，此處直寫《大明曆》術，故誤書作小餘，乃當改爲日下分。◎定夜半入交，即正交至其定朔望日晨前夜半之交日分也。◎定日，月離第五條所求定朔定望之日數也，依加減差而定朔望[①]日數與經朔望日數有增損也。◎所謂“又如之”，定之日數於經之日數有增損者，如斯增損經朔望夜半入交之日而爲定朔望夜半入交也。所謂“否”，經與定日數同而無增損者，經朔望夜半入交即爲定朔望夜半入交也。按：若以云因經爲定之文見，先求經朔望夜半入交，依此定定朔望夜半入交之意也。《紀元曆》云：以經朔望小餘減經朔望加時入交，各得經朔望夜半入交泛日及餘秒。求定朔望夜半入交，用經朔望夜半入交泛日及餘秒，視定朔望日晨有進退者又進退交日，否則因經爲定各得所求。◎大月三十日、小月二十九日也。所謂“餘皆”，小餘皆也。大月三十日內減交終，得二日七千八百七十七分七十六秒，故加二日。小

---

① 天文臺藏抄本作“定望”，東京大學藏抄本、大谷大學藏抄本與北海道大學藏抄本均作“定朔望”。後者正確。

月二十九日内減交終，得一日七千八百七十七分七十六秒，故加一日，分數皆加七千八百七十七分七十六秒也。◎累加一日，夜半[①]至夜半而常爲一日，故每日加一日也。◎術意：置經朔望入交泛日分，減經朔望日下分，餘爲經朔望夜半入交也，即此爲定朔望夜半入交。雖其經朔望與定朔望，加時有先後，然日數同時，經朔望夜半與定朔望夜半亦同日也。若日數不同時，增一日者，其經朔望[②]夜半入交日數增一日；損一日者，其經朔望夜半入交日數損一日，爲各定朔望夜半入交之日分。每月所求者如此而得也。◎直求次朔者，置定朔夜半泛日分，其月大時加二日七千八百七十七分七十六秒，爲次朔夜半入交。其月小時，加一日七千八百七十七分七十六秒，爲次朔夜半入交。各隨其各月大小累加此兩數而求逐月之朔也。此術大月加三十日、小月加二十九日，省去交終而用右之兩數。◎求每日者，置定朔夜半入交泛，加一日爲二日夜半入交，又加一日爲三日夜半入交，如此常累加一日而得每日夜半入交也。如此求每日時，自得逐月朔望夜半入交，皆累加而滿交終去之。

別術　置經朔望入交泛日及分秒，以朔望定日加之，以經朔望日及分秒減之，爲定朔望夜半入交。下略。如此求時，無經定增損之煩，但從簡易而用本經之術。

求定朔望加時入交（第四）

置經朔望入交泛日及分秒，以定朔望加減差加減之，即定朔望加時入交日及分秒。

經朔望入交泛，第一二條所求也。◎加減差，月離第五條所求，即經朔望加時至定朔望加時，加差進、減差退之分也。故置經朔望入交泛之日分，加差加、減差減，而爲定朔望加時入交。

補術　三條

今按：前曆皆求定朔望加時及每日夜半月去黄道度術也。《授時》

① 天文臺藏抄本缺“夜半”二字，東京大學藏抄本、大谷大學藏抄本與北海道大學藏抄本補之。後者正確。

② 天文臺藏抄本作“定朔望”，東京大學藏抄本、大谷大學藏抄本與北海道大學藏抄本均改作“經朔望”。後者正確。

不載其術，然依出求加時夜半入交術，今設其術注於左。乃月去黄道度即黄白道内外度，其内外有二件，一以黄道爲心，一以赤道爲心。以赤道爲心者，用月離之術意當先求白赤道内外度而與黄赤道内外度相減得其度。以黄道爲心者，以舊法若自赤道之心見，常斜正不等，然今從舊而用靠黄道者，舊術頗疏闊而非精密，故立四剖三限之弧灣新術而求幽微耳。

求定朔望加時月行入交定積度　第一

置定朔望加時入交泛日及分秒，以月平行度乘之，爲定朔望加時月行入交常度，以定朔望遲疾差遲減疾加之，即所求月行入交定積度及分。每日夜半準此求之。

求定朔望加時月行入陰陽曆距交前後定積度　第二

置定朔望加時月行入交定積度及分，如在交中度已下便爲入陽曆，以上去之①爲入陰曆，視入陰陽曆積度分，交象已下爲距交後度，以上覆減交中度餘爲距交前後。每日夜半準此求之。

求定朔望加時月去黄道度　第三

置距交前後度及分，用減交象度，餘爲距半交度，自乘，以五十四乘之，退位，一十三而一，所得加四萬〇五百五十一爲法，置距半交度，自又自乘之，如法而一，加六千七百一十六，得内減去距半交度自，餘以一千一百一十九除之，爲月去黄道度及分。每日夜半準此求之。

第一術　定朔望加時入交，正交至定朔望加時所當之交日分也，乘月平行度，正交至其定朔加時所當、定望至加時所對之度分也，此爲定朔望交常度，其定朔望加時太陰所在，定朔隨遲疾差度而比加時所當疾在東、遲在西，比定望加時所對疾在東、遲在西，故置先經朔望入遲疾曆之日分，加減加減差而爲定朔望入遲疾曆之日分。依月離第四條術求至遲疾差，爲定朔望遲疾差。交常度遲減疾加而爲定朔望之交定度，即正交至朔望並太陰所在之定度也。

第二術　定朔望加時入交定度爲正交後積度，故交中度已下，直爲

① 天文臺藏抄本缺“去之”二字，東京大學藏抄本、大谷大學藏抄本與北海道大學藏抄本均補之。

月在陽曆，交中以上，去交中度，餘爲中交後之積度，月在陰曆。視其陽曆之積度，交象度已下者即月在陽曆，爲正交後順距積度，交象以上用減交中度，餘月在陽曆而爲中交前逆距積度。視陰曆積度，交象度已下者，即月在陰曆，爲中交後順距積度；交象以上，用減交中度，餘月在陰曆而爲正交前逆距積度。

第三術 本術曰：置距半交度，自乘，五十四①乘一百三十除之得數，天徑自乘三之得數，相併爲法，距半交度三自乘爲實，如法而一，所得用減距半交度自乘，餘以天徑除之，爲積差，以減交象積差，餘以黃白道内外極六度乘之，如交象積差而一，得所求月去黃道度也。◎周天徑自乘、三因而得四萬〇五百五十一。◎交象之矢乘天徑得六千七百一十六後，卻減者加於初而用。◎天徑乘内外六度，交象矢除，得一千一百一十九也。◎距半交度，半弧背也。積差，弧矢也。天徑用一百一十六度二十六分二十七秒，交象矢用五十七度七十六分七十二秒，其天徑並交象矢等，皆依弧圓真率而求之度數也。此雖不合《授時》之數，然今用求黃白内外之密術，姑以真率設數也。

《紀元》《大明》等，置距交前後定積度及分，與交象度相減相乘，五百而一，所得用減定積度，餘與交中度相減相乘，滿一千三百七十五分而一爲度，不滿退除爲分，所求月去黃道度及分也。此雖再立限②，然猶未究微。

求交常交定度（第五）

交常度，經朔加時之入交常度也。常度，如云常氣、常朔，常而未定也。交定度，食甚之入交定度也。定，云悉定。此欲求日月食之去交度而求之。

置經朔望入交泛日及分秒，以月平行度乘之，爲交常度，以盈縮差盈加縮減之，爲交定度。

經朔望入交泛日，第一二條所求，即朔望加時之交日分也。◎月平行

① 天文臺藏抄本作“五十四”，東京大學藏抄本、大谷大學藏抄本與北海道大學藏抄本均作“四十五”。後者正確。

② 天文臺藏抄本作“是再限ヲ交ルトイヘトモ”，東京大學藏抄本作“是再限ヲ立ツルトイヘトモ”，大谷大學藏抄本從後者。後者正確。

十三度三十六分八十七秒半。◎盈縮差，日躔第二條所求，即經朔望盈縮之差也。◎術意：經朔望入交泛日乘月平行度，得經朔正交距經朔加時所當、經望正交距與經望加時所當隔半周天之所對之度分也，爲交常度。盈縮差，其經朔望加時所當至太陽在所、盈後縮前之度分也。故盈加縮減交常度而得朔正交至經朔加時太陽所在之度分、望正交至經望加時與太陽所隔半周天之度分。朔，太陽與太陰同度；望，太陽與太陰隔半周，即此爲正交距太陰所在之度，而爲交定度。其日食入交泛初日者，乘月平行度，更加交終度爲交常度。此以正交限度求去交度也，但月食不用。

論交常交定度

今按：所求交定度，經朔望加時之交定度也，以此用於食甚交定度，術理不真，乃其經朔望加時至定朔望加時之刻分，即爲加減差，故當隨之求太陽行分，加減經朔望交度，爲交定度，故注別術於左，亦定朔望加時至食甚加時有時差之刻分，隨之又有太陽行分，然微而不足加減，故不設其術，總考交食之術，得其大意，然自始有術理不精，故用真術求諸數，更設爲新術證其是非，評於首卷也。

別術　置經朔望入交泛日及分秒，以月平行度乘之，爲交泛度，以盈縮差盈加縮減之，爲交常度。置朔望加減差，以其日太陽行定度乘之，日周約之爲分，以加減交常度爲交定度。

右所謂交泛度，本經所求交常度也。所謂交常度，本經所求交定度也。加減差，爲經至定之刻分，故乘太陽行定度，日周一萬約而得經朔望太陽所在至定朔望太陽所在之度分，以加減交常度而爲交定度。若用時差者，可時差分乘太陽行度，日周約，又加減。

又術　置定朔望入交泛日及分秒，以月平行度乘之，爲交常度，以定朔望遲疾差遲減疾加之，爲交定度。

右之術意，委解於求月去黃道度術中。

初術由太陽所在求交定度，後術由太陰所在求交定度，其所得數皆同數也，日月食本太陽而求，故當用初術，亦如求月去黃道度，求太陰所在，故當用後術，然兩術互通用可也。

假如經朔入交一十三日五千[1]。◎同縮差二度。◎同疾曆五日〇一

---

① 天文臺藏抄本作“九千”，東京大學藏抄本、大谷大學藏抄本與北海道大學藏抄本均作“五千”。後者正確。

百。◎同疾差五度。◎減差五千四百。

定朔入交一十二日九千六百。◎同疾曆四日四千七百。◎同疾差四度七十。◎交定度一百七十七度九十五分。

求朔交定度前後術解圖

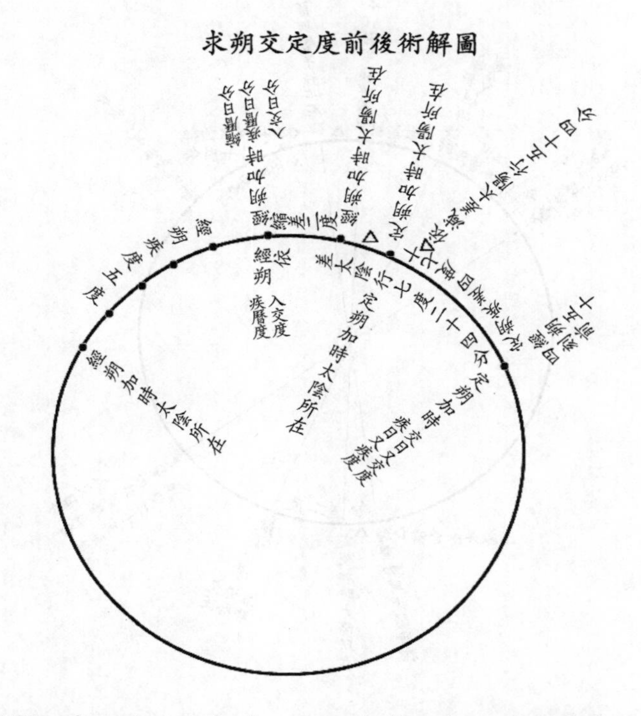

又經望入交二十六日九千。◎同縮差二度。◎同遲曆五日〇一百。◎同遲差五度。◎加差二千五百。

定望入交二十六日七千五百。◎同遲曆五日二千六百。◎同遲差五度一十一。◎交定度①三百五十二度五十分。

前曆經朔望入交泛盈加縮減盈縮差爲交常，又遲疾差乘交率，交數除，以所得遲加疾減交常爲交定②，即以此求太陰所在，又求去交度，如《紀元》《大明》求太陰所在，注於前。用後術意，此最宜，然求日

① 天文臺藏抄本作“定交度”，東京大學藏抄本、大谷大學藏抄本與北海道大學藏抄本均作“交定度”。後者正確。

② 天文臺藏抄本作“定交”，東京大學藏抄本、大谷大學藏抄本與北海道大學藏抄本均作“交定”。後者正確。

求望交定度前後術解圖

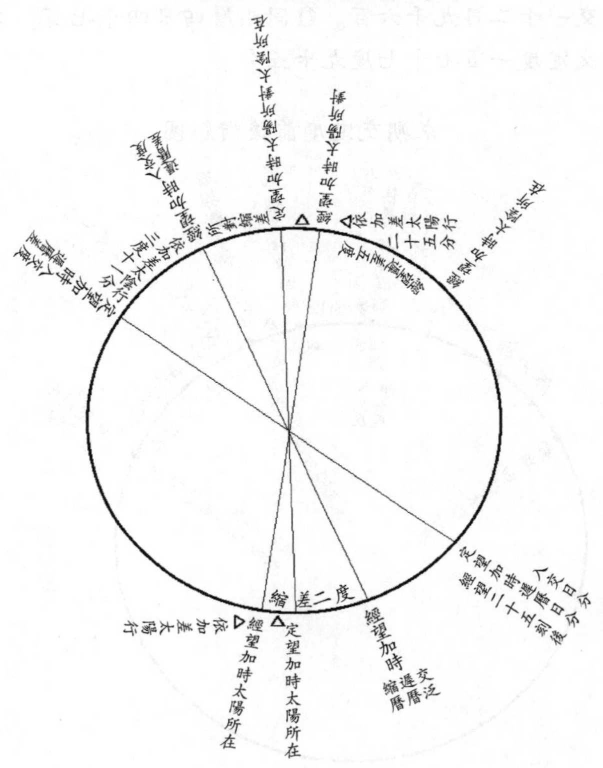

月食入交定《大明》取舊術，用交率交數之法，《紀元》以日食交常即用作交定，亦如《明天》以交初交中度與定朔望加時定日月相減爲去交度。其云交初交中度者，黄道冬至距其正交中交之定積也。云加時定日月者，冬至距定朔加時太陽所在、定望加時太陰所在之度分也，故相減即得正交距朔太陽所在、望太陰所在之度分。此合“今按”之術意。其舊法遲疾差乘交率，交數除，加減交常，《皇極》《大衍》等以來鋪張而用，其交率即乘交差也，交數，朔策除也。此爲隨入交所當之遲疾差更求入交行分之術，故術理大過卻乖，宛似畫蛇添足。《紀元》日食不用此數，然月食用，《授時》皆不用，當爲最宜①。凡自古周琮獨用

① 天文臺藏抄本作“晨宜”，東京大學藏抄本、大谷大學藏抄本與北海道大學藏抄本均作“最宜”。後者正確。

定朔望加時入交定，其他諸曆無曾用者，如舜輔、知微、守敬等，爲何不知其理乎？按：此求食之分秒時刻牽合於天①者乎？蓋術不正而數合於天，合即不合也，然則可謂事理兩都②失於天道。又術意正而不合於天數，此有所尚未得極盡天之質，故不從天數也。紀極其不合時必識得其所以，那麼爲何輕易不合③，治曆者不可不専而熟察此理。

求日月食甚定分（第六）

食甚非定朔望時刻，云以人目太陽與太陰同度時刻也。此求日食甚定分於月食甚定分之二術也。

日食：視定朔分在半日周已下，去減半周，爲中前；已上，減去半周，爲中後；與半周相減相乘，退二位，如九十六而一，爲時差；中前以減，中後以加，皆加減定朔分，爲食甚定分；以中前後分各加時差，爲距午定分。

定朔分，月離第五條所求也。◎中前後分，定朔加時至午中之分也。◎與半周相減相乘，時差極多於日周四分之一卯酉，故倍日周四分之一而爲半周五千④，相減相乘，垛疊之術也。◎退二位，九十六而一，九千六百除也，以卯酉分二千五百如本術與半周相減相乘，時差之極六百五十分除而所得也。◎距中定分，食甚距午中之定分也。◎術意：定朔分，子正至定朔加時之分也，半日周五千已下者，定朔加時在午中前，故以減半周，餘爲中前分，即自午中逆至定朔加時之刻分也；半周以上，定朔加時在午中後，故減去半周，餘爲中後分，即自午中順至定朔加時之分也。以其中前中後分減半日周，餘乘中前後分，退二位，九十六除，爲時差，即定朔至食甚之刻分也。中前以時差減定朔分

---

① 天文臺藏抄本在“按スルニ是食”以下缺字，後人在空缺處補上“分秒時刻ヲ天ニ牽”一句，東京大學藏抄本、大谷大學藏抄本與北海道大學藏抄本作“天ニ牽合”。後者正確。

② 天文臺藏抄本作“ナカラ”，大谷大學藏抄本作“ナカヲ”，似爲“ナカラ”之誤。“ながら”作“そろって”解，譯作“都”，全部的意思。叓，即“事”字的異體字。

③ 天文臺藏抄本作“傷”，東京大學藏抄本、大谷大學藏抄本作“傷”。從前者。傷，輕易的意思。

④ 天文臺藏抄本作“半周天ト”，東京大學藏抄本、大谷大學藏抄本與北海道大學藏抄本均作“半周五千”。後者正確。

而爲食甚定分；中後以時差加定朔分而爲食甚定分。各依發斂加時術求晨刻也。◎亦中前分、中後分皆加時差爲距午定分，即自午中中前逆、中後順距食甚加時之分。或食甚定分與半周相減而爲距午定分亦同。視定朔分，日出分已下與日入分以上不見食，故以此限①外爲加時在晝。

定朔分見食限，日食食既作十分，定用最多五百八十二分也。又時差極多爲卯酉六百五十分，故兩數相減而餘六十八分。以加其日日出分減日入分而爲定朔見食限，即午前爲冬至一千九百七十六分而爲少極，午後爲夏至八千〇二十四分而爲多極。其加減分少，故直以日出入分爲限。

論日食時差

時差，定朔至食甚太陰行之刻分也。定朔時，於天太陽與太陰爲南北兩極之緯線而同度②，但人在地上斜視高之太陽與低之太陰，故天頂與履下成直線而降視太陰而不同度，以其人目同度處，午前在定朔時刻以前，午後在定朔時刻以後，即此時於天，午前太陰在太陽以西③、午後太陽在太陰以東而不同度。隨其自天同度處至人目同度處相去經之分，將太陰行分計爲日周刻數，此謂時差。其差於午中，兩極之緯線與天頂之直線相合，有降視太陰之分，而無東西經行之分，故時差空也；午中前後，逐辰徐相去兩極之緯線與天頂之直線，隨降視太陰之分東西經行之分徐多，故時差徐多；於卯酉，兩極之緯線與天頂之直線相去極斜，隨降視分經行分極多，故時差極多。凡降視分依太陰去天頂履下遠近有多少。日出入去天頂最遠，去履下亦最遠，故降視分極多。日出後日入前，徐近天頂，故降視分徐少。又日入後日出前，去天頂猶遠，卻去履下徐近，故降視分又徐少。其春秋二分日出入適當卯酉，故降視分

---

① 天文臺藏抄本作“程”，東京大學藏抄本、大谷大學藏抄本與北海道大學藏抄本均作“限”。後者正確。

② 原文爲“定朔ニハ天ニ於テ太陽ト太陰ト南北兩極ノ緯線ニシテ同度ナリトイヘトモ”各抄本均作“緯線”，直譯爲“定朔時太陽與太陰爲南北兩極之緯線同度”，其中的“緯線”似爲“經線”，意指定朔時太陽與太陰同黃經度。譯者認爲，可能表達習慣不同，句子的意思是説，在定朔時刻，太陽與月亮的位置構成與南北兩極間與經線垂直的緯線，具有相同的度數。下同。

③ 天文臺藏抄本作“太陽太陰”，東京大學藏抄本、大谷大學藏抄本與北海道大學藏抄本均作“太陰太陽”。後者正確。

最多，二線相去最斜，經行之分極多。春分前秋分後，日出在卯後、日入在酉前，故降視最多，二線相去比卯酉親，經行分少，於卯酉降視，比日出入少，二線相去最斜而經行分極多，春分後秋分前又然[1]，日出在卯前、日入在酉後，降視最多，二線相去亦比卯酉親，故經行之分少，於卯酉降視亦比日出入少，二線斜而經行分極多，求其差刻，卯酉極多，卯後酉前逐刻徐損而於午中爲空者，各氣各日皆同數，故得卯酉之極六刻五十分，以此立相減相乘之法求各日逐刻之時差。爲其加減者，若定朔加時在午中前，隨以人目降視太陰，偏太陽以東之太陰東行，尚不到定朔時刻前見人目同度，食甚在定朔前故爲減。若定朔加時在午中後，則隨降視太陰，偏太陽以西之太陰東行，定朔時刻以後見人目同度，食甚在定朔後，故爲加。◎立時差法始於唐徐昂，自古以爲地平，而以唐都地偏東南。初率，以時差減定朔分[2]，末率，倍時差而加定朔分，各爲食甚定分。此後徐增時差之刻分，猶據地平而分中前中後，皆倣徐昂法。金《大明曆》始，中前後之時差同數，《授時》因此，用地球之意也，最宜。其時差數，《宣明曆》爲中前一刻八十三分，中後倍而爲三刻六十六分。《觀天曆》爲中前少半辰之數二刻〇八分，中後爲半辰之數四刻一十六分。《紀元曆》爲中前四刻一十六分，中後爲六刻二十五分。《大明》《授時》爲中前後各六刻半。

今按：時差冬至前後與夏至前後各於卯酉有最多少，春秋二分不等，又卯酉極多者亦非真，亦午中前後逐辰增分各氣不倫，故難用相減相乘一般之率數。今用弧圜真術求其數而設新術，委證[3]於首卷也。

月食：視定望分在日周四分之一已下，爲卯前；已上，覆減半周，爲卯後；在四分之三已下，減去半周，爲酉前；已上，覆減日周，爲酉後。以卯酉前後分自乘，退二位，如四百七十八而一，爲時差；子前以減，子後以加，皆加減定望分，

---

① 天文臺藏抄本與大谷大學藏抄本均作“尒リ”，似爲“尔リ”，東京大學藏抄本作“爾リ”。“尔リ”訓作“しかり”，同“然リ”，“這樣”的意思。

② 天文臺藏抄本爲“其定朔分”字，東京大學藏抄本、大谷大學藏抄本與北海道大學藏抄本均删“其”。後者正確。

③ 天文臺藏抄本作“記”，東京大學藏抄本、大谷大學藏抄本與北海道大學藏抄本均作“證”。後者正確。

爲食甚定分；各依發斂求之，即食甚辰刻。

定望分，月離第五條所求也。◎卯前分，自子正以卯爲限順至定望加時之分也。卯後分，自午正以卯爲限逆至定望加時之分也。酉前分，自午正以酉爲限至定望加時之分也。酉後分，自子正以酉爲限逆至定望加時之分也。◎自相乘，月食時差卯前酉後徐[①]損之分速，故用自相乘之法。◎退二位四百七十八除，四萬七千八百除也。此以卯酉正之分二千五百如本術自乘，以時差極一百三十除所得也。◎各依發斂，日食月食皆依發斂加時之術求辰刻也。◎術意：視定望分，退者爲昏後子正至定望加時之分，故日周四分之一二千五百[②]已下直爲昏後子後次日卯前之分。以上減半日周五千，餘爲次日午前卯後之分。定望不退者，爲晨前子正至定望加時之分，故日周四分之三七千五百已下減半日周，餘爲當日午後酉前之分。以上用減日周一萬，餘爲昏後子[③]前酉後分。其卯酉前後分自乘，退二位，四百七十八除，爲時差，即定望加時至食甚加時之分。子前以時差減定望分爲食甚定分，子後以時差加定望分，爲食甚定分。

視定望分，日出後七刻半以上與日入前七刻半已下，不見食，故以此爲月見食限。

月食，食既十五分而定用極多八百七十四分也，與卯酉時差之極一百三十分相減，以餘七百四十四分加日出分，減日入分，而爲定望見食之限。其限子後，差至三千八百三十六分而爲多極，子前冬至六千一百六十四分而爲少極。

論月食時差

月食，太陰當地之暗[④]影而食，故居處人目斜正視無偏而一旦有食，則天下一同見食，然則於交限之度無南北徑行之屈伸，東西斜行亦不加減，只太陰最下，故當日天處而有降視之分微有增損耳，其有時差

---

① 天文臺藏抄本與東京大學藏抄本作“徐”，大谷大學藏抄本與北海道大學藏抄本作“除”。前者正確。

② 天文臺藏抄本作“四分之一二五百”，東京大學藏抄本、大谷大學藏抄本與北海道大學藏抄本均作“四分之一二千五百”。後者正確。

③ 天文臺藏抄本與東京大學藏抄本作“子”，大谷大學藏抄本與北海道大學藏抄本作“及”。前者正確。

④ 天文臺藏抄本作“時”，東京大學藏抄本與大谷大學藏抄本作“暗”。後者正確。

又然①。若作太陰地心之線當地際者，當人目所視日天處，降視一度有奇，故太陰地際不見，即求其人目當地際而視時刻，以一刻三十分爲時差極數。以各日時差卯酉極多而卯前酉後損急、子正爲空，以距子午分立自相乘之法求逐刻時差也。子前，東降視太陰而在食甚定望以前，故爲減。子後，西降視太陰而在食甚定望以後，故爲加。◎唐徐昂以來無月食立時差者，至宋《紀元曆》亦不謂時差，始設定望增損分，酉正一刻五十分、寅正一刻三十五分。金《大明曆》不號時差而加減卯酉各一刻三十分，《授時》即取此數號時差而立其術。

今按：酉刻天旋三百六十六度二十五分時，其卯酉降視度一度有奇之分天旋時刻僅爲少半刻也，即爲時差之極限。蓋②一刻三十分，失於太過者乎。

求日月食甚入盈縮曆及日行定度（第七）

求朔望食甚入盈縮曆之日分，以此求食甚太陽所在之黄道定積度也。日行定度，次條南北東西差末條欲求食甚宿次而求之。月食只求食甚宿次之用。

置經朔望入盈縮曆日及分，以食甚日及定分加之，以經朔望日及分減之，即爲食甚入盈縮曆；依日躔術求盈縮差，盈加縮減之，爲食甚入盈縮曆定度。

經朔望入盈縮曆，日躔第一條所求，即二至至經朔望加時之日分也。◎食甚日，即定朔之日數也。定分有時差加減，日數無有增損。定分，前條所求食甚定分也。◎經朔望日分，氣朔第四條二所求也。◎食甚入盈縮曆，二至至其朔望食甚加時之日分也。◎日躔術，日躔第二條求盈縮差之術也。◎食甚日行定積度，二至黄道至朔望食甚加時太陽所在之定積度也。◎術意：置經朔望盈縮曆之日分，加食甚之日數與定分，減經朔望之日及分，餘乃盈冬至至其食甚加時、縮夏至至其食甚加時之積日分也。此經朔望盈縮曆之日分加減加減差、又加減時差之術

① 天文臺藏抄本、東京大學藏抄本與大谷大學藏抄本均作“尒”，似爲“尔”字。“尔り”訓作“しかり”，同“然り”，“這樣”的意思。

② 天文臺藏抄本作“若”，東京大學藏抄本、大谷大學藏抄本與北海道大學藏抄本均作“蓋”。後者正確，随後者改。

也。以其食甚入盈縮曆日分求盈縮差而爲食甚盈縮差。置食甚入盈縮曆之日分，命度分而盈加縮減其盈縮差，爲食甚日行定積度。

求南北差（第八）

日食，太陰在赤道以南降視多，在赤道以北降視少，故其降視多少之差云南北差。此第十條欲求日食正交中交限之定度而求之。

視日食甚入盈縮曆定度，在象限已下，爲初限；已上，用減半歲周，爲末限；以初末限度自相乘，如一千八百七十而一，爲度，不滿，退除爲分秒；用減四度四十六分，餘爲南北泛差；以距午定分乘之，以半晝分除之，所得以減泛差，爲定差。泛差不及減者，反減之爲定差，應加者減之，應減者加之。在盈初縮末者，交前陰曆減陽曆加，交後陰曆加陽曆減；在縮初盈末者，交前陰曆加陽曆減，交後陰曆減陽曆加。

日食甚入盈縮曆定度，前條所求日行定積度也。日食甚，日食求而月食不用之意。◎初末限，二至順逆至食甚之度分也。◎自相乘，與相減相乘之數反覆相求之術也。減四度四十六分之餘，即相減相乘而求之數也。◎一千八百七十，爲春秋二分至冬至夏至之積度即象限，故與半歲周相減相乘、南北差之極限四度四十六分除所得也。◎四度四十六分，南北差之極數，即三分之一月平行度所得也。前代曆求氣差、刻差皆用刻數，故以日周三分之一三十三[①]刻爲極限，今《授時》亦隨舊法而取三分之一之法，只以度數求刻數，故用月平行三分之一。◎南北泛差，其食甚所當午中降視，春秋二分差之度分也。◎距午定分，第六條所求，午前逆、午後順、午中至食甚之刻分也。◎半晝分，中星第二條所求，定朔日之半晝分也，即午中順、日入逆至日出之分而南北差所盡[②]也。◎定差，其食甚加時所當南北之定差也。◎细字之文，求食甚日出前與日入後皆在夜分也。◎術意：南北差午中所視，春秋二分爲空、二分前後徐多，而冬夏二至極多也。食甚盈縮曆定度，二至至食甚太陽所在之積度也。象限已下直爲初限，即二至順至食甚之度；象限以

---

① 天文臺藏抄本作“五十三刻”，東京大學藏抄本、大谷大學藏抄本與北海道大學藏抄本均作“三十三刻”。後者正確。

② 天文臺藏抄本字跡潦草，東京大學藏抄本與大谷大學藏抄本作“盡”。從後者。

上以減半歲周爲末限，即二至逆至食甚之度。置其初末限，自乘，一千八百七十除，以所得減二至極差四度四十六分，餘爲其食甚所當，午中降視太陰、春秋二分增損之差度也。◎以此爲南北泛差，直求泛差術注於左。◎其差各氣各日午中最多、午前後逐辰徐損而至日出入爲空，故依異乘同除術，泛差乘距午定分，半晝分除，以所得減泛差，餘爲南北定差，即食甚加時所當去緯視之差也。直求定差術注於左。◎春分前盈初、秋分後縮末者，陰曆交前、陽曆交後爲減，陽曆交前、陰曆交後爲加；秋分前縮初、春分後盈末者，陰曆交前、陽曆交後爲加，陽曆交前、陰曆交後爲減。此其陰曆交前、陽曆交後，即正交也；陽曆交前、陰曆交後，即中交也。直求加減術注於後。◎加時在日出前、日入後、各夜分者，距午定分之數比半晝分多，然則如半晝而一之數在泛差以上，此得泛差定差共數，故減去泛差，餘爲定差。冬至前後夜所見，與夏至前後晝所見同，又夏至前後夜所見，與冬至前後晝所見同，故其定差當加者反而爲減，當減者反而爲加。

別術　直求泛差者，視日食甚入盈縮曆定度，象限已下用減象限，餘爲初度，以上減去象限，爲末限。初末限度與半歲周相減相乘，如一千八百七十而一，爲南北泛差。下略。象限已下用減象限，餘爲自春秋二分逆至食甚之積度也。象限以上，減去象限，餘爲自春秋二分順至食甚之積度也。故與半歲周[①]用相減相乘法直得泛差也。南北泛差二分空而二至極多，故以二分爲元而求者爲元術，但從简易而用本經之術，乃本經之術初末限度以二至爲元[②]，故先用自相乘法求虛數，減極差而得實數也。

別術　直求定差者，以距午定分[③]減半晝分，以泛差乘之，以半晝分除之，爲定差。前後略。南北差午中最多而日出入爲空，故以距午定分減半晝分，餘爲日出入至食甚之分也，故依異乘同除術求定差。雖此

① 天文臺藏抄本作“字不周”，不通，爲筆誤，東京大學藏抄本與大谷大學藏本作“半歲周”。後者正確。

② 天文臺藏抄本作“先”，東京大學藏抄本、大谷大學藏抄本與北海道大學藏抄本均作“元”。後者正確。

③ 天文臺藏抄本與東京大學藏抄本作“距定分”，大谷大學藏抄本與北海道大學藏抄本作“距午定分”。後者正確。

亦爲直得定差之元術，然從簡易而如本經求，乃本經之術距午定分以午中爲元，故先求虛數，以減泛差得實數也。

別術 直求加減者，盈初縮末者正交減中交加，縮初盈末者正交加中交減。前略。本經之術別陰陽曆之交前後，爲繁文而難速見，故當用別術也。又先不別正交中交，盈初縮末爲加、縮初盈末爲減，而與東西差相加減後減正交、加中交而定亦同。此本術也。

論南北差

太陰在太陽以下，地球在天之正心，人之居處在地面，故人自地心至地面，立於地半徑之高下而當太陽所在之天常降視太陰。若定朔時當正交中交者，於天太陰與太陽經緯同度而自地心視時適食，因人目斜視之偏而不見食，於同其人目之度處視食，爲其食甚。乃正交由北出南，降視太陰，比天之交，人目之交屈於西；中交由南入北，降視太陰，比天之交，人目之交伸於東。其降視，各日各辰太陰所在，去天頂遠者降視多，而去天頂[①]近者降視少，故定朔適交者，將春秋二分午中降視太陰處定爲中界，求其去交屈伸之徑度各六度十五分，以屈減於交終度者爲正交限度[②]，伸加於交中度者爲中交限度。亦午中所降視，赤道以南，自春秋二分去天頂徐遠，降視徐多而冬至極多。赤道以北，自春秋二分去天頂徐近，降視徐少[③]而夏至極少，即求其度數，午中去天頂二分至冬至逐氣徐多之差度數與二分至夏至逐氣徐少之差度數，對氣日而爲同數；二分午中所降視，至冬至逐氣午中所降視徐增分，又至夏至逐氣午中所降視徐損分，對氣日而爲同數，得其向南增、向北損之極差各四度四十六分，據此用食甚日行定積度立相減相乘法，求其日午中降視處春秋二分差違之去交經度，以之爲南北泛差。凡天頂直線與兩極之緯線斜遠者，自其[④]降視處至去緯處[⑤]，當東西天旋經線太陰有經行分，其午中直線與緯線相合而無經行分，故降視分通用於緯去分。午前後逐

---

① 天文臺藏抄本作“天下”，東京大學藏抄本與大谷大學藏抄本作“天頂”。後者正確。

② 天文臺藏抄本作“正交降度”，東京大學藏抄本與大谷大學藏抄本作“正交限度”。後者正確。

③ 天文臺藏抄本作“多”，大谷大學藏抄本、北海道大學學藏抄本與東京大學藏抄本均作“少”。後者正確。

④ 天文臺藏抄本中此字模糊不清，大谷大學藏抄本爲“其”字。從後者。

⑤ 天文臺藏抄本作“線”，大谷大學藏抄本作“緯”。後者正確。

辰直線與緯線徐相遠，經行分徐多，隨其降視分緯去分徐少，乃降視分爲小弦也。緯去分爲小股，經行分爲小勾，將其隨降視分之經行分求作天旋時刻者，即時差也。又求其緯去分多少之數適交定朔者，於春秋二分時自午中前後至日出入，當天頂直線而降視分逐辰徐多，爲當兩極緯線處，緯去分各辰各刻皆同數也。赤道以南午中降視處，比春秋二分午中降視處徐多者，亦午前後逐辰徐損至日出入，與春秋二分之日出入相等，故爲當兩極緯線處，緯去分又徐損而至日出入與春秋二分等。又赤道以北午中①所降視，比春秋二分午中所降視徐少者，亦午前後逐辰徐增而至日出入，與春秋二分日出入相等，故爲當兩極緯線處，緯去分亦徐增而至日出入，與春秋二分等，故各日午中向南增向北損之泛差，午前後逐辰徐損至日出入而爲空，以之依異乘同除術，以距午定分求其食甚加時所當之增損差，以此爲南北定差。作其差數加減者，春秋二分各辰當南北緯線處，緯去分皆同數也。春分前盈初與秋分後縮末，各至冬至逐氣各日各辰緯去分皆比二分多，故以所求緯去差於春秋二分之緯去全分向南作加差；又春分後盈末與秋分前縮初，各至夏至逐氣各日各辰緯去分皆比二分少，故以所求緯去差於春秋二分緯去全分向北作減差。又正交月道由日道北出南而人目降視之交屈於西，當減定差，然則盈初縮末初加者爲減差②，縮初盈末初減者爲加差。又中交月道由日道南入北，人目降視之交伸於東，當爲定差，然則盈初縮末初加者即加差也，縮初盈末初減者即爲減差。加時在日出前日入後者南北差各日日出入爲空，日出前日入後逐辰徐增差至夜半子正最多，此冬至前後至春秋二分午中視所比二分所視多而逐辰徐損，至日出入緯去分與二分等者，日入後日出前夜分之逐辰猶徐損，比二分之緯去分徐少，而至夜半比二分所視最少，夏至前後至春秋二分與晝所視同，又夏至前後至春秋二分午中所視比二分所視少而逐辰徐增，至日出入緯去分二分等者，日入後日出前夜分之逐辰猶徐增而比二分之緯去分徐多，至夜半比二分所視最多，冬至前後至春秋二分與晝所視同，故求依距子分之定差，晝加者夜減、

---

① 天文臺藏抄本作“午望”，東京大學藏抄本、大谷大學藏抄本與北海道大學藏抄本均作“午中”。後者正確。

② 天文臺藏抄本作“減去差”，東京大學藏抄本與大谷大學藏抄本作“減差”。後者正確。

晝減者夜加。◎求南北差，起自張士信[1]，劉焯、一行等專潤色之。徐昂依二十四氣之日作加減，故《宣明曆》號氣差。王朴據黄道出入赤道内外[2]有其差，故《欽天曆》號黄道出入食差。杨忠辅極其差於冬夏二至，故《統天曆》號至差。其所本皆同意也。

今按：極差之數爲月平行度三分之一而爲四度四十六分，《崇天》《觀天》《紀元》《大明》等皆同，此無所據而太過，且以春秋二分爲中界，向南增、向北損之差同數。不然如《授時》諸數，春秋二分之中數爲六度八十分餘，向南增之差不越二度六十分[3]，向北損之差不過三度八十分，故立其人目之交限者最宜[4]，其數不適。亦求泛差者，不可依二至限之度，爲何？不用去天頂度求後，以爲春秋二分日出入與冬至夏至日出入皆相等亦違失，有多寡而不倫，故今依弧灣術[5]悉求其數，更設新術詳於首卷。

求東西差（第九）

定朔加時至日食甚加時太陰有斜行之偏者，午前東、午後西之增損，云東西差，此亦第十條欲求月食正交中交限定度而求也。

視日食甚入盈縮曆定度，與半歲周相減相乘，如一千八百七十而一爲度，不滿退除爲分秒，爲東西泛差；以距午定分乘之，以日周四分之一除之，爲定差。若在泛差已上者，倍泛差減之，餘爲定差，依其加減。在盈中前者，交前陰曆減陽曆加；交後陰曆加陽曆減；中後者，交前陰曆加陽曆減；交後陰曆減陽曆加。在縮中前者，交前陰曆加陽曆減；交後陰曆減陽曆加；中後者，交前陰曆減陽曆加；交後陰曆加陽曆減。

日食甚入盈縮曆定度，第七條所求。此亦日食求、月食不用，故云

---

① 即“張子信”之誤。

② 天文臺藏抄本作“時外”，東京大學藏抄本與大谷大學藏抄本作“内外”。後者正確。

③ 天文臺藏抄本與東京大學藏抄本作“越”，東京大學藏抄本與大谷大學藏抄本、北海道大學藏抄本改作“減”。前者正確。

④ 天文臺藏抄本作“最亘”，東京大學藏抄本、大谷大學藏抄本與北海道大學藏抄本均作“最宜”。後者正確。

⑤ 和算中的弧灣術，又稱作弧背術，即求弧長的算法。

日食甚。◎相減相乘，齊逐日增減數有緩急之算法也。◎一千八百七十，以冬夏二至至春秋二分象限度九十一度三十一分依本術[①]，與半歲周相減相乘，以東西差之極限四度四十六分除而所得也。四度四十六分，三分月平行度所得也。◎東西泛差，其食甚日卯酉之正太陰斜行而所出入天旋線，緯去增損之度分也。◎日周四分之一，視東西差之極限處也。◎定差，其食甚加時所當之緯去增損度分也。◎細字之文，有“食甚卯前酉後”者也。◎術意：東西差卯酉所視春秋二分極多而逐氣各日徐損，冬夏二至爲空，其食甚日行定積度，爲冬夏二至至食甚之積度，故與半歲周相減相乘，一千八百七十除而得。其食甚日之所當，爲卯酉最多斜行偏度，以此爲東西泛差。◎其泛差各日卯酉最多者，卯後酉前逐辰徐損而午中空也。距午定分，午中至食甚之分。日周四分之一，爲午中至卯酉之分，故依異乘同除術，泛差乘距午定分，日周四分之一除，得其食甚加時所當之斜行偏度，以此爲東西定差。◎冬至後盈曆者午中後食甚與夏至後縮曆者午中前食甚，陰曆交前與陽曆交後爲加，陽曆交前與陰曆交後爲減；冬至後盈曆者午中前食甚與夏至後縮曆者午中後食甚，陰曆交前與陽曆交後爲減，陽曆交前與陰曆交後爲加。直求加減術注於左。◎加時在卯前酉後者，距午定分比日周四分之一多，然除所得之數比泛差多，故減去泛差，餘爲虛數，以減泛差，得實數，一般倍減泛差，餘爲定差也，各日卯後酉前所視與卯前酉後所視全相同，故其加減亦依原本之加減。

別術　直求加減者，在盈中前者正交減中交加，中後者正交加中交減；在縮中前者正交加中交減，中後者正交減中交加。前略。本經術別陰陽曆交前後，故繁文而難見，故當用別術也。又先不別正交中交，盈中前、縮中後爲加，盈中後、縮中前爲減而與南北定相加減，後減正交、加中交，亦同。此本[②]術也。

論東西差

天之交，爲人目所視而屈伸多少，悉以南北差加減所定也。然定

---

① 天文臺藏抄本作“加時”，東京大學藏抄本、大谷大學藏抄本與北海道大學藏抄本均作“本術”。後者正確。

② 天文臺藏抄本作“不”，眉注朱筆改爲“本”，東京大學藏抄本與大谷大學藏抄本作“本”。後者正確。

朔至食甚，太陰之行若從天旋經線時，則再無可增損之差。月道常繞麗黄道，故隨之有月道出入赤道内外，依各氣各日所當準其内外出入斜麗之親疏，太陰行而出入天旋經線内外，當天旋線處之緯去分更有增損多少之差，此爲東西差。凡太陰春秋二分當黄道，則黄道麗赤道處極疏，故太陰斜行亦與天旋經線極疏而當天旋線處之緯去分有增損者最多；太陰二分前後逐氣當黄道，則黄道麗赤道處徐親，故太陰斜行亦與天旋經線徐親，當天旋線處之緯去分有增損，徐少；太陰冬夏二至當黄道，則黄道麗赤道處極親，故太陰斜行亦與天旋經線極親，當天旋線處之緯去分不足增損，又太陰經行分多，增損差亦多，經行分少，增損差亦少。然則各日[①]經行分極多爲卯酉辰。故求其卯酉增損差度，春秋二分極多者，秋分後春分前逐日徐寡至冬至而空之數，又春分後秋分前逐日徐寡至夏至而爲空之數，對氣日而爲同數，故春秋二分卯酉有增損之分，爲去交經度，得極差四度四十六分，依食甚二至限日行定積度立相減相乘之法，求其日卯酉有增損之差，此爲東西泛差。又太陰經行分各日卯酉極多者，卯後酉前逐辰徐少，午中爲空，增損差亦各日卯酉極多，逐辰徐少而午中空，故隨其日泛差依異乘同除術以距午定分求其食甚加時所當之增損差度，此爲東西定差。其差數增損隨二至後[②]斜麗黄道南與北，據太陽行午前自定朔食甚退、午後自定朔食甚進而入天旋線[③]内、出天旋線外，乃冬至以後爲盈曆，各日由黄道南入北，其時午前經行分南退而出[④]天旋線外，故增加，午後經行分北進而入天旋線内，故損減。夏至以後爲縮曆，各日由黄道北出南，其時午前經行分北退而入天旋線内，故損減，午後經行分南進而出天旋線外，故增加。又正交屈於人目之交西，當減。然盈中前與縮中後初加者爲減差，盈中後與縮中前初減者爲加差。中交伸於人目之交東，當加。然盈

① 天文臺藏抄本與東京大學藏抄本作“各日”，大谷大學藏抄本與北海道大學藏抄本作“各月”。前者正確。

② 天文臺藏抄本字跡難以辨認，東京大學藏抄本與大谷大學藏抄本作“後”。從後者。

③ 天文臺藏抄本作“又旋線”，東京大學藏抄本、大谷大學藏抄本與北海道大學藏抄本均作“天旋線”。後者正確。

④ 天文臺藏抄本與東京大學藏抄本作“出”，大谷大學藏抄本與北海道大學藏抄本作“用”。前者正確。

中後與縮中前初減者即減差，盈中前與縮中後初加者即加差。食甚加時在卯前酉後者，皆同於卯後酉前所視，乃其各日卯酉極多增損差，卯前酉後逐辰徐少而子中爲空，與其日卯後酉前逐辰徐少而午中爲空者適同，故依距子分得定差。又若太陰行卯後入天旋線内，則卯前亦入内；若卯後出天旋線外，則卯前亦出外[①]；若酉前入天旋線内，則酉前亦入内；若酉後出天旋線外，則酉後亦出外。故加減亦同。◎立東西差始於徐昂，隨午前午後逐刻數求其差，《宣明曆》號之爲刻差，依黄道之麗斜正得其差，《欽天曆》號之爲黄道斜正食差。其差於春秋二分爲極限，《統天曆》號之爲分差。其所本皆同意也。

今按：東西差極數與南北差極數等而用月平行度三分之一，雖諸曆同，敢無所求焉？[②] 可與南北差等！[③] 然四度四十六分之數似粗近實數矣。又太陰斜行準黄道而求其差[④]者最疏闊，爲何？不分别求月道出入黄道内外差，用授時諸數求之，則春秋二分卯酉月道入黄道内者少而至東西差二度半強，月道出黄道外者多而及東西差四度半強。又求泛差者依二至限日行定積度求雖宜[⑤]，依出入經線之分時差分，則冬至前後與夏至前後卯酉差不等，又以距午分依異乘同除術求定差，未必然，爲何不用時差分求定差。今以弧矢精率求其數而設新術，詳於卷首。

求日食正交中交限度（第十）

食甚加時所當人目黄白道正交、中交之定限度也。此欲求次條其朔食甚去交度而求之。此乃定限度，應補入“定”字。

置正交、中交度，以南北東西差加減之，爲正交、中交限度及分秒。

---

① 天文臺藏抄本作“卯”，東京大學藏抄本與大谷大學藏抄本作“外”。後者正確。

② 天文臺藏抄本作“敢テ求ムル所ナシ焉ンゾ”，大谷大學藏抄本作“敢テ極ル所ナシ焉ンリ”。從前者，故譯作“敢無所求焉？”。

③ 天文臺藏抄本作“等シガルヘケンヤ”，大谷大學藏抄本作“等シアルヘケンヤ”。前者正確。

④ 大谷大學藏抄本與北海道大學藏抄本作“盈”，天文臺藏抄本與東京大學藏抄本作“差”。後者正確。

⑤ 天文臺藏抄本與東京大學藏抄本作“宜”，大谷大學藏抄本與北海道大學藏抄本作“空”。前者正確。

正交限中交限之度，春秋二分午中降視太陰處之人目正交中交限之度也。◎南北東西差，前條所求食甚所當之南北定差、東西定差也。◎術意：隨定朔入交爲正交食者，置正交限度，爲中交食者置中交限度，各加減兩差而爲正交中交定限度，即正交至食甚加時人目交之定度也。爲正交中交定限度，應補入"定"字。

論正交中交限度

春秋二分午中適交者，以人目太陽南降視太陰爲七十分，求得其去交度六度十五分。正交者，太陰之行由黄道北出南，降視太陰①，屈於其所交六度十五分西而視人目之正交，故以六度十五分減交終度，餘爲正交限度。又中交者，太陰行自黄道南入北，降視太陰，伸於其所交六度十五分東而視人目之中交，故以六度十五分加交中度，爲中交限度。以此爲南北差之中界而隨其朔食甚加時加減南北偏差與東西行差，爲定限度。

今按：以春秋二分午中所視爲中界，立交限②度，不應該。蓋始不立交限，一般求其日之食甚加時所當增損六度十五分之定數而爲南北偏倚之總度，又加減東西斜行之差，得屈伸之定度，以減交終度，加交中度，可求人目正交中交定限度也。前曆皆以天之交即爲食之外限，然則二分午中降視爲七十分者適當食之外限。又陰曆食限作六度時，二分午中降視之去交度爲六度十五分者粗相合，然以午中降視緯度爲七十分、以黄白内外六度與交象九十〇度九十五分，依弧矢術求其去交經度時得六度七十六分，亦以春秋二分午中所降視之去交經度六度十五分求其降視緯度，得六十四分弱，此乃其立數非真之所以。又可知以緯度七十分得去交六度七十六分而陰陽曆食限之過不及。其義委議於"食分"下。

求日食入陰陽曆去交前後度（第十一）

交，人目之交也。人目入陰陽曆前後去交之度數也。此欲求第十三條日食分秒而求之。

---

① 天文臺藏抄本與東京大學藏抄本作"太陰"，大谷大學藏抄本與北海道大學藏抄本作"太陽"。前者正確。

② 天文臺藏抄本作"交泛"，東京大學藏抄本、大谷大學藏抄本與北海道大學藏抄本均作"交限"。後者正確。

視交定度，在中交限已下，以減中交限，爲陽曆交前度；已上，減去中交限，爲陰曆交後度；在正交限已下，以減正交限，爲陰曆交前度；已上，減去正交限，爲陽曆交後度。

交定度，第五條所求，前正交至其食甚太陰與太陽以人目同度處之積度也。◎正交限度、中交限度，前條所求之定限度，即前正交至其食甚所當人目之正交、中交之度也。◎陰陽曆，人目之入陰陽曆也，交前後亦人目之去交前後也。◎術意：交定度若在中交定限度已下者，食甚人目同度處人目在中交以西，故以其減中交定限度，餘爲食甚人目同度處順距人目中交之度數。於中交，太陰自黄道南入北，然太陰在交前，則當人目中交西而爲黄道南，故爲陽曆交前度。中交定限度以上者，食甚人目同度處在人目中交以東[1]，故減去中交定限度，餘爲食甚人目同度處逆距人目中交之度也。中交，太陰自黄道南入北，然太陰在交後者，當人目中交東而爲黄道北，故爲陰曆交後度，亦交定度。若正交定限度已下者，食甚人目同度處在人目正交以西[2]，故以其減正交定限度，餘爲食甚人目度處順距人目正交之度。於正交，太陰行自黄道北出南，然太陰在交前者，當人目正交西，爲黄道北，故爲陰曆交前度。

正交定限度以上者，食甚人目同度處在人目正交以東[3]，故減去正交定限度，餘爲食甚人目同度處逆至人目正交之距度也。正交太陰自黄道北出南，然太陰在交後者，當人目中交東而爲黄道南，故爲陽曆交後度。

論陰陽曆交前後

前曆合氣差刻差求屈伸多少之差，號食差，以天之交别陰陽曆之交前後，加減食差而求天之去交前後分，即以其天之交爲食之外限，故於陽曆未必食，於天之陰曆有食，爲其天之陰曆中，别求人目之陽曆陰曆。又如《紀元曆》，以食差加減交常，更加交初交中之數，後别求陰

---

① 天文臺藏抄本與東京大學藏抄本作“後”，大谷大學藏抄本與北海道大學藏抄本作“東”。後者正確。

② 天文臺藏抄本與東京大學藏抄本作“前”，大谷大學藏抄本與北海道大學藏抄本作“西”。後者正確。

③ 天文臺藏抄本與東京大學藏抄本作“後”，大谷大學藏抄本與北海道大學藏抄本作“東”。後者正確。

陽前後，人目食之外限不用，求人目去交之陰陽曆交前後也。其與《授時》相似，但《授時》以交定度即爲食甚交度，求人目正交中交限度、求人目去度，可謂實得其旨，然則其設術立數有時不正，其義委議於前條。

求月食入陰陽曆去交前後度（第十二）[①]

月食，天之交陰陽曆交前後也。此欲求第十四条月食分秒而求之。

視交定度，在交中度已下爲陽曆；已上，減去交中爲陰曆。視入陰陽曆，在後準十五度半已下爲交後度；前準一百六十六度三十九分六十八秒已上覆減交中，餘爲交前度及分。

交定度，第五條所求，即前之正交距定望加時太陰所在之度也。◎交中限，即正交至中交、又中交至正交之距度也。◎後準，月食限十三度〇五分加盈縮極差二度四十分所得也。此爲月食交常度之數、見交後食之限也。◎以前準減交中度之餘也，此爲月食交常度之數，見交前食之限也。◎術意：正交後、中交前太陰常在黃道南行陰曆，視定望交定度，初度以上、交中度已下者，爲正交後積度，爲陽曆食。又中交後正交前太陰常在黃道北行陰曆，視定望交定度，交中以上、交終度以上者，減去交中度，餘得中交後積度，爲陰曆食。亦後準爲交後入食限度，其陰陽曆之度後準已下直爲正交中交交後度；前準爲交前入食限度，其陰陽曆之度前準以上，以減交中度，餘爲正交中交之交前度。

論前準後準並二交限

如《宣明曆》以後準即爲月食限，故依前準後準定交前後，《授時》月食限十三度五分也，然以食限即定交前後可也，定其交前後本術：視入陰陽曆，交象已下交後度，以上覆減交中，爲交前度。雖如此，其交象當半交食限最遠，故取近者用前準後準之限。又求其後準本術爲以交中減交望之餘，然術理無所據，故於《授時》以盈縮極差加

---

① 北海道大學藏抄本缺第十二到第十八。

食限爲入交常入食限者釋之，然而爲交常之限[①]而非交定之限。注改術於左。

改術 視入陰陽曆在十三度五分已下爲交後度，一百六十八度八十四分以上覆減交中，餘爲交前度。前略。一百六十八度八十四分，交中度内減月食限所得也。若如此求者，所求月食分秒術中“不及減者不食”之文不用。

求日食分秒（第十三）

太陽全徑定爲十分而求食之分也。依此分數求定用分而得初末時刻也。

視去交前後度，各減陰陽曆食限不及減者不食。，餘如定法而一，各爲日食之分秒。

去交前後度，第十一條所求，即食甚太陰前後去人目正交中交之度分。◎食限，太陽太陰合兩邊處之去交度也。其陰曆食用陰曆限，陽曆食用陽曆限。◎定法，以太陽太陰全徑即爲食既限十分而食一分相應之去交度也。◎細字之文：去交度若比食限多而減，不及者，太陽、太陰與兩邊相去而不會食。◎術意：以去交度減陰陽曆之食限，餘爲見食之度。故各以定法除，得食分也。

假如陽曆交後二度一十分，日食六度五十秒。[②]

求食分圖

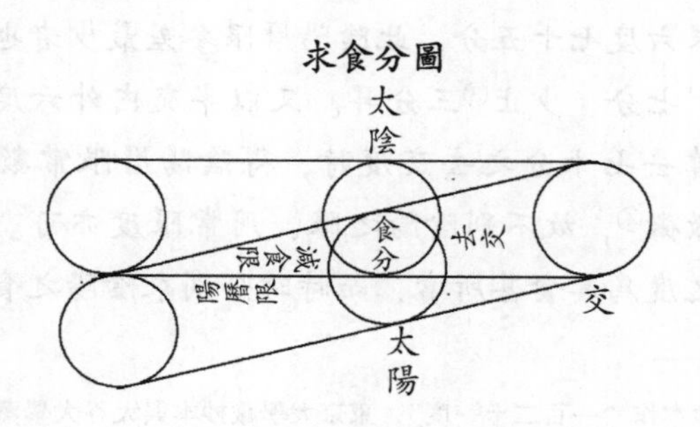

① 天文臺藏抄本作“理”，東京大學藏抄本與大谷大學藏抄本均作“限”。後者正確。

② 關孝和的《天文數學雜著》：“日食分秒”：假如陰曆交前二度，食七分半，陰曆限八度。假如陽曆交前三度，陽曆限六度，減食限，餘三度，食五分。

論陰陽曆食限

今按：食限，人目之交距太陽太陰合兩邊處之度也。然依陰陽曆有多寡之限，因以人目向南偏視月道，月道麗視日道者，陰曆狹親黃道，故去交度多而太陽與太陰合兩邊，陽曆廣遠黃道，故去交度少而太陽與太陰合兩邊。此時人目之交去天之交多者陰陽之差亦多，去天之交少者陰陽之差亦少。凡於去交度，有東西差，敢不係於食限？只依南北之偏倚而人目之交去天之交極多，冬至午中所視〇度六十一分也。極少夏至午中所視一度六十九分也。其二件之數非真，隨本經之數依弧矢術別求其陰陽之限，先以冬至午中人目之交去天之交十〇度六十一分得其去緯度一度〇九分半。陰曆者，正交前人目之交屈於西，中交後人目之交伸於東，減月道麗黃道狹視各其度，爲半交内外四度九十〇分半，交象八十〇度三十四分。以此求緯去七十分之去交度時，得陰曆限六度九十六分。陽曆者，正交後伸於人目之交東，中交前屈於人目之交西，增月道麗黃道廣視各其度，爲半交内外七度〇九分半，交象一百一度[①]五十六分，以此求緯去七十分之去交度時，得陽曆限六度七十九分，此爲陰陽曆限參差最多者也。又以夏至午中人目之交去天之交一度六十九分得其去緯度十七分半，其陰曆者月道麗黃道狹視各減其度，去交内外五度八十二分半，交象八十九度二十六分也，以此求去緯七十分之去交度時，得陰曆限六度七十八分；陽曆者月道麗黃道廣視各增其度，半交内外六度一十七分半，交象九十二度[②]六十四分也，以此求去緯七十分之去交度時，得陽曆限六度七十五分，此陰陽曆限參差最少者也。乃其屈陽曆限之差極多一十七分、少止[③]三分耳。又以半交内外六度、交象九十〇度九十五分求緯去七十分之去交度時，得陰陽曆限常數各六度七十六分，然則其差數微[④]，故不別陰陽之限，用常限度亦可。若欲細究，應該以南北偏倚之度爲其食甚所當，而時時分別求陰陽之食限。蓋其陰曆

---

① 天文臺藏抄本作“一百二十一度”，東京大學藏抄本與大谷大學藏抄本均作“一百一度”。後者正確。

② 天文臺藏抄本作“二度”，東京大學藏抄本與大谷大學藏抄本均作“九十二度”。後者正確。

③ 止，通“只”。

④ 天文臺藏抄本抄本作“欲”，東京大學藏抄本與大谷大學藏抄本作“微”。後者正確。

限爲八度陽曆限爲六度失之太過不及者乎？且時時不求限而用陰陽定限又可謂不精。◎右食限用人目之交，别陰陽，亦於天之交皆陰陽曆也，故前曆或不用陰陽之號，人目陽曆限云既前限，人目陰曆限云既後限。◎别陰陽曆之限度數，《宣明曆》陽曆限四度二十分、陰曆限九度六十四分，自此以後徐增陽曆限、徐損陰曆限。《紀元曆》陽曆限六度二十二分、陰曆限七度八十九分，《授時》[①] 陽曆限六度、陰曆限八度。《紀元》比《大明》卻損陽曆增陰曆。又《紀元》《大明》比食限度數微增定法之數，若然，則只會十分之食如環而見日體。

求月食分秒（第十四）

視去交前後度，不用南北東西差者。用減食限，不及減者不食。餘如定法而一，爲月食之分秒。

去交前後度，第十二條所求，即食甚太陰所在，前後去天之正交中交之度也。◎食限，太陰、地影合兩邊之處去交度也。陰曆陽曆皆用十三度〇五分。◎定法，就食一分之去交度也。◎術意同於求日食分，但去交度四度三十五分已下得食十分以上，故爲既，去十分，餘爲既内食分。[②]

假如去交二度十六一分

月食分十二分

既内食分二分

論月食限

月食，因暗影，暗影即地之影也。地影爲太陽正衝處，故人目斜視不會有偏，其交即天之交，故陰陽曆亦爲天之陰陽曆而於食限無多寡之異。凡地球比太陽小，太陰又比地球小，故於太陰所在地影之廣適當太陰徑一倍，其太陰爲太陽以下而小，若準當太陰所在暗影之廣與各太陽

---

① 天文臺藏抄本作“損時”，東京大學藏抄本與大谷大學藏抄本均作“授時”。後者正確。

② 關孝和的《天文數學雜著》載：求月食分秒：解術：置交前後度，以一度零五分乘之，如十三度零五分而一，得數以内減暗虛半徑七十分，餘加減月半徑三十五分，爲食分，以十分乘之，以月徑七十分除之，得月食分秒。一度零五分者，暗虛半徑與月半徑相併得數也。如十三〇五而一，得數者自暗虛正中距月正中之數也。

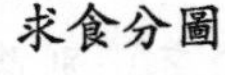

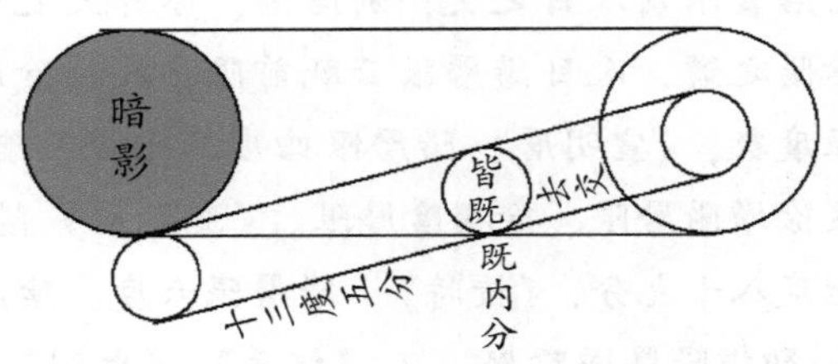

所在之天而視，太陰與太陽等而徑七十分，暗影倍之，徑一度四十分也。故太陰、暗影①合兩邊處，太陰之心至暗影之心一度〇五分，以此爲月食外限，求其去交度時，得十〇度一十七分。又《管窺輯要》云：日體之徑一度，月體半之，而其徑亦準一度，則日道廣亦必與徑同，月道既準一度，則暗虛廣二度也。依此數以太陰與暗影兩心相去一度五十分求其去交度，得十四度六十一分，亦求至定用分，用太陰徑七十分也，姑加妄意，用太陰徑七十分、暗影徑二度，兩心相去爲一度三十五分，得其去交度十三度〇六分②，然則當用定法六十七分③，求其三限辰刻者，置月食分秒，與三十八分五十五秒相減相乘，平方開之，所得以五千七百四十乘之，下可如本文求。又既者，以既内分與一十八分五十五秒相減相乘，下可如本文求。然其食作十三度〇五分，唯《大明》《授時》二曆，可謂度數稍過，如《紀元》《統天》以十二度半者，此不可，亦將暗影徑作爲太陰徑一倍，最誤，大率當雙倍半之數。今據《授時》諸數悉求地全徑、月實徑並去地心高等，辨故往以來之疑，詳於首卷。◎古來常言，月食乃暗虛所致，暗虛非地影，日對衝處有暗氣而月當其暗氣，故食。此爲傅會牽合之理而不實，《詩義纂要》天文圖考交食論④中云：月食之故，西儒謂地景之所隔，蓋月無光，借日之光

---

① 天文臺藏抄本作“地影”，東京大學藏抄本與大谷大學藏抄本均作“暗影”。後者正確。

② 天文臺藏抄本作“十三度”，東京大學藏抄本與大谷大學藏抄本均作“十三度〇六分”。後者正確。

③ 天文臺藏抄本與東京大學藏抄本缺“分”，大谷大學藏抄本補“分”。後者正確。

④《詩義纂要》，即《棣鄂堂詩義纂要》八卷，清周疆輯，康熙十九年（1680）刻。重刻徐筆桐先生遵注參訂詩經八卷、棣鄂堂詩義纂要八卷、詩經圖考一卷、詩經人物考一卷，周疆、周霦等輯，盛百二批校。

以爲光而晦朔弦望由之以生，若地景隔則日光不相映而月食。宋儒不察，以爲日精正射如火之中心有黑暈者，此暗虛之論，非也。

求日食定用及三限辰刻（第十五）

定用分，初虧至食甚、食甚至復圓之刻分也。三限，初虧、食甚、復圓之三限也。

置日食分秒，與二十分相減相乘，平方開之，所得，以五千七百四十乘之，如入定限行度而一，爲定用分；以減食甚定分，爲初虧；加食甚定分，爲復圓；依發斂求之，爲日食三限辰刻。

日食分秒，第十三條所求也。◎二十分，倍食既限十分而所得也。◎相減相乘平方開之，非招差術。隨食分依弧矢弦術求半弧弦也。◎五千七百四十八，以太陰全徑七十分乘轉日限八百二十分而所得也。◎入定限行度，定朔入轉日所當太陰遲疾之行度也。此當用食甚入定限之行差也，委議於後。◎定用分，初虧至食甚、至復圓之刻分也。◎初虧，日體缺初時刻也；復圓，日體復回元全圓之時刻也；食甚，即食分最多之時刻也。◎術意：以日食分秒減二十分，餘乘食分，得弧半弦實①，開平方除而得半弧弦，即初虧至食甚、食甚至復圓太陰之行度分也。此行分乃以太陽全徑七十分定爲十分之數，故乘七十分爲本行分，又乘轉日限八百二十，一般乘五千七百四十，當定朔入轉限數之立成遲疾行度除，得太陰行之刻分，爲定用分。以此減食甚定分得初虧分，又加定用分於食甚定分，得復圓分。皆依發斂加時術求辰刻。

補術 置經朔望入遲疾曆日及分，以加減差加減之，爲定朔望之遲疾曆，以所入之限下之行分使爲入定限行度，以定朔遲疾曆之日分當立成遲疾之日率，其限之遲疾行分也。

假如日食分四分，

四分爲矢，

二十分爲大圓徑，

---

① 天文臺藏抄本與大谷大學藏抄本缺“弦”字作“弧半實”，今從東京大學藏抄本改。

求得半弦八分。①

求食用圖

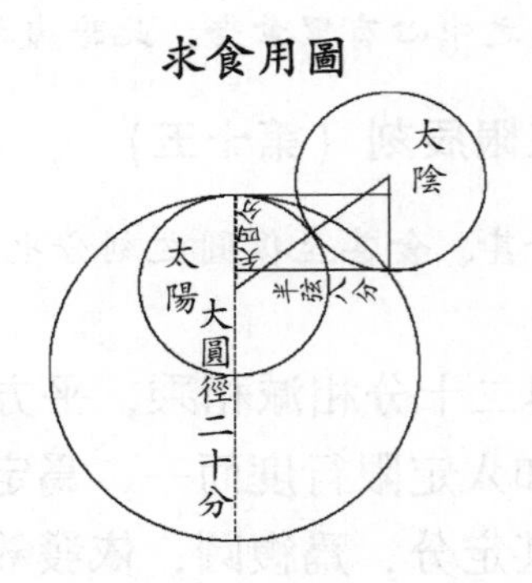

論定用分並入定限行度

前曆皆以日食分秒先求泛用分，依術得定用分。《大明曆》以食分依相減相乘法直求定用分，然其術皆非真。今《授時》立新術依弧矢之法求者，發明前人之尚所不察②，最足稱美，然用定朔入轉之太陰行度，不精也，乃其相減相乘平方開所得爲半弦，爲初末至食甚相去之分也。以此除太陰行度，得太陽不動而太陰獨行之刻分。如何其際無有太陽行分歟？蓋以太陽太陰之行差除，可得其真數也，即同於求定朔弦望加減差。其術注於左。

改術 以五千七百四十乘之，如入③定限行差而一爲定用分。前後略。置經朔入遲疾曆，加減加減差而爲定朔入遲疾曆。又加減時差分④而爲食甚遲疾曆。以其限遲疾之行分爲入定限行度。又依第七條術中所

① 見於關孝和的《天文數學雜著》"日食定用分之圖"：假令食四分之時，食甚與虧初之分二十分爲大徑，食四分爲矢，求半弦得八分。

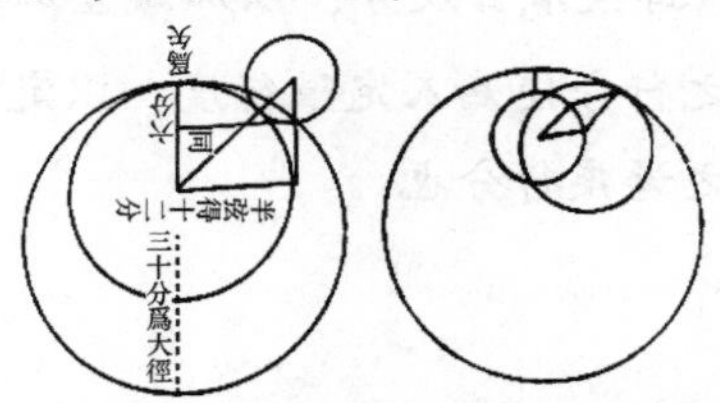

② 天文臺藏抄本作"不察術"，大谷大學藏抄本作"不繁所"，東京大學藏抄本作"不察所"。東京大學抄本正確。

③ 東京大學藏抄本與天文臺藏抄本作"人"，大谷大學藏抄本作"今"。從前者。

④ 天文臺藏抄本與東京大學藏抄本作"時差分"，大谷大學藏抄本作"轉差分"。前者正確。

求食甚入盈縮曆日分，置其日太陽行度，乘八百二十，日周一萬約，以所得減入定限行度，餘爲入定限行差也。①

求月食定用及三限五限辰刻（第十六）

三限，同於日食；五限，初虧食既食甚生光復圓也。月食有既內分，故三限之外有食既生光之期。

置月食分秒，與三十分相減相乘，平方開之，所得，以五千七百四十乘之，如入定限行度而一，爲定用分，以減食甚定分，爲初虧；加食甚定分，爲復圓；依發斂求之，即月食三限辰刻。

月食既者，以既內分與一十分相減、相乘，平方開之，所得，以五千七百四十乘之，如入定限行度而一，爲既內分；用減定用分，爲既外分，以定用分減食甚定分，爲初虧；加既外，爲食既；又加既內，爲食甚；再加既內，爲生光；復加既外，爲復圓；依發斂求之，即月食五限辰刻。

求三限辰刻者同於日食，三十分，倍月食既限十五分而所得也。◎入定限行度，注於前條。

求五限辰刻者，既者十分以上，食分內減十分，餘爲既內食分。◎一十分，倍既內限五分所得也。◎既內分，食既至食甚、又食甚至生光之刻分也。◎其初云既內分，既內食分也，後云既內分，既內刻分也。◎既外分，初虧至食既、又生光至復圓之刻分也。◎食既，云月體初缺盡時刻，生光，云月體初生光時刻也。◎術意同前。以一十分爲大圓徑，以既內食分爲矢，求得半弦也。定用分，爲食甚至初末刻分，故內減既內分，餘爲初虧至食既、又生光至復圓之刻分也。此爲

---

① 關孝和的《天文數學雜著》：食十分之時如此。日月之徑七十分也。置五千七百四十，以十分乘之，以八百二十而一，得七十分也。入定限行度者，置其日太陽行分，以十二限二十分而一，得數以減遲疾限行度，餘也。求定陰術之內所入遲疾限下行度，又可用之。假令縮差二度，疾差五度，日限行度八百分，月限行度一萬零八百分，相減一萬分，爲入定限行度。縮疾差同名相從，得七度（則七萬），以八百二十乘之，得五千七百四十萬，以入定限行度一萬除之，得五千七百四十，爲加減差（則五十七刻四十分），減經朔弦望日及分秒，爲定朔弦望日及分。

既外分。

三限定用分圖

既内分圖

假如月食分十二分
既内食分二分
三十分爲大圓徑
十二分爲矢
求得半弦十四分七十秒

一十分爲圓徑
既内二分爲矢
求得半弦四分①

求月食入更點（第十七）

月食三限時刻並五限時刻以更數點數而求也。

置食甚所入日晨分，倍之，五約，爲更法；又五約更法，爲點法。乃置初末諸分，昏分已上，減去昏分，晨分已下，加晨分，以更法除之，爲更數；不滿，以點法收之，爲點數；其更點數，命初更初點算外，各得所入更點。

---

① 見於關孝和的《天文數學雜著》“月食三限五限之圖”：假如食六分之時，食甚與虧初之分一十二分，三十分爲大徑，食六分爲矢，求得半弦十二分。假如皆既十二分之時，一十分爲大徑，既内分二分爲矢，求得半弦四分，是食甚與食既之分也。

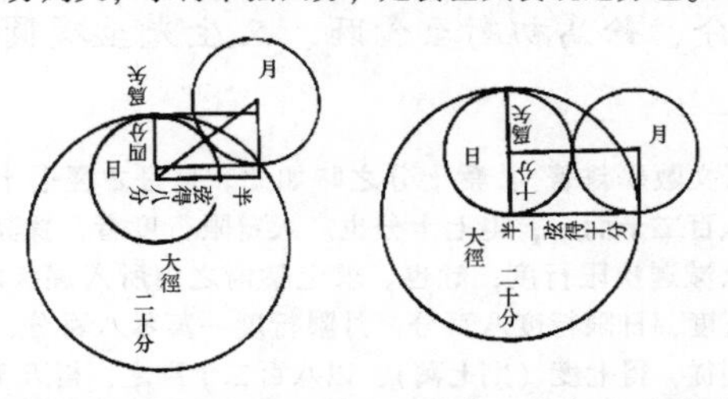

求日月食交定度，當加減定朔望加時之入盈縮差。庚午日定望，或有交虧初於日出前者，小餘雖在日出後，又退之。此術《授時》可用之。

食甚所入日晨分並昏分，中星第二條所求也。◎更法，其夜每一更之分數。點法，其夜每一點之分數也。初末諸分，初爲初虧食既等，末爲生光復圓等。將食甚總爲三限五限諸分。◎命初更初點，初更命爲一更，初點命爲一點也。◎術意：倍其日晨分，得其日昏至明朝晨之夜分數，故五更除，得每一更分數爲更法。又一更之分數除以五點，得每一點之分數爲點法，視其三限五限各分數，其日昏分以上者，爲晨前夜半至其限之分數，故減去昏分，餘爲其日昏至其限之分數。又晨分已下者，爲昏後夜半至其限之分數，故加晨分，爲其日昏至其限之分數，皆求其日昏後之分數也，各滿更法除得更數，不滿點法除而得點數，其更數點數皆加一而命所入更點數也。

求日食所起（第十八）

分日食之初虧、食甚、復圓等日體虧缺方位，其初虧爲食之初起之時，故取最初云“所起”。

食在陽曆，初起西南，甚於正南，復於東南；食在陰曆，初起西北，甚於正北，復於東北；食八分已上，初起正西，復於正東。此據午地而論之。

日食，陽曆者在太陽北，在太陰南，太陰東行而覆太陽，故太陽當西南而見初虧，當正南而見食甚，當東南而見復圓也。陰曆者，在太陽南，在太陰北，太陰東行而覆太陽，故太陽當西北而見初虧，當正北而見食甚，當東北而見復圓也。其東南西北，以太陽全體定方位也。◎食八分以上，陽曆陰曆皆當初復東西之分，故正西初、正東復。有依術求定正西東之限，注於左。細字“據午地”，云子午線之地，非以地平所論。

論日食所起

今按：細究三限當之方位時，依白道麗赤道斜正、依初末之期、依居處之地，並依食分之淺深，雖有大異，皆爲以太陽太陰取正子午別其方位者，云食八分以上起自正西而復於正東，無所據只以臆斷之數乎？乃以六分一十七秒爲限，今舉求其方位限之術以證之。

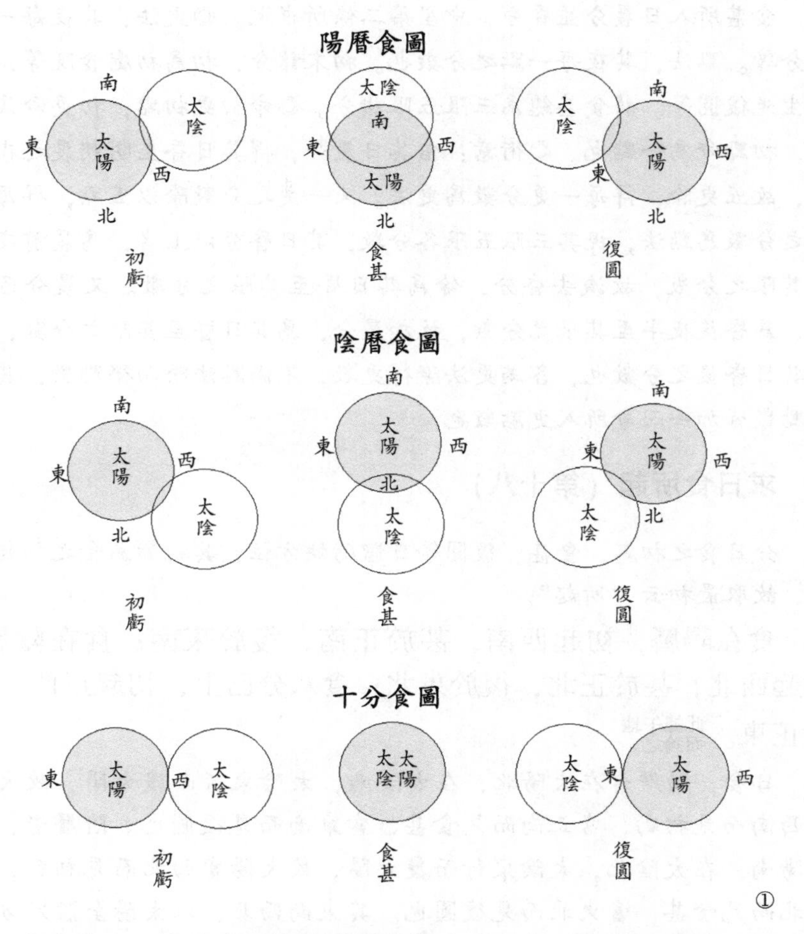

①

定方位：以南北東西與乾坤巽艮②別八方者，全圓周爲十六分，得一分九十六秒少強爲半弧背，得半弧弦一分九十六秒少強，倍之，以減太陰半徑五分，餘加太陽半徑五分，得六分一十七秒③，可以此爲起正西之限。又以右半弧背求弧矢三十八秒，倍之，得七十六秒，此初、復皆在正南北之限也。然一分不足，故不立其限，但帶食以所見分減十

---

① 此圖又見於關孝和的《天文數學雜著》。

② 天文臺藏抄本作“艮巽”，東京大學藏抄本、大谷大學藏抄本與北海道大學藏抄本均作“巽艮”。後者正確。

③ 天文臺藏抄本作“九十六秒”，東京大學藏抄本、大谷大學藏抄本與北海道大學藏抄本均作“一十七秒”。後者正確。

分，餘乘半弦一分九十一秒，以矢減半徑五分之餘四分六十一秒除，所得爲在南北之限。帶食差乘入限行度，五千七百四十除之數，若所得比限少者，所見虧正南北也。若或以十二辰位定者，以全圓周爲二十四分，得一分三十一秒弱，爲半背，求半弦一分三十秒微弱，倍之，以減十分，餘七分四十秒可爲正西東之限。又以二十四向[①]定，全以圓周爲四十八分，所得爲半背，求半弦六十五秒少強，倍而減十分，以餘八分六十九秒爲限。[②]

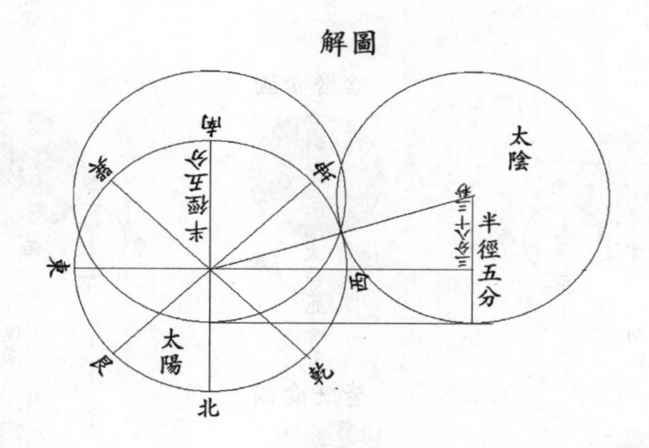

求月食所起（第十九）

食在陽曆，初起東北，甚於正北，復於西北；食在陰曆，初起東南，甚於正南，復於西南；食八分已上，初起正東，復於正西。此亦據午地而論之。

月食陽曆者在暗影北，在太陰南，太陰東行入暗影而缺光，故當太陰東北而見初虧，當正北而見食甚，當西北而見復圓也。食陰曆者在暗影南，在太陰北，太陰東行入暗影而缺光，故當太陰東南而見初虧，當正南而見食甚，當西南而見復圓也。其方位以太陰之全體而定也。◎食八分以上，陰陽曆皆自正東虧而復於正西也。有依術所求正東西之限，

---

① 天文臺藏抄本、東京大學藏抄本、大谷大學藏抄本與北海道大學藏抄本均作“向”。意即方位。

② 關孝和的《天文數學雜著》載有“日食所起（不及訂正）”的注解。

注於左。①

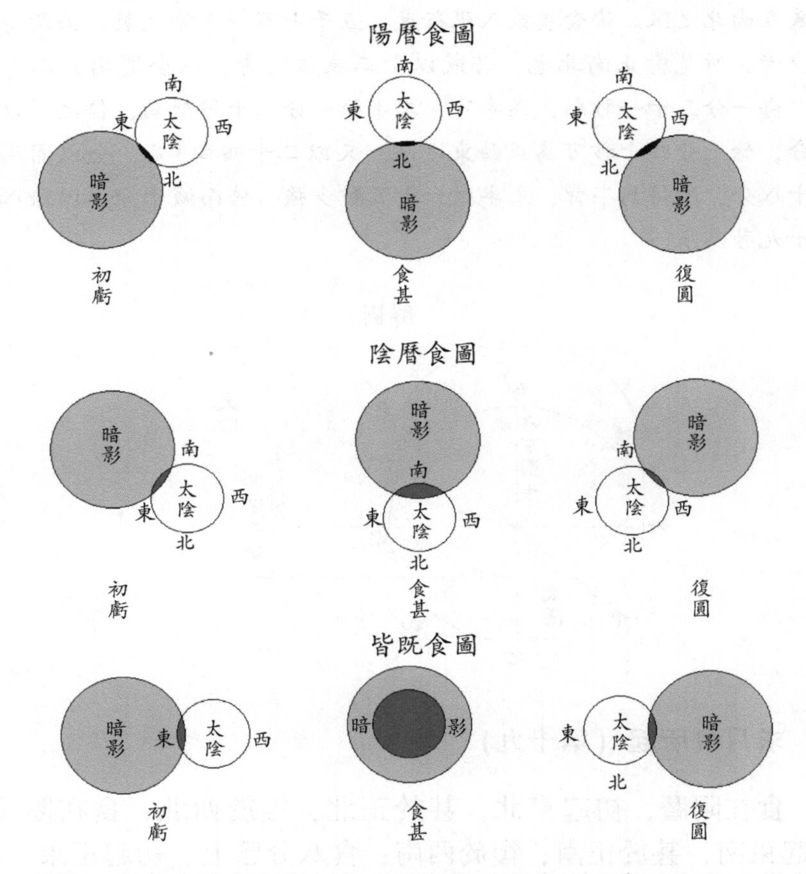

今按：正東正西之限爲八分以上者未必亦然，乃當以九分二十六秒爲限，亦一分一十四秒②已下者初復皆當在於正南。又帶食以所見分減十五分，餘二十九乘，退位，七除，所得爲在南北之限。帶食差乘入限行度、五千七百四十除之數，若比所得之限少者，所見虧於正南北。其術云：全圓周爲十六分，以半弧背求得半弧弦一分九十一秒少強，三因，以減暗影半徑十分，餘加太陰半徑五分，得正東西之限九分二十六秒。又三因依右半背求得之弧矢三十八秒，得一分一十四秒，當爲在正

① 關孝和的《天文數學雜著》載有“月食所起（不及訂正）”的注解。

② 天文臺藏抄本作“一分一千四秒”，東京大學藏抄本、大谷大學藏抄本與北海道大學藏抄本均作“一分一十四秒”。後者正確。

南之限。帶食之限，以所食之分減十五分，餘乘三因半弦五分七十四秒，以三因矢減十五分，餘一十三分八十六秒除，爲在南北之限，此即與日食之法同數也，但約而代爲二十九乘七十除。

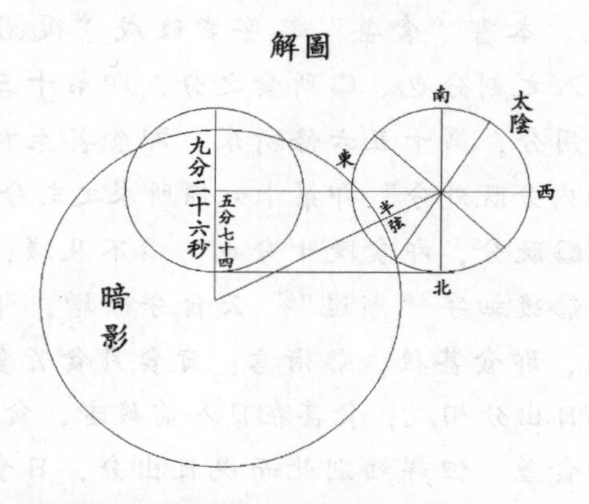

求日月出入帶食所見分數（第二十）①

日月②皆帶食出入者云帶食。求其出入時於地際所見食分也。

視其日日出入分，在初虧已上、食甚已下者，爲帶食。各以食甚分與日出入分相減，餘爲帶食差；以乘所食之分，滿定用分而一，如月食既者，以既内分減帶食差，餘進一位，如既外分而一，所得，以減既分，即月帶食出入所見之分；不及減者，爲帶食既出入。以減所食分，即日月出入帶食所見之分。其食甚在晝，晨爲漸進，昏爲已退；其食甚在夜，晨爲已退，昏爲漸進。

其各日出入分，中星第二條所求，即食甚日之日出日入分也。日月有出入分③，日食用日出入分④、月食用月出入分之意也。然闕⑤求月出

---

① 關孝和的《天文數學雜著》載"求日食出入帶食所見分數圖解（可訂正）：日食，假令食甚定分千三百分，日出分千五百分，帶食差二百分，食八分，定用分五百分，見分四分八十秒。""求月食出入帶食所見分數圖解（可訂正）：月食，假令食甚定分二千一百分，日出分二千五百分，帶食差四百分，食皆既十五分，定用分七刻，所見分六分四十三秒，食既分十分，既内□分五分，既内分二刻三十三分。既外分四刻六十七分。"

② 天文臺藏抄本作"日食"，東京大學藏抄本、大谷大學藏抄本與北海道大學藏抄本均作"日月"。後者正確。

③ 天文臺藏抄本作"方"，東京大學藏抄本、大谷大學藏抄本與北海道大學藏抄本均作"分"。後者正確。

④ 天文臺藏抄本作"周"，東京大學藏抄本與大谷大學藏抄本作"用"。後者正確。

⑤ 天文臺藏抄本作"欠"，東京大學藏抄本、大谷大學藏抄本與北海道大學藏抄本均作"闕"。從後者。

入分術，且次文云“各以①食甚分與日出入相減，餘爲帶食差”，故從《大明》《紀元》等諸曆，將日入分即用於月出分、將日出分即用於月入分而注之。◎其日出入分在初虧以上、復圓已下之際者，初末帶食出入也。本書“食甚”二字當改成“復圓”。◎帶食差，即食甚至日月出入之刻分也。◎所食之分，即第十三四條所求日月食之分秒也。定用分，第十五六條所求，即食甚至初虧復圓之刻分也。◎細字“既内分既外分”即第十六條所求之刻分也。◎進一位，乘既分十分也。◎既分，即食既十分也。◎不及減，以既内分減帶食差，不足也。◎後細字“漸進”② 云食分徐增，即食甚前，“已退”云食分徐復，即食甚後。◎術意：日食月食皆食甚在日出前後者，食甚定分與日出分相減；食甚在日入前後者，食甚定分③與日入分相減，餘爲帶食差。但詳細别此而視日出分，日食，若在食甚分已下初虧分以上，見食甚帶食也；若在食甚分以上復圓分已下，不見食甚帶食也。月食，若在食甚分已下初虧分以上，不見食甚之帶食也；若在食甚分已上復圓分以下，見食甚帶食也。皆食甚分與日出分相減，餘爲帶食差，即在食甚至食甚前，逆在食甚後、順至日出之刻分也。又視日入分④场合，日食，若在食甚分已下初虧分以上，不見食甚帶食也；若在食甚分以上復圓分已下，見食甚帶食也。月食，若在食甚分已下初虧以上，見食甚帶食也；若在食甚分以上復圓分已下，不見食甚帶食也。皆食甚分與日入分相減，餘爲帶食差，即食甚至食甚前，逆在食甚後、順至日入之刻分也。依異乘同除術帶食差乘食之分秒，定用分除，得帶食差相應之食分，故以此減食分，餘得於地際所見食分也。◎月食既者，帶食差内減既内分，餘爲食既生光順逆至日出入之刻分也。依異乘同除術，乘既限十分，

---

① 天文臺藏抄本作“次”，東京大學藏抄本、大谷大學藏抄本與北海道大學藏抄本均作“以”。後者正確。

② 天文臺藏抄本與東京大學藏抄本作“漸進”，大谷大學藏抄本作“術進”，北海道大學藏抄本缺。天文臺藏抄本正確。

③ 天文臺藏抄本與東京大學藏抄本作“食甚ノ分”，大谷大學藏抄本與北海道大學藏抄本作“食甚定分”。後者正確。

④ 天文臺藏抄本作“方”，東京大學藏抄本、大谷大學藏抄本與北海道大學藏抄本均作“分”。後者正確。

既外分除，以所得減既限十分，餘爲所見之分秒。若帶食差少既內分多而不及減，食既①出入也②。

日食月食食甚在日出前夜分者與在日入前晝分者，復圓前見帶食，故皆爲已退；食甚在日出後晝分者與在日入後夜分者，初虧後見帶食，故皆爲漸進③。

論日月帶食

自古諸曆皆日食晨帶食甚前、昏帶食甚後者，月食晨帶食甚後、昏帶食甚前者，皆地上見食甚而求帶食所見之分。按：其地上見食甚者曰帶食，但求所見分無用，然則於不見食甚者當求所見分。又求月帶食者，以日出分用於月入分，以日入分用於月出分，違失矣。又以帶食差依異乘同除術求所見分者最疏闊也，故設改術於左耳。

改術　求日帶食所見之分：視日出分在食甚已上復圓已下者，視日入分在食甚已下初虧以上者，爲帶食，各以食甚分與日出入分相減，餘爲帶食差，以入定限行度乘之，如五千七百四十而一，所得自乘，又以所食之分減十分，餘自乘，併而平方開之，所得以減十分，餘爲所見之分。晨爲已退，昏④爲漸進。求月帶食所見之分：視月出分在食甚既者生光以上復圓以下者，視月入分食甚既者食既以下初虧以上者，爲帶食，各以食甚分與月出入分相減，餘爲帶食差，以入定限行度乘之，如五千七百四十而一，所得自乘，亦以所食之分減一十五分，餘自乘，相併而平方開之，所得以減一十五分，餘爲所見之分。晨爲漸進，昏爲已退⑤。

入定限行度，實用入限行差，但取用本經之術而爲行度。◎求月出入分者設新術注於月離術中。

---

① 天文臺藏抄本作“命既”，東京大學藏抄本、大谷大學藏抄本與北海道大學藏抄本均作“食既”。後者正確。

② 此句之下，天文臺藏抄本衍“其依異乘同除術所見”一句。其它抄本均無此衍文。從後者。

③ 天文臺藏抄本與東京大學藏抄本作“漸進”，大谷大學藏抄本作“術進”，北海道大學藏抄本缺。前者正確。

④ 天文臺藏抄本與東京大學藏抄本有“昏”字，大谷大學藏抄本與北海道大學藏抄本缺“昏”字。從前者補。

⑤ 天文臺藏抄本脱“昏”字，其它抄本未脱。從後者而補。

假如

昏前帶食差二刻

入定限行度一萬〇四十五

日食之分八分八十秒

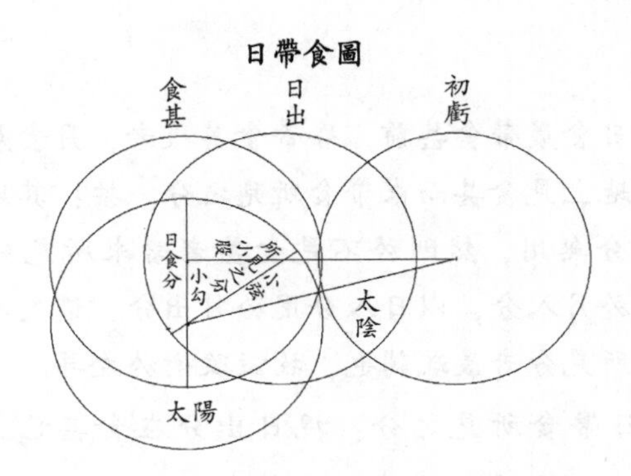

帶食差乘入定限行度，五千七百四十除而得三分五十秒，爲小股。以食分減十分，餘一分二十秒爲小勾，小勾自與小股自相併，開平方除，得小弦三分七十秒，以減太陽半徑五分，餘加太陰半徑五分，得六分三十秒，爲所見分。

假如

昏帶食差四刻一十分

入定限行度一萬一千二百

月食之分六分六十秒

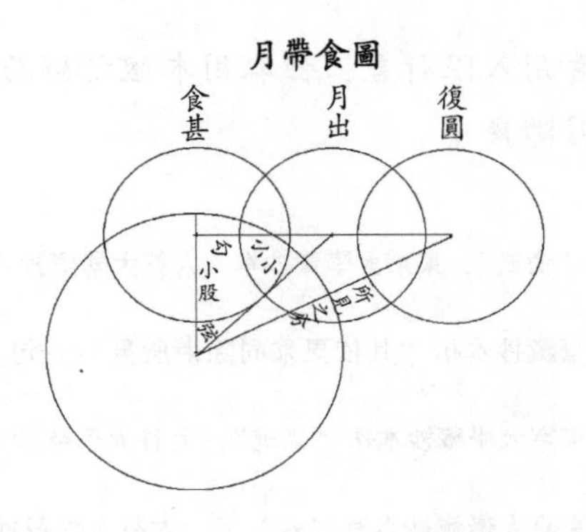

帶食差乘入定限行度，五千七百四十除而得八分，爲小勾。以月食

分減十五分，餘八分四十秒爲小股，小勾自與小股[①]自相併，開平方除，得小弦一十一分六十秒，減内暗影半徑一十分，餘以減太陰半徑五分而得三分四十秒，爲所見分。

求日月食甚宿次（第二十一）

求日食食甚太陽所躔、月食食甚太陰所麗之宿次度分也。

置日月食甚入盈縮曆定度，在盈，便爲定積；在縮，加半歲周，爲定積。望即更加半周天度。以天正冬至加時黄道日度，加而命之，各得日月食甚宿次及分秒。

入盈縮曆定度，第七條所求，即二至至其朔望食甚太陽所在之積度也。◎半歲周，日分命爲度分而爲冬至至夏至之積度。◎冬至加時黄道日度，日躔第七條所求也。◎術意：置食甚入盈縮曆日行定積度，盈者直爲冬至至其食甚太陽所在之黄道積度；縮者爲夏至後，故加半歲周[②]而爲冬至至食甚太陽所在之黄道積度。望，太陰所在，自太陽所在常隔半周天度，更加半周天度分，爲冬至至其望食甚太陰所在之積度，各加冬至加時黄道日度，自其宿累去黄道宿次之全度分，至不滿宿止，得其宿若干度分也。

論月食甚宿次

今按：於月食甚宿度，不會有人目無增損，雖其差不多，然又非可棄之限。凡太陽所衡於月天與太陰交者，於日天有降視之分，此爲加減，故設新術云：置月食甚入盈縮曆定度，在盈便爲日行定積度，在縮加半歲周爲日行定積度。置月食時差，以七十三乘之，半而進位爲分，子前以加，子後以減，皆加減日行定積度[③]，更加半周天度，爲月行定積度。以天正冬至加時黄道日度加而命之，得月食甚宿次度及分[④]。其時差分，非本經所求時差分，依新術而求之月食時差分也。委議於首卷。

---

① 天文臺藏抄本作“小徑”，東京大學藏抄本、大谷大學藏抄本與北海道大學藏抄本均作“小股”。從後者改。

② 天文臺藏抄本與東京大學藏抄本有“半歲周”，大谷大學藏抄本與北海道大學藏抄本缺“半周”。前者正確。

③ 天文臺藏抄本作“皆加減日行行度定積度”，東京大學藏抄本作“皆日行定積度”，大谷大學藏抄本與北海道大學藏抄本作“皆加減日行定積度”。大谷大學藏抄本正確。

④ 天文臺藏抄本作“宿度及分”，東京大學藏抄本、大谷大學藏抄本與北海道大學藏抄本均作“宿次度及分”。後者正確。

3.7 步五星 第七

五星，歲星、螢惑、鎮星、太白、辰星也。歲星爲木星，熒惑爲火星，鎮星爲土星，太白爲金星，辰星爲水星。五星悉載，皆求合伏之宿度並日辰等，故曰步五星。五星各有自行而運旋於天，星之本質也；有遲速行分，據太陽也；有盈縮進退，據天度也；有見匿之早晚，據歲日也。此測驗推算而立法術之所以也。然有陰陽曆内外出入之緯度，又有上昇下降之行，此等猶未能悉極盡其變，只依太陽求其經度，故驗天時有時未必密，然徒牽合術而空增損數強求其合，故有於術理不精，於立數不密。皆不加妄見從本經而釋耳。

曆度，三百六十五度二十五分七十五秒。

曆中，一百八十二度六十二分八十七秒半。

曆策，一十五度二十一分九十秒六十二微半。

右三件，五星皆通用之數也。曆度，五星入盈縮曆一周之度數，即周天度也。◎曆中，盈曆限、縮曆限之度數，即半曆度所得也。◎曆策，盈曆、縮曆皆分十二策而造立成之數，故入曆一策之度也，即十二除曆中所得也。

木星

周率，三百九十八萬八千八百分。

木星周行。木星與太陽合而最疾行二十二分，太陽每日行一度也，自此逐日星行徐遲一十六日八十六分，星之積行三度八十六分，太陽行一十六度八十六分，故星去太陽西一十三度而晨東方始見星體；自此猶星行徐遲一百一十二日而留，星之積行一十七度八十四分，太陽行一百一十二度，故星遠而西去太陽一百〇七度一十六分也。自此留而不行二十四日而退，星留而太陽行二十四度也，故星愈遠太陽西去一百三十一度一十六分也，自此退四十六日五十八分，退行最多，星之積退行四度八十八分，太陽行四十六度五十八分，故星西去太陽極遠，適半周天一百八十二度六十二分，亦去太陽東半周天度，而星與太陽相衝，自此又退行徐少，四十六日五十八分而留，星積退行四度八十八分，太陽行四十六度五十八分。故星卻[①]徐近[②]太陽東去一百三十一度一十六分也，自此留而不行二十四日而有徐遲行，星留而太陽行二十四度，故星猶徐近[③]而東去一百〇七度一十六分也。故自此遲行徐疾一百一十二日而星昏伏西方而不見，星積行一十七度八十四分，太陽行一百一十二度也，故星太陽最[④]近[⑤]東去一十三度也。伏後星行猶徐疾一十六日八十六分而亦最[⑥]疾行也。星積行三度八十六分，太陽行一十六度八十六分，故星與太陽再合，此爲木星一周之行，以其一周日數三百九十八日八十八分通分[⑦]而爲周率也，星積行三十三度六十三分七十五秒也。

周日，三百九十八日八十八分。

周日，木星一周之日分，即周率約日周一萬爲日數，不滿爲分數。

曆率，四千三百三十一萬二千九百六十四分八十六秒半。

木星旋天度一周而復於元盈縮端之日積分也。入曆爲周率故云曆率，即以度率乘周天度而所得也。

度率，一十一萬八千五百八十二分。

木星入曆就一度周日分數也，即周日内減歲周，餘三十三度六十三分七十五秒，爲木星一周日之入曆行度，以此除周率而所得也。

合應，一百一十七萬九千七百二十六分。

至元辛巳歲天正前合至同冬至加時之日積分，至元辛巳歲前合也。

曆應，一千八百九十九萬九千四百八十一分。

---

① 北海道大學藏抄本缺此部分。天文臺藏抄本作“初”，東京大學藏抄本與大谷大學藏抄本作“卻”。後者正確。

② 北海道大學藏抄本缺此部分。天文臺藏抄本作“遠”，東京大學藏抄本與大谷大學藏抄本作“近”。後者正確。

③ 天文臺藏抄本作“遠”，東京大學藏抄本與大谷大學藏抄本作“近”，北海道大學藏抄本缺此部分。後者正確。

④ 天文臺藏抄本作“究”，東京大學藏抄本與大谷大學藏抄本作“最”，北海道大學藏抄本缺此部分。後者正確。

⑤ 天文臺藏抄本作“遠”，東京大學藏抄本與大谷大學藏抄本作“近”，北海道大學藏抄本缺此部分。後者正確。

⑥ 天文臺藏抄本作“究”，東京大學藏抄本與大谷大學藏抄本作“最”，北海道大學藏抄本缺此部分。後者正確。

⑦ 天文臺藏抄本作“方ニ返”，東京大學藏抄本與大谷大學藏抄本作“分ニ通”，北海道大學藏抄本缺此部分。後者正確。

至元辛巳歲天正前盈曆之初至辛巳歲冬至加時之入曆度分也，木星盈初當冬至黄道後九十七度。

盈縮立差，二百三十六加。

平差，二萬五千九百一十二減。

定差，一千八十九萬七千。

立定平差，求木星盈縮差率數也，依垛疊術求之。先盈差初策之氣空也，一策之氣盈差一度五十九分，二策之氣盈差三度〇一分，三策之氣盈差四度二十一分，四策之氣盈差五度一十四分，五策之氣盈差五度七十五分，六策之氣盈差五度九十九分，七策同於五策，八策同於四策，九策同於三策，十策同於二策，十一策同於一策；又縮曆之差數亦同之。以其所定六段相減而求至二差得各段等數，故雖説立三差之法，今略而取一策、二策、三策之三段以解説其術。先以一段策數一十五度二十一分九十秒除其段盈縮積一度五十九分，得一十〇分四四七五，以二段策數三十〇度四十三分八十秒除二段盈縮積三度〇一分①，得九分八八八九，以三段策數四十五度六十五分七十秒除三段盈縮積四度二十一分，得九分二二〇八，爲各平差；以平差分前後相減，得一段五十五秒八六、二段六十六秒八一，爲一差；以一差前後相減，得一段一十〇秒九五，爲二差，以二差減一差，餘得四十四秒九一，爲泛平差，以泛平差加一段平差分，得一十〇分八九七②，爲定平積，即定差也。半二差得五秒四七五，爲立積；以立積減泛平差，餘三十九秒四三五，除曆策十五度二十一分九十秒，得二秒五九一二，爲平差。置立積，以曆策再除而得二微三六爲立差，三差之數各乘一億整尾而爲定率。其加減，一差之數後多，故立差爲加，平差分後少，故平差爲減也。右以《管窺輯要》所載解之，或各段限數不等，或順逆相雜者，悉有得之術，詳於所製《大成算經》也。

伏見，一十三度。

木星與太陽徐近伏而不見，云作伏，伏而徐遠太陽而始見，云作見，即伏乃夕伏、見乃晨見也，其見伏皆去太陽一十三度也。

---

① 天文臺藏抄本、東京大學藏抄本與北海道大學藏抄本作“一分”，大谷大學藏抄本作“二分”。前者正確。

② 天文臺藏抄本與東京大學藏抄本作“八九七”，大谷大學藏抄本與北海道大學藏抄本作“八九”。前者正確。

段目	段日	平度	限度	初行率
合伏	一十六日八十六	三度八十六	二度九十三	二十三分
晨疾初	二十八日	六度一十二	四度六十四	二十二分
晨疾末	二十八日	五度五十二	四度一十九	二十一分
晨遲初	二十八日	四度三十二	三度二十八	一十八分
晨遲末	二十八日	一度九十二	一度四十五	一十二分
晨留	二十四日			
晨退	四十六日五十八	四度八十八一十二半	空二十二八十七半	
夕退	四十六日五十八	四度八十八一十二半	空二十二八十七半	一十六分
夕留	二十四日			
夕遲初	二十八日	一度九十二	一度四十五	
夕遲末	二十八日	四度三十二	三度二十五	一十二分
夕疾初	二十八日	五度五十二	四度一十九	一十八分
夕疾末	二十八日	六度一十二	四度六十四	二十一分
夕伏	一十六日八十六	三度八十六	二度九十三①	二十二分

段目：段，如晨，各伏疾定留退之段也；目，名也。星夜半後見，爲晨段，即星在太陽西；夜半前見，爲夕段，即星在太陽東。合伏，云星太陽自合伏而不見也。疾行徐遲而至留，其行有緩急，非同衰，故立疾之初末、遲之初末四段。留，留而不行也。退，留極卻退行也。

段日，各段之日數也。自合伏不見日數一十六日八十六分也。自星可見疾之初末各二十八日，遲之初末各二十八日，留日數二十四日，退日數四十六日五十八分也。合伏日下分，依星行分所界定見伏度也。其疾遲初末之日數，量星行之緩急而立取也，餘分帶於退段。

平度，隨各段之日數，星之平行積度也。自合至見，十六日八十六分，星行三度八十六分，疾初二十八日，星行六度一十一分，疾末二十

① 中華書局本作“九十三”，天文臺藏抄本誤作“九十四”，大谷大學藏抄本誤作“九十五”。從中華書局本改。

八日，星行五度五十一分，遲初二十八日，星行四度三十一分，遲末二十八日，星行一度九十一分也。留無行分，退四十六日五十八分，星行四度八十八分也，分下秒數帶於退段。此測考算定而所得也。

限度，各段入曆行度也。非星之所當，作爲平日之所當而算定之入曆度數也。例如，星行盈曆時，順行分比常行多，故積順行之日過星平度，故有盈差；逆行分比常行少，故雖言星退，然猶增盈差。星行縮曆時，順行分比常行少，故積順行之日後星平度，故有縮差；逆行分比常行多，故雖言星退，然猶增縮差。故於退段，平度減度數而得中星，限度加度數而求盈縮之增差，此所立平度數與限度數所以異也。然自合至合，積度之數不當令其適合，先倍所定退段之限度三十二分，以減一周積度，餘三十三度爲順段之曆積度。又累計順段前後之平度，得四十三度四十分，以星積度除之，得各段限度。其周天秒數帶退段。

初行率，各段初日常行之度分也。依本經之術以各段日除各段之平度，爲各段平行分，合伏二十二分八九，疾初二十一分八二，疾末一十九分六八，遲初一十五分三九，遲末六分八二，退得十〇分四八。本段前后平行分相減，倍而退一位爲增減差，疾初六十四秒、疾末一分二九，遲初得二分五七，加各其段平行分，得疾初、疾末、遲初三段之初行率，求合伏者，倍疾初段之增減差，疾初日數内減一，餘二十七二除，得日差五秒，半而加疾初之初行率，得二十二分四九，爲合伏段之末日行分，以此減合伏段之平行分[1]，餘四十秒爲增減差，加平行分，得合伏段初行率。求遲末者，倍遲初段增減差，遲初日數内減一，以餘除，得日差[2]三十八秒。又以遲初段增減差減其平行分，餘一十二分八二，爲遲初段末日行分，倍日差減，餘爲遲末段初行率。求退段，本術不用六因，依舊法平行分[3]十四乘十五除爲總差，半而爲增減差，加退段平行分爲後退段初行率，皆分下秒數五以上收爲一，五以下棄之。又

① 天文臺藏抄本作“平行度”，東京大學藏抄本、大谷大學藏抄本與北海道大學藏抄本作“平行分”。後者正確。

② 天文臺藏抄本在“日差”後有“十九秒倍之”一句，東京大學藏抄本、大谷大學藏抄本與北海道大學藏抄本删之。後者正確。

③ 天文臺藏抄本作“本行分”，東京大學藏抄本、大谷大學藏抄本與北海道大學藏抄本作“平行分”。後者正確。

術：於疾與遲之限各立三差之法而得平度，求初行亦同。

火星

周率，七百七十九萬九千二百九十分。

周率，火星與太陽合至再合一周之日積分①也。以日數計爲周日，星先後於太陽疾遲、留、退、晨夕見伏等之次第，皆同於木火土三星。

周日，七百七十九日九十二分九十秒。

曆率，六百八十六萬九千五百八十分四十三秒。

火星入曆盈縮一周之通分，即以度率因乘天度所得也。

度率，一萬八千八百七分半。

以歲周減周率，餘四百一十四度六十八分六十五秒，火星一周日入曆之行度也，以其除周率所得也。木火土②三星度率數收棄不盡而造，然木土二星得不盡零數，故術中得數不煩，火星不盡收棄過多，術中至得數而尾算不密也，故今用本書率整不盡之術，注於《數解》中。但用火星度率一萬八千八百〇七分六十八秒時準木土二星之率。

合應，五十六萬七千五百四十五分。

至元辛巳歲天正前合至辛巳歲天正冬至加時之積分也，即辛巳歲天正之前合分也。

曆應，五百四十七萬二千九百三十八分。

至元辛巳歲天正冬至前盈曆③之初至辛巳歲天正冬至加時入曆度之通分也。盈初當黃道冬至四十七度六十六分後也。

盈初縮末立差，一千一百三十五減。

平差，八十三萬一千一百八十九減。

定差，八千八百四十七萬八千四百。

縮初盈末立差，八百五十一減。本書作“加”。

平差，三萬二百三十五負減。

---

① 天文臺藏抄本作“日數分”，東京大學藏抄本、大谷大學藏抄本與北海道大學藏抄本作“日積分”。後者正確。

② 天文臺藏抄本作“水火土”，東京大學藏抄本、大谷大學藏抄本與北海道大學藏抄本似乎都作“木火土”。後者正確。

③ 天文臺藏抄本作“盈縮曆”，東京大學藏抄本、大谷大學藏抄本與北海道大學藏抄本作“盈曆”。後者正確。

定差，二千九百九十七萬六千三百。

火星盈縮與餘四星異也。盈初與縮末各當六十〇度八十七分半爲盈縮差之極而其增差急也；縮初與盈末各一百二十一度七十五分而其損差緩也。故以各策度分立盈初縮末與縮初盈末二件之率，其招差術注於前。縮初盈末之立差加，當作減，平差負減者，言立差負、平差正也，作負而減，故立差乘初末限，減平差，餘乘初末限，以得數，若平差數少，負殘，故減定差，平差多反減負變爲正，故加定差，皆乘初末限而得盈末縮初之差也。

伏見，一十九度。

火星晨見於東方、夕伏於西方者，去太陽各一十九度也。

段目	段日	平度	限度	初行率
合伏	六十九日	五十度	四十六度五十	七十三分
晨疾初	五十九日	四十一度八十	三十八度八十七〇	七十二分
晨疾末	五十七日	三十九度〇八	三十六度三十四〇	七十分
晨次疾初	五十三日	三十四度二十六〇	三十一度七十七〇	六十七分
晨次疾末	四十七日	二十七度〇四	二十五度二十五〇	六十二分
晨遲初	三十九日	一十七度七十二〇	一十六度四十八〇	五十三分
晨遲末	二十九日	六度二十	五度七十七〇	三十八分
晨留	八日			
晨退	二十八日	八度六十五六十七半	六度四十六三十二半	
夕退	二十八日	八度六十五六十七半	六度四十六三十二半	四十四分
夕留	八日			
夕遲初	二十九日	六度二十	五度七十七〇	
夕遲末	三十九日	一十七度七十二〇	一十六度四十八〇	三十八分
夕次疾初	四十七日	二十七度〇四	二十五度二十五〇	五十三分
夕次疾末	五十三日	三十四度十六	三十一度七十七〇	六十二分
夕疾初	五十七日	三十九度〇八	三十六度三十四〇	六十七分

夕疾末	五十九日	四十一度八十	三十八度八十七〇	七十分
夕伏	六十九日	五十度	四十六度五十	七十二分

立段，見至留之日數多，故別疾之初末、次疾之初末、遲之初末六段計行之緩急而定日數，其外如木星。

土星

周率，三百七十八萬九百一十六分。

周日，三百七十八日九分一十六秒。

曆率，一億七百四十七萬八千八百四十五分六十六秒。

度率，二十九萬四千二百五十五分。

合應，一十七萬五千六百四十三分。

曆應，五千二百二十四萬五百六十一分。

至元辛巳歲天正冬至前之盈初當黃道冬至一百七十〇度七十四分後。

盈立差，二百八十三加。

平差，四萬一千二十二減。

定差，一千五百一十四萬六千一百。

縮立差，三百三十一加。

平差，一萬五千一百二十六減。

定差，一千一百一萬七千五百。

土星盈縮又與餘星異也，盈曆差多而極八度二十六分，縮曆差少而極六度二十八分也，故造盈與縮二件之率。

段目	段日	平度	限度	初行率
合伏	二十日四十	二度四十	一度四十九	一十二分
晨疾	三十一日	三度四十	一度十二	一十一分
晨次疾	二十九日	二度七十五	一度七十二	一十分
晨遲	二十六日	一度五十	初八十三	八分
晨留	三十日			
晨退	五十二日六十四五十八	三度六十二五十四半	初二十八四十五半	

初夕退　五十二日六十四五十八　三度六十二五十四半　初二十八四十五半　一十分

夕留　三十日

夕遲　二十六日　一度五十　初八十三

夕次疾　二十九日　二度七十五　一度七十二　八分

夕疾　三十一日　三度四十　二度二十二　一十分

夕伏　二十日四十　二度四十　一度四十九　一十一分

立段，土星見至留日數少，故别疾、次疾、遲三段立諸數，以退段限度二十八分爲一十八分四十五秒半而求諸段限度，得其遲段九十三分，去十分爲八十三分而復退段二十八分四十五秒半而造之數也。

金星

周率，五百八十三萬九千二十六分。

金水二星與木火土三星異也。木火土三星離太陽旋天，金水二星常附太陽旋天。三星之行比太陽遲，故後太陽而晨見於東方、夕伏於西方。二星行比太陽速，故先太陽而夕見於西方同伏，晨見於東方同亦伏，故木火土三星皆隔半周天與太陽對沖，金星去太陽極遠者四十七度太強，水星則二十三度餘也。

金星周行。金星與太陽合而最疾行[①]一度二十七分半，太陽日行一度，自此逐日星行徐損三十九日，星積行四十九度半，太陽行三十九度，故星去太陽東一十〇度五十分，夕西方始見星體[②]，自此星行猶徐損一百八十二日，星行太陽行等，星積行二百一十九度二十五分，太陽行一百八十二度，故星去太陽東之極四十七度七十五分，自此星行猶徐損而比太陽行少，故卻近太陽四十九日而留，星積行三十一度二十五分，太陽行四十九度，故星去太陽東三十度，自此留不行五日二而退行，星留太陽行五度，故星去太陽東二十五度，自此退行徐益一十〇日九十五分[③]，星夕伏於西方不見，星積退行三度七十分，太陽行一十〇

① 天文臺藏抄本與東京大學藏抄本作“最疾行”，大谷大學藏抄本與北海道大學藏抄本作“晨疾行”。前者正確。

② 天文臺藏抄本作“星行”，東京大學藏抄本、大谷大學藏抄本與北海道大學藏抄本均作“星體”。後者正確。

③ 天文臺藏抄本與東京大學藏抄本作“九十五分”，大谷大學藏抄本與北海道大學藏抄本作“五十五分”。前者正確。

度九十五分，故星去太陽西一十〇度三十五分，夕伏后退行猶徐益六日，星積退行四度三十五分，太陽行六度，故星與太陽逆合，逆合後退行徐損六日，星積退行四度三十五分，太陽行六度，故星去太陽西一十〇度三十五分，晨東方見星体，自此猶徐退行，積一十〇度九十五分而留，星積退行三度七十分，太陽行一十〇度九十五分，故星去太陽西二十五度，自此留不行五日而有順遲行，星留太陽行五度，故星①去太陽西三十度，自此遲行徐速四十九日，星積行三十一度二十五分，太陽行四十九度，故星去太陽西之極四十七度七十五分，自此星行猶徐疾而比太陽行多，故亦徐近②太陽一百八十二日而晨伏於東方不見，星積行二百一十九度二十五分，太陽行一百八十二度，故星去太陽西一十〇度五十分，自此星行猶疾三十九日，最疾行一度二十七分半也，星積行四十七度，太陽行四十九度五十分③，故星與太陽再合，此金星一周之行也，一周之日數五百八十三日九十〇分二十六秒，星積行又五百八十三度九十〇分二十六秒也。

周日，五百八十三日九十分二十六秒。

曆率，三百六十五萬二千五百七十五分。

金星常附太陽旋天，故金星一周之日與一周之行度同數也，故度率即與日周等而爲一萬，曆率即周天分④也。

度率，一萬。

合應，五百七十一萬六千三百三十分。

曆應，一十一萬九千六百三十九分。

至元辛巳歲天正前盈曆初，當黄道冬至后一十一度九十六分前。

盈縮立差，一百四十一加。

平差，三減。

---

① 天文臺藏抄本誤作“是”，當爲“星”。

② 天文臺藏抄本作“遠”，東京大學藏抄本、大谷大學藏抄本與北海道大學藏抄本作“近”。後者正確。

③ 天文臺藏抄本作“五十五分”，東京大學藏抄本、大谷大學藏抄本與北海道大學藏抄本作“五十分”。後者正確。

④ 天文臺藏抄本作“周天分度”，東京大學藏抄本、大谷大學藏抄本與北海道大學藏抄本作“周天分”。後者正確。

定差，三百五十一萬五千五百。

伏見，一十度半。

夕見晨伏，去太陽一十〇度五十分也，退合之夕伏晨見，於立段之數減一十五分。

段目	段日	平度	限度	初行率
合伏	三十九日	四十九度五十	四十七度六十四〇	一度二十七分半
夕疾初	五十二日	六十五度五十	六十三度〇四	一度二十六分半
夕疾末	四十九日	六十一度	五十八度七十	一度二十五分半
夕次疾初	四十二日	五十度二十五〇	四十八度三十六〇	一度二十三分半
夕次疾末	三十九日	四十二度五十	四十度九十	一度一十六分
夕遲初	三十三日	二十七度	二十五度九十九〇	一度二分
夕遲末	一十六日	四度二十五〇	四度〇九	六十二分
夕留	五日			
夕退	一十日九十五二十三	三度六十九八十七	一度五十九二十三	
夕退伏	六日	四度三十五〇	一度六十三〇	六十一分
合退伏	六日	四度三十五〇	一度六十三〇	八十二分
晨退	一十日九十五二十三	三度六十九八十七	一度五十九二十三	六十一分
晨留	五日			
晨遲初	一十六日	四度二十五〇	四度〇九	
晨遲末	三十三日	二十七度	二十五度九十九〇	六十二分
晨次疾初	三十九日	四十二度五十	四十度九十	一度二分
晨次疾末	四十二日	五十度二十五〇	四十八度三十六〇	一度一十六分
晨疾初	四十九日	六十一度	五十八度七十二	一度二十三分半
晨疾末	五十二日	六十五度五十	六十三度〇四	一度二十五分半
晨伏	三十九日	四十九度五十	四十七度六十四〇	一度二十六分半

周日之數多，故立段同於火星，但夕逆行伏而不見爲夕退伏，逆行而合於太陽爲合退伏。◎求限度，金水二星附太陽行，故作一周之退度，即併前後退段之限度，以減周率，餘爲曆積度，如前術求順段之限度也。◎求夕遲二段之初行率，求夕次疾末段之末日行分而爲夕遲初段初行率，減夕遲初段平行分，餘爲夕遲初段增減差，求其末日行分爲夕遲末段初行率，其外如本術求之。今按：此二段初行率如本術求而不合，因此減遲段平度過多，而不能求末日之行，故至求當時亦如斯，故當别[①]立術求初末之行分併日差，又增遲段平度、損次疾段平度而所改造之數如左。

夕次疾初	四十二日	四十九度七十	四十七度八十二	一度二十二分半
夕次疾末	三十九日	四十二度五十	四十度四十二	一度二十五分
夕遲初	三十三日	二十七度	二十五度九十九	一度
夕遲末	一十六日	五度三十	五度一十	六十三分

水星

周率，一百一十五萬八千七百六十分。

水星亦常附太陽旋天，其晨夕見伏留退疾遲之次第皆同於金星，其行甚疾而與太陽再合，一周一百一十五日八十七分六十秒，行度亦一百一十五度八十七分六十秒，晨夕去太陽極多者不越二十三度。

周日，一百一十五日八十七分六十秒。

曆率，三百六十五萬二千五百七十五分。

水星附太陽旋天，故與金星同而度率爲日周一萬，曆率即周天分也。

度率，一萬。

合應，七十萬四百三十七分。

曆應，二百五萬五千一百六十一分。

至元辛巳歲天正前盈初當黄道冬至后一百五十九度七十二分後。

---

① 天文臺藏抄本作“前”，東京大學藏抄本、大谷大學藏抄本與北海道大學藏抄本作“别”。後者正確。

盈縮立差，一百四十一加。

　　平差，二千一百六十五減。

　　定差，三百八十七萬七千。

晨伏夕見，一十六度半。

夕伏晨見，一十九度。

晨伏夕見，順合也，見伏度爲一十六度五十分；夕伏晨見，逆合[1]也，見伏一十九度。

段目	段日	平度	限度	初行率
合伏	一十七日七十五〇	三十四度二十五〇	二十九度〇八	二度一十五分五十八〇
夕疾	一十五日	二十一度三十八〇	一十八度一十六〇	一度七十分三十四
夕遲	一十二日	一十度二十三〇	八度五十九〇	一度一十四分七十二〇
夕留	二日			
夕退伏	一十一日一十八八十〇	七度八十一二十〇	二度一十八十	
合退伏	一十一日一十八八十〇	七度八十一二十〇	二度一十八十	一度三分四十六
晨留	二日			
晨遲	一十二日	一十度二十三〇	八度五十九〇	
晨疾	一十五日	二十一度三十八〇	一十八度一十六〇	一度一十四分七十二〇
晨伏	一十七日七十五〇	三十四度二十五〇	二十九度〇八	一度七十分三十四

晨夕並順逆合見伏之立段同於金星，但周日之數少而爲疾遲退各一段。

推天正冬至後五星平合及諸段中積中星（第一）

天正冬至，舊年之冬至也。平合，平行計而星與太陽合之日分也。中積，諸段之平日分也。中星，諸段平日分所當之星度也。自此依下術求見伏合之定日、定度[2]並每日夜半星行之宿度也。

---

① 天文臺藏抄本作“定合”，東京大學藏抄本、大谷大學藏抄本與北海道大學藏抄本作“逆合”。後者正確。

② 天文臺藏抄本與東京大學藏抄本作“定日定度”，大谷大學藏抄本與北海道大學藏抄本作“是日定度”。前者正確。

置中積，加合應，以其星周率去之，不盡，爲前合；復減周率，餘爲後合；以日周約之，得其星天正冬至後平合中積中星。命爲日，日中積；命爲度，日中星。以段日累加中積，即諸段中積；以平度累加中星，經退則減之，即爲諸段中星。上考者，中積内減合應，滿周率去之，不盡，便爲所求後合分。

中積，氣朔第一條所求，即自至元辛巳歲天正冬至至所求歲天正冬至之日積分也。◎合應，至元辛巳歲天正前之合至同冬至之積分也。周率，其星自合至合一周之日積分也。◎前合，所求歲天正冬至前之合也。◎後合，天正冬至後之合也。◎中積，諸段之積日分，即自天正冬至至其段目之初日，平行之積日分也。◎中星，諸段積度分，即自天正冬至至其段之平日所當之星行積度也。◎段日，諸段之限日數也。◎平度，隨段日星行之積度也。本經四行第四“以”字，當作“平”字。◎經退，當段目之晨退夕退等也。術意：中積加合應，得自至元辛巳歲天正冬至前合伏至所求歲天正冬至加時之日積分，滿其星周率去之，餘爲自所求歲天正冬至逆而至冬至前合伏初日之日積分也，以此爲前合分。前合分以減周率，餘爲自所求歲天正冬至順而至冬至後合伏初日之日積分也，以此爲後合分。約日周，爲日數，不滿爲分，爲冬至後合伏中積，其中積①之日分命爲度分而爲合伏中星。置合伏中積，累加段日，得諸段之中積日分。又置合伏之中星，累加平度，當晨夕退段減平度，而得諸段之中星度分也。上考者同意。

推五星平合及諸段入曆（第二）

入曆，入盈縮曆之積度也。欲求盈縮之差度而求之。

各置中積，加曆應及所求後合分，滿曆率去之；不盡，如度率而一爲度，不滿，退除爲分秒，即其星平合入曆度及分秒；以諸段限度累加之，即諸段入曆。上考者，中積内減曆應，滿曆率去之，不盡，反減曆率，餘加其年後合，餘同上。

中積，氣朔第一條所求。◎曆應，自至元辛巳歲天正前盈初至辛巳

---

① 天文臺藏抄本作“其積”，東京大學藏抄本、大谷大學藏抄本與北海道大學藏抄本作“其中積”。後者正確。

天正冬至之日積分也。◎所求後合分，前條[①]所求也。◎曆率，五星盈縮曆一周之日積分也。◎度率，就入曆一度星之周率也。◎平合入曆，平合伏所當之入曆度分也。◎限度，隨各段日數入曆之度也。術意：中積加曆應與所求後合分，爲自至元辛巳歲天正冬至前盈曆初至所求歲後合伏之日積分，滿曆率去之，餘爲自所求歲後合前之盈曆初至後合之積日分也，故以度率除者，得自盈初至後合之入曆度分也，即爲後合入曆。累加逐段限度，得諸段入曆之度分也。◎上考者同意。

今按：求入曆者，依歲差進退消長之增損，當時盈縮所起異於元也。此不取《大明》，大率依《紀元》。求其所差者，本術滿曆率而一得其星入曆之周數。置元歲差一分五十秒，以消長數上減下加，乘周數，爲歲退差分。又置距算，若後合在其年冬至後者，加一，各乘消長數爲積分，乘日周，除度率，以減積分，餘爲消長[②]差分，與歲退差分併，而所得度分數自元盈縮所起，上考者退、下算者進而當時盈之所起也。蓋若星之盈縮全隨日道者何無進退乎？[③] 然曆率數當皆依歲周也。◎凡五星盈縮，於各氣黄道所當有盈縮，若冬至黄道爲盈初，則逐氣徐增，自盈末逐氣徐損，夏至黄道盈分損盡而無餘，自此爲縮初而逐氣徐損、自縮末逐氣徐增，又當冬至黄道縮分增盡而復於不足，故其盈極所當之黄道，當合伏亦盈極也，當退段亦盈[④]極也，又縮[⑤]之初所當黄道，當合伏亦當諸段亦皆縮之初也，此據黄道有盈縮之所以也，然如其設術立數，則不依星行之遲速，行之盈縮亦微有之，其所立順段限度數比平度數少時，星行而氣之盈縮初損末益，退段之平度退減中積，限度加中星之星，退行而氣之盈縮初益末損，此星行亦有盈縮也。然又熟考，順

---

① 天文臺藏抄本與東京大學藏抄本作“前條”，大谷大學藏抄本與北海道大學藏抄本作“别條”。前者正確。

② 天文臺藏抄本作“後長”，東京大學藏抄本、大谷大學藏抄本與北海道大學藏抄本作“消長”。後者正確。

③ 天文臺藏抄本、大谷大學藏抄本與北海道大學藏抄本作“蓋シ星ノ盈縮全ク日道ニ隨フ者ナラハ何ンゾ進退スルコトアラン”。東京大學藏抄本作“蓋シ星ノ盈縮全ク日道ニ隨フ者ナラハ進退スルコトアラン”。前者正確。

④ 天文臺藏抄本缺“盈”，東京大學藏抄本、大谷大學藏抄本與北海道大學藏抄本均有。從後者補。

⑤ 天文臺藏抄本作“入縮”，東京大學藏抄本、大谷大學藏抄本與北海道大學藏抄本作“又縮”。後者正確。

段前損後益之分數不據氣，又不依星之遲速而常均時，同於自始損益而隨平度之數求所立盈縮積，然則星[1]其盈縮全不依星行而咸據氣也。若咸據氣，於退段曆度又退，依其所當黃道該有盈縮，又不如退段限度之立數，於退行星質必有損益，退行若無損益之差，爲何因順行遲速而無損益差乎？

求盈縮差（第三）

盈縮差，自其段平日所當，盈後縮前至其定限[2]所當之度分，亦日分也。

置入曆度及分秒，在曆中已下，爲盈；已上，減去曆中，餘爲縮。視盈縮曆，在九十一度三十一分四十三秒太已下，爲初限；已上，用減曆中，餘爲末限。

其火星，盈曆在六十度八十七分六十二秒半已下，爲初限；已上，用減曆中，餘爲末限。

置各星立差，以初末限乘之，去加減平差，得，又以初末限乘之，去加減定差，再以初末限乘之，滿億爲度，不滿退除爲分秒，即所求盈縮差。

◎入曆度分，即前條所求也。◎曆中，一百八十二度六十二分八十七秒，半盈曆與縮曆之限也。◎九十一度三十一分四十三秒太，曆中之半也。◎火星六十度八十七分六十二秒半，曆中三分之一，即火星盈初縮末限。◎一百二十一度七十五分二十五秒、曆中三分之二，即火星盈末與縮初之限也。◎術意：置五星諸段入曆之度分，曆中已下直爲盈曆，曆中已上則去曆中，餘爲縮曆。木土金水四星，置其盈縮曆，象限已下直爲初限，以上則以減曆中，餘爲末限[3]。火星，盈曆者以六十度八十七分六十二秒半已下爲盈初限，以上則以減曆中，餘爲盈末限。

---

① 天文臺藏抄本與東京大學藏抄本作“是”，大谷大學藏抄本與北海道大學藏抄本作“星”。後者正確。

② 天文臺藏抄本作“定限度”，東京大學藏抄本、大谷大學藏抄本與北海道大學藏抄本作“定限”。後者正確。

③ 天文臺藏抄本作“盈限”，東京大學藏抄本、大谷大學藏抄本與北海道大學藏抄本作“末限”。後者正確。

縮曆者以一百二十一度七十五分二十五秒已下爲縮初限，以上則以減曆中，餘爲縮末限，皆置其星之立差，乘初末限，立差加者則平差加、立差減者則以減平差，餘乘初末限，以得數、平差加者加定差，平差減者減定差，餘又乘初末限，滿億爲度得盈縮差。火星縮初盈末，置立差，乘初末限，所得内減平差，其平差少者，餘乘初末限，以減定差，平差多者反減，餘乘初末限而加定差，皆乘初末限，一億約而爲盈縮差。

又術：置盈縮曆，以曆策除之，爲策數，不盡爲策餘；以其下損益率乘之，曆策除之，所得，益加損減其下盈縮積，亦爲所求盈縮差。

又術，依立成數而求也。置盈縮曆，滿曆策除而爲策數，不滿爲策餘。以其策數當立成之策數，以其段損益率乘策餘之度分，曆策除，得數乃其策餘度分相應之損益分，故益加損減其段盈縮積，得盈縮定差也。

造五星立成數法

策數，盈縮各分十二策，用一氣之度數①，即自初策至十一策也，十二除半周天度得一十五度二十一分九十〇分秒六十二微半，一策之度分也。

盈縮積度，每策盈縮之差也。先初策空，自一策至十一策，策數乘曆策爲入盈縮曆之度分，其入曆，木土金水四星九十一度三十一分四十三秒七十五微已下爲初限，以上則以減曆中，餘爲末限，得一策之初限、十一策之末限，各一十五度二十一分九十〇分秒六十二微半；二策之初限、十策之末限，各三十〇度四十三分八十一秒二十五微；三策之初限、九策之末限，各四十五度六十五分七十一秒八十七微半；四策之初限、八策之末限，各六十〇度八十七分六十二秒五十微；五策之初限、七策之末限，各七十六度〇九分五十三秒一十二微半；六策之初末限，各九十一度三十一分四十三秒七十五微。火星，盈曆之度分以六十〇度八十七分六十二微半已下爲初限，以上用減曆中，餘爲末限，縮曆

① 天文臺藏抄本作“氣”，東京大學藏抄本、大谷大學藏抄本與北海道大學藏抄本作“一氣”。後者正確。

以一百二十一度七十五分[①]二十五秒已下爲初限，以上用減曆中，餘爲末限，故得其盈縮之初末限各一策十一策、二策十策、三策九策、四策八策之度數同前，其五策之盈末限與七策之縮初限各一百〇六度五十三分三十四秒三十七微半，六策之盈末限與六策之縮初限各九十一度三十一分四十三秒七十五微，七策之盈末限與五策之縮初限各七十六度〇九分五十三秒一十二微半。置各星盈縮之立差，乘初末限，加減平差，又乘初末限，加減定差，又乘初末限，一億約，得各星每策之盈縮積。其木金水三星，盈積與縮積同數，故立一列。火星盈縮各初末限異，土星盈與縮之差數異，故皆盈差與縮差立二列。

損益率，就曆策之度分而有盈縮損益之分也，以其策之盈縮積減次策之盈縮積，餘爲其策之損益率，前少後多爲益、前多後少爲損。按：以其策之盈縮積減次策之盈縮積，以餘自始除曆策，以所得可爲損益率而用之，然則術中策餘以其下損益率[②]乘之，所得益加損減其下盈縮積，得所求，故術中無除曆策之煩。

求平合諸段定積（第四）

定積，其平合並諸段之定日數也。本"經合"之下、"諸"之上補入"及"字。

各置其星其段中積，以其盈縮差盈加縮減之，即其段定積日及分秒；以天正冬至日分加之，滿紀法去之，不滿，命甲子算外，即得日辰。

其段中積，第一條所求，諸段之中積日分也。◎盈縮差，乃前條所求。◎天正冬至日分，乃氣朔第一條所求。◎術意：其星各段中積乃天正冬至至其段初日平日分，故其段盈縮差命日分，盈加、縮減，得天正冬至至其段定限之日分爲定積，此其段常日也，加天正冬至日分，滿日數紀法去之，餘日數命甲子而爲某日，分爲刻分也。

總五星之術，初有立段之諸數，依星之盈縮而爲時不定，故於此定

---

① 天文臺藏抄本作"七十九分"，東京大學藏抄本、大谷大學藏抄本與北海道大學藏抄本作"七十五分"。後者正確。

② 天文臺藏抄本作"益損率"，東京大學藏抄本、大谷大學藏抄本與北海道大學藏抄本作"損益率"。後者正確。

各段之日數，由此日數求諸數也。

求平合及諸段所在月日（第五）

前條求諸段常日處，求其當某月之若干日也。

各置其段定積，以天正閏日及分加之，滿朔策，除之爲月數，不盡，爲入月已來日數及分秒。其月數，命天正十一月算外，即其段入月經朔日數及分秒；以日辰相距，爲所在定朔月日。

其段定積，前條所求，即冬至至其段常日加時之日分也。◎天正閏日分，氣朔第三條所求閏餘分，滿日周爲日數，不滿爲分而所得，即天正十一月經朔加時至冬至加時之日分也。◎所謂入月已來，以朔策除所得月朔以來之日數也。◎日辰，前條所求平合及諸段之日辰也。◎術意：其段定積加天正閏日分，而爲天正十一月經朔加時至其段常日加時之積日分，滿朔策除而所得，得天正月已來之經朔月數[①]，不滿朔策，其所得月朔至常日加時之日數及分也，其月數天正十一月爲空、十二月爲一、正月爲二地算而得其[②]月也，此以經朔求，以定朔干支距諸段日辰數日數而爲定月日也。

求平合及諸段加時定星（第六）

定星，云星之所在。求各段定積之加時其星所在宿度也。

各置其段中星，以盈縮差盈加縮減之，金星倍之，水星三之。即諸段定星；以天正冬至加時黃道日度加而命之，即其星其段加時所在宿度及分秒。

其段之中星，第一條所求，即自天正冬至至其段平日加時之積度也。◎盈縮差，第三條所求，即自其段平日所當，距盈後、縮前常日所當之度分也。◎金星倍之，水星三之，盈縮差金倍之、水三之而加減也。◎黃道日度，日躔第七條所求也。◎術意：置其段中星之度分，盈

① 天文臺藏抄本與東京大學藏抄本作“月數”，大谷大學藏抄本與北海道大學藏抄本作“日數”。前者正確。

② 天文臺藏抄本與東京大學藏抄本作“某”，大谷大學藏抄本與北海道大學藏抄本作“其”。後者正確。

差加、縮差減，而得自冬至加時至其段常日加時星所在之度分，爲諸段定星。加天正冬至加時黄道日度，累去黄道宿次之度分，而得星所在之宿度也。用其盈縮差，金星最疾行一度餘也，故隨自其平日至常日之日分，定積日之當所也。又星行盈在後、縮在前，如始之盈縮差，故定積之日定星所在，比中星之度，盈縮差之一倍也，依之，盈縮差加減於中積而爲常日定積，倍差，加減於中星而爲定星。水星最疾行二度[①]餘也，故隨自其平日至常日之日分，定積日之當所也。又星行盈在後、縮在前，如始之盈縮差之一倍也，故定積之日定星所在，比中星之度，盈縮差之三倍也，依之，盈縮差加減於中積而爲常日定積，三之差，加減於中星而爲定星也。

今按：金水二星如此求，於順之合、見、伏段粗宜[②]，然於退合，非倍、三之限，各段又隨星行分倍數甚有增減，求之者，以其段初行率乘盈縮差，百約，所得爲定積加時盈縮差，又併盈縮差，以加減中星，可得定星積度。木火土三星亦可如此求，如何？於三星有無星行分乎？

求諸段初日晨前夜半定星（第七）

求各段定積之晨前夜半星所在之宿度分也。

各以其段初行率，乘其段加時分，百約之，乃順減退加其日加時定星，即其段初日晨前夜半定星；加命如前，即得所求。

加時分，第四條所求之平合及諸段定積之日下分也。◎加時定星，前條所求即星所在之積度也。◎術意：其段加時分乘初行率，百約，得數爲其日晨前夜半至加時之星行分也，故加時定星減積度分，餘爲其段初日夜半定星之積度分。逆行者[③]，夜半至加時退，故加加時定星之度分，爲初日夜半定星之積度分，各加冬至加時黄道日度，去命黄道宿次如前，得夜半定星宿度分也。

---

① 天文臺藏抄本作“一度”，東京大學藏抄本、大谷大學藏抄本與北海道大學藏抄本作“二度”。後者正確。

② 天文臺藏抄本與東京大學藏抄本作“粗宜”，大谷大學藏抄本與北海道大學藏抄本作“朔空”。前者正確。

③ 天文臺藏抄本作“退行者”，東京大學藏抄本、大谷大學藏抄本與北海道大學藏抄本作“逆行者”。後者正確。

求諸段日率度率（第八）

日率，其段相距次段之日數也。度率，其段相距次段之度也。

各以其段日辰距後段日辰爲日率，以其段夜半宿次與後段夜半宿次相減，餘爲度率。

日辰，第四條所求定積之日辰也。◎夜半宿次，前條所求夜半星所在之宿度也。◎術意：算其段定積日辰距後段定積日辰之日數而爲日率，即相距日也。亦其段晨前夜半宿度距後段晨前夜半宿度，依黄道宿次度分累計而爲度率，即相距度也。

求諸段平行分（第九）

各置其段度率，以其段日率除之，即其段平行度及分秒。

置度率，日率除，爲其段平行分，如此求平行分，次條求初末日行分並日差而求每日星行分者，以求令各段定星度分之數首尾符合之算法也。

求諸段增減差及日差（第十）

增減差，增減於平行之初末差也；日差，每日徐增徐損之差也。

以本段前後平行分相減，爲其段泛差；倍而退位，爲增減差；以加減其段平行分，爲初末日行分。前多後少者，加爲初，減爲末；前少後多者，減爲初，加爲末。倍增減差，爲總差；以日率減一，除之，爲日差。

本段，指所求段也。本段之前段平行分與本段之後段平行分相減，餘爲泛差，此乃本段前段平行差與本段後段平行差相併之數也。其本段之前與後無可相減之段者，以次術求也。◎倍泛差，退一位，爲增減差，即平行初末之差也，故前多後少則行分徐損，以增減差加平行分，爲初日行分，減平行分爲末日行分；又前少後多則行分徐增，以增減差減平行分，爲初日行分，加平行分爲末日行分。其倍而退位即五分之一也，此用平行分而本段初與前段末，又本段末與後段初所合之極，各當四分之一也，故欲各別求本初前末與本末後初皆增一分而用五分之一。舊法用倍而九除，此亦可。◎倍增減差爲總差，即初末行之差也。日率内減一日，以餘日數除，爲日差，即每日增損之差也。初日行多而末日行少爲減；初日行少末日行多爲加。

求前後伏遲退段增減差（第十一）

前後，晨段、夕段也。求近[①]伏段與留之遲段並退段等，求前條之術不能求者也。

前伏者，置後段初日行分，加其日差之半，爲末日行分。

後伏者，置前段末日行分，加其日差之半，爲初日行分；以減伏段平行分，餘爲增減差。

前伏，五星皆合伏段也；合伏段，前段空而無需與後段平行分相減，故半後段日差，加後段初日行分而爲合伏段末日行分，減合伏段平行分，餘爲增減差。◎後伏，乃木火土三星夕伏、金水二星晨伏段。此無後段，故半前段日差，加前段末日行分，爲後伏段初日行分，減後伏段平行分，餘爲增減差。求其伏段，半日差，晨疾行時徐遲差最緩，故爲半也。

前遲者，置前段末日行分，倍其日差，減之，爲初日行分。

後遲者，置後段初日行分，倍其日差，減之，爲末日行分；以遲段平行分減之，餘爲增減差。前後近留之遲段。

前遲[②]，木火土三星晨遲、金水二星夕遲也。此後段平行分[③]無可相減，倍前段日差，減前段末日行分，餘爲遲段初日行分，減遲段平行分，餘爲增減差。◎後遲，木火土三星夕遲、金水二星晨遲也。此前段平行分無可相減，倍後段日差，減後段初日行分，餘爲遲段末日行分，減遲段平行分，餘爲增減差。◎細字所谓近留遲段[④]，木火土[⑤]三星遲

---

① 天文臺藏抄本作“遠”，東京大學藏抄本、大谷大學藏抄本與北海道大學藏抄本作“近”。後者正確。

② 天文臺藏抄本作“遲”，東京大學藏抄本、大谷大學藏抄本與北海道大學藏抄本作“前遲”。後者正確。

③ 天文臺藏抄本作“平行”，東京大學藏抄本、大谷大學藏抄本與北海道大學藏抄本作“平行分”。後者正確。

④ 天文臺藏抄本作“遲”，東京大學藏抄本、大谷大學藏抄本與北海道大學藏抄本作“遲段”。後者正確。

⑤ 天文臺藏抄本作“木火土”，東京大學藏抄本作“木火金”，大谷大學藏抄本與北海道大學藏抄本作“土火金”。前者正確。

有初末，故云其前爲遲末段、後爲遲初段也。倍其遲段日差者，遲至留其差最急，故倍也。

今按：金星夕遲段，因平度立數少，末日行分得逆數，故倍本段度率，以日率加一除之，夕遲爲初日行分，晨遲爲末日行分，與其段平行分相減，餘爲增減差。此準本術，欲整前後數而設耳，若如本術求，則當增遲段平度數立諸數而求，即其數注於立段下也。

木火土三星，退行者，六因平行分，退一位，爲增減差。

木火土三星退段，前後皆不可平行相減，故六因其退段平行分，退一位而爲增減差。舊法平行分十四乘十五除而爲總差亦可也。本經立段初行率依此術所求也。

金星，前後退伏者，三因平行分，半而退位，爲增減差。

前退者，置後段初日行分，以其日差減之，爲末日行分。

後退者，置前段末日行分，以其日差減之，爲初日行分；乃以本段平行分減之，餘爲增減差。

金星前退伏乃夕退伏也，後退伏乃合退伏也。三因平行分，半而退一位爲增減差。◎前退，夕退也。以夕退伏段日差減其段初日之行分，爲夕退段末日之行分，減夕退段平行分，餘爲夕退段增減差。◎後退，晨退也。以合退伏段日差減其段末日之行分，餘爲晨退段初日之行分，減晨退段平行分，餘爲晨退段增減差。

水星，退行者，半平行分，爲增減差；

水星退行，夕退伏、合退伏段也，皆半其段平行分而爲其段增減差。

皆以增減差加減平行分，爲初末日行分。前多後少者，加爲初，減爲末；前少後多者，減爲初，加爲末。又倍增減差，爲總差；以日率減一，除之，爲日差。

右五件術，皆前段行多後段行少，則以增減差加平行分，與初日行分相減，爲末日行分；前段行少後段行多，則以增減差減平行分爲初日行分，加而爲末日行分，又倍增減差爲總差，日率內減一日，以餘除總差，爲日差。同於第十條之術。

求每日晨前夜半星行宿次（第十二）

各置其段初日行分，以日差累損益之，後少則損之，後多則益之，爲每日行度及分秒；乃順加退減，滿宿次去之，即每日晨前夜半星行宿次。

置各段初日之行分，以其段日差，其行徐損者累減，爲每日星行分；其行徐增者累加，爲每日星行分①。◎置其段晨前夜半定星之宿度分，累加每日行度，滿黄道宿次去之，爲次宿之度分。留段無行分，即用前日之宿度；退段累減每日之行度，若不足減，加減前宿之全度分，即前宿度分，得每日晨前夜半星行宿次也。

求五星平合見伏入盈縮曆（第十三）

平合、平見、平伏之常日所當，太陽之盈縮曆也。此用第十四條太陽行度，用第十五條太陽盈縮積，故求之。此條以下，求定合、定見、定伏日並宿度也。

置其星其段定積日及分秒，若滿歲周日及分秒，去之，餘在次年天正冬至後。如在半歲周已下，爲入盈曆；滿半歲周去之，爲入縮曆；各在初限已下，爲初限；已上，反減半歲周，餘爲末限；即得五星平合見伏入盈縮曆日及分秒。

其段，合、見、伏三段也。木、火、土三星，合，合伏見，晨疾初伏，夕伏也。金星，順行之合，合伏見，夕疾初伏，晨伏也，逆行之合，合退伏，見，晨見②，伏，夕退伏也。水星，順行之合，合伏見，夕疾伏，晨伏也，逆行之合，合退伏見，晨留伏，夕退伏也。◎定積，第四條所求。平合、見伏之定積也。此爲自冬至之積日，故用半歲周已下，直爲盈曆，以上，去半歲周，餘爲縮曆。視其盈縮曆，盈曆，以盈初限已下爲初限，以上，以減半歲周，餘爲末限。縮曆，以縮初限已下爲初限，以上，用減半歲周，餘爲末限，即其合見伏常日所當之太陽入盈縮曆之初末限也。◎細字如本文，定積日若③多於歲周者，去歲周，

---

① 天文臺藏抄本與東京大學藏抄本作“星行分”，大谷大學藏抄本與北海道大學藏抄本作“累行分”。前者正確。

② 天文臺藏抄本作“晨留”，東京大學藏抄本、大谷大學藏抄本與北海道大學藏抄本均作“晨見”字。後者正確。

③ 天文臺藏抄本作“半歲周”，東京大學藏抄本作“若シ歲周”，大谷大學藏抄本與北海道藏抄本作“若歲周”。從東大抄本。

餘爲次年天正冬至後之定積也。

求五星平合見伏行差（第十四）

求合見伏各定積之日所當之太陽與星之行差也。

各以其星其段初日星行分，與其段初日太陽行分相減，餘爲行差。若金、水二星退行在退合者，以其段初日星行分，併其段初日太陽行分，爲行差；内水星夕伏晨見者，直以其段初日太陽行分爲行差。

初日星行分，第十條、第十一條所求之初日星行分也。◎太陽行分，前條所求盈縮曆初末限日所當之太陽行[1]也。◎金水二星退行、退合，皆逆行段也。◎水星夕伏、晨見，逆伏段、逆見段也。術意：五星共順行，星與太陽並行，故星行分與太陽行分相減而爲行差。金水二星逆行，星與太陽相去而行，故星行分與太陽行分相併而爲行差。内水星之逆見與逆伏皆爲留段而星行分無之，故直以太陽行分爲行差。

求五星定合定見定伏泛積（第十五）

平合如經朔，定合[2]如定朔，求其定合見伏之泛積也。

木火土三星，以平合晨見夕伏定積，便爲定合伏見泛積日及分秒。

平合晨見夕伏之定積，第四條所求。此以定積即爲定合定晨見定夕伏之泛積日分。

今按：於木火土三星不會亦如求金水二星，有盈縮差加減，乃如第六條注，求定星又以行差除其定積加時盈縮差，盈加縮減於合見伏定積，可得合見伏之泛積。

金水二星，置其段盈縮差度及分秒水星倍之。各以其段行差除之，爲日，不滿，退除爲分秒。在平合夕見晨伏者，盈減縮

① 天文臺藏抄本作“太陽之行分”，東京大學藏抄本、大谷大學藏抄本與北海道大學藏抄本作“太陽之行”。後者正確。

② 天文臺藏抄本作“定積”，東京大學藏抄本、大谷大學藏抄本與北海道大學藏抄本作“定合”。後者正確。

加；在退合夕伏晨見者，盈加縮減；各以加減定積爲定合伏見泛積日及分秒。

盈縮差，即其星其段盈縮差，第三條所求也。◎行差，前條所求，星與太陽之行差也。◎平合夕見晨伏，順行也，退合夕伏晨見，逆行也。◎定積，第四條所求之平合見伏定積也。◎術意：盈縮差，平合見伏常日定積所當至定星所在，用作度分也。凡平合見伏平日至常日，即盈縮差。金星，疾時一日行一度餘，故常日所當至常日加時星所在，即與盈縮差同數。水星，疾時一日[①]行二度強弱，故常日所當至常日加時[②]星所在，爲盈縮差之一倍，故水星倍之，皆除行差，得自常日所當，合至太陽與星同度處之泛日分，見伏至太陽與星隔見伏度處之泛日分。順行者之盈，星行比太陽行多而行過太陽，故減；縮，行不足[③]，故加。逆行者之盈，星行比太陽行皆多而行過太陽，故加；縮，行不足，故減。皆加減平合見伏定積而爲定合見伏泛積，即冬至至其合見伏之泛積日分也。此星度定而太陽盈縮之加減尚不定，故號泛積。右之元術，以星盈縮與太陽盈縮同減異加，行差除，得常日所當至星與太陽同其限度處之日分。術意全同於求定朔望加減差，然別星與太陽二件，此條先以星盈縮求進退日分，加減於平合定積，號泛積；次條以太陽盈縮求距合差日進退之數，加減於泛積而爲定合定積也，與依求加減差術求者所得數同，然術意混雜難見，但於求晨見伏之定積，更有氣差而不能以所得數爲定積，故求定合之一條[④]爲定積。定見伏，第十八條求而號常積，依術加減氣差而爲定積也，其合與見伏術異，故別二件求耳。

今按：於順合見伏粗宜，於逆合見伏，星行分少，難用同術。其逆段，置盈縮差，乘初行率，百約，爲定積加時盈縮之度，行差除，

---

① 天文臺藏抄本與東京大學藏抄本作“一日”，大谷大學藏抄本與北海道大學藏抄本作“日”。前者正確。

② 天文臺藏抄本與東京大學藏抄本作“加時”，大谷大學藏抄本與北海道大學藏抄本作“加增”。前者正確。

③ 天文臺藏抄本作“順行不足”，東京大學藏抄本、大谷大學藏抄本與北海道大學藏抄本均作“行不足”。後者正確。

④ 天文臺藏抄本、東京大學藏抄本與北海道大學藏抄本作“一條”，大谷大學藏抄本作“二條”。前者正確。

以所得，金星盈減縮加於平合定積，水星逆合盈加縮減而爲定合見伏泛積，但水星逆見伏者無初行率，加減之數空也，當以定積便爲定見伏泛積。

求五星定合定積定星（第十六）

求定合定之定積與定合之定星也。即定積，其合時之日辰；定星，其合時星之所在宿度也。

木火土三星，各以平合行差除其段初日太陽盈縮積，爲距合差日；不滿，退除爲分秒，以太陽盈縮積減之，爲距合差度。各置其星定合泛積，以距合差日盈減縮加之，爲其星定合定積日及分秒；以距合差度盈減縮加之，爲其星定合定星度及分秒。

平合行差，第十四條所求。◎太陽盈縮積，第十三條求太陽盈縮曆初末限之日所當之盈縮積度也。◎距合差日，距星與太陽合之差日分也。加減盈縮積時，皆命度分而加減也。◎距合差度，距星與太陽合之差度分[1]也。加減泛積者，命泛積日分爲度分也。◎術意：其段初日太陽盈縮積，自泛積所當至太陽所在之度分也。以行差除，得自泛積日分至星與太陽合時刻之日分，以此爲距合差日。命爲度分，自泛積太陽所在距星與太陽所合之度分也。木火土三星，行分比太陽之行少，故盈縮皆減差積度，餘爲距合差度，即自泛積星所在距星與太陽所合之度分也。◎以距合差日盈減縮加泛積，爲定合之定積，即自冬至至星與太陽合時之積日分也。又以距合差度盈減縮加於泛積而爲定合之定星，即自冬至至星與太陽所合之積度分也。此木火土三星之行，比太陽之行少，盈，泛積之所當以前星與太陽合，故減泛積；縮，泛積之當所以後星與太陽合，故加泛積也。

金水二星，順合退合者，各以平合退合行差，除其日太陽盈縮積，爲距合差日；不滿，退除爲分秒，順加退減太陽盈縮積，爲距合差度。順合者，盈加縮減其星定合泛積，爲其星定

---

[1] 天文臺藏抄本作“度分”，東京大學藏抄本、大谷大學藏抄本與北海道大學藏抄本均作“差度分”。後者正確。

合定積日及分秒；退合者，以距合差日盈減縮加、距合差度盈加縮減其星退定合泛積，爲其星退定合定積日及分秒；命之，爲退定合定星度及分秒。以天正冬至日及分秒，加其星定合定積日及分秒，滿旬周去之，命甲子算外，即得定合日辰及分秒。以天正冬至加時黄道日度及分秒，加其星定合定星度及分秒，滿黄道宿次去之，即得定合所躔黄道宿度及分秒。徑求五星合伏定日：木、火、土三星，以夜半黄道日度，減其星夜半黄道宿次，餘在其日太陽行分已下，爲其日伏合；金、水二星，以其星夜半黄道宿次，減夜半黄道日度，餘在其日金、水二星行分已下者，爲其日伏合。金、水二星伏退合者，視其日太陽夜半黄道宿次，未行至金、水二星宿次，又視次日太陽行過金、水二星宿次，金、水二星退行過太陽宿次，爲其日定合伏退定日。

順合，合伏也。退合，合退伏也。順行，星行比太陽行多，故以距合差日、盈縮共加於盈縮積，得距合差度。退行，不會依行分多少，太陽進星退，故以距合差日與盈縮共減差積度，得距合差度。◎順合，以差日盈加縮減泛積爲定積，以差度盈加縮減泛積爲定，此金水二星順行比太陽行多，盈，泛積時太陽所在以後星與太陽合，故加；縮，泛積時太陽所在以前星與太陽合，故減。◎退合，求定積者，盈太陽退星進而星與太陽合，故以差日減泛積爲定積；縮太陽進星退而星與太陽合，故以差日加泛積爲定積。求定星者，盈，泛積時星所在之後合，故加差度爲定星；縮，泛積時星所在之前合，故減差度而爲定星。本書五行第五“加”字當作“減”，同第七“減”字當作“加”。◎五星皆定積即冬至至定合之積日分，故加天正冬至日分，滿紀法去之，餘命甲子而爲定合日辰。定星，即冬至至定合之積度，故加天正冬至加時黄道日度，累去黄道宿次而爲定合宿度分。本書第八行八九“旬周”二字當作“紀法”①。◎細字乃不依右之本術而直求定合定日也。先以每日晨前夜半黄道日度與每日晨前夜半星行宿度見合，太陽與其星同宿號而取度分相近者，木火土三星，星行比太陽行少，故以夜半日度減夜半星行宿度，以餘數比其日太陽行分少者，爲其日定合定日。金水二星，順合，星行分比太陽行分多，故以夜半星行宿度減夜半日度，以餘數比其日星行分少者，爲其日定合定日；逆合，夜半日度比夜半星行宿度少，太陽尚行

① 天文臺藏抄本脱“旬周”兩字，其它抄本不脱。該句意思是：《曆經》書中該術第八行八、九兩字“旬周”，應該改爲“紀法”。查《曆經》版本可知，這裏使用的是和刻本。

不至星，見次日時夜半日度比夜半星行宿度多，太陽行過也，於其行過之前日，太陽進星退而合，以其前日爲定合之定日也。◎求定星元術同於月離第六條求定朔加時日月宿度，其定合之定合積如定朔加時中積，故先求定合之定積，直以太陽盈縮積盈加縮減而得定合定星也，此不用距合差度之數而最爲簡易，故常用此術。

今按：右金水二星本書之術如前條所注，星之盈縮與太陽之盈縮别爲二件而求也。若比諸太陽之行，星行分少者，順合退合皆當用盈減縮加。亦細究其段初日太陽盈縮積，當求定合見伏泛積之入盈縮曆，依日躔術求盈縮而用也。

求木火土三星定見伏定積日（第十七）

定見，始見其星之定日也；定伏，其星始伏而不見之定日也。

各置其星定見定伏泛積日及分秒，晨加夕減九十一日三十一分六秒，如在半歲周已下，自相乘，已上，反減歲周，餘亦自相乘，滿七十五，除之爲分，滿百爲度，不滿，退除爲秒；以其星見伏度乘之，一十五除之；所得，以其段行差除之，爲日，不滿，退除爲分秒；見加伏減泛積，爲其星定見伏定積日及分秒；加命如前，即得定見定伏日辰及分秒。

泛積，第十五條所求，定見定伏之泛積也。九十一日三十一分〇六秒，歲象限也。◎見伏度，其星去太陽之伏見度也。◎行差，第十四條所求之晨疾夕伏太陽與星之行差也。◎木火土三星立見伏氣差者，晨自秋分起徐益而極多於春分，自春分徐損而秋分空也；夕自春分起徐益而極多於秋分，自秋分徐損而春分空也。故以象限晨加泛積而爲秋分後積日、夕減泛積而爲春分後積度，各以半歲周已下爲初限，已上則減歲周爲末限。其極多見伏之平差四度半也，半歲周自除而得七十五，故初末限自相乘、七十五除而爲其見伏之平差度分。本乘見伏度、十五除而得見伏定差度也，此除行差爲見伏增損之差日。若晨有增差則見晚，故見加差日；若夕有增差則伏早，故減差日。皆加減泛積而爲定見定伏之定積，加天正冬至日分，滿紀法去之得定日辰也。

今按：木火土三星求定合定積者，加減距合差日，然於見伏求距見伏差日而加減泛積後，當求氣差而增損，若又於本書術意求氣差與距見伏差日共得者，其術不當如此，此術不精可知耳。◎本書據定見伏定日求定星者，當置所求見伏增損之差日及分，乘其段初日之行分，百約，以見加伏減於其段加時定星而爲定星之度。

求金水二星定見伏定積日（第十八）

各以伏見日行差，除其段初日太陽盈縮積，爲日，不滿，退除爲分秒；若夕見晨伏，盈加縮減；如晨見夕伏，盈減縮加；以加減其星定見定伏泛積日及分秒，爲常積。如在半歲周已下，爲冬至後；已上，去之，餘爲夏至後。各在九十一日三十一分六秒已下，自相乘，已上，反減半歲周，亦自相乘。冬至後晨，夏至後夕，一十八而一，爲分；冬至後夕，夏至後晨，七十五而一，爲分；又以其星見伏度乘之，一十五除之；所得，滿行差除之，爲日，不滿，退除爲分秒，加減常積，爲定積。在晨見夕伏者，冬至後加之，夏至後減之；夕見晨伏者，冬至後減之，夏至後加之；爲其星定見定伏定積日及分秒；加命如前，即得定見定伏日晨及分秒。

以伏見之行差除太陽盈縮積，加減於泛積，同於第十六條求定合定積。其距見伏之差日加減於泛積，爲常積，即冬至至常見伏星所在之積日分也。◎立金水二星見伏之氣差者，自冬至起徐益而至春分極多者晨多夕少，自春分又徐損至夏至爲空。亦自夏至起徐益至秋分而極多，其極多①者晨少夕多，自秋分又徐損至冬至而空也，故置常積，半歲周已下直爲冬至後，已上，減去半歲周，餘爲夏至後，其二至後積日，象限已下爲初限，已上，用減半歲周，餘爲末限。其二分極多平差，春分之晨、秋分之夕爲四度半；春分之夕、秋分之晨爲其四分之一也。皆以其度數除象限之自，得七十五與十八之數，故以其定見伏之初末限自相乘，冬至後晨、夏至後夕除十八，冬至後夕、夏至後晨除七十

① 天文臺藏抄本與東京大學藏抄本脱“多，其極”一句，大谷大學藏抄本與北海道大學藏抄本均補之。後者正確。

五，得平差度。乘本見伏之度，除十五，得見伏之定差，此除行差，爲伏見增損之日差。其伏見之差，冬至後夕損者，順行早[①]見，故減差日，逆行晚伏，故加差日；晨增者，順行早[②]伏，故減差日，逆行晚見，故加差日。夏至後夕增者，順行晚見，故加差日，逆行早[③]伏，故減差日。晨[④]損者，順行晚伏，故減差日，逆行早[⑤]見，故加差日。皆加減於常積，得定見定伏之定積，加冬至日分，命如前。

今按：舊曆水星更有見伏之差，夕疾在大暑之氣初日至立冬氣九日三十五分已下者不見、晨留在大寒氣初日至立夏九日三十五分已下者，春不晨見、秋不夕見。◎本書據定見伏之定日而求定星者，置所求常積，與平見伏定積相減，餘乘其段初日行分，百約，以所得加減於平見伏之加時定星，常積多平定積少者加，常積少平定積多者減，爲定見伏之常星度分。亦置所求見伏增損之差日及分，乘初日行分，百約，以所得，順行者冬至後減於、夏至後加於、逆行者冬至後加於、夏至後減於常星度分，得定見定伏之定星度也。

---

① 天文臺藏抄本作“早”，東京大學藏抄本、大谷大學藏抄本與北海道大學藏抄本作“蚤”。同音通用。前者正確。

② 天文臺藏抄本作“早”，東京大學藏抄本、大谷大學藏抄本與北海道大學藏抄本作“蚤”。同音通用。前者正確。

③ 天文臺藏抄本作“早”，東京大學藏抄本、大谷大學藏抄本與北海道大學藏抄本作“蚤”。同音通用。前者正確。

④ 天文臺藏抄本與東京大學藏抄本作“晨”，大谷大學藏抄本與北海道大學藏抄本作“是”。前者正確。

⑤ 天文臺藏抄本作“早”，東京大學藏抄本、大谷大學藏抄本與北海道大學藏抄本作“蚤”。同音通用。前者正確。

後　記

曆法是根據太陽系天體運動規律運用數學方法製定的時間系統，是數學與天文學的交叉領域。“觀象授時”在中國古代文明中不僅屬於最具理性的科學技術活動，而且還具有深刻的政治内涵，即司馬遷所謂的：“王者易姓受命，必慎始初，改正朔，易服色，推本天元，順承厥意。”曆法成爲王朝更替、社會變革的政治符號，體現了天文指導人文而化成天下的天命思想，這是几千年來中國曆學比其他文明發達的根本原因。

曆算是數學在天文學中的應用，是古代數學的一個重要領域，天文曆算的需求推動了古代數學方法的進步，歷代疇人兼修數學與天文曆學。因此，研治中國數學史不能不兼治天文曆學史，中國數學史學界一直延續這個傳統。筆者在碩士研究生讀書期間開始關心中國古代數學中的曆算問題，博士研究生讀書期間正式學習球面天文學知識並解讀古代曆法文本。不過當時的研究興趣主要還是和算，學位論文的選題也是和算史方面的，所以對古代天文曆學研究没有投入多少精力。2007 年受王榮彬研究員的邀請，參與《清史・天文曆法志》的撰寫，從此逐漸在曆法研究方面也花费一些時間。

建部賢弘和他的老師關孝和是和算的奠基者，他們充分消化了《算學啓蒙》《授時曆》等著作中的數學知識，在其基礎上發展了中國宋元數學，構築了和算方法的基礎，推動了漢字文化圈傳統數學知識的進化。然而，和算史界對建部賢弘業績的研究相較於對關孝和業績的研究，尚不够充分，尤其未能整理和認識其在曆學方面的成就。其注解《授時曆》的抄本著作“六卷抄”一直很少有學者去解讀，僅藪内清（1906—2000）與中山茂（1928—2014）在共同翻譯《授時曆》時有所參考。鑒於此，筆者希望研究建部賢弘的曆學業績，以彌補和算史研究的缺失。2010 年當筆者讀到藪内清與中山茂的《授時曆－訳注と研究－》（2006）時，便打算對“六卷抄”進行系統解讀和研究，爲此首先通過電子郵件與中山茂先生討論“六卷抄”作者的確認問題，並委託大橋由紀夫（1955—2019）先生拷貝了東京天文臺所藏《授時曆數解》和《授時曆術解》的影印本，又委託小林龍彦教授複印了京都大學所藏的《授時曆議解》，在拙著《建部賢弘的數學思想》（2013）出版之後，便開始著手解讀這些文獻。2013 年，筆者申報的教育部人文社科規劃項目“17—19 世紀中日天文曆學之比較研究”獲得立項，該項目對江户時代的天文曆學發展狀況進行調查研究，聚焦於關孝和、建部賢弘對《授時曆》的注解及其與明清學者注解的比較。建部賢弘的“六卷抄”對《授時曆經》中的曆學概念、推步法的原理及其歷史沿革等，都做出了詳細注解，對《授時曆經》中的錯誤也進行了訂補，而且以元禄七年（1694）爲實例，對《授時曆經》的推步法進行了驗算。同時，首次對《授時曆議》進行了注解。筆者解讀“六卷抄”中的注解發現，對於科學史學界頗覺困惑的白道交周、交食推步與五星推步等算法的構建原理，建部賢弘早有清晰的分析與解釋，比關孝和的注解更全面和深刻，而且與清代學者不同，建部賢弘注解《授時曆》並未受西方天文數學的影響，以中國傳統的知識認知天文曆學原理，這對於中國科學史研究來説，具有重要的參考價值。爲此，深感有必要將這部明代以來整個漢字文化圈地區學術水準最高的《授時曆》研究著作漢譯出版，以推進國内對古代曆法的研究，也爲學習和解讀古代曆法者提供能够迅速登堂入室的教材。

由於古代天文曆學是非常專門的知識領域，“六卷抄”又是行草手寫體文字的抄本，很多文字難以辨識，加上是江户時代的日語著述，整理翻譯工作一直找不到合作者，只能自己一人獨自進行，因此進展緩慢。爲了儘快完成這項工作，2018 年筆者申報國家自然科學基金項目“江户時代日本學者對《授時曆》的曆理分析與算法改進”獲得立項，並招收了一位中國史專業的碩士研究生張穩參與這項工作。張穩同學非常勤奮踏實，入學後立即學習日語，並以調查研究《授時曆議》在江户日本的傳播與注解作爲碩士論文的選題。他調查了“六卷抄”的各種抄本，並進行了對校，使這部歷時十載的譯著能够早日出版。由於《授時曆議解》篇幅較大，目前只能先將《授時曆數解》《授時曆術解》出版，以後擇機再出版《授時曆議解》。

本書付梓之際，日本數學史家上野健爾教授、小林龍彦教授、小川束教授和筆者商議，花費6年時間共同編輯出版《建部賢弘全集》，將收入整理後的"六卷抄"日文版及其解說。相信"六卷抄"在中日兩國的出版，必將開啓《授時曆》研究的新局面。

徐澤林

2023年12月30日